既有钢结构安全性检测评定技术及工程应用

韩继云　主　编

李　奇　孙　斌　副主编

U0391527

中国建筑工业出版社

图书在版编目（CIP）数据

既有钢结构安全性检测评定技术及工程应用/韩继云
主编. —北京：中国建筑工业出版社，2014.9
ISBN 978-7-112-17096-8

Ⅰ.①既… Ⅱ.①韩… Ⅲ.①钢结构-建筑物-安全
性-评定 Ⅳ.①TU758.11

中国版本图书馆 CIP 数据核字（2014）第 152315 号

　　本书归纳了既有钢结构建筑物的结构形式和结构特点，通过大量工程实例总结了钢结构事故与灾害的破坏类型和特征，提出了工程现场检验批划分原则、抽样方案、检测项目和检测方法；既有钢结构工程安全性评定的内容，结构承载力和构造验算时材料强度、截面尺寸、外观缺陷及截面损伤的影响等参数的取用方法；静荷载、活荷载、风雪荷载及地震作用的取值以及与后续使用年限的关系，力学计算模型的要求等。根据安全性评定指标的结果，列出评定项目一览表，得出整体安全性评定结论。

　　针对频发的钢结构灾害破坏严重的现象，研究了钢结构抗灾害能力的评定内容及方法，重点是既有钢结构建筑物抗震性能的评定技术。

　　对于不符合安全要求的既有钢结构建筑物，提出了整体加固及构件加固的技术方案。

　　最后，根据该研究成果在工程上的应用，汇总了作者近年来在既有钢结构工程安全性鉴定、抗震鉴定和火灾、爆炸等灾害后的安全性评定中的工程应用。

　　本书适用于从事结构检测、鉴定工作的技术人员参考使用。

* * *

责任编辑：张伯熙　万　李
责任设计：张　虹
责任校对：姜小莲　王雪竹

既有钢结构安全性检测评定技术及工程应用
韩继云　主　编
李　奇　孙　斌　副主编
*
中国建筑工业出版社出版、发行（北京西郊百万庄）
各地新华书店、建筑书店经销
霸州市顺浩图文科技发展有限公司制版
环球印刷（北京）有限公司印刷
*
开本：787×1092毫米　1/16　印张：26　字数：628千字
2014年11月第一版　2014年11月第一次印刷
定价：**68.00**元
ISBN 978-7-112-17096-8
（25246）

编写委员会

主　编：韩继云

副主编：李　奇　孙　斌

编　委：谭海亮　石　磊　刘立渠　孙　彬　陆丹丁

　　　　黄树情　崔古月　张国强　吴学利　常萍萍

　　　　崔国保　郭　旭　袁海军　段向胜　金唤中

　　　　李力平　范世平　王　群　巩　磊

前　言

　　近年来我国钢结构工程建设力度不断加大，结构的高度及跨度纪录不断被刷新，各种新型钢结构建筑正在逐渐成为城市的地标。与此同时，各种既有钢结构建筑随着使用年限的增长及各种有害作用的累积，其安全储备正在逐渐降低，地震、爆炸、火灾、风灾及冰雪灾害的频繁发生，更对全世界范围内的钢结构建筑提出了新的挑战。因此在新建钢结构日益复杂化、既有钢结构日益老龄化、全球灾害日益频发化的今天，为保证科学、准确地评定钢结构建筑物的安全性，保障建筑物全寿命周期的安全使用，开展既有钢结构安全性检测评定技术的研究是非常必要的。

　　本书作者长期从事建筑物的检测鉴定加固改造的技术研究和实践工作，所研究的既有钢结构安全性检测评定的科研课题，获得了中国建筑科学研究院的科技进步奖；而钢结构抗灾害能力的评定是个新领域，目前国内没有钢结构工程的抗震鉴定标准，因此本书在编写过程中力求全面总结钢结构的检测鉴定加固改造方法，同时也着重介绍一些正在研究的新的技术和方法，注重创新性、系统性和实用性，并附有大量的工程实例介绍。

　　全书共4章，第1～3章由韩继云编写，第4章由本书编写委员会全体人员编写，孙斌汇总编辑整理，书中的工程实例都是国家建筑工程质量监督检验中心近年来所做的实际工程，崔古月整理了部分工程资料。由于时间仓促，作者水平有限，书中难免存在不足和不妥之处，特别是对现有标准的分析和探讨，可能带有作者的主观看法，因此欢迎同行指正，以便互相交流切磋，联系邮箱为 guojianjg4@126.com。

　　本书的编写和出版，得到了国家建筑工程质量监督检验中心、中国建筑科学研究院、中国土木学会工程质量分会、浙江省台州市建设工程质量检测中心、北京东洋机械建筑工程有限公司、天地金草田（北京）科技有限公司、中交地产有限公司等有关领导专家的支持与帮助，在此表示衷心感谢！

韩继云

2014 年 3 月

目　　录

第1章 既有钢结构安全性评定概述

1.1 既有钢结构安全性评定必要性

随着既有钢结构建筑物的增多，新建超高层、大跨度的钢结构建筑陆续投入使用，以及受到地震、火灾和风雪灾害的影响，需要进行检测鉴定的钢结构工程不断增加，如何科学准确地评定既有钢结构的安全性，保障建筑物全寿命周期的安全使用，是需要进行探讨研究的课题。

新中国成立以前建造的钢结构工程很少，新中国成立后由于钢材短缺，造价较高等原因，仅在少量的公共建筑、工业厂房中采用钢结构形式，如1959年建成的人民大会堂万人礼堂（图1.1-1），屋面采用钢屋架，室内二、三层采用悬挑钢桁架结构；20世纪50年代末北京十大建筑之一的工人体育场采用钢结构罩棚；建成于1961年的工人体育馆（图1.1-2）采用钢结构屋面，20世纪中期建造的钢结构公共建筑到目前为止已经使用了50多年，钢结构的工业建筑使用环境差，公共建筑长时间使用后损伤较多。为确保老旧钢结构建筑物的安全使用，需要进行检测评定。

图1.1-1 人民大会堂万人礼堂　　　　　图1.1-2 北京工人体育馆

近年来，随着我国钢材产量的增加，钢结构在大型的公共建筑、工业建筑和民用建筑中得到大量应用，我国钢产量1996年起超过1亿t，2005年达到3.52亿t，2008年达到6亿t（用于钢结构建筑的型材和板材占1%～2%），稳居世界第一，国家鼓励推广建筑用钢结构，相应的科研成果广泛应用和设计软件不断开发，设计标准和施工质量验收规范定期修订，钢结构方面的技术规程和设计图集已有90多本，采用新技术、新工法、新设备的施工安装水平逐步提高，已达到国际先进水平，建成了一大批新型的、大型的钢结构公共建筑。

公共建筑有两大趋势：一是向大跨或超大跨度的方向发展，二是向高层或超高层的方向发展。如 2008 年北京奥运会的国家体育场（图 1.1-3）、国家体育馆（图 1.1-4）、国家游泳馆（图 1.1-5）、国家大剧院（图 1.1-6）、北京南站（图 1.1-7）、央视新址（图 1.1-8）、天津津塔（图 1.1-9）等公共建筑。2010 年上海世博会的各国家场馆，广州亚运会的体育场馆，新建或扩建的许多大城市的机场候机楼，如首都机场 3 号航站楼、上海浦东机场二期、昆明新机场航站楼、高铁和城际铁路的火车站等。新型的大规模的钢结构公共建筑不断涌现，高度不断刷新，如 2013 年封顶的上海中心 632m，2011 年开工的武汉绿地中心 606m，准备再增加 30m，成为中国第一高楼，长沙拟建空中城市 838m，超过迪拜哈里发塔，将成为世界第一高楼。

图 1.1-3　国家体育场（鸟巢）

图 1.1-4　国家体育馆

图 1.1-5　国家游泳馆（水立方）

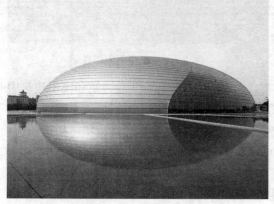

图 1.1-6　国家大剧院

图 1.1-7　北京南站

图 1.1-8　央视新址　　　　　　　　　　　图 1.1-9　天津津塔

  2001 年后在国家政策引导下，钢结构住宅得到快速的发展，特别是十一五期间，国家大力发展钢结构住宅建设，北京、天津、南京、上海、山东莱芜、河北唐山、安徽马鞍山、广州、深圳等省市建设了一大批高层或多层钢结构住宅（图 1.1-10～图 1.1-14），到 2008 年全国钢结构住宅竣工面积约 400 万 m²。其中济南埃菲尔花园（图 1.1-15）是山东省钢结构节能高层住宅示范工程，小区占地 2.53hm²，总建筑面积 39500m²。钢结构建筑物的建设速度较快，大型建筑一般以年来计算，小型工程几个月可以竣工，新建的钢结构工程质量需要在施工期间进行检测，为竣工验收提供依据。

图 1.1-10　高层钢结构住宅　　　　图 1.1-11　建设中的沈阳高层钢结构住宅

  一般工业与民用钢结构建筑物使用寿命长达 50 年，甚至超过 50 年，在使用期间，自然界的各种作用、人为作用以及生产设备等各种作用下都须保证安全、适用和耐久。在长期的自然环境和使用环境的双重作用下，钢结构功能会逐渐减弱、降低，新中国成立初期建设的一些钢结构厂房和体育馆等，随着使用年限的不断增加，本身存在的弱点也逐步暴露出来，如锈蚀现象、老化现象及耐火性较差等。当既有钢结构建筑物与原设计预期的要求和安全使用的要求有较大的差距时，或由于使用功能改变，需要进行改造或加层等，这时就需要对其进行检测，对其可靠性进行科学的、客观的评价、鉴定，根据鉴定结果，符合要求的继续使用，不符合要求时需要进行加固设计，采取有效的加固、补强、维修等措施进行处理，以此提高结构的功能，延长建筑物的使用寿命。

天津市丽苑小区试点工程

上海中福城

马钢光明新村
轻钢17层住宅楼工程

莱芜钢厂H型钢钢结构
节能住宅示范工程

北京金宸公寓
住宅钢结构体系示范工程

图 1.1-12 全国各地钢结构住宅示范工程

图 1.1-13 天津钢-混组合结构住宅

图 1.1-14 济南 H 型钢框架支撑体系钢结构住宅

图 1.1-15 已建成的济南埃菲尔花园钢结构住宅楼

因此在钢结构建筑物的整个寿命周期可能会遇到下列情况，需要进行检测鉴定。

1. 灾害影响

既有钢结构工程在建造及使用期间，受到灾害的影响，如遭受地震、洪水、泥石流、风灾、雪灾等自然灾害，或因火灾、爆炸、碰撞、振动等人为灾害，往往导致结构损伤，造成建筑物局部或整体安全性不足，严重者将丧失正常使用功能，故在灾害之后需要安全性鉴定。如受到灾害影响的央视新址北配楼，火灾后需要检测和安全性评定，进行加固处理；高铁南京车站在京沪高铁刚通车不久，因大雨引起地基不均匀沉降，也需要进行检测和安全性评定；2008 年春节前后我国南方地区的冰雪天气，造成大批钢结构建筑物屋顶局部破坏或整体倒塌，很多钢结构厂房及电力塔架倒塌，主要原因是冰、雪荷载超载，超过规范设计指标；新疆精河天然气输压站试压时造成爆炸，对钢结构厂房造成局部破坏。

2. 发生工程质量事故

钢结构工程施工期间发生工程质量事故，或工程质量出现问题，需要检测鉴定，明确事故的原因，确定下一步处理方案。如内蒙古那达慕运动场在刚竣工不久，钢结构顶棚忽然发生倒塌，赛马场看台局部坍塌，主要原因是焊接质量不合格。

3. 老旧建筑物抗震能力达不到要求

我国是个多地震的国家，87％的行政区域属于地震区，历史上发生过多次大地震，所有的省、自治区、直辖市均属于 6 度及以上抗震设防烈度。由于汶川地震和近年来各地频繁发生的地震的影响，各地抗震设防等级有所调整和提高，历年来建造的钢结构工程，采用的都是当时的设计标准，如果达不到本地区新的设防烈度要求时，需要提高抗震能力，首先就要进行检测和抗震鉴定。

4. 工业建筑大修前

工业建筑由于安全生产的要求，设备及厂房需要定期大修，故而也需要定期进行厂房结构的检测鉴定。

5. 加层、扩建、改变用途等改造之前须进行可靠性鉴定建筑物在使用过程中，因使用功能发生改变、工业厂房生产工艺改变、民用房屋改变用途等，原设计不能满足新的功能要求，需要根据使用要求，进行加层或扩建等，此时，不能用原设计图的资料进行改造设计，因为经过多年使用，结构现状与原设计会有很大的不同，应该对既有结构现状进行检测和安全性评定，作为加层、扩建、改造设计和施工的依据。

6. 对建筑物可靠性有怀疑或争议

建筑物使用期间如出现开裂、变形等结构损伤的，对其可靠性有怀疑和争议时，应进行检测鉴定。既有钢结构建筑物附近有深基坑开挖、地铁施工、高速公路施工以及邻近建筑物地基施工，或过大的振动，对既有结构造成倾斜、裂缝，或引起地基不均匀沉降等，需要进行检测鉴定，明确影响范围和危害性。

7. 建筑物到了设计基准期还需要继续使用

建筑物达到了设计基准期，结构功能基本完好，生产和生活需要继续使用的，需要进行检测、鉴定。如我国东北老工业基地，是新中国成立初期的建筑物，至今已经有六十年的使用历史，北京印钞厂办公楼建于1906年，钢结构楼梯已经使用了一百多年，如何继续使用，是否需要加固处理等，需要依据现在的结构检测、鉴定结果进行确认。

8. 历史遗留建筑物办房产证

有些钢结构建筑物建造时没有办理相关手续，特别是一些城市的经济或技术开发区，注重建设速度，缺乏监理和质量监督等过程监管，建成后设计、施工等资料不完备，办理房产证时需要先进行建筑物性能的检测鉴定，合格后发房产证。

9. 政府要求既有建筑物应定期检测鉴定

由于经济的快速发展和既有建筑物的增多，政府也重视既有建筑物使用期间的安全性，建设部2005年就开展了建筑物全寿命周期质量安全管理制度的研究课题，以及大型公共建筑质量安全管理的研究课题，课题组调查了国内许多城市建筑物管理现状，也调查了一些发达国家和地区的建筑物管理法规和制度。一些地方政府也开始重视既有建筑物的安全使用管理问题。

北京市从2011年5月1日开始对既有房屋进行定期的安全评估工作，重点针对大型公共建筑，其中新建的、人员密集的大型公共建筑钢结构居多。《北京市房屋建筑使用安全管理办法》北京市人民政府令第229号中第二十六条规定：学校、幼儿园、医院、体育场馆、商场、图书馆、公共娱乐场所、宾馆、饭店以及客运车站候车厅、机场候机厅等人员密集的公共建筑，应当每5年进行一次安全评估；达到设计使用年限需要继续使用的，应当每2年进行一次安全评估。要求住房城乡建设行政主管部门会同相关行业主管部门定期对人员密集的公共建筑进行巡查，对未按照规定进行安全评估、安全鉴定、抗震鉴定或者未按照鉴定报告的处理建议及时治理的，应当督促所有权人及时履责，拒不履责的，可以指定有关单位代为履行，费用由所有权人承担。

根据《北京市房屋建筑使用安全管理办法》（北京市人民政府令第229号），北京市住建委颁布了《北京市房屋建筑安全评估与鉴定管理办法》（京建发〔2011〕207号），其中第六条规定：房屋建筑所有权人应当根据房屋建筑的类型、设计使用年限和已使用时间等情况，按照下列规定，定期委托鉴定机构进行安全评估：

（1）学校、幼儿园、医院、体育场馆、商场、图书馆、公共娱乐场所、宾馆、饭店以及客运车站候车厅、机场候机厅等人员密集的公共建筑，应当每 5 年进行一次安全评估；

（2）使用满 30 年的居住建筑应当进行首次安全评估，以后应当每 10 年进行一次安全评估；

（3）达到设计使用年限仍继续使用的，应当每 2 年进行一次安全评估；

（4）建在河渠、山坡、软基、采空区等危险地段的房屋建筑，应当每 5 年进行一次安全评估；

（5）梁、板、柱等结构构件和阳台、雨罩、空调外机支撑构件等外墙构件及地下室工程，使用满 30 年应当进行首次安全评估，以后应当每 10 年进行一次安全评估；

（6）悬挑阳台、外窗、玻璃幕墙、外墙贴面砖石或抹灰、屋檐等，应当每 10 年进行一次安全评估。

2014 年 4 月 4 日，浙江省奉化市一幢居民住宅楼发生部分坍塌，造成人民生命财产损失。为加强城市老楼危楼安全管理，住房城乡建设部 4 月 11 日下发通知，决定在全国组织开展老楼危楼安全排查工作。通知明确检查范围为：各级城市及县人民政府所在地的建筑年代较长、建设标准较低、失修失养严重的居民住宅以及所有保障性住房和棚户区改造安置住房。

通知规定检查的主要内容一是城市老楼危楼安全状况，重点检查整体危险的房屋是否已经被拆除，有危险点或局部危险的房屋是否已经采取有效措施解除危险，装饰装修涉及拆改主体结构或明显增加荷载的房屋是否存在安全隐患；二是已入住的保障性住房、棚户区改造安置住房的房屋质量安全状况，重点检查以原公房、购改租等方式筹集用作保障性住房以及建成入住时间较长的保障性住房；三是城市老楼危楼安全管理相关法律法规、标准规范及规范性文件的贯彻执行情况及城市老楼危楼管理维护状况，重点检查管理档案是否完整，管理制度、管理措施是否完善和落实，日常管理是否及时到位等情况；四是对在建保障性住房和棚户区改造安置住房工程质量安全进行全面监督执法检查。

通知要求各地住房城乡建设（房地产）主管部门要高度重视城市老楼危楼安全排查工作，加强组织领导，结合本地实际情况，制订具体排查方案，认真做好排查的组织实施工作；各地要组织城市老楼危楼产权人或使用人进行全面自查自报，在此基础上，组织专业人员对存在安全隐患的房屋进行重点检查；各地要对本地区检查情况进行认真总结，查找存在的问题并提出相应的对策措施，要建立城市老楼危楼安全管理档案，健全房屋安全管理制度，加强日常管理工作，强化检查排查，切实提高城市老楼危楼安全管理水平。

综上所述，钢结构工程既有引以为骄傲的成功经验，也有触目惊心的造成经济损失和人员伤亡的工程事故。有很多超过 50 年、甚至上百年仍在继续正常使用的钢结构建筑物，如图 1.1-16 所示的美国纽约帝国大厦，是 1931 年建成的高层钢结构，高度达 384m，共计 102 层，至今仍在正常使用，防腐也不必每隔几年就要大修，正常室内环境下钢结构的耐久性良好。另外据统计，上海市经正规设计、施工并建成于 1936 年前的 80 栋钢筋混凝土和钢结构建筑物中，有 90%以上至今尚在使用，而其余的不到 10%主要是由于规划原因才拆除的。图 1.1-17 为 1934 年建造的上海国际饭店，采用钢框架结构，共 24 层，高度 86m，是中国近代最高的高层建筑。其他城市也有一批老建筑，如北京的老北京饭店和京奉铁路的正阳门车站大厦等均已有七八十年以上的历史，不少高校也有 20 世纪 20 和

图 1.1-16 纽约帝国大夏   图 1.1-17 上海国际饭店

30 年代建成的建筑物，现在都在正常使用。同时近年来国内外也有较多的大型钢结构体育场馆发生因雪灾、火灾、耐久性等问题而倒塌的较大事故。

　　相对混凝土结构和砌体结构，对既有钢结构的安全性研究并不多，新型结构的设计又经常是超大跨度、超高层的结构形式，新建钢结构工程迅猛发展、既有钢结构存在老化现象、钢结构本身存在的弱点致使钢结构工程事故频发、大型公共建筑重要性强等因素，都应引起既有钢结构检测评估工作的足够重视，故而对使用期间钢结构安全性的研究是非常必要的。

1.2　钢结构的特点

1.2.1　和传统的混凝土结构、砌体结构相比，钢结构的优点

　　（1）重量较轻、强度高。钢材与混凝土、砌体、木材相比，虽然密度大，但其强度高很多，钢材强度是混凝土抗压强度的 10 倍左右，因此在同样受力的条件，钢结构构件较小，重量较轻，可以更好地满足建筑设计对大开间、大跨度及空间布局灵活的要求。

　　（2）构件截面尺寸较小，可以增加使用面积 5%～8%。

　　（3）钢结构体系轻质高强，可减轻建筑结构自重约 30%，是钢筋混凝土结构重量的 50%，大大降低基础的造价。

　　（4）延性好、塑性变形能力强、韧性高等，抗震能力强。钢材材质均匀性好，且有良好的塑性和韧性，比较符合理想的各向同性弹塑性材料，因此目前采用的计算理论能够较好地反映钢结构的实际工作性能，可靠性高。

　　（5）工厂制作、工地安装，工业化程度高，不受环境季节影响，建造速度快，施工周期短。

8

（6）钢结构容易实现设计的标准化，构配件生产的工厂化、规模化，施工机械化和装配化，能做到系列化开发、集约化生产、社会化供应，效率高、质量易保证。

（7）钢材是一种高强度、高性能的绿色环保材料，可再生利用，材料可100%回收，真正做到绿色无污染，符合环保和可持续发展要求。

钢结构与混凝土结构和较新型的钢-混组合结构相比，有一定的优势，表1.2-1是钢结构与钢-混组合结构及钢筋混凝土结构几种技术经济指标数据的比较。

三种结构体系的经济技术性比较 表1.2-1

结构形式	重量比	工 期	柱和墙占面积	用钢量
钢结构	1.0	1.0	1.0	1.0
钢-混凝土组合结构	1.7	1.5	1.2	0.75
钢筋混凝土结构	2.0	1.5～2.0	2.0～3.0	—

采用钢结构后结构造价会略有增加，往往影响业主的选择，其实上部主体结构造价占工程总投资的比例很小，采用钢结构与采用钢筋混凝土结构的费用差价占工程总投资的比例更小，以高层建筑为例，前者约为10%，后者约2%。显然，结构造价单一因素不应该作为采用何种材料的主要依据。如果综合考虑各种因素，尤其是工期优势，钢结构将日益受到重视。

1.2.2 任何事物都是一分为二，钢结构也有其缺点

（1）耐锈蚀性差。新建造的钢结构一般隔一定时间都要重新刷防锈涂料，维护费用较高，不刷涂料的两面外露钢材，在大气环境下腐蚀速度是8～17mm/年；涂装要定期维护，否则容易脱落（图1.2-1），导致钢材锈蚀（图1.2-2～图1.2-9）；

图1.2-1 钢网架节点涂层脱落

图1.2-2 钢桁架杆件锈蚀

（2）钢结构耐火性较差。在火灾中，未加防护的钢结构一般只能维持20分钟左右，当温度大于200℃后，钢材材质发生较大变化，强度开始降低，同时有蓝脆和徐变现象出现；温度大于400℃时强度和弹性模量开始急剧降低，温度达到650℃时，钢材进入塑性变形状态，基本丧失承载能力。

图 1.2-3 某化工厂钢柱锈蚀

图 1.2-4 柱脚缀板腐蚀

图 1.2-5 梁柱节点腐蚀

图 1.2-6 钢板腐蚀

图 1.2-7 某工程屋盖结构杆件腐蚀

图 1.2-8 某钢结构机库——建成 2 年后涂料脱落

（3）钢结构构件由于材料强度高、构件截面尺寸小，易失稳。在复杂应力的作用下或在复杂的使用环境中，钢构件还是存在一些特殊的问题，除了强度破坏，可能出现失稳破坏、连接与构造先破坏和脆性破坏。

（4）钢结构构件存在焊接残余应力和安装尺寸偏差应力等，在结构荷载作用下，应力叠加，真正的应力与设计计算应力差别较大，钢结构工程检测鉴定中，曾发现设计计算为受拉

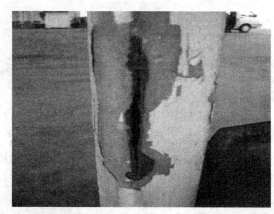

图 1.2-9　某钢结构机库——建成 2 年后钢管壁厚全部锈蚀

的杆件出现了压屈失稳破坏的现象；较多的情况是设计的拉杆在施工中由于尺寸偏差等原因实际变为压杆，而设计是压杆却在节点处出现受拉破坏。如图 1.2-10 所示，某体育馆网架拉杆由于加工尺寸偏长，变成弯曲状受压。

图 1.2-10　拉杆变形成为受压

（5）钢结构构件的疲劳问题、低温冷脆问题、应力集中断裂问题、振颤问题都比混凝土结构或砌体结构问题严重得多。

针对钢结构易出现的问题，可采取相应的检测鉴定的方法解决，见表 1.2-2。

钢结构易出现的问题和检测评定内容　　　　　　　　　　　　表 1.2-2

钢结构特点	易出现问题	解决问题的方法	检测评定内容
工业化程度高，分制作和安装两个阶段，工厂深化设计，工地安装	连接质量易出现问题，安装误差产生应力	提高连接质量、减少安装误差	连接质量、焊缝探伤、螺栓扭矩、安装应力、安装位置偏差检测，按设计要求和施工质量验收规范评定
钢材的强度高	构件截面尺寸小，稳定性差，刚度低	选择钢材品种，加强构造措施，提高整体刚度	材料强度、截面尺寸、动力反应、构造措施检测，承载力和稳定性验算分析
易锈蚀	锈蚀后截面减少，影响耐久性和安全性	定期喷涂防腐涂料	涂层厚度检测，按设计要求和施工质量验收规范评定
耐火性差	受热后强度、刚度降低	定期喷涂防火涂料，抗灾害能力提高	涂层厚度检测，按设计要求和施工质量验收规范评定

1.3 钢结构建筑的类型

钢结构建筑物的施工建造过程为：钢材经过加工厂按图纸加工，形成梁、板、柱、墙等各种基本构件，部分基本构件由工厂组装，大部分运输到工程现场，首先与地基基础连接，然后组装连接形成上部主体结构，主体结构再与维护结构及填充墙等连接，建造成为可供使用的建筑物。

钢结构按基本构件的钢材尺寸分成普通钢结构、轻钢结构、冷弯薄壁型钢结构。钢结构所用的钢材由钢厂以热轧钢板和热轧型钢供应，普通钢结构通常采用热轧钢板的厚度为4.5～60.0mm，轻钢结构通常采用厚度为0.35～4.0mm的薄钢板，冷弯薄壁型钢结构的型钢厚度在2.0～6.0mm；钢厂生产的热轧型钢包括角钢、槽钢、工字钢、H型钢、钢管、C型钢、Z型钢等。欧美一些国家及我国也有少量的由钢结构加工厂将钢板加工成设计需要的型钢，钢板或型钢在钢结构加工厂加工组成结构构件，如钢梁、钢柱，或加工成钢屋架、钢网架等构件。

普通钢结构可建高层和大跨度结构，我国20世纪最高钢结构建筑上海金茂大厦，建于1999年，高度420.5m；21世纪的高层钢结构达到800多米，最大跨度的钢结构跨度达200多米。世界上最高建筑大部分为钢结构，国外正在设计中的最高将达1000m，最大跨度的钢结构体育馆跨度达320多米。

相对普通钢结构，轻钢结构是承受荷载比较小的建筑物，通常采用冷弯薄壁型钢或轻型H型钢作承重骨架，轻质材料作围护结构的房屋，其类型有门式刚架、拱形波纹钢屋盖等，用钢量在30kg/m²，我国每年建成轻钢结构房屋800万m²，用钢量20万t。门式刚架跨度一般不超过40m，最大的达70m，单跨或多跨，单层为主，少量的二层或三层，如图1.3-1所示。拱形波纹钢屋盖结构跨度一般为8m，自重仅2030kg/m²。

钢结构加工厂的构件运到施工现场，由施工单位组装形成主体结构，按受力特点区分，结构形式有框架结构、框架-剪力墙结构、拱结构、壳体结构、网架结构、网壳结构、悬索结构、筒体结构、悬挂结构、桁架结构、排架结构等。

按用途分有工业建筑、公共建筑、民用建筑（包括住宅、办公楼）、构筑物等。

钢结构建筑基础通常为混凝土结构，基础的类型有：独立基础、联合基础、条

图1.3-1 单层轻钢结构厂房

形基础、箱形基础、筏形基础、桩基础、沉井基础、管柱基础；钢结构建筑中楼梯和楼板一般也采用钢筋混凝土结构，偶尔采用钢结构；维护结构多为砌块或各种板材，如轻钢龙骨石膏板、压型钢板等；楼板多数采用现浇钢筋混凝土或预制空心板，或压型钢板上浇钢筋混凝土形成组合楼板，现浇钢筋混凝土或预制空心板易满足防火要求，刚度要求，造价也较经济；组合楼板特点是施工时免支模板，钢梁上焊接圆头栓钉或短槽钢等抗剪构件，有利于钢梁与楼板紧密结合共同工作，但造价相对较高。

有的建筑采用部分钢结构，如主体结构为钢筋混凝土或砌体，屋面采用钢屋架、钢桁架或钢网架等。大量的工业建筑厂房采用钢筋混凝土柱，屋面为钢桁架或钢屋架，上铺大型屋面板，如图1.3-2所示，大型体育场馆等公共建筑通常主体结构为钢筋混凝土，屋面采用钢网架或钢桁架，轻型钢结构屋面板，如图1.3-3和图1.3-4所示。

在房屋增层改造中经常采用钢结构，如砖混结构和混凝土结构，增层采用轻型钢结构，地基基础可以不用加固处理。某些建筑局部增层或改造，钢结构施工速度快，没有湿作业等，也是首选的结构形式。北京奥运会之前，大量的临街建筑屋面平改坡工程，也是采用钢结构，如图1.3-5和图1.3-6所示。

图1.3-2　混凝土柱及钢结构屋面的工业厂房

图1.3-3　某射击场看台为混凝土结构，顶部为钢网架

图1.3-4　某体育场看台混凝土结构顶部钢网架

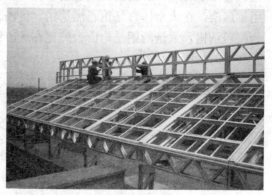

图1.3-5　房屋增层采用钢结构

主体钢结构只占钢结构建筑总造价的20%～30%，而且技术成熟，大量的投资在维护结构、装饰装修及设备。维护结构主要是墙体材料及其建筑技术，墙体材料主要有两种，一是砌块填充墙，另一种是墙板，砌块的技术比较成熟，有规范可依，施工质量易控制和检验，单块的墙板材料各项性能易于满足，但是拼装成墙体后关键是要满足建筑功能的要求，如质量轻、强度高、保温隔热性好、安装可靠、经久耐用、经济合理。结构构造连接处和建筑饰面不易出现裂缝、外墙不出现渗水现象。砌块多为加气混凝土砌块、各种空心砖等，因收缩变形较大，会产生收缩裂缝，钢结构比混凝土收缩变形还小，两种材料收缩不一致连接处会产生裂缝，墙体材料本身也会产生裂缝，砌块填充墙与钢框架连接处存在热桥效应等。

图 1.3-6 平改坡钢结构屋顶

现代钢结构房屋建筑体系诞生于 20 世纪初，至今在一些发达国家的发展已有上百年的历史，逐渐发展形成日本式、欧洲（英法意为代表）式和北美式钢结构三种主要流派。其中，在欧美国家，钢结构建筑已占到全部建筑总量的 65％左右，在日本，钢结构建筑也占到了 50％左右，钢结构建筑已经是非常成熟的建筑形式。在欧美，钢结构以舒适、美观、简洁为出发点，具有容易制造，成本低和有利于维护的优点，而在日本，人们则更喜欢钢结构可以提供良好抗震性能和安全感的优点。

我国由于受到钢材供应以及造价的影响，钢结构发展较慢，既有钢结构建筑物主要工业建筑，大量的是单层钢结构厂房，还有一些高层办公楼、宾馆，以及公共建筑，如体育馆、会展中心等，少量的民用建筑，有一些是局部钢结构，如砖混结构和混凝土结构，采用钢屋架，在大型体育场馆、展览馆、机场、码头、火车站等公共建筑中，采用钢网架作为屋盖结构，大量的钢结构广告牌建在城市道路和高速公路旁，如图 1.3-7 所示。有的设置在建筑物屋顶和外墙面上。

图 1.3-7 高速路旁的钢结构广告牌

1.4 钢结构破坏种类及原因分析

1.4.1 钢结构破坏形式及原因

1. 钢结构事故破坏形式统计分析

14

表 1.4-1 和 1.4-2 是对国内外钢结构事故的统计。

国内钢结构事故统计 表 1.4-1

1960 年 2 月	重庆天原化工厂钢屋架	火灾倒塌
1969 年 12 月	上海文化广场钢屋架	火灾倒塌
1973 年 1 月	辽阳太子河桥	斜拉杆断裂
1973 年 5 月	天津市体育馆钢屋架	火灾倒塌
1979 年 12 月	吉林液化气罐爆炸	低温脆性断裂引起爆炸
1981 年 4 月	长春卷烟厂钢木屋架	火灾倒塌
1983 年	上海某研究所食堂	钢索锈蚀,锚头被拉断
1983 年 8 月	台湾省立芋原高中礼堂	结构超载及长期漏水引发的锈蚀
1983 年 12 月	北京友谊宾馆剧场	火灾倒塌
1984 年 6 月	某体育馆	火灾,腹杆弯曲变形
1986 年 2 月	唐山市棉纺织厂	火灾倒塌
1986 年 4 月	北京高压气瓶厂	火灾倒塌
1987 年 4 月	江油电厂俱乐部	火灾倒塌
1988 年 2 月	河南信阳某厂房	暴雪荷载引起局部失稳
1989 年 1 月	内蒙古糖厂储罐	低温脆性断裂引起爆炸
1990 年 2 月	重型机器厂计量楼	整体倒塌,钢材不满足用钢标准和施工问题
1992 年 9 月	深圳国际展览中心	暴雨导致屋面积水,引起展厅倒塌
1993 年	福建泉州冷库	火灾
1993 年 11 月	某体育馆	火灾
1994 年 12 月	天津地毯仓库	设计错误、施工质量差引起倒塌
1995 年	某单层球面网壳	火灾,未造成网壳损害
1996 年	江苏省昆山市某厂房	火灾倒塌
1996 年 6 月	某歌舞厅	火灾使 70 根杆件变形
1996 年 12 月	鞍山某化工公司库房	整体失稳引起倒塌
1997 年 1 月	鞍山某饲料公司库房	暴风雪造成局部屈曲,从而引起整体失稳
	鞍山某游泳馆	暴风雪造成局部屈曲,从而引起整体失稳
	鞍山某田径训练馆	暴风雪造成局部屈曲,从而引起整体失稳
1998 年	北京某家具城	火灾,整体倒塌
2001 年 1 月	辽宁营口仓库	局部失稳引起倒塌
2001 年 1 月	辽宁西丰县市场	局部失稳引起倒塌
2005 年 9 月	徐州某开发区厂房	操作不当引起局部失稳,导致倒塌
2006 年 3 月	江苏盐城某厂房	整体失稳引起倒塌
2007 年	上海环球金融中心	火灾

1875 年	俄罗斯克夫达敞开式桥	上弦杆压杆失稳全桥破坏
1886 年 10 月	美国纽约某水塔	世界第一次钢结构脆性断裂事故
1907 年	加拿大魁北克大桥（一）	悬臂的受压下弦杆失稳造成倒塌
1919 年 1 月	美国波士顿糖液罐	破裂
1925 年	苏联的莫兹尔桥	压杆失稳破坏
1937 年	英国某海船	碰撞中脆断沉没
1938 年 1 月	德国柏林某公路桥	桥梁中的残余应力过大导致低温冷脆断裂
1940 年 11 月	美国塔科悬索桥	发生很大的扭转震动倒塌
1943 年 1 月	美国某油轮	温度−5℃,3 条油轮各断成两截
1944 年	美国某天然气双重球壳罐	低温严重脆断
1938~1950 年	比利时某大桥	6/14 座大桥负温下的冷脆断裂破坏
1951 年 1 月 31	加拿大魁北克大桥（二）	低温冷脆导致整体塌陷
1952 年	欧洲某油罐	破坏
1954 年	英国"世界协和号"油轮	由船底起裂,直贯甲板,一分为二
1960 年	罗马尼亚布加勒斯特的圆球面单层网壳	压杆屈曲
1962 年 7 月	澳大利亚墨尔本皇帝大桥	挠度过大导致脆性破坏
1966 年 1 月	苏联诺里列某浓缩车间	钢结构低温脆断事故
1967 年	美国蒙哥马利市一个饭店	火灾倒塌
1967 年 12 月	美国西弗吉尼亚一座大桥	钢材的韧性很低,疲劳断裂
1970 年	美国纽约第一贸易办公大楼	火灾
1970 年	澳大利亚墨尔本附近西门桥	上翼板跨中央失稳,整跨倒塌
1978 年 1 月	美国哈特福市中心体育馆	雪荷载超载导致压杆失稳
1979 年 6 月	美国肯帕体育馆	高强度螺栓在长期风荷载作用下疲劳破坏
1980 年 3 月	英国"基尔蓝"海洋平台	疲劳脆断
1990 年	英国一幢多层钢结构建筑	火灾
1994 年 10 月	韩国首都汉城的圣水桥	一根竖杆脆性断裂,坍塌
2001 年 9 月	美国纽约世贸中心	飞机撞击导致火灾

表 1.4-3 是对 62 起不同结构形式的钢结构事故，按不同结构形式分析的结果，针对国内外诸多钢结构事故的统计中，在钢结构事故中，工业厂房及普通的轻型钢屋盖所占比例最高，达 48.33%，这是因为钢结构在工业厂房和普通的轻型钢屋盖方面应用最多。

项目	高层钢结构	大跨度公共建筑钢结构	工业厂房(包括普通的轻型屋盖)	桥梁钢结构	特种钢结构	其他
事故数量	2	6	29	12	9	4
所占比例	3.3%	10%	48.3%	20%	15%	6.7%

对 60 例钢结构工程事故破坏类型的统计分析见表 1.4-4，可以从总体上对各类事故有

较全面的了解。由于火灾事故破坏的机理较为复杂,往往对该类事故的破坏形式分析得不多,在统计分析中将火灾事故的比例最高。

不同破坏形式钢结构事故统计分析结果 表1.4-4

项目	承载力和刚度失效	失稳破坏	疲劳破坏	脆性断裂	腐蚀破坏	火灾破坏	其他类型破坏
实例数	8	14	3	13	2	18	2
比例%	13.3	23.3	5	21.7	3.3	30	3.3

从表1.4-3和表1.4-4所示的钢结构事故统计分析,得出如下结论:

(1)在各类结构形式中,工业厂房(包括普通的轻型钢屋架)的事故最多,占统计资料的48.3%。

(2)从事故破坏形式分析,钢结构的火灾破坏最多,占统计资料的30%左右,此外,失稳破坏和脆性断裂事故所占比例也较大;分别占统计资料的23.3%和21.7%。

另有资料统计钢结构事故发生的时间来说,制作和安装阶段所占的比例最大,为49.2%。总体来看,设计阶段对结构荷载和受力情况估计不足、制作和安装阶段的连接质量差、钢材质量低劣、支撑和结构刚度不足以及使用维护阶段的火灾是引发事故最常见的原因。

2. 钢结构破坏类型及原因分析

钢结构事故分类简单分有整体事故和局部事故两种,按破坏类型划分,可以分为下列几种:构件的承载力和刚度失效;结构或构件的整体和局部失稳;结构的塑性破坏;结构的脆性破坏;疲劳破坏;腐蚀破坏;温度作用破坏。

(1)结构的承载力失效

结构承载力失效是指在正常使用状态下结构构件或连接因材料强度被超越而导致的破坏,主要原因有:1)钢材的强度指标不合格。2)连接件承载力不满足要求。焊接连接件的承载力取决于焊接材料强度及其与母材的匹配、焊接工艺、焊缝质量和缺陷及其检查和控制,焊接对母材热影响区的影响,或螺栓缺失连接不牢固等。3)使用荷载和条件的改变,超过原设计安全冗余度,包括计算荷载的超越、部分构件退出工作引起其他构件增载、意外冲击荷载、温度变化引起的附加应力、基础不均匀沉降引起的附加应力等。

(2)刚度失效

刚度失效指产生影响其继续承载或正常使用的塑性变形或振动。其主要原因是:1)结构支撑体系不够,支撑体系是保证结构整体和局部刚度的重要组成部分,它不仅对抵抗水平荷载和抗地震作用、抗振动有利,而且直接影响结构正常使用。2)结构或构件的构造措施等不足,导致刚度不满足设计要求,如轴压构件不满足长细比要求;受弯构件不满足允许挠度要求;压弯构件不满足上述两方面要求。

(3)整体失稳和局部失稳

主要发生在轴压、压弯和受弯构件中,它包括钢结构丧失整体稳定性和局部稳定性,1)影响结构构件整体稳定性的主要因素有:构件的长细比、构件的各种初始缺陷、构件受力条件的改变、临时支撑体系不够;2)影响构件局部稳定性的因素主要有:局部受力加劲肋构造措施不合理,当构件局部受力部位,如支座、较大集中荷载作用点没有设支撑

17

加劲肋，外力就会直接传给较薄的腹板从而产生局部失稳。吊装时，吊点的位置选择不当或者在截面设计中，构件的局部稳定不满足要求，都能影响构件的局部稳定性。

（4）塑性破坏和脆性破坏

钢结构具有塑性好的显著特点，有时发生塑性破坏，有时也产生脆性破坏，当结构因抗拉强度不足而破坏时，破坏前有先兆，呈现出较大的变形和裂缝等，呈现出塑性破坏特征。但当结构因受压稳定性不足而破坏时，可能失稳前变形很小，呈现出脆性破坏的特征，而且脆性破坏的突发性也使得失稳破坏更具危险性。

（5）疲劳破坏

承受反复荷载作用的结构会发生疲劳破坏，如果钢结构构件的实际循环应力值、最大与最小应力差和实际循环次数超过设计时所采取的参数，就可能发生疲劳破坏，产生原因如下：1）结构构件中有较大应力集中区域；2）所用钢材的抗疲劳性能差；3）钢结构构件制作时有缺陷，其中裂纹缺陷对钢材疲劳强度的影响比较大，不裂不疲是指如果没有裂缝产生，不会发生疲劳破坏；4）钢材的冷热加工、焊接工艺所产生的残余应力和残余变形对钢材疲劳强度也会产生较大影响。

（6）腐蚀破坏

腐蚀使钢结构杆件净截面减损降低结构承载力和可靠度，使钢结构脆性破坏的可能性增大，尤其是抗冷脆性能下降。经常干湿交替又未包混凝土的构件；埋入地下的地面附近部位；可能存积水或遭受水蒸气侵蚀部位等都容易发生锈蚀。由于钢结构以钢板和型钢为主要材料，必须使用物理化学性能合格的钢材，并对钢板型钢间的连接加以严格的控制，轻钢结构对腐蚀更敏感，截面尺寸越小的构件越容易发生腐蚀破坏。

钢材如果长时间暴露在室外受到风雨等自然力的侵蚀，必然会生锈老化，其自身承载力会下降，甚至结构破坏。

（7）温度作用引起的破坏和损伤

钢结构构件遇到火灾或安装在热源附近时，会因温度作用受到损伤，严重时将会引起破坏。在设计中已明确规定，当物件表面温度超过 150℃时，在结构防护处理中就要采取隔热措施。一般钢结构构件表面温度达到 200～250℃时，油漆层破坏，达到 300～400℃时，构件因温度作用，发生扭曲变形，超过 400℃时，钢材的强度特征和结构的承载能力急剧下降，见表 1.4-5。

Q235 钢在高温状况下容许应力降低值   表 1.4-5

温度(℃)	20	150	200	250	300	350	400	450	500
容许能力(%)	100	100	85.8	81	76.2	62	52.4	33.0	0

在高温车间温度变化大时，会出现相当大的温度变形，形成的温度位移，将使结构实际位置与设计位置出现偏差。当有阻碍自由变形的约束作用，如支撑、嵌固等作用时，由此在结构件内产生有周期特征的附加应力，在这些应力的作用下也会导致构件的扭曲或出现裂缝。在负温作用下，特别是在有应力集中的钢结构构件中，可产生冷脆裂纹，这种冷脆可以在工作应力不变的条件下发生和发展，导致破坏。

1.4.2 钢结构地震作用下损坏特征

与传统结构体系相比，钢结构具有材料强度高，塑性、韧性好，钢结构建筑物在地震作用下能充分发挥钢材的强度高、延性好、塑性变形能力强等优点，地震中表现优于砖混结构和钢筋混凝土结构，但是在强烈地震作用下也会发生钢结构破坏甚至倒塌现象。

1. 钢结构震害特征

（1）节点连接破坏：支撑连接及梁柱节点连接处发生明显变形、裂缝，连接构造处有裂缝，节点处等发生明显变形、滑移、拉脱、剪坏或裂缝；焊缝开裂；螺栓、铆钉被剪坏脱落；支撑连接处埋件被拔出等。图1.4-1为汶川地震时成都车站候车大厅网架杆件支座处节点损坏，图1.4-2、图1.4-3为汶川地震中工业厂房支撑系统破坏现象，图1.4-4～图1.4-6为1995年日本阪神地震中钢结构节点破坏现象。

（2）构件破坏：构件裂缝；构件受拉断裂；受压失稳、弯曲。网架结构常发生屋面整体失稳坍塌、屋架构件屈服或产生过大变形，图1.4-7为1995年日本阪神地震中钢结构柱破坏现象。

（3）结构倒塌：钢结构抗震性能虽好，在大地震中也存在倒塌现象，我国地震灾区钢结构建筑物较少，国外有类似倒塌实例，如1995年日本阪神地震有钢结构倒塌现象，1985年9月19日墨西哥首都墨西哥城M8.1地震中有10栋钢结构房屋倒塌。图1.4-8为2008年5月28日汶川地震中某加油站，由于柱底部锚固比较差，很难抵抗水平地震引起的弯矩和剪力，地震中倒塌。

（4）非结构构件破坏：由于自重较轻和强度较大，钢结构抵御地震的能力比较强，震

图1.4-1　成都车站候车室大厅网
架杆件支座螺栓松动

图1.4-2　厂房柱间支撑节点处
破坏、压杆失稳

1.4-3　单层钢结构工业厂房柱间支撑断裂损伤

图1.4-4　日本阪神地震钢结构柱间支撑失稳

害比较轻，大部分主要发生在维护结构。图1.4-9为绵阳九洲体育馆，其主体结构和支座

均无明显损伤，仅在围护结构和钢结构的结合处有轻微碰撞破坏。图 1.4-10 为江油市体育馆，主体结构轻微损伤，网架结构无明显损伤，网架结构支座松动严重。

图 1.4-5　日本阪神地震钢结构
梁柱节点梁焊缝断裂

图 1.4-6　日本阪神地震钢结构
梁柱节点梁螺栓破坏

图 1.4-7　日本阪神地震钢结构柱断裂

(a)

(b)

图 1.4-8　加油站倒塌
(a) 加油站倒塌；(b) 加油站柱底支座出现问题

图 1.4-9　地震中的九洲体育馆围护结构损坏

图 1.4-10　地震中的江油市体育馆围护结构损坏

2. 钢结构震害特点

（1）房屋的层数越多、高度越高，破坏越严重；

（2）不同烈度时的破坏部位变化不大，破坏程度有显著差别；

（3）建筑物的底层角部破坏最严重，框架结构角柱的震害常比边柱和中柱更为严重；

（4）梁、柱节点及支撑连接节点破坏严重；

（5）地震时钢屋架易塌落，突出屋顶的局部建筑（如水箱间、电梯机房等）破坏严重。

1.4.3　钢结构火灾损坏特征

钢材虽然是高温热轧等形成，为非燃烧材料，但是由于截面尺寸较小，热传导快，并不耐火。火灾发生后，钢结构在高温条件下，材料强度显著降低，首先构件本身有内力重分布现象，构件之间温度不同，部分构件承载力和刚度降低后，周围构件帮助该构件受力；其次热应力影响下，构件伸长变形，温度降低时构件长度收缩变形，变形都会受到其他构件的约束，产生温度应力，防火涂层脱落，强度和刚度迅速下降，构件和结构产生较大变形、屈曲等。

钢结构火灾破坏特征：

（1）**构件破坏**：轻者防火涂料脱落，重者构件变形，弯曲，进一步杆件丧失承载力。图1.4-11为央视北配楼火灾后外观全景，图1.4-12～图1.4-14是构件破坏照片；央视北配楼在2009年2月9日晚上，因燃放烟花引起火灾，火灾从最高处开始到低处，从室外到室内，着火时间约4个小时，造成外壳的钢结构网架杆件破坏严重。

（2）**节点连接破坏**：节点受温度影响，发生明显变形、滑移、错位、拉脱；节点连接开裂，图1.4-15～图1.4-17为央视北配楼火灾后钢网架节点及支座破坏照片；

（3）**结构倒塌**：火灾严重的局部倒塌，甚至结构整体倒塌，如图1.4-18、图1.4-19所示。图1.4-20是纽约世贸大厦在2001年9月11日遭到飞机撞击，着火后很快倒塌，世贸大厦采用筒中筒结构，为姊妹塔楼，地下6层，地上110层，高417m，标准层平面尺寸63.5m×63.5m，总面积12.5万m²，整个大楼可容纳5万人办公。外筒为钢柱，20世纪60年代设计，60年代末开始施工，1973年投入使用，每幢楼用钢量7800t。两座大楼受飞机撞击之后，一个在一小时零两分倒塌，另一个在一小时四十三分倒塌。世贸大厦看上去非常坚固，为什么受撞击后就像巧克力一样塌下去呢？据有关权威人士分析，其主要原因并非撞击时的冲击力，飞机本身重量较大，波音757重100t左右，波音767重150t左右，劫机者为了撞击大楼，将飞机开得尽可能的快，飞机撞击大楼时，时速达每小时1000km，冲击力可达30～45MN，撞击在300～400m高处，对楼根部产生很大的力矩，这一力矩比正常情况增加了20%～30%，但这一增加的力矩应在设计的安全范围内，造成大厦倒塌的重要原因是撞击后引起的大火，燃烧引起的高温可达1000℃，传至下部的温度也有几百度，钢柱受热后失去强度，使上层楼体塌下，并落到下一层，在设计上，楼板只承受本层的荷载，上层塌落后荷载全部加在下层，使下层超负荷，所以整个大厦是一层层垂直塌下的，后受撞击的楼先塌，是因为后受撞击的部位更靠近下部，钢柱的荷载冲击荷载更大，所以先塌。

图1.4-11 央视新址北配楼火灾后

图1.4-12 屋面网架过火后防火层有剥落

图 1.4-13　网架杆件变形

图 1.4-14　南侧 70m 标高杆件爆裂

图 1.4-15　展览大厅钢网架节点脱开

图 1.4-16　网架杆件与球节点脱开

图 1.4-17　8 层 B-B 支座铸铁断裂

图 1.4-18　火灾后钢框架结构变形

1.4.4　钢结构雪灾损坏形式及原因

雪荷载常会引起屋面结构破坏，雪在一定温度变化下会结冰，冰雪荷载作用下钢结构屋面，尤其是大跨度钢结构常因构件受力较大屈服、破坏，结构构件与构件连接节点变形过大，节点连接件、螺栓、螺钉被剪断或埋件被剪坏，螺栓孔受挤压屈服；焊缝及附近钢材开裂或拉断，甚至发生局部失稳倒塌或整体倾斜、倒塌，如图 1.4-21～图 1.4-25 所示。

屋架破坏造成屋盖塌落的事故较多，主要原因有：

（1）由于缺乏完善的屋盖支撑系统，在大雪等作用下失稳倒塌，有的影剧院、礼堂采

图 1.4-19　火灾后门式刚架倒塌　　　　图 1.4-20　纽约世贸大楼飞机撞击火灾倒塌

用钢屋架、钢木组合屋架，在这种空旷建筑中，很多因支撑系统不完善而倒塌。

（2）钢屋架施工焊接质量低劣或焊接方法错误和选材不当造成倒塌，如有的双铰拱屋架，因下弦接头采用单面绑条焊接，产生应力集中，绑条钢筋被拉断而倒塌。

（3）钢屋架因失稳倒塌事故很多，由于钢屋架的特点是强度高、杆件截面小，最容易发生屋架的整体失稳或屋架内上弦、端杆、腹杆的受压失稳破坏。

（4）屋面严重超载造成倒塌，主要发生在简易钢屋架结构中，很多简易轻钢屋架，却盲目采用重屋面，加上雪荷载较大作用，轻钢结构对超载很敏感，轻型钢结构屋面竖向刚度差，超载引起压型钢板和檩条大变形，产生很大的拉力，当一侧檩条失效，另一侧檩条将使钢梁平面外受力加大，梁将产生侧向弯曲和扭转，发生整体失稳。

图 1.4-21　威海大雪轻钢结构整体破坏　　　图 1.4-22　山东威海雪灾钢结构倾斜变形

1.4-23　沈阳某厂房大雪后钢结构屋面破坏　　图1.4-24　沈阳某厂房大雪后屋面和主体结构破坏

1.4.5　钢结构风灾损坏形式及原因

风灾常会引起钢结构屋面结构破坏，如图1.4-26～图1.4-28所示。

图1.4-25　大雪使钢结构局部倒塌　　　　图1.4-26　大风使屋面破坏

图1.4-27　大风使钢结构屋面破坏，钢屋架没坏

风灾破坏也经常发生在屋面，尤其是轻钢屋面最容易损坏，有时屋面装饰保温防水层破坏，而网架或屋架结构未坏，原因是屋面板被风吹掉，卸掉一部分荷载，减轻了屋架或网架的应力。一般屋面破坏首先从角部开始，美国规范角部风荷载体型系数大于中间。

风荷载作用下，高层、超高层钢结构的维护结构及各种幕墙、外窗等易损坏，沿海的一些国家和地区，砖混结构及混凝土结构的建筑经常采用钢屋架和压型钢板等屋面，当大

图 1.4-28　大风使钢结构屋面破坏

的台风过后，大部分屋面被风吹落，围护结构、外窗、幕墙以及悬挑结构被风刮坏。

1.5　已有评定标准分析与探讨

1.5.1　既有建筑物安全性评定技术发展

建筑物的鉴定加固与改造是一门古老而新兴的学科，建筑工程是一个古老的、传统的专业，新建建筑物设计与施工是很成熟的技术，但是对于建好并投入使用多年的既有建筑物，如何通过现代化的仪器设备进行检测，对其检测数据统计分析，运用在结构计算模型中，对结构的安全性等进行评定，采用有效措施加固改造，是一个新兴的领域，我国现有约 600 亿 m² 的建筑物中，约三分之一需要进行检测、鉴定与加固、改造。

建筑结构的安全问题一直受到人们的重视，对建筑物使用过程中出现的变形、裂缝、损坏等现象进行分析研究，根据结构力学和建筑结构、建筑材料的专业知识，借助检测工具和仪器设备对结构进行现场检验，结合工程设计和施工资料，逐渐了解和认识了这些问题产生的原因和危害性，对房屋结构的材料性能、承载能力和损坏原因等情况进行的检测、计算、分析和论证，并维修加固等有效措施进行处理，在理论上总结提高，在实践中积累经验，形成和发展了建筑物鉴定加固学科。

随着我国建设工程的发展，鉴定方法也走过了传统经验法、实用鉴定法和可靠度概率鉴定法的三个阶段。

（1）传统经验法

新中国成立后至 20 世纪 80 年代，我国的国力有限，工程建设重点放在新建工业与民用建筑上，且当时后建成的建筑物和构筑物的使用年限还相对比较短，没有达到这些建筑物的设计使用寿命，对建筑结构的鉴定与维护工作相对较少。因此这段时期的鉴定与评估工作的对象，主要针对比较破旧的工业与民用建筑，经常采用传统经验鉴定法进行鉴定，依靠有经验的专业技术人员进行现场观察，有时辅助于简单的检测仪器检测和必要的承载力等复核计算，然后借助专业人员的知识和经验给出评定结果。传统经验法的优点是方法简单易行、鉴定程序少、费用不多，节约人力物力，对受力简单、传力路线明确、建筑材料无问题、技术不太复杂的较简单的中小型工程的鉴定，使用此方法一般不会发生大的误判。但由于此方法仅使用常规的检测工具，凭鉴定技术人员的个人经验，受个人主观因素的影响较大，对一些结构复杂的工程，有时鉴定结论会出现差异，在较复杂的结构可靠性鉴定中，甚至会出现为避免个人承担风险而过于保守的现象，所提出的处理措施也多为治标不治本的临时措施。

（2）实用鉴定法

随着检测技术的发展，结构分析手段的不断进步，在传统经验法的基础上发展形成了实用鉴定法。实用鉴定法是在初步调查、分析损坏原因的基础上，列出调查项目、检测内容和结构实验方法的要求，建立一套完整描述房屋状况的模式和表格。由于该方法增加了检测仪器和设备的应用，对于结构材料强度等有关力学参数，一般采用实测值，并经过统计分析后才用于结构的分析计算。在各项结果的评定中，均以原设计规范的控制条件为标准，经过分析提出综合性鉴定结论和建议。

该方法在一定程度上克服了经验鉴定法的缺点，与传统经验法相比，实用鉴定程序科学、合理，对建筑物性能和状态的认识较准确和全面，具有统一的评定标准，而且鉴定工作主要由专门的技术机构或成立的专项鉴定组承担，因此对建筑物可靠性水平的判定较准确，能够为建筑物维修、加固、改造方案的决策提供可靠的技术依据。

1985年我国开展了新中国成立以来第一次城镇房屋的全国普查工作，为配合这次普查，国家建设行政主管部门组织有关技术部门编制了《房屋等级评定标准》和《危险房屋鉴定标准》JGJ 125，特别是房管局主编的《危险房屋鉴定标准》，于1986年开始实施，1999年进行第一次修编，2004年局部修编，目前正在进行第二次修编，约三十年来一直在全国房管部门的房屋安全鉴定中广泛应用。鉴于当时缺少相应检测手段，待评定和鉴定房屋的数量极大，这两本标准均采用了以外观检查为主的鉴定方法，主要适用于民用建筑，尤其是住宅建筑。

到了20世纪90年代，旧建筑物问题逐步暴露出来，冶金部组织编制了钢铁厂房的可靠性鉴定标准，1990年出版了国家标准《工业厂房可靠性鉴定标准》GBJ 144—90，2000年以后修编名称为《工业建筑可靠性鉴定标准》GB/T 50144—2008。随着住宅商品化以后，全社会对建设工程质量的关注促进了建设工程质量的检测与鉴定技术的发展，又编制了《民用建筑可靠性鉴定标准》GB/T 50292—1999。这两本标准的出台，使得建设工程质量的检测与鉴定技术已超出了单纯的结构安全的范畴，包括了结构的安全性、耐久性、适用性和抗灾害能力以及工程质量问题产生原因的鉴定与分析等综合问题。

由于我国大部分地区处于地震区，需要对发生地震情况下的房屋结构的抗震性能进行鉴定。抗震鉴定主要是评判房屋结构是否满足所在地区抗震构造和地震作用下的承载力要求。1976年唐山地震发生后，国内进行了大规模的建筑物和构筑物的抗震鉴定和抗震加固工作，1977年，国家建设主管部门组织有关力量编制的《工业与民用建筑抗震鉴定标准》TJ 23—77发布实施，后建设部会同中国建筑科学研究院等有关部门进行了修订，《建筑抗震鉴定标准》GB 50023—95为强制性国家标准，自1996年6月1日起施行，但是该标准只适用于1976年唐山地震以前未进行抗震设防的建筑。2008年汶川地震之后，进行了第二次修订，是目前现行的《建筑抗震鉴定标准》GB 50023—2009，该标准促进了建筑物和构筑物的抗震鉴定技术的发展，但是抗震鉴定标准中不含钢结构。

针对灾害对建筑物的影响，目前有火灾的鉴定标准，工程建设标准化协会颁布了《火灾后建筑结构鉴定标准》CECS 252：2009。

上述基本标准都是采用的实用鉴定法。

（3）可靠度概率鉴定法

结构鉴定技术随着检测技术的进步，市场与社会需求的加大，国家经济水平的提高而不断发展。从传统经验鉴定法发展到目前的实用鉴定法，正在向可靠度概率鉴定法过渡。因为结构设计采用的是概率理论和失效概率方法，而实际结构在其几十年甚至上百年的使用过程中，受到的荷载作用是一个随机分布的过程，结构的几何尺寸、截面尺寸、材料强度和性能等都是随着时间变化的随机变量，要找出他们的变化规律，进行随机变量在整个寿命周期内的统计分析规律，建立数学模型，进行可靠度验算等，是结构鉴定发展方向。

既有建筑结构鉴定加固改造技术目前正成为建筑研究领域的热点之一，国内众多的建筑结构检测鉴定机构通过多年大量工程的实践，在检测技术，结构的事故处理及结构损伤判断，结构的可靠性评定上都积累了较为丰富的理论及实践经验，编制了相应的标准规范。在工程中得到广泛应用，特别是5·12地震后，全国都进行了中小学、幼儿园等校舍的安全性鉴定和抗震鉴定，为提高校舍的安全度水平和抗灾害能力奠定了基础。

1.5.2　已有评定标准分析

目前国内现行的鉴定标准有：《民用建筑可靠性鉴定标准》GB/T 50292—1999、《工业建筑可靠性鉴定标准》GB/T 50144—2008、《危险房屋鉴定标准》JGJ 125—99、《建筑抗震鉴定标准》GB 50023—2009、《火灾后建筑结构鉴定标准》CECS 252：2009。其中《民用建筑可靠性鉴定标准》GB/T 50292—1999 和《工业建筑可靠性鉴定标准》GB 50144—2009 是不含建筑物抗震能力鉴定的，主要是建筑物的安全性鉴定和使用性鉴定，耐久性鉴定的内容也较少；《建筑抗震鉴定标准》GB 50023—2009 不含钢结构建筑，抗震鉴定适用于未采取抗震设防或设防烈度低于国家标准规定的建筑进行抗震性能评价；《危险房屋鉴定标准》JGJ 125—99 适用于对既有房屋的危险性鉴定，主要是适用于住宅类建筑。

现行的各个鉴定标准都是在鉴定工作中常用的，他们之间有共同点，也有不同点，甚至个别地方有矛盾，下面进行简要分析。

1. 共同点都是三个层次，将建筑物分为地基基础、上部承重结构、围护结构三个组成部分，安全性分为四个等级。

《危险房屋鉴定标准》JGJ 125—99 是对危险房屋进行鉴定，判断是否已构成危险房屋，有时简称为危房，标准是按三个层次进行评定。

第一层次——构件危险性鉴定，分危险构件和非危险性构件两种；按承载力、构造连接、裂缝和变形四项进行评定，任何一项达到即为危险构件。

第二层次——地基基础、上部承重结构、围护结构三个组成部分鉴定，分别计算其a、b、c、d 四个等级的隶属函数。

第三层次——房屋危险性鉴定，分为 A、B、C、D 四个等级。

《民用建筑可靠性鉴定标准》和《工业建筑可靠性鉴定标准》主要是对建筑物的安全性鉴定和使用性鉴定，也是分为三个层次。

第一层次——构件等级评定，安全性鉴定以承载能力、连接构造 2 个检查项目的检测结果，分 a、b、c、d 四个等级，然后取两个项目其中最低一级作为该构件的安全性等级；使用性鉴定以裂缝、变形、位移、损伤、腐蚀等项目的检测结果，分 a、b、c 三个等级，然后取所有项目其中最低一级作为该构件的使用性等级。

第二层次——结构系统（又称子单元）等级评定，结构系统也是地基基础、上部承重结构、围护结构三部分组成，每个系统安全性分为 A、B、C、D 四个等级，使用性分为 A、B、C 三个等级。

第三层次——鉴定单元可靠性评定，也就是整栋房屋或建筑物的可靠性鉴定，分为一、二、三、四四个等级。

2. 危险性的确定基本相同

《危险房屋鉴定标准》中对危房定义：结构已严重损坏，或承重构件已属危险构件，随时可能丧生稳定和承载能力，不能保证居住和使用安全的房屋。《民用建筑可靠性鉴定标准》和《工业建筑可靠性鉴定标准》的第四级和危房相近，属于极不符合国家现行标准规范的可靠性要求，已严重影响整体安全，必须立即采取措施的建筑物。

3. 后续使用年限的确定

《建筑抗震鉴定标准》GB 50023—2009 首次明确引入了后续使用年限的概念，并冠以强制性条文，后续使用年限是对现有建筑经抗震鉴定后继续使用所约定的一个时期，在这个时期内，建筑不需重新鉴定和相应加固就能按预期目的使用、完成预定的功能。后续使用年限主要依据建筑物的建设年代确定，分为 30 年、40 年和 50 年三种。不同的后续使用年限有不同的鉴定标准。

《工业建筑可靠性鉴定标准》GB/T 50144 则根据使用历史、当前技术状况和今后使用维修计划，由委托方和鉴定方共同商定后续使用年限。

《危险房屋鉴定标准》JGJ 125 按建设部 129 号令规定，鉴定为危房的应停止使用，采取措施处理，非危房时，第二年还需要进行鉴定。

4. 对地基基础评定都是依据地基基础的设计规范

《危险房屋鉴定标准》JGJ 125 中分地基危险状态和基础危险状态评定。地基危险状态从三个指标分别评定，任何一个达到了都可以评定为地基危险：1）地基沉降速度：连续 2 个月 大于 4mm/月，并且短期内无收敛趋向；2）地基不均匀沉降：沉降量大于现行国家标准《建筑地基基础设计规范》GB 50007 允许值，上部墙体产生沉降裂缝宽度大于 10mm，房屋倾斜率大于 1‰；3）地基滑移：地基不稳产生滑移，水平位移量大于 10mm，并对上部结构有显著影响，且仍有继续滑动的迹象。

基础危险状态也从三个指标分别评定，任何一个达到了为基础危险：1）承载能力：基础承载力小于作用效应的 85%（$R/\gamma_0 S < 0.85$）；2）耐久性：基础出现老化、腐蚀、酥碎、折断，导致结构明显倾斜、位移、裂缝、扭曲等；3）基础滑动：基础已有滑动，水平位移速度连续 2 个月大于 2mm/月，并在短期内无终止趋向。

《工业建筑可靠性鉴定标准》GB/T 50144 对地基基础评定是根据地基变形的观测资料和地上结构的反应进行评定，地基变形与《建筑地基基础设计规范》GB 50007 允许值进行比较，沉降速度按 0.001mm/d 和 0.005mm/d 进行评定，地上结构的反应是指是否有地基不均匀沉降产生的裂缝、变形和位移等。

5. 评定项目的差异

《危险房屋鉴定标准》JGJ 125 和《民用建筑可靠性鉴定标准》GB/T 50292 对结构整体的体系合理性、构件布置是否连续、规则及构造连接等评定内容较少，对结构出现的裂缝宽度、挠度、倾斜率、损伤等现象进行了分析评定，对构件的裂缝和变形指标评定非常详细；如《危险房屋鉴定标准》JGJ 125 规定砌体结构出现下列情况为危险构件：受压墙、柱受力方向裂缝宽＞2mm、缝长＞1/2 层高，或缝长＞1/3 层高的多条竖向裂缝；支撑梁或屋架的局部墙体或柱截面产生多条竖向裂缝，或裂缝宽度＞1mm；墙、柱偏心受压产生水平裂缝，裂缝宽度＞0.5mm。混凝土结构构件出现下列裂缝为危险构件：简支梁、连续梁跨中受拉裂缝宽＞0.5mm、支座附近剪切裂缝宽＞0.4mm，板受拉裂缝宽＞0.4mm，墙中间部位产生交叉裂缝宽＞0.4mm，柱产生竖向裂缝或一侧产生水平裂缝宽＞1mm、另一侧混凝土压碎；梁、板主筋锈蚀，产生顺筋裂缝宽＞1mm，柱产生竖向、保护层剥落、主筋外露锈蚀。危房鉴定标准中没有对钢结构构件裂缝的评定。《民用建筑可靠性鉴定标准》GB/T 50292 规定简支梁、连续梁支座附近剪切裂缝即为 D 级，而不是等到裂缝宽度达到 0.4mm。《建筑抗震鉴定标准》GB 50023 对结构体系、构件布置、抗震构造、地震作用下的承载力有要求，裂缝宽度、变形、倾斜率、截面损伤等对抗震性能的影响没有评定。

6. 构件的评定操作性很强

现行标准中构件的评定操作性较强，有科学依据，如危房标准中构件裂缝和变形的评定比较详细和明确，利用检测结果可以简捷的判断。

危房标准中对各种结构形式的构件变形均有明确的规定，而在实际工程中对危险构件的判断也起到了主要作用。如砌体结构危险构件：墙、柱倾斜率＞0.7%；木结构危险构件：主梁挠度＞$L_0/150$，屋架挠度＞$L_0/120$，出平面倾斜量＞$h/120$，檩条、隔栅挠度＞$L_0/120$，木柱侧弯矢高＞$h/150$，柱脚腐朽截面面积＞1/5；混凝土结构：墙、柱倾斜率＞1.0%，侧向位移量＞$h/150$，侧向变形＞$h/250$ 或＞30mm，屋架挠度＞$L_0/200$，倾斜率＞2.0%；钢结构构件：梁、板＞$L_0/250$ 或＞45mm，实腹梁侧弯矢高＞$L_0/600$，钢柱顶位移平面内＞$h/150$；平面外＞$h/500$ 或＞40mm，屋架挠度＞$L_0/250$ 或＞40mm，倾斜量＞$h/150$。

工业和民用可靠性鉴定标准中构件的安全性、使用性评定也都有具体的可操作的指标，鉴定人员很好掌握。

7. 房屋组成部分的评定方法

《危险房屋鉴定标准》JGJ 125 以房屋组成部分为单元，计算各部分危险构件数占总数的百分比，地基基础中危险构件百分数计算和围护结构中危险构件百分数计算 $p_{fdm}=n_d/n×100\%$，$p_{esdm}=n_d/n×100\%$ 上部承重结构中危险构件百分数计算，根据构件的重要程度，分别乘以加权系数（重要性系数），其中柱、墙为 2.4，梁、屋架为 1.9，次梁为 1.4，楼板为基数 1.0。房屋组成部分危险性等级 a、b、c、d 与原危险构件所占百分数直接相关，采用隶属函数 $u=f(p)$ 表示，值越大表示隶属某级的可能性越大，最大值为 1，最小值为 0，相应于等于 1 的 a、b、c、d 级四个标准点认定为 $p=0\%$、5%、30% 和 100%，那么，中间状态按模糊（F_{uzzy}）数学原理，近似采用最简单的线性关系表示，如图 1.5-1 所示。

那么隶属函数的评定模型是否合理？能否准确代表房屋的危险性，定性是没有疑问的，柱、墙比梁重要，梁比板重要，但是定量给出构件重要性权重系数选取的科学性如何？房屋的三个组成部分在危险性评定中的比例如何划分？是否同危房评定标准中的地基基础为 30%，上部承重结构 60%，围护结构 10%？

工业和民用可靠性鉴定标准中，结构系统的可靠性鉴定评级，由安全性等级和使用性等级评定，也与地基基础、上部承重结构和围护结构三个结构系统的安全性等级和使用性等级有关。

民用建筑和工业建筑可靠性鉴定评级的层次、等级划分以及工作步骤和内容规定如下：

（1）安全性和正常使用性鉴定评级，应该按照构件，子单元和鉴定单元各分三个层次。每个层次分为四个安全性等级和三个使用性等级，按照以下步骤进行检查：

1）根据构件个检查项目评定结果，确定单个构件等级；

2）根据子单元各个检查项目以及各种构件的评定结果确定子单元的等级；

3）根据各子单元的评定结果，确定鉴定单元等级。

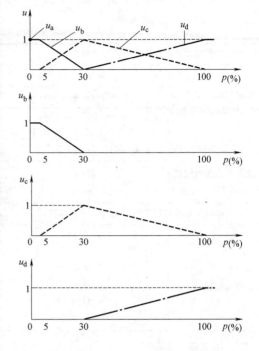

图 1.5-1　隶属函数表示房屋危险性

（2）各层次可靠性鉴定评级，应给以该层次安全性和正常使用性的评定结果为依据综合确定，每个层次的可靠性等级分为 4 级。

（3）当仅要求鉴定某层次的安全性或正常使用性时，检查和评定工作可只进行到该层次相应程序规定和步骤。

现行结构鉴定规程将建筑结构的安全性、适用性和耐久性混在一起进行评定，称为可靠性等级。结构系统的可靠性等级综合评定方法是：分别根据每个结构系统的安全性等级和使用性等级评定结果，按下列原则确定：1）当系统的使用性等级为 C 级、安全性等级不低于 B 级时，定为 C 级；2）位于生产工艺流程关键部位的结构系统，可按其安全性等级和使用性等级中的较低等级确定；3）除上两款情况外，应按其安全性等级确定。

1.5.3　已有评定标准的探讨

根据作者多年来工程实践的总结和体会，提出下列问题供读者和同行进行探讨：

1. 地基基础检测和评定方法不完善，建筑物安全性评定中地基基础是很重要的组成部分，很多房屋使用期间倒塌重要原因是地基基础出现问题，然而对地基基础的现场状况缺乏相关的检测手段和检测标准，评定标准通常是根据地上结构的反应，沿用地基基础设计规范的变形允许值判断，现行的《地基基础设计规范》GB 50007—2011 的 5.3.4 条进行评定，其地基变形允许值见表 1.5-1，而地基设计规范的允许值是针对保证正常使用功能确定的，适用于设计阶段验算的，而非既有结构地基本身的实测数据，缺乏既有建筑物地基基础对安全性影响的参数总结分析。

建筑物的地基变形允许值 表 1.5-1

变形特征		地基土类别	
		中、低压缩性土	高压缩性土
砌体承重结构基础的局部倾斜		0.002	0.003
工业与民用建筑相邻柱基的沉降差	框架结构	0.002L	0.003L
	砌体墙填充的边排柱	0.0007L	0.001L
	当基础不均匀沉降时不产生附加应力的结构	0.005L	0.005L
单层排架结构(柱距 6m)柱基沉降量		(120mm)	200mm
桥式吊车轨面的倾斜（按不调整轨道考虑）	纵向	0.004	
	横向	0.003	
体形简单的高层建筑基础的平均沉降量		200mm	
多层和高层建筑物基础倾斜	$H_g \leqslant 20$	0.008	
	$20 < H_g \leqslant 50$	0.006	
	$50 < H_g \leqslant 100$	0.005	
	$100 < H_g \leqslant 150$	0.004	
	$150 < H_g \leqslant 200$	0.003	
	$200 < H_g \leqslant 250$	0.002	
高耸结构基础的沉降量	$H_g \leqslant 100$	400mm	
	$100 < H_g \leqslant 200$	300mm	
	$200 < H_g \leqslant 250$	200mm	

注：1. 表中数值为建筑物地基实际最终变形允许值；

2. 有括号者仅适用于中压缩性土；

3. L—相邻柱基的中心距离（mm）；

H_g—自室外地面起算的建筑物高度（m）；

4. 倾斜指基础倾斜方向两端点的沉降差与其距离的比值；

5. 局部倾斜指砌体承重结构沿纵向 6～10m 内基础两点沉降差与其距离的比值。

一种观点认为建筑物竣工并投入正常使用两年以上，如果资料齐全，没有发现明显的基础沉降和整体倾斜变形，可以不进行地基基础的检测与评定。

2. 重构件评定，轻结构整体评定，对构件的承载力、裂缝、变形、稳定性等有详细的规定，但是杆件再强，如果连接失效，结构整体布置错误，构件就无所依托，构件的作用也发挥不出来。

3. 重构件承载力，轻构件之间的连接和构造措施。构件之间的连接及锚固等构造措施，对于混凝土结构现在的检测手段难以查清楚，只能依据图纸判断，如果没有图纸，节点连接构造就会缺项，钢结构相对较好，隐蔽工程少。

4. 重视构件的承载力而忽视构件的稳定，各类可靠性鉴定标准和危房鉴定标准，注重承载力验算比较，稳定性规定较少，特别是钢结构构件截面较小，对稳定要求较高。

5. 偏重于主体结构的安全性，轻围护结构和附属结构的安全性，缺乏装修、设备等专业的评定标准，对建筑的使用功能、使用安全、耐久性及防灾害能力、重大危险源的辨识与防治重视不够。如部分地区燃气、煤气进户用的都是刚性接头，一旦发生地震，就有可能发生火灾、爆炸等严重问题，北京、山东、四川等地都发生过燃气泄漏，造成爆炸着

32

火，楼房损坏倒塌事故，又如某些高层建筑采用的玻璃幕墙抗震性能较差，在大风及地震作用下玻璃可能破碎脱落，就可能造成人民生命财产损失，再如部分建筑上的突出附属构件对防风与抗震估计不够，在大风或地震作用下就可能造成安全事故。

6. 安全性评定与抗震能力评定脱节，各评各的，相互之间缺乏联系，很多鉴定人员安全性承载力验算时考虑了地震作用。

7. 主要构件与一般构件缺乏定义，其在结构安全性和抗震性的作用无法量化，在危房评定标准中将构件的重要性系数加以量化，柱、墙为 2.4，梁、屋架为 1.9，次梁为 1.4，楼板为基数 1.0，没有解释其科学根据，可靠性鉴定中主要构件与一般构件指标不同，鉴定人员不好把握。

8. 重要部位与一般部位没有区别，如不同楼层之间的区别，同一楼层角部与边缘，边缘与中间之间的区别，三个组成部分的重要性分配，在危房评定标准中也将其加以量化，地基基础为 0.3，上部承重结构为 0.6，围护结构为 0.1，也没有解释其科学根据。

9. 后续使用年限的确定，既有建筑物鉴定时已经使用了相当长的时间，按要求应该继续使用多少年没有依据的标准，改造完以后的建筑可以继续使用多少年，对达到使用年限的建筑，满足什么条件才可以继续使用。只有抗震鉴定标准有规定，但是抗震鉴定标准中不含钢结构建筑物。对既有建筑无需结构性处理的剩余使用年限，经过加固、改造后的结构预期合理使用年限如何评定不明确。不同的后续使用年限会有不同加固技术措施，同时也是影响决策者确定经济指标的重要因素之一。

10. 荷载选择方面：1) 在后续使用年限内，楼面活荷载折减系数，风荷载、雪荷载效应和荷载分项系数的取值，原则上强调符合国家标准规定，实际上没有哪本标准有具体规定。2) 在结构内力组合时，构件截面尺寸已经固定，自重产生的静荷载是否还需要乘以荷载组合系数？

11. 内力和承载力验算方面：1) 在既有结构内力计算中，由于梁板产生挠度变形，特别是墙柱等竖向构件产生的倾斜变形，以及地基不均匀沉降等变形引起的结构内力，在结构计算模型中如何考虑？2) 既有结构承载力验算时，截面损伤、钢筋锈蚀、大量存在的裂缝对承载力的影响，没有量化的分析方法。受到灾害影响后变形，内部损伤如何在计算中量化损伤程度。

12. 缺乏既有结构安全性分析软件，往往借用新结构的设计分析软件。在对既有结构的承载能力计算鉴定时一般都沿用结构设计时的计算理论和计算方法，结构的设计阶段采用失效概率的理论，考虑了作用的变异、材料强度变异、构件尺寸的变异等；而既有结构的承载能力鉴定时，除了可变作用存在变异外，永久作用、材料强度和构件尺寸已确定，此外存在着轴线的实际偏差、基础实际不均匀沉降、环境温度的影响、结构的实际损伤等；问题不同了，计算理论和计算方法也应该有所区别。因此，关于既有结构的承载能力的计算理论和计算方法有待发展。

13. 材料强度的检测结果，往往给出的是抽样检验的推定值，与设计值之间的关系不明确，高于设计值时是否采用检测推定值，还是用设计值？低于设计值时，在结构承载力计算分析中如何确定材料强度？抽样数量如何合理确定，受到灾害影响后变形，内部损伤是否全数检测，计算模型中每个构件截面尺寸、材料强度等输入不同的实测值。很多检测数据没有在鉴定中应用，检测与鉴定脱节。

14. 结构的构造连接以及结构体系和构件布置等，没有图纸的工程，现场检查难度很大，主体结构外面都有装修，构件之间有填充墙等包围，现有的测试手段和仪器，难以检测里面构造连接及截面尺寸等参数。

15. 评定标准规范衔接问题，不同年代建造的房屋，使用当时的设计标准，钢结构设计规范从 20 世纪 70 年代的容许应力法《钢结构设计规范》TJ 17—74，到 80 年代末修订为以概率理论为基础的极限状态设计法《钢结构设计规范》GBJ 17—88，2000 年以后，继续以概率理论为基础的极限状态设计法并以应力形式表达的分项系数设计表达式进行设计计算的《钢结构设计规范》GB 50017—2003，2010 年以后规范又在修编，即将出版最新版本的钢结构设计规范。我国不同时期依据不同的建筑设计规范建造了大量的工业与民用建筑，对这些既有建筑该怎么进行评价，所依据的这些规范可靠不可靠，该如何评价、如何利用过去的规范，各个版本的规范之间是什么关系需进行进一步研究。既有建筑物评定依据现行的标准，还是当时的标准?

对于耐久性、抗灾害能力的检测和评定缺乏可操作性强的相应标准。

1.6 钢结构安全性评定目的和主要内容

1.6.1 安全性评定目的和工作流程

评定的目的是为了给采取处理措施提供依据，是建筑物加固改造工作中的一个环节。检测、检查及工程图纸资料的核查是第一步，各项性能的评定或鉴定以检测结果为依据，同时鉴定结果又是加固改造设计的依据。因此鉴定结果或鉴定结论满足加固改造设计即可。有时不必给出 ABCD 四个级，只有给出够不够就行，不够加固，够了不用处理，继续使用。

建筑结构是多道工序和众多构件组成的，但总体上可将建筑物结构划分为三部分：地基基础、上部承重结构、上部围护结构。组成各部分的基本构件有梁、板、柱、墙。对既有建筑物的检测是对建筑物的结构或构件的材料性能、几何尺寸、构造连接、变形、荷载作用等进行检查、测试；鉴定的根据现场检测和调查的结果，对结构或构件的各项性能进行评定，对检测数据进行分析，建立结构整体分析模型，将检测结果在结构安全性、适用性的分析中应用，对结构出现的损伤及损害现象的影响及危害性进行分析，得出结构可靠性等各项性能的鉴定结论；鉴定结果是加固、改造设计的依据，如果鉴定的结论符合规范、标准的要求，建筑物可不经处理，继续使用，如果鉴定的结果不符合要求，应进行加固或改造设计，然后进行施工及工程施工质量的验收。图 1.6-1 所示的是加固改造工作流程。

1.6.2 安全性评定内容

说到建筑物的结构功能，可以用可靠性这个指标来评定，可靠性是指结构在规定的时间内，在规定的条件下，完成预定功能的能力。规定的时间是建筑物的设计基准期，一般的工业与民用建筑为 50 年，重要的建筑物可以是 100 年，次要的建筑物为 25 年，临时性的建筑物为 5 年；规定的条件是指在正常设计、正常施工、正常使用的情况下。

可靠性包括安全性、适用性、耐久性三个方面。安全性是很重要的方面，在既有建筑物鉴定中 95% 是针对安全性的评定，约 5% 是使用性评定。

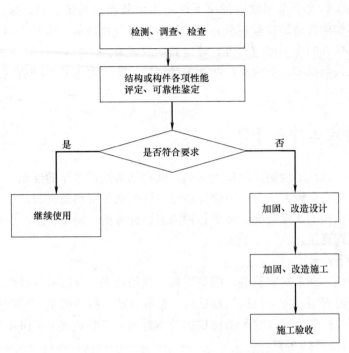

图 1.6-1　结构检测评定加固改造工作流程

安全性是指结构在正常施工和正常使用条件下，结构能承受可能出现的各种作用，如楼面各类活荷载、立面的风荷载、屋顶的雪荷载等的作用，以及在偶然事件发生时和发生后，仍能保持必要的整体稳定性。具体的是指结构的承载能力、构造措施、结构体系等。

根据《工程结构可靠度设计统一标准》GB 50153—2008 附录 G，对既有钢结构安全评估主要内容有：

（1）结构体系结构和构件布置；

（2）连接与构造措施；

（3）构件的承载能力；

（4）必要时包括抗灾害能力。

结构体系和构件布置是建筑结构安全性评定中最重要的评定项目，应以现行结构设计标准的要求为依据进行评定；由于现行结构设计规范对于结构体系和构件布置并没有系统和完善的规定，在实施结构体系和构件布置评定工作时，需要鉴定人员具有相应的知识和经验。

构造和连接是建筑结构安全性评定中另一个重要的评定项目。《工程结构可靠性设计统一标准》GB 50153 附录 G 关于构造和连接的评定也只有一条规定：与承载力相关的构造和连接应当以现行结构设计规范的规定为基准进行评定。

构件承载能力评定是在结构体系和构件布置、连接和构造评定满足要求的情况下，可采用下面五种方法评定：1）基于结构状态的评定方法；2）基于分项系数或安全系数的评定方法；3）基于可靠指标的评定方法；4）荷载检验的评定方法；5）其他适用的评定方法，如失效概率评定等。通常主要采用承载力验算分析或构件载荷试验的方法进行评定，采用构件承载力验算分析时，通过构件的受弯、受剪等承载能力与荷载作用下的作用效应进行比较，承载能力大于作用效应情况下评定为承载能力满足要求；采用构件荷载检验时，现场对钢结构构件施加检验荷载，在达到检验荷载并持荷一段时间内，观测每级荷载下和检验荷载下构件的变形和应力等，评定其承载能力。

抗灾害能力包括抗震、抗火灾、防撞击等评估，防止灾害发生时造成人员伤亡及财产破坏。

1.7 检测鉴定工作程序

安全性评估要以现场检测结果作为依据，既有结构经过多年的使用，与原设计和结构竣工验收时的状况会有较大出入，不能凭借原设计图纸等资料就进行鉴定评估，鉴定人员也要到现场了解结构的实际情况，考虑各种因素综合分析，得出科学、合理、可靠、准确的鉴定结论和处理意见。

工作程序如下：

（1）接受委托，确定鉴定目的，搜集资料、现场调查、查阅原设计图纸等；

（2）制定检测方案，方案包括检验项目、检验方法、抽样数量、检验依据等，主要依据国家现行的有关标准，如《建筑结构检测技术标准》GB/T 50344 和《钢结构现场检测技术标准》GB/T 50621 等；

（3）进行现场数据采集，并对结构的外观质量、构件损伤、裂缝、锈蚀情况和结构变形等进行全面检测，检测使用环境与荷载，以及结构在使用中的温度、湿度变化，是否存在有害介质作用，以及实际荷载是否超标等；

（4）按有关规定对检测数据进行统计分析、处理和评定；

（5）对承载力、稳定性等分析验算；

（6）对结构安全性进行综合分析判断；

（7）评定结论及处理建议。

第2章 钢结构的检测技术

2.1 检测基本要求

2.1.1 钢结构的检测项目

为了评定钢结构安全性及防灾害能力，应进行现场检测，得到工程现场实测的结果，然后进行结构体系、构件布置及构造连接的评定以及承载能力验算等，一般情况下现场检测项目如下：

(1) 结构体系、构件布置及支撑系统布置核查；

(2) 钢结构和构件外观质量检查：包括对钢材结构损伤和裂纹检测等；

(3) 材料强度及性能检测：包括钢材的力学性能（强度、伸长率、冷弯性能、冲击韧性）和化学成分；

(4) 连接与构造检测：包括焊缝等级的探伤；高强度扭剪型螺栓连接的梅花头是否已拧掉；高强度螺栓连接外露螺栓丝扣数；节点连接面顶紧与否直接影响节点荷载的传递和受力；

(5) 防护措施检测：包括防火、防腐涂装厚度；

(6) 整体变形和局部变形检测：包括结构整体沉降或倾斜变形，水平构件挠度和竖向构件的垂直度等，支座及杆件交点位置是否有偏差等；

(7) 构件的尺寸及锈蚀损伤检测：包括杆件截面尺寸、钢管壁厚、直径，锈蚀情况及锈蚀后剩余截面尺寸；

(8) 结构上的荷载和作用环境等检测，以及有无振动影响等。

2.1.2 现场检测抽样方法

为了评定既有钢结构的质量或性能进行的现场检验，除外观质量全部检查外，没有必要对所有的构件材料性能和截面尺寸等都进行检测，而是抽取某些构件，对抽样检测的结果进行评定，评定结果也代表未被抽查的构件，因此抽取的样本应具有代表性，数量也不能太少，抽样方法应科学合理，根据检测和质量评定相关规范标准，不同的检验项目有不同的抽样方法。

1. 全数检测项目

(1) 外观质量缺陷或表面损伤；外观质量和裂缝等是全数检测项目，具体的钢结构工程检测时，首先分析容易出现外观质量问题的部位，作为重点检查的对象，如存在渗漏现象的屋顶，易受到潮湿环境影响的柱脚，受到动荷载和疲劳荷载影响部位，梁柱节点以及支撑连接部位，受到磨损、冲撞损伤的构件，室外挑檐、悬挑构件等。

(2) 钢结构建筑物灾害后检测，受到灾害影响的区域应全数检测，对灾害影响程度进行分级，通常从无影响到有严重影响分为四个等级，按梁、板、柱、墙构件类型划分出各级的范围和区域。

2. 抽样检测项目

抽样检验又分为计数抽样和计量抽样，尺寸及尺寸偏差项目属于计数抽样检测和评定项目，材料强度属于计量抽样检测和评定项目。

（1）尺寸及尺寸偏差检测，有竣工图时可以少量抽查，与图纸尺寸进行核查。没有图纸时，现场进行跨度高度等测绘，根据测绘结果，划分检验批，同一类型的构件作为一个检验批，抽检一定数量检测钢材截面尺寸和规格型号。

（2）材料强度检测，钢材强度等级有竣工图时可以少量抽查，没有图纸时首先根据现场测绘结果，划分检验批，每批构件中根据取样试验方法或非破损方法（如硬度法）检验确定其强度等级，通常以非破损检测方法为主，少量取样实验等破损方法验证。

（3）焊缝质量可以根据焊缝条数划分检验批，也可以根据构件数划分检验批。螺栓连接可以根据螺栓连接的节点数或螺栓总数划分检验批。

（4）连接挠度变形和倾斜变形，通过现场观察，检验出现变形的构件，测量构件的变形，掌握变形的规律，为分析变形的原因提供依据。

（5）涂装厚度可按构件数量划分检验批，按批抽样检验，不符合要求时提出处理意见。

3. 抽样数量

既有钢结构建筑物的检测不同于施工质量评定和对施工质量进行验收，没有必要评定合格与否，而是通过抽样检验，确定检测项目的参数，为承载力验算、变形验算、稳定验算和安全性评定提供数据支持即可。

检验批的定义是检测项目相同、质量要求和生产工艺等基本相同，由一定数量构件等构成的检测对象。

对于既有钢结构工程，首先对检测项目划分检验批，划分检验批需要明确单个构件，单个构件的划分可参见《工业建筑可靠性鉴定标准》GB 50144 附录 A 和《危险房屋鉴定标准》JGJ 125 第 4.1.2 条。

独立柱基础，一个基础为一个构件。

条形基础：一个自然间的一面为一个构件。

板式基础：一个自然间的板为一个构件。

墙体：一个计算高度、一个自然间的一面为一个构件。

柱：一个计算高度、一根为一个构件。

现浇板：一个自然间的面积为一个构件。

预制板：一块板为一个构件。

屋架、桁架：一榀为一个构件。

划分检验批后，确定每批构件总数，然后抽取一定的样本容量，通常检验项目的抽样数量可按通用技术标准《建筑结构检测技术标准》GB 50344 的规定，在检测批中抽取最小样本容量见表 2.1-1，表 2.1-1 中给出的是最小样本容量，并不是最佳样本数量。检验类别分为三种，A 类别适用于图纸齐全，资料完整的工程，现场抽取少量的构件进行检验，B 类适用于结构质量或性能的检测，C 类适用于结构质量或性能的严格检测。根据检验类别确定抽样数量，样品的位置应随机选取，选择具备现场操作条件的构件，原则上要求选取的位置应分布均匀、对称，有代表性。既有钢结构检测一般采用 A 类或 B 类即可。

建筑结构抽样检测的最小样本容量 表 2.1-1

检测批的容量	检测类别和样本最小容量			检测批的容量	检测类别和样本最小容量		
	A	B	C		A	B	C
2~8	2	2	3	501~1200	32	80	125
9~15	2	3	5	1201~3200	50	125	200
16~25	3	5	8	3201~10000	80	200	315
26~50	5	8	13	10001~35000	125	315	500
51~90	5	13	20	35001~150000	200	500	800
91~150	8	20	32	150001~500000	315	800	1250
151~280	13	32	50	>500000	500	1250	2000
281~500	20	50	80				

2.1.3 钢结构检测资质和设备要求

承接钢结构检测工作的检测机构，应具有国家规定的有关资质条件要求，有质量管理体系和相应的技术能力，不仅要通过计量认证（CMA），而且要取得国家或省级建设行政主管部门的资质证书，以确保检测质量和作为第三方的公正性。

检测人员需要经过有关部门的培训考核，取得相应上岗资质的人员才能检测和评定。从事焊缝探伤等检测人员应按现行国家标准《无损检测人员资格鉴定与认证》GB/T 9445进行相应级别的培训、考核，并持有相应考核机构颁发的资格证书。

钢结构检测所用的仪器和设备应有产品合格证、计量检定机构的有效检定（校准）证书。仪器设备应检定合格，即符合计量法规定、定期检定，在检定有效期内使用，仪器设备的精度满足检测项目的要求。

2.2 结构体系和构件布置检测

结构体系及构件布置和支撑系统布置的检测，有图纸时对照图纸进行核查。无图纸时应进行现场检测，测量，绘制图纸，检查结构体系、构件布置、支撑布置等，根据实测结果，绘制结构平面布置及立面布置图，以及构件截面尺寸、连接构造等。

基础需要选取有代表性的位置挖开，测量基础埋置深度和截面尺寸，进行基础材料强度等检测。

2.3 外观质量及缺陷检测

2.3.1 外观缺陷种类

1. 钢材外观质量缺陷可分为（1）钢材表面缺陷：裂纹、折叠、夹层；（2）钢材端边或端口表面缺陷：分层、夹渣。

2. 焊缝外观缺陷指焊缝中的裂纹、焊瘤（图 2.3-1）、未焊透、未熔合、未焊满、夹渣、根部收缩、表面气孔、咬边、电弧擦伤、接头不良、表面夹渣等，其中焊缝夹渣是焊接后残留在焊缝中的熔渣、金属氧化物夹杂等；未焊透是指金属未熔化、焊接金属未进入母材金属内而导致接头根部的缺陷。

3. 螺栓连接的外观缺陷包括螺栓断裂、松动、脱落、螺杆弯曲，螺纹外露丝扣数不符合要求、连接零件不齐全、连接板变形和锈蚀等；对于高强度螺栓的连接，尚应目视连接部位是否发生滑移。

4. 涂层表面缺陷分为：（1）涂层有漏涂，表面存在脱皮、泛锈、龟裂、起泡、裂缝等；（2）涂层不均匀、有明显皱皮、流坠、乳突、针眼和气泡等；（3）涂层与钢构件粘结不牢固、有空鼓、脱层粉化、松散、浮浆等。

图 2.3-1　焊缝处焊瘤缺陷

2.3.2　构件表面缺陷的检测方法

杆件外观质量检测方法采用目测或 10 倍放大镜（施工验收规范要求），2～6 倍放大镜（现场检测规范要求），眼睛与被测件距离不得大于 600mm，夹角不得小于 30°，照明亮度 160～540lx，从多个角度进行观察。

钢结构构件和焊缝等缺陷用放大镜等无法判断时，表面缺陷可采用磁粉和渗透探伤，内部缺陷采用超声和射线等无损检测方法进行探测和判断。

2.3.3　焊缝缺陷的检测方法

既有工程如果发现焊缝有表面缺陷或工程事故需要确定焊缝质量，可以对焊缝质量进行抽样检验，抽样数量可结合工程情况划分检验批，如按楼层或构件类型划分或构件及连接部位的重要性等。检验方法有磁粉、渗透、超声和射线四种，其适用范围见表 2.3-1。

焊缝缺陷检测方法及适用范围　　　　　　　　　　　　　　　　表 2.3-1

序号	检测方法	适用范围	不适用
1	磁粉检测	铁磁性材料熔化焊焊缝表面或近表面缺陷。铁磁性材料，如碳素结构钢、低合金钢、沉淀硬化钢、电工钢等	不能确定缺陷深度和熔焊焊缝的内部缺陷
2	渗透检测	焊缝表面开口型缺陷，环境温度 10～50℃，非铁磁性材料，如铝、镁、铜、钛、奥氏体不锈钢	环境温度低于 10℃和高于 50℃
3	超声检测	内部缺陷，主要适用于平面型缺陷（裂纹、未融合等）的检测焊缝平面型内部缺陷	母材厚度小于 8 mm，曲率半径小于 160 mm，角焊缝
4	射线检测	内部缺陷的检测，主要适用于体积型缺陷的检测	角焊缝以及板材、棒材、锻件等

1. 磁粉检测

磁粉检测适用于铁磁性材料的构件或焊缝表面及近表面缺陷检测，铁磁性材料指碳素结构钢、低合金结构钢、沉淀硬化钢等，不适用于奥氏体不锈钢和铝、镁、铜、钛及其合金。磁粉检测又分干法和湿法两种，湿法比干法的检测灵敏度高，一般钢结构中磁粉检测都是采用湿法，如果被测工件不允许与水或油接触时，如温度较高的试件，可以采用干法检测。

磁粉检测方法简单、实用，能适应各种形状和大小以及不同工艺加工制造的铁磁性金属材料表面缺陷检测，但不能确定缺陷的深度，而且由于磁粉检测目前还主要是通过人的肉眼进行观察，所以主要还是以手动和半自动方式工作，难以实现全自动化。

2. 渗透检测

利用液体的毛细现象检测钢构件表面或焊缝表面开口型缺陷，渗透检测法的检测原理如图 2.3-2 所示，首先将具有良好渗透力的渗透液涂在被测工件表面，由于润湿和毛细作用，渗透液便渗入工件上开口型的缺陷当中，然后对工件表面进行净化处理，将多余的渗透液清洗掉，再涂上一层显像剂，将渗入并滞留在缺陷中的渗透液吸出来，就能得到被放大了的缺陷的清晰显示。

渗透检测可同时检出不同方向的各类表面缺陷，但是不能检出非表面缺陷以多孔材料的检测。渗透检测方法主要分为着色渗透检测和荧光渗透检测两大类，这两类方法的原理和操作过程相同，只是渗透和显示方法有所区别，荧光法比着色法对细微缺陷检测灵敏度高。

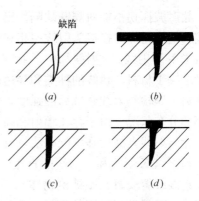

图 2.3-2 渗透检测原理
(a) 渗透前；(b) 渗透后；
(c) 清洗前；(d) 清洗后

3. 超声波探伤

焊缝的超声波探伤可测定构件内部缺陷和焊缝缺陷的位置、大小和数量，结合工程经验还可分析估计缺陷的性质。

对接焊缝的超声波探伤应按《钢焊缝手工超声波探伤方法和探伤结果分级》GB 11345 的有关规定进行，操作方法见图 2.3-3。

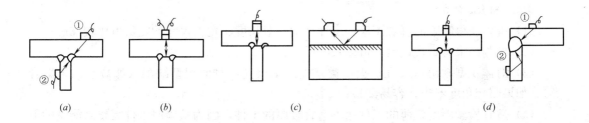

图 2.3-3 对接焊缝的超声波探伤
(a) 单晶片纵波直探头或聚焦直探头；(b) 双晶片纵波直探头；(c) 双斜探头；(d) 单斜探头

超声波探伤的每个探测区的焊缝长度不应小于 300mm。对于超声波探伤不合格的检验区，要在其附近再选择 2 个检测区进行探伤；如这 2 个检测区中又发现 1 处不合格，则必须对整条焊缝进行超声波探伤。

超声波检测的特点（优点和局限性）如下：

(1) 面积型缺陷的检出率较高，而体积型缺陷的检出率较低；

(2) 适宜检验厚度较大的工件，例如直径达几米的锻件，厚度达几百毫米的焊缝。不适宜检验较薄的工件，例如对厚度小于 8mm 的焊缝和 6mm 的板材的检验是困难的；

(3) 适用于各种试件，包括对接焊缝，角焊缝、板材、管材、棒材、锻件，以及复合材料等；

(4) 检验成本低、速度快、检测仪器体积小，重量轻，现场使用较方便；

（5）无法得到缺陷直观图象、定性困难，定量精度不高；

（6）检测结果无直接见证记录；

（7）对缺陷在工件厚度方向上定位较准确；

（8）材质、晶粒度对探伤有影响，例如铸钢材料和奥氏体不锈钢焊缝，因晶粒大不宜用超声波进行探伤。

4. 射线探伤

超声波探伤不能对焊缝缺陷作出判断时，应采用射线探伤，其内部缺陷分级及探伤方法按《钢熔化焊对接接头射线照相和质量分级》GB 3323 的有关规定进行检测。射线探伤一般采用 X 射线、γ 射线和中子射线，它们在穿过物质时由于散射、吸收作用而衰减，其程度取决于材料、射线的种类和穿透的距离。如果将强度均匀的射线照射到物体的一侧，而在另一侧检测射线衰减后的强度，便可发现物体表面或内部的缺陷，包括缺陷的种类、大小和分布状况。由于存在辐射和高压危险，射线探伤时需注意人身安全。

检测射线衰减后强度的方法，有直接照相法、间接照相法和透视法等，其中对微小缺陷的检测以 X 射线和 γ 射线的直接照相法最为理想，其简单的操作过程如下：将 X 射线或 γ 射线装置安置在距被检物体 0.5～1.0m 的地方，将胶片盒紧贴被检物的背后，让 X 射线或 γ 射线照射适当的时间（几分钟至几十分钟不等），使胶片充分曝光；将曝光后的胶片在暗室中进行显影、定影、水洗和干燥处理，制成底片；在显示屏的观察灯上观察底片的黑度和图像，即可判断缺陷的种类、大小和数量，确定缺陷等级。

射线探伤不合格的焊缝，要在其附近再选择 2 个检测点进行探伤；如这 2 个检测点中又发现 1 处不合格，则必须对整条焊缝进行探伤。

射线照相法的特点：

（1）可以获得缺陷的直观图象，定性准确，对长度、宽度尺寸的定量也比较准确；

（2）检测结果有直接记录，可以长期保存；

（3）对体积型缺陷（气孔、夹渣类）检出率很高，对面积型缺陷（如裂纹、未熔合类），如果照相角度不当，容易漏检；

（4）适宜检验厚度较薄的工件而不适宜较厚的工件，因为检验厚工件需要高能量的射线探伤设备，一般厚度大于 100mm 的工件照相是比较困难的。此外，板厚增大，射线照相绝对灵敏度下降的，也就是说对厚板射线照相，小尺寸缺陷以及一些面积型缺陷漏检的可能增大；

（5）适宜检验对接焊缝，不适宜检验角焊缝以及板材、棒材、锻件等；

（6）对缺陷在工件中厚度方向的位置、尺寸（高度）的确定比较困难，必须从不同方向进行探伤；

（7）检测成本高、速度慢；

（8）射线对人体有伤害。

2.4 钢材强度及性能

2.4.1 钢材强度和性能检测

有图纸时，按图纸核查钢材品种，确定钢材强度及性能，如果因现场条件限制而无法取样，或对测试结果的精度要求不高，仅需取得参考性的数据，则可利用表面硬度法近似推断钢材的强度，在现场采用里氏硬度仪（图 2.4-1 和图 2.4-2）对构件表面非破损检验其硬度值，按照《金属里氏硬度试验方法》（GB/T 17394—1998）和《黑色金属硬度及强度换算值》（GB/T 1172—1999）的规定，根据钢材的表面硬度推算其极限抗拉强度，从而能确定钢材的品种，得到钢材的设计强度等指标。硬度法检测也可以结合在构件上少量截取试样进行验证。

图 2.4-1 里氏硬度仪

图 2.4-2 数显式里氏硬度仪

如果没有图纸或工程需要，构件材料强度采用取样的方法检验，取样时应选择具有代表性构件，取样位置在对构件安全无影响的部位，取样部位及时修补，取得的试样试验室进行试验，确定钢材的力学性能包括屈服强度、抗拉极限强度、伸长率（塑性），必要时检验冷弯性能和冲击韧性以及化学成分。

钢材力学性能检验试样的取样数量、取样方法、试验方法和评定标准应符合表 2.4-1 要求。

钢材力学性能检验项目和方法   表 2.4-1

检验项目	取样数量(个/批)	取样方法	试验方法	评定标准
屈服强度、抗拉强度、伸长率	1	《钢材力学及工艺性能试验取样规定》GB 2975	《金属拉伸试验试样》GB 6397《金属拉伸试验方法》GB 228	《碳素结构钢》GB 700；《低合金高强度结构钢》GB/T 1591；其他钢材产品标准
冷弯性能	1		《金属弯曲试验方法》GB 232	
冲击功	3		《金属夏比缺口冲击试验方法》GB/T 229	

现场截取的型钢或钢板需要加工成标准试样，对于工字钢、槽钢、角钢、T 形钢等型钢和厚度 $a \leqslant 25\text{mm}$ 的钢板、宽 $10 \sim 150\text{mm}$ 的扁钢等成品钢材，一般采用保留钢材表面层的板状试样，如图 2.4-3 所示，其中试样厚度 a_0 取原钢材厚度，标距 L_0 取 $11.3a_0$ 或 $5.65a_0$，试样宽度 b_0 取 30mm（$a_0 > 3\text{mm}$）或 20mm（$a_0 \leqslant 3\text{mm}$）；如果试验机的技术条件不能满足要求，也可采用保留一个表面层的板状试样。

对于厚度 $a > 25$mm 的钢板和扁钢，应根据钢材厚度将其加工成圆形试样，如图2.4-4所示，试样中心线尽可能接近钢材表面，即在头部应保留不大显著的氧化皮。

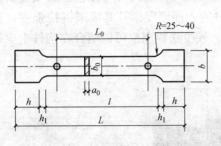

图 2.4-3　板状拉力试件

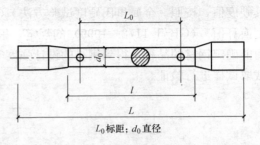

L_0标距；d_0直径

图 2.4-4　圆形拉力试件

冷弯试验是将试样置于试验机上用冷弯冲头加压，直至试样弯曲成 180°，如图 2.4-5 所示，如果试样弯曲处的里面、外面和侧面未出现裂纹、裂断或分层现象，则认为试样的冷弯性能合格。

冲击试验是将带有缺口的试样置于试验机上以摆锤进行冲击，如图 2.4-6 所示，测定试样断裂时所吸收的功，可很好地反映钢材在冲击荷载作用下抵抗脆性断裂的能力。

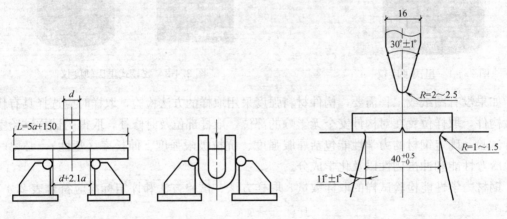

图 2.4-5　冷弯试验示意图　　　　图 2.4-6　冲击试验示意图

2.4.2　钢材化学成分检测及评定

钢材化学成分的分析，可根据需要进行全成分分析或主要成分分析。钢材化学成分的分析每批钢材可取一个试样，取样和试验应分别按《钢材化学分析用试样取样法及成品化学成分允许偏差》GB 222 和《钢铁及合金化学分析方法》GB 223 执行，并应按相应产品标准进行评定。

缺乏图纸资料时，可以现场取样进行化学成分分析判断国产钢材的品种，取样所用工具、机械、容器等预先进行清洗，取样时避开钢结构制作、安装过程中受到切割、焊接等热影响部位，钢材表面除去油漆、锈斑等，露出金属光泽，去掉钢材表面 1mm 浅层。主要成分分析包括五种元素 C、Mn、Si、S、P，如低合金钢等再加上 V、Nb、Ti 三种元素。根据五大元素含量，对照《碳素结构钢》GB/T 700 确定钢材品种，根据八大元素含量，对照《低合金高强度结构钢》GB/T 1591 中的化学成分含量进行判断。

锈蚀钢材或受到火灾等影响钢材的力学性能，可根据锈蚀等级和受火灾影响区的严重后果等级采用分批取样的方法检测，对试样的测试操作和评定，可按相应的钢材产品标准的规定进行。

2.5 钢结构的连接与构造检验

2.5.1 构造与连接检测内容

钢结构事故往往是连接上出现问题，连接是检测的重点。按照《钢结构设计规范》（GB 50003）相关条文和设计文件，连接构造应核查构件钢材最小截面尺寸，焊接要求，伸缩缝间距，支撑系统设置，锚栓、螺栓连接要求，构件形式、安装、运输等。

钢构件的连接有三种基本形式：焊缝连接、螺栓连接、铆钉连接，见图 2.5-1。铆钉连接由于费钢费工，目前已很少采用。

锚栓多用在钢结构构件与混凝土构件连接中。

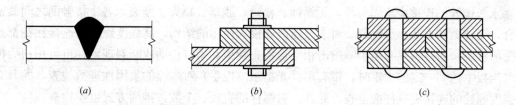

图 2.5-1　钢结构连接形式
（*a*）焊缝连接；（*b*）螺栓连接；（*c*）铆钉连接

2.5.2 构造与连接检测方法

1. 焊缝连接质量检测

焊缝连接检测包括内部缺陷、外观质量和尺寸偏差三个方面。对设计上要求全焊透的一、二级焊缝和设计上没有要求的钢材等强对焊拼接焊缝的质量，可采取超声波探伤的方法检测内部缺陷，超声波探伤不适用时采用射线探伤进行检验；外观质量一般采用肉眼观察或用放大镜、焊缝量规和钢尺检查，必要时可采用渗透或磁粉探伤进行检查；尺寸偏差一般采用眼睛观察或用焊缝量规检查。应按《钢结构工程施工质量验收规范》GB 50205 进行评定。

焊缝的缺陷种类如图 2.5-2 所示，有裂纹、气孔、夹渣、未熔透、虚焊、咬边、弧坑等。焊接连接目前应用最广，出事故也较多，应重点检查其缺陷。检查焊缝缺陷时，可用超声探伤仪或射线探测仪检测。在对焊缝的内部缺陷进行探伤前应先进行外观质量检查，达不到焊缝级别要求的应进行修补或降级。

各种探伤方法只能确定焊缝等几何缺陷，不能确定其物理化学性能，焊接接头的力学性能，可采取截取试样的方法检验，但应采取措施确保安全。焊接接头力学性能的检验分为拉伸、面弯和背弯等项目，每个检验项目可取两个试样。焊接接头的取样和检验方法应按《焊接接头机械性能试验取样方法》GB 2649、《焊接接头拉伸试验方法》GB 2615 和《焊接接头弯曲及压扁试验方法》GB 2653 等确定。焊接接头焊缝的强度不应低于钢材强度的最低保证值。

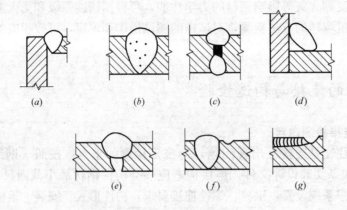

图 2.5-2 焊缝的缺陷

(a) 裂纹；(b) 气孔；(c) 夹渣；(d) 虚焊；(e) 未熔透；(f) 咬边；(g) 弧坑

2. 螺栓的连接质量检测

永久螺栓的连接应牢固可靠，无锈蚀、松动、脱落、缺失、断裂，各个接触面之间紧密贴合，无缝隙和夹杂物等现象。对于已建成并投入使用的结构，高强度螺栓的连接往往都处于受荷状态，通过观察和用小锤敲击相结合检查螺栓和铆钉松动或断裂现象，也可用扭力扳手（当扳手达到一定的力矩时，带有声、光指示的扳手）对螺栓的紧固性进行检查，尤其对高强度螺栓的连接更应仔细检查，此外，对螺栓的直径、个数、排列方式也要检查。

对扭剪型高强度螺栓连接质量的检测，可查看螺栓端部的梅花头是否已拧掉，除因构造原因无法使用专用扳手拧掉梅花头者外，未在终拧中拧掉梅花头的螺栓数不应大于该节点螺栓数的 5%。

对高强度螺栓连接质量的检测，可检查外露丝扣，外露丝扣 2 扣或 3 扣，允许有 10% 的螺栓丝扣外露 1 扣或 4 扣。

如果对螺栓质量有疑义，可通过螺栓实物最小拉力载荷试验，测定其抗拉强度是否满足现行国家标准《紧固件机械性能螺栓、螺钉和螺柱》GB 3098 的要求。

3. 连接板的检查

连接板检测包括：

（1）连接板尺寸，尤其是厚度是否符合要求；

（2）用直尺作为靠尺检查其平整度；

（3）测量因螺栓孔等造成的实际尺寸的减小；

（4）检测有无裂缝、局部缺损等损伤。

4. 构造的检测

构造也是保证构件可靠性的重要措施，表 2.5-1 列举了钢构件的构件类型及构造措施检测方法。

钢结构的构造措施检测主要依靠观察及尺寸测量，并进行下列验算：

（1）钢结构杆件长细比的检测与核算，可按规定测定杆件的尺寸，应以实际尺寸等核算杆件的长细比。

构件类型	构造设置	检测方法
受弯构件	楼板与梁受压翼缘的连接	观察
	梁支座处的抗扭措施	观察
	梁横向和纵向加劲肋的配置	观察
	梁横向加劲肋的尺寸	卡尺测量
	梁的支承加劲肋	观察
	梁受压翼缘、腹板的宽厚比	直尺测量
	梁的侧向支承	观察
受拉构件和受压构件	格构式柱分肢的长细比	直尺测量
	柱受压翼缘、腹板的宽厚比	直尺测量
	柱的侧向支承	观察
	双角钢或双槽钢构件的填板间距	直尺测量
	受拉构件的长细比	直尺测量
	受压构件的长细比	直尺测量
焊缝连接	拼接焊缝的间距	直尺测量
	宽度、厚度不同板件拼接时的斜面过渡	观察
	最小焊脚尺寸	焊缝量规检测
	最大焊脚尺寸	焊缝量规检测
	侧面角焊缝的最小长度	直尺测量
	侧面角焊缝的最大长度	直尺测量
	角焊缝的表面形状和焊脚边比例	观察
	正面角焊缝搭接的最小长度	直尺测量
	侧面角焊缝搭接的焊缝最小间距	直尺测量
螺栓连接	螺栓的最小间距	直尺测量
	螺栓最大间距	直尺测量
	缀板柱中缀板的线刚度	直尺测量

（2）钢结构支撑体系的布置与连接，支撑体系构件的尺寸，应按设计图纸或相应设计规范进行核查或评定。

（3）钢结构构件截面的宽厚比，可测定构件截面相关尺寸，并进行核算，应按设计图纸和相关规范进行评定。

（4）焊缝的外形尺寸一般用焊缝检验尺测量，焊缝检验尺由主尺、多用尺和高度标尺构成，可用于测量焊接母材的坡口角度、间隙、错位及焊缝高度、焊缝宽度和角焊缝高度，如图 2.5-3 和图 2.5-4 所示。

主尺正面边缘用于对接校直和测量长度尺寸（图 2.5-4a）；高度标尺一端用于测量母材间的错位及焊缝高度（图 2.5-4b、c、d），另一端用于测量角焊缝厚度（图 2.5-4e）；多用尺 15°锐角面上的刻度用于测量间隙（图 2.5-4f）；多用尺与主尺配合可分别测量焊缝宽度及坡口角度（图 2.5-4g、h）。

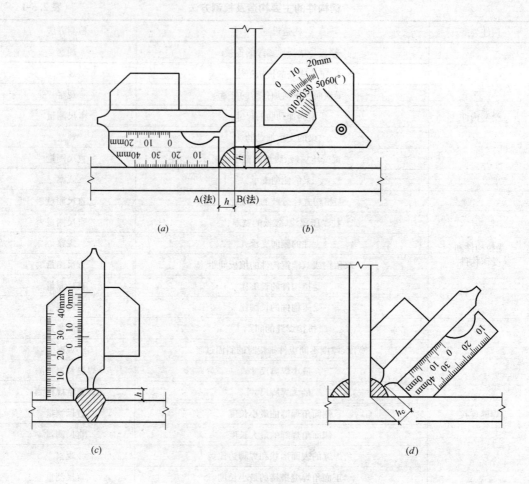

图 2.5-3　用焊缝量规测量焊缝尺寸

注：h—焊缝尺寸

（a）方法一；（b）方法二；（c）方法三；（d）方法四

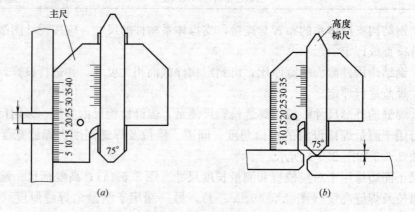

图 2.5-4　焊缝检验尺的使用

（a）校直、测量长度；（b）测量错位

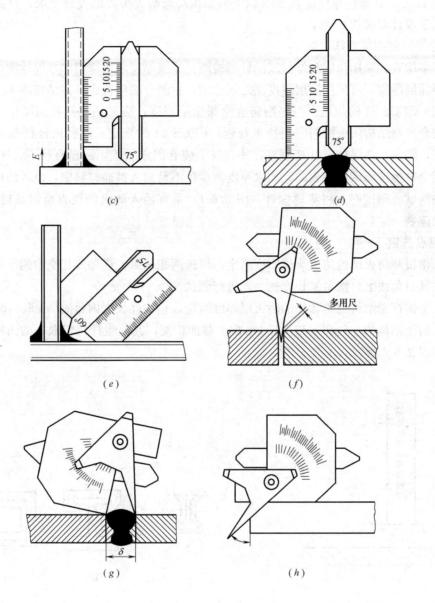

图 2.5-4　焊缝检验尺的使用（续）

（c）测量角焊缝高度；（d）测量焊缝高度；（e）测量角焊缝厚度；

（f）测量间隙；（g）测量焊缝宽度；（h）测量坡口角度

2.6　防护措施检验

2.6.1　涂装厚度

　　钢结构构件需要涂装已达到防火和防锈的要求，涂装质量检验包括外观质量和涂层厚度，涂装后并不得有漏涂、脱皮和反锈，薄涂型防火涂料涂层表面裂纹宽度不应大于0.5mm，涂层厚度应符合有关耐火极限的设计要求；厚涂型防火涂料涂层表面裂纹宽度不应大于 1mm，其涂层厚度应有 80% 以上的面积符合耐火极限的设计要求，且最薄处厚度不应低于设计要求的 85%。

1. 涂层厚度测量方法

可观察检查和采用涂层测厚仪或测针等检测。漆膜厚度采用漆膜测厚仪检测；对薄型防火涂料涂层厚度，可采用涂层厚度测定仪检测，量测方法应符合《钢结构防火涂料应用技术规程》CECS 24 的规定。对厚型防火涂料涂层厚度，应采用测针和钢尺检测，量测方法应符合《钢结构防火涂料应用技术规程》CECS 24 的规定。测针由针杆和可滑动的圆盘组成，圆盘始终保持与针杆垂直，并在其上装有固定装置，圆盘直径不大于 30mm，以保证完全接触被测试件的表面。如果厚度测量仪不易插入被插材料中，也可使用其他适宜的方法测试。测试时，将测厚探针（图 2.6-1）垂直插入防火涂层直至钢基材表面上，记录标尺读数。

2. 测点选定

（1）楼板和防火墙的防火涂层厚度测定，可选两相邻纵、横轴线相交中的面积为一个单元，在其对角线上，按每米长度选一点进行测试；

（2）全钢框架结构的梁和柱的防火层厚度测定，在构件长度内每隔 3m 取一截面；

（3）桁架结构的上弦和下弦每隔 3m 取一截面检测，其他腹杆每根取一截面检测，测试位置如图 2.6-2 所示。

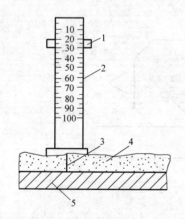

图 2.6-1　测厚度示意图
1—标尺；2—刻度；3—测针；
4—防火涂层；5—钢基材

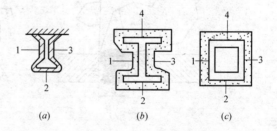

图 2.6-2　测点示意图
（a）工字梁；（b）工形柱；（c）方形柱

3. 测量结果评定

对于楼板和墙面，在所选择的面积中，至少测出 5 个点；对于梁和柱在所选择的位置中，分别测出 6 个和 8 个点。分别计算出它们的平均值作为代表值，精确到 0.5mm。

涂料、涂装遍数、涂层厚度应符合设计要求。当设计对厚度无要求时，涂层干漆膜总厚度：室外为 150μm，室内应为 125μm，其允许偏差为 −25μm，每遍涂层干漆膜厚度的允许偏差为 −5μm。

2.6.2 钢材锈蚀

钢结构在潮湿、存水和酸碱盐腐蚀性环境中容易生锈，锈蚀导致钢材截面削弱，承载力下降。结构构件的锈蚀，可按《涂装前钢材表面锈蚀等级和除锈等级》GB 8923 确定锈蚀等级，对 D 级锈蚀，还应量测钢板厚度的削弱程度。

钢材的锈蚀程度可由其截面厚度的变化来反映，检测钢材厚度的仪器有超声波测厚仪和游标卡尺，精度均达 0.01mm。测试前需要将涂料及锈蚀层除去。

超声波测厚仪采用脉冲反射波法。超声波从一种均匀介质向另一种介质传播时，在界面会发生反射，测厚仪可测出探头自发出超声波至收到界面反射回波的时间。超声波在各种钢材中的传播速度已知，或通过实测确定，由波速和传播时间测算出钢材的厚度，对于数字超声波测厚仪，厚度值会直接显示在显示屏上。

2.7 结构构件变形检验

结构构件的变形包括整体变形和构件变形。整体垂直度、整体平面弯曲；构件变形包括桁架、网架及钢梁及钢屋架等受弯构件的垂直挠度、旁弯和倾斜度；墙和柱的侧弯和垂直度；构件及节点安装位置偏差等。

检查时，可先目测，发现有异常情况或疑点时，采用下列方法检测：

（1）结构构件的挠度可用拉线或水准仪测量，跨度小于 6m 时，可用拉线的方法测量，跨度大于 6m 时，采用水准仪或全站仪进行检测。

（2）柱或墙的侧弯和垂直度可用吊坠或经纬仪测量，高度小于 6m 时，可用吊坠线的方法测量，高度大于 6m 时，采用经纬仪或全站仪进行检测。

（3）构件及节点的位移可参照基准点用钢卷尺、水准仪或经纬仪测量。

（4）安装偏差根据构件类型不同检验的内容也不尽一致。如高层钢结构的钢柱则应检查底层柱基准点标高，同一层各柱柱顶高差、柱轴线对定位轴线偏移，上下连接处错位、单节点柱垂直厚度。可采用钢卷尺和水准仪进行检查。桁架结构杆件轴线交点错位的允许偏差不得大于 3mm。

（5）杆件的弯曲变形和板件凹凸等变形情况，可用观察和尺量的方法检测。

2.8 构件截面尺寸和损伤的检验

钢构件尺寸的检测应符合下列规定：

（1）抽样检测构件的数量，可根据具体情况确定，尺寸检测的范围，应检测所抽样构件的全部尺寸，每个尺寸在构件的 3 各部位量测，取 3 处测试值的平均值作为该尺寸的代表值；

（2）尺寸量测的方法，可按相关产品标准的规定量测，钢管和钢球可用游标卡尺、外卡钳分别测量网架杆件和球节点的直径，用超声测厚仪测定壁厚；检测前应清楚饰面层。检测前预设声速，使用随机标准块对仪器进行校准，然后测试。测试时先将耦合剂涂于被测处，探头与被测件耦合 1～2s 即可测量，同一位置宜将探头转 90°测量两次，取两次平均值为代表值。测量管材壁厚时，宜使探头中间的隔声层与管材轴线平行。

（3）结构的损伤包括连接的损伤、构件材料的裂缝、局部的弯曲、腐蚀、碰撞和灾害损伤，对于承受反复荷载的中级和重级工作制吊车梁尚应包括表面质量缺陷。

损伤的检验可用卡尺、钢卷尺等，裂缝检验可采用渗透法，应记录损伤出现的部位、数量和严重程度。

2.9 结构上的荷载和作用环境

在结构承载力验算时需要明确结构上作用的荷载，对于耐久性等评定需要明确结构所处的环境类别以及灾后作用等，因此，检测可包含下列内容：

1. 永久荷载检测

恒载的标准值可按检测得到实际尺寸及材料单位体积的自重确定，如楼板的厚度、装修找平层、垫层、保温层、防水层厚度等可按测量平均厚度取值，也可按设计厚度取值，按材料重度和厚度计算其永久荷载标准值；计算填充墙体的自重时应包括装修层，并考虑门窗洞口材料差异。

2. 可变荷载确定

楼面活荷载、屋面活荷载风荷载、雪荷载、吊车荷载等可变荷载均应按《建筑结构荷载规范》GB 50009 选取，楼面活荷载按荷载规范根据使用功能进行查表确定，屋面活荷载根据上人不上人或是否屋顶花园确定，风荷载、雪荷载可变荷载的标准值可按使用年限确定。

3. 设备荷载

现场检查设备的位置，安装方式等，位置和质量不变的设备，可按现行结构设计规范恒载设计值的方法确定，等效荷载根据设备有关参数按荷载规范确定。

4. 抗震设防烈度和灾害作用

建筑物的抗震设防烈度按《建筑抗震设计规范》GB 50011 附录 A 确定。灾害作用应检测或调查荷载的类型、作用时间，包括火灾的着火时间、最高温度；飓风的级别、方向；水灾的最高水位、作用时间；地震的震级、震源等。

5. 环境调查

调查建筑物所处的环境类别，与结构耐久性有关，可参照《混凝土结构设计规范》GB 50010 第 3.5.1 条，环境类别分为五类，其中二和三类又细分为二 a 和二 b 以及三 a 和三 b，总共有七种类别，详见表 2.9-1。

钢结构建筑物的环境类别　　　　　　　　　　　　　　　　　　　表 2.9-1

环境类别	条　件
一	室内干燥环境；无侵蚀性静水侵蚀环境
二 a	室内潮湿环境（指构件表面经常处于结露或湿润状态的环境）；非严寒和非寒冷地区的露天环境；非严寒和非寒冷地区与无侵蚀性水或土壤直接接触的环境；严寒和寒冷地区的冰冻线以下与无侵蚀性水或土壤直接接触的环境

环境类别	条　件
二 b	干湿交替环境;水位频繁变动环境;严寒和寒冷地区的露天环境;严寒和寒冷地区的冰冻线以上与无侵蚀性水或土壤直接接触的环境
三 a	严寒和寒冷地区冬季水位变动区环境;受除冰盐影响环境(受除冰盐盐雾影响的环境);海风环境(考虑主导风向及结构所处迎风、背风部位等影响)
三 b	盐渍土环境;受除冰盐作用环境(受除冰盐盐雾溶液溅射的环境以及除冰盐地区的洗车房、停车楼等建筑);海岸环境(考虑主导风向及结构所处迎风、背风部位等影响)
四	海水环境
五	受人为或自然的侵蚀性物质影响的环境

第3章 钢结构安全性评定技术

3.1 安全性评定主要内容

既有钢结构安全性评定方法的基础是结构可靠度设计理论，可靠性包括安全性、适用性和耐久性。新建结构的可靠度设计与既有结构的可靠性评定两者之间既有密切的关系又有不同的特点。决定结构安全性的结构体系和构造连接依据设计规范的要求进行评定，承载力验算等需要考虑既有结构的使用历史、结构损伤等情况。

根据我国工程情况，参考国际标准《结构可靠度总原则》ISO 2394：1998 和《结构设计基础——既有结构的评定》ISO 13822：2001（E）的建议，国家标准《工程结构可靠性设计统一标准》GB 50153 对既有结构可靠性评定提出了要求，既有结构可靠性评定的基本原则是确保建筑结构的性能，尽量减少结构的加固工程量，体现可持续发展的原则，在其附录 G 既有结构的可靠性评定中，规定了既有结构的可靠性评定分为安全性评定、适用性评定和耐久性评定，必要时包括抗灾害能力的评定。既有结构加固、扩建、改建设计之前应对其进行检测评定，分别评定其安全性、适用性、耐久性和抗灾害能力，实际工程评定时可以是其中的一项性能或几项性能，作为加固改造设计和施工的依据。

根据《工程结构可靠性设计统一标准》GB 50153 附录 G 的规定，既有结构的安全性评定应包括结构体系和构件的布置、连接和构造、承载力三个评定项目。既有结构安全性评定时，结构体系和构件布置、连接和与构件承载力相关的构造，均应以现行结构设计标准的要求为依据进行评定。对于结构体系和构件布置、连接和构造的评定结果满足要求的结构，构件承载力的评定有五种方法可以选择，分别为：

1）基于结构状态的评定方法；

2）基于分项系数或安全系数的评定方法；

3）基于可靠指标的评定方法；

4）荷载检验的评定方法；

5）其他适用的评定方法。

现行结构的专业设计规范也有包含既有结构加固改造设计的内容，如新修订的《混凝土结构设计规范》GB 50010—2010 第 3 章 3.7 节增加了既有结构再设计的原则，要求既有结构加固改造等设计前，应按《工程结构可靠性设计统一标准》GB 50153 附录 G 的原则，进行安全性、适用性、耐久性、抗灾害能力等评定，并符合下列规定：

1）改建、扩建、加固的再设计时，承载能力极限状态验算应符合现行设计规范的要求；

2）改变用途或延长使用年限的再设计时，承载能力极限状态验算宜符合现行设计规范的要求；

3）正常使用极限状态的验算及构造要求宜符合现行设计规范的要求；

4）荷载可按现行荷载规范的规定确定，也可根据使用功能作适当调整；

5）材料强度及性能确定根据实测值确定，符合原设计要求时，可按原设计的规定取值；

6）验算时应考虑实际几何尺寸、截面配筋、连接构造和已有缺陷的影响。

作为评定结论的逻辑延续，还应就可能存在的可靠性不足的情况，提出采取的处理措施的建议。检测鉴定的目的是为了解决问题，但应注意对处理措施的最终决策应由委托人作出，检测鉴定报告给出的是意见或建议。

在现行的各结构专业设计规范中，只有《混凝土结构设计规范》GB 50010—2010 规定了新建工程的抗震设计以及既有建筑的加固改造设计原则。而《钢结构设计规范》GB 50017 没有规定既有结构的加固改造等设计要求，也没有钢结构抗震设计要求，因此在既有钢结构安全性评定时，可参照《混凝土结构设计规范》GB 50010—2010 的基本要求，地震区的钢结构抗震性能评定需要参照《建筑抗震设计规范》GB 50011—2010，承载力验算和变形验算等荷载参数要依据《建筑结构荷载规范》GB 50007—2001。

既有钢结构的检测评定的判断依据主要有两类，一是设计文件要求，二是施工质量验收规范要求。钢结构设计时，应从工程实际情况出发，合理选用材料、结构方案和构造措施，满足结构在运输、安装和使用过程中的强度、稳定性和刚度的要求，满足防火和抗腐蚀的性能要求。不同年代的结构依据的设计标准在不断变化，既有钢结构的评定离不开当时的设计规范。20 世纪中期的钢结构工程按照《钢结构设计规范》TJ 17—74 设计，采用的是容许应力设计法，90 年代开始实施的《钢结构设计规范》GBJ 17—88 采用概率理论为基础的极限状态设计法，以分项系数的应力或强度设计值表达式进行计算取代 TJ 17—74 容许应力设计法，21 世纪起《钢结构设计规范》GB 50017—2003（取代 GBJ 17—88）仍然采用概率理论为基础的极限状态设计法，强度、疲劳、稳定属于承载能力极限状态，变形、裂缝、振动等属于正常使用极限状态，承载能力极限状态采用荷载设计值进行内力计算，正常使用极限状态采用荷载标准值进行内力计算，但是钢结构的疲劳极限状态还在研究阶段，机理没搞清楚，设计验算还是沿用 74 规范的容许应力设计法，计算内力时采用荷载标准值组合。

钢结构施工验收规范也经历了不同年代的变迁。施工验收规范是通过质量控制与检查验收手段，确认施工的工程是否符合设计意图和质量验收规范规定，为新建工程进行竣工验收，我国钢结构施工检验、验收规范自 20 世纪 60 年代开始制定《建筑安装工程检验评定标准》（试行）（GBJ 22—66）以来，经历了 1974 和 1995 以及 2001 年三次修订，特别是 2001 年发布的《钢结构工程施工质量验收规范》GB 50205—2001 和相配套的 14 本专业验收规范的制订，形成了基于"验评分离、强化验收、完善手段、过程控制"为指导思想建筑工程施工质量验收规范体系，现行的《钢结构工程施工质量验收规范》GB 50205—2001，取代了《钢结构工程施工及验收规范》GB 50205—95 和《钢结构工程质量检验评定标准》GB 50221—95。目前《钢结构工程施工质量验收规范》GB 50205—2001 正在进行第四次修编，不久将面世。《建筑工程施工质量验收统一标准》GB 50300 也将出 2004 版。

在既有结构工程可靠性评定中安全性往往占绝大多数，适用性和耐久性评定较少，据工业建筑可靠性鉴定标准编制组统计，既有结构工程检测鉴定中 95％多为安全性鉴定，耐久性和适用性评定工程不到5%。本书主要研究钢结构安全性评定技术，因此，综上所述，对既有钢结构安全评估的主要内容有：

（1）结构体系结构和构件布置；

（2）连接与构造措施；

（3）构件的承载能力；

（4）必要时包括抗灾害能力和耐久性，即抗震、防火、防腐等要求；

（5）评定结论及处理意见。

3.2 结构体系和构件布置评定

结构体系和构件布置是钢结构安全性评定中最重要的评定项目。已有的可靠性鉴定标准中基本没有该方面的评定内容，在设计规范中也大多偏重于构件设计，2010年以后的现行设计规范已经开始重视这个问题，国内有关部门开展了防连续倒塌的研究，在《混凝土结构设计规范》GB 50010—2010中规定了结构方案的要求和防连续倒塌的设计原则等。

结构体系是由不同形式和不同种类结构及构件组成的传递和承受各种作用的骨架，这个骨架包括基础和上部结构，在既有钢结构的安全性评定中应对结构整体性进行评定，包括钢结构体系的稳定性、整体牢固性以及结构与构件的抵抗各种灾害作用的基本能力。合理的结构体系并不是简单地区分框架结构、剪力墙结构、网架结构或者桁架结构等结构的形式，而是对结构体系传递各种外部作用的方式和途径进行分析与评定，如上部钢结构与钢筋混凝土基础之间的连接，上部钢结构与钢筋混凝土楼板的连接，钢主体结构与围护结构的构造连接等，在外部作用下实际的受力形式和传递作用的情况，总体评价结构体系是否具有抵抗相应作用的结构和构件布置；此处所说的外部作用应该包括各种静荷载、活荷载及风、雪、地震等，还应考虑施工的工况，正常使用时的工况，以及偶然作用和灾害发生时的工况。

根据设计规范有关规定，结合钢结构工程损伤、坍塌等事故的分析，钢结构房屋建筑的结构体系、结构布置的检查评估应包括以下内容：

1. 钢结构体系的完整性和合理性

（1）钢结构平面、立面、竖向剖面布置宜规则，各部分的质量和刚度宜均匀、对称，结构平面布置的对称性、均匀性，竖向构件截面尺寸及材料强度应均匀变化，自下而上逐渐减少，避免平立面不规则产生扭转等现象。

按抗震设计规范，钢结构建筑物平面和竖向不规则主要类型见表3.2-1。

钢结构建筑物平面和竖向不规则主要类型

表3.2-1

不规则分类	不规则类型	不规则定义和参考指标
平面不规则	扭转不规则	在规定的水平力作用下，楼层的最大弹性水平位移或层间位移，大于该楼层两端弹性水平位移或层间位移平均值的1.2倍
	凹凸不规则	平面凹进的尺寸，大于相应投影方向总尺寸的30%
	楼板局部不连续	楼板的尺寸和平面刚度急剧变化，如有效楼板宽度小于该层楼板典型宽度的50%，或开洞面积大于该层楼面面积的30%，或存在较大的楼层错层

不规则分类	不规则类型	不规则定义和参考指标
竖向不规则	侧向刚度不规则	该层的侧向刚度小于相邻上一层的70%，或小于上相邻三个楼层侧向刚度的平均值的80%；除顶层或突出屋面小建筑外，局部收进的水平方向尺寸大于相邻下一层的25%
	竖向抗侧力构件不连续	竖向抗侧力构件的内力由水平转换构件(梁、桁架等)向下传递
	楼层承载力突变	抗侧力结构的层间受剪承载力小于相邻上一楼层的80%

（2）结构在承受各种作用下传力途径应简捷、明确，受力合理，竖向构件的上、下层连续、对齐，受力途径需经过转换时，转换层或转换部位应有足够的刚度、稳定性等，水平构件（钢梁、钢屋架、钢桁架、钢网架等）及楼板要有一定的刚度，保证水平力（风荷载、地震作用）等有效传递。

（3）采用超静定结构，重要构件和关键传力部位应增加冗余约束，或有多条传力途径。静定结构和构件应有足够的锚固措施，悬挑构件的固定方式及连接应安全、可靠，特别是悬挑钢梁的焊接连接，焊缝等级等应比连续梁提高一个等级。

钢框架结构体系的节点应该是刚接的，如有需要内部个别节点可是铰接的，但必须有足够的刚性节点保持结构整体稳定。这些刚性节点将梁柱构成纵横的多跨和多层的钢架来承受水平力和竖向力，水平力使柱产生弯矩，弯矩在柱顶和柱底最大，因此框架的基础要牢固，且要有整体性连接，如框架柱为独立柱基时，钢柱与基础混凝土的连接构造要保证结构受力有效传递，还可以将独立柱基用混凝土地梁联系在一起，不仅有利于抗倾覆，还有利于调节地基不均匀沉降。

（4）有减少偶然作用影响的措施，部分结构或构件丧失抗震能力不会对整个结构产生较大影响，在火灾及风灾等作用下不至于发生连续破坏。

（5）构件设置位置、数量、方式、形状和连接方法，应具有保障结构整体性的能力，其刚度、承载能力和变形能力在使用荷载作用下满足安全、适用要求；屋面支撑、楼面支撑、柱间支撑、屋架、桁架的支撑布置应对称、均匀、完整，连接可靠，两个方向水平刚度均衡，屋架、桁架的节点板、各杆件轴线相交在节点板上的同一点。

在钢框架中设置竖向支撑大大提高抗侧移的能力，支撑必须布置在永久性墙面里面，如楼梯间、分户墙等，可横向布置，也可纵横双向布置，但楼层平面内应对称分布以抵抗水平荷载的反复作用，竖向应从底层到顶层连续布置，如十字交叉的刚性支撑，应选用双轴对称截面形式的杆件，十字交叉的刚性支撑杆件按压杆设计，其长细比要选择合理，长细比小的杆件耗能性好，长细比大的杆件耗能性差，但是并非支撑杆件的长细比越大越好，支撑杆件的长细比小，刚度增大，承受的地震力也越大，因此抗震设计规范规定了不同设防烈度对框架支撑杆件长细比的要求。不超过12层的钢框架柱，6～8度时长细比不应大于120，9度时长细比不应大于100；超过12层的钢框架结构，6度长细比不应大于120，7度长细比不应大于80，8度长细比不应大于60，9度长细比不应大于60。

（6）结构缝的设置合理

1）伸缩缝：由于温度变化的影响，钢结构出现热胀冷缩现象，温度升高时某些局部体积膨胀，温度下降时冷缩，与其余部分造成变形差，为防止变形差值积累过大而设置结构缝加以隔离。钢结构设计规范对伸缩缝宽度的要求见表3.2-2。

结构情况	纵向温度区段（垂直屋架或构架跨度方向）	横向温度区段（沿屋架或构架跨度方向）	
		柱顶为刚接	柱顶为铰接
供暖房屋和非供暖地区的房屋	220	120	150
热车间和供暖地区的非供暖房屋	180	100	125
露天结构	120	—	—

2）沉降缝：地基差异较大；建筑物高度不一；荷载分布不均匀时，沉降差异难以避免。在沉降差异较大的区域设置的沉降缝，可以避免因此而产生的次内力及裂缝。

3）体型缝：当建筑物体型庞大且形状复杂时，应该用体型缝将其分割为形状相对简单且尺度不大的若干区段，以防止在刚度变化相对较大的区域产生裂缝。

4）防震缝：为避免建筑物在遭受地震作用时，水平振动相互碰撞而设置的隔离缝。防震缝与结构体型及建筑物高度、地震烈度等因素有关。

防震缝的设置位置及宽度等应合理设置，钢结构防震缝的宽度不小于相应钢筋混凝土结构房屋的 1.5 倍。

大型结构设置伸缩缝和沉降缝时，其宽度首先满足防震缝的要求。根据抗震结构设计规范，框架结构、框架-抗震墙结构、抗震墙结构各种结构形式的防震缝宽度按表 3.2-3进行评定。

混凝土结构及钢结构房屋防震缝宽度要求　　　　　　　表 3.2-3

结构形式	房屋高度(m)	混凝土结构防震缝宽度(mm)	钢结构防震缝宽度(mm)
框架结构	小于 15	不小于 100	不小于 150
	大于 15	6 度时每增加 5m,宽度增加 20mm	6 度时每增加 5m,宽度增加 30mm
		7 度时每增加 4m,宽度增加 20mm	7 度时每增加 4m,宽度增加 30mm
		8 度时每增加 3m,宽度增加 20mm	8 度时每增加 3m,宽度增加 30mm
		9 度时每增加 2m,宽度增加 20mm	9 度时每增加 2m,宽度增加 30mm
框架-抗震墙结构	为框架结构的 0.7 倍,混凝土结构最小值 100,钢结构最小 150		
抗震墙结构	为框架结构的 0.5 倍,混凝土结构最小值 100,钢结构最小 150		

（7）进行结构体系整体稳定性的评价，钢结构整体稳定性是指在外荷载作用下，对整个结构或构件不应发生屈曲或失稳的破坏，屈曲是指杆件或板件在轴心压力、弯矩、剪力单独或共同作用下，突然发生的与原受力状态不符的较大变形而失去稳定。整体稳定性的评价包括钢结构房屋的高度、宽度、层数、大跨度屋面的跨度等，还应包括抗侧向作用的结构或构件的设置情况以及基础埋置深度等的评定；抗侧力构件的布置是刚性方案、弹性方案等的要求。如单跨多层钢框架结构为不良结构体系，在地震和大风等作用下，整体稳定性较差，新版结构抗震设计规范已不允许采用单跨多层钢框架结构。

钢结构民用建筑的结构类型和最大高度要求，依据抗震设计规范规定，按表 3.2-4进行评定。

结构类型	6、7度 (0.10g)	7度 (0.15g)	8度		9度 (0.40g)
			(0.20g)	(0.30g)	
框架	110	90	90	70	50
框架-中心支撑	220	200	— 180	150	120
框架-偏心支撑 （延性墙板）	240	220	200	180	160
筒体和巨型框架	300	280	260	240	180

钢结构民用建筑最大高宽比应符合表 3.2-5 的规定，建筑物高度不一致时，高宽比验算取最高的高度位置和对应该高度位置的宽度，不计入突出屋面的局部水箱间或电梯机房高度；塔形建筑的底部有大底盘时，高宽比可按大底盘以上部分进行计算。

钢结构房屋最大高宽比限值　　　　表3.2-5

烈度	6、7度	8度	9度
最大高宽比	6.5	6.0	5.5

跨度大于 120m、结构单元长度大于 300m、悬挑长度大于 40m 的大跨度钢屋盖是特殊结构，必须对其加强措施的有效性进行评定。当桁架支座采用下弦节点支承时，应在支座间设置纵向桁架或采取其他可靠措施，防止桁架在支座处发生平面外扭转；跨度大于等于 60m 的屋盖属于大跨度屋盖结构，在钢结构设计规范中规定了构造要求。

2. 结构体系中各种形式或种类之间的匹配性

既有钢结构安全性评价包括屋面的网架结构或桁架与支承的混凝土框架之间的匹配性，拱形屋面与支承墙体形式的匹配性，上部结构与基础的匹配性等；下部为混凝土或砖房，上部加层为钢结构框架等，不同材料的结构形式的连接是否匹配。要求做到结构要求的强柱弱梁，强节点弱构件，强剪弱弯。

抗震设计规范规定，超过 50m 的钢结构应设地下室，当采用天然地基时其基础埋置深度不宜小于房屋总高度的 1/15；当采用桩基时，桩承台埋置深度不宜小于房屋总高度的 1/20。设置地下室时，框架-支撑（抗震墙板）结构中竖向连续布置的支撑（抗震墙板）应延伸至基础；钢框架柱应至少延伸至地下一层，其竖向荷载应直接传给基础。

3. 结构或构件连接锚固与传递作用能力

要求构件节点的破坏不应先于其连接构件的破坏，锚固的破坏不应先于其连接件，保证具有最小支撑长度是预制楼盖、屋盖受力的可靠性要求。重点检查钢屋架或钢网架的杆件之间的连接与锚固方式，楼面板、屋面板与大梁、屋架、网架等连接锚固措施（锚钉、栓钉）、焊接和拉结措施等；钢屋架或钢网架的传力支座，大梁、屋架、网架与墙体、柱之间的连接，钢结构杆件之间梁柱节点的刚接、铰接的可靠性；主体结构与非结构构件之间的连接，如钢框架与围护墙、隔墙之间的连接或锚固措施等；纵横墙之间连接；屋面支撑、楼面支撑、柱间支撑与主体结构的连接；下部为混凝土结构或砌体结构，上部加层为钢结构框架时，不同结构形式的构件之间的连接、锚固要可靠，上部钢结构与基础混凝土结构之间的锚固或连接措施要可靠。

此阶段关于连接方式或方法的评定为宏观的，结构构件连接的刚度与承载力还要靠构造和连接的评定和验算分析确定。

4. 构件自身的稳定性和承载力

构件稳定性包括平面内的稳定和平面外的稳定；平面外的稳定不仅包括侧向刚体位移，还包括结构的侧向失稳；构件承受作用基本能力的评定，包括构件的最小截面尺寸、高厚比、长细比、最低材料强度等；在承载力验算分析中还有详细评定。

5. 外观质量问题和结构的损伤分析

外观质量和结构损伤应进行全面检测和评定，在承载力计算时要考虑。如结构和构件损伤、外观质量的缺陷、裂缝、变形、锈蚀等，应进行损伤程度的分类或分级，对观察到的缺陷及损伤现象进行原因分析和解释。

3.3 连接与构造评定

构造和连接是建筑结构安全性评定中另一个关键的评定项目，结构构件之间的连接与锚固，是比构件承载力更重要的评定项目。实际上，所有钢结构或构件坍塌事故多少都与构造和连接存在问题有关。连接和构造正确合理结构整体的安全性才能得到保证，构件的承载能力才能得到充分发挥，变形能力和构件破坏形态才能加以控制。

《工程结构可靠性设计统一标准》GB 50153 附录 G 关于构造和连接的评定只有一条规定：既有结构的连接和与安全性相关的构造应以现行结构设计标准的要求为依据进行评定。

通常钢结构连接和构造的评定项目有：

1. 杆件最小截面尺寸

构造要求最小截面尺寸要满足现行的设计规范要求，主要构件形式对构件截面最小尺寸的限制，如钢板最小厚度为 4mm，钢管最小壁厚为 3mm，角钢最小截面为∟45mm×4mm 和∟56×36mm×4mm，节点板最小厚度为 4mm 等。

2. 结构的连接

常见的连接包括构件本身连接以及构件之间的连接，连接形式和连接承载力应符合设计规范要求，连接施工质量应满足施工验收规范规定。

焊缝尺寸应符合设计要求，焊缝布置要避免立体交叉或在大量的焊缝集中一处。次要构件和次要焊缝允许断续角焊缝，重要构件不允许断续焊缝连接。在搭接连接中，搭接长度不得小于焊件较小厚度的 5 倍，并不得小于 25mm。

螺栓直径、间距应合理，螺栓或铆钉的最大和最小允许间距和边距应符合《钢结构设计规范》GB 50017 表 8.3.4 的要求，对直接承受动力荷载的普通螺栓受拉连接，应采用双螺帽或其他防止松动的有效措施。每一杆件在节点上以及拼接接头的一端，永久性的螺栓或铆钉数不宜少于 2 个。

有些连接质量需要通过验算确定，常见的有焊缝连接强度验算、螺栓铆钉连接受剪、受拉和承压承载力验算等；钢框架结构梁与柱的刚性验算；连接节点处板件验算；梁或桁架、屋架支撑于砌体或混凝土柱墙上的平板支座验算等。

钢结构构件主要连接及其作用见表 3.3-1。

3. 钢材强度等级和性能要求

最小材料强度等级应符合规定，抗震规范要求钢材采用 Q235 等级 B、C、D 的碳素结构钢，Q345 等级 B、C、D、E 和 Q390、Q420 的低合金高强度结构钢；钢材的屈服强度实测值与抗拉强度实测值的比值不应大于 0.85；钢材有明显的屈服台阶，且伸长率不应小于 20%；钢材应有良好的焊接性和合格的冲击韧性以及冷弯性能。

钢结构连接及其作用　　　　　　　　　　　　　　　　表 3.3-1

构件类型	构 造 要 求	作 用
焊缝连接	拼接焊缝的间距	避免残余应力相互影响和焊缝缺陷集中
	宽度、厚度不同板件拼接时的斜面过渡	减小应力集中现象
	最小焊脚尺寸	避免焊缝冷却过快，使附近主体金属产生裂纹
	最大焊脚尺寸	避免构件产生较大的残余变形和残余应力
	侧面角焊缝的最小长度	避免缺陷集中，保证焊缝承载力
	侧面角焊缝的最大长度	避免因应力集中而导致焊缝端部提前破坏的现象
	角焊缝的表面形状和焊脚边比例	减小应力集中现象，适应承受动力荷载
	正面角焊缝搭接的最小长度	减小附加弯矩和收缩应力
	侧面角焊缝搭接的焊缝最小间距	避免连接强度过低
螺栓连接	螺栓的最小间距	保证毛截面屈服先于净截面破坏；避免板件端部被剪脱或被挤压破坏，避免孔洞周围产生过度的应力集中现象；便于施工
	螺栓最大间距	保证叠合板件紧密贴合；保证受压板件在螺栓之间的稳定性
	缀板柱中缀板的线刚度	保证缀板式格构柱换算长细比的计算假定成立

4. 钢构件构造要求

加劲肋的设置是局部稳定性的要求，各种受力构件的构造设置及其作用见表 3.3-2。钢构件中受压板件的截面宽厚比限值见表 3.3-3，受压、受拉构件的长细比限值见表 3.3-4。

钢构件的主要构造及其作用　　　　　　　　　　　　　　表 3.3-2

构件类型	构 造 要 求	作 用
受弯构件	铺板与梁受压翼缘的连接	保证梁的整体稳定性
	梁支座处的抗扭措施	防止梁的端截面扭转
	梁横向和纵向加劲肋的配置	保证梁腹板的局部稳定性
	梁横向加劲肋的尺寸	保证横向加劲肋的局部稳定性
	梁的支承加劲肋	承受梁支座反力和上翼缘较大的固定集中荷载
	梁受压翼缘、腹板的宽厚比	保证受压翼缘、腹板的局部稳定性
	梁的侧向支承	保证梁的整体稳定性
受拉受压构件	格构式柱分肢的长细比	保证分肢的局部稳定性
	柱受压翼缘、腹板的宽厚比	保证受压翼缘、腹板的局部稳定性
	柱的侧向支承	保证柱的整体稳定性
	双角钢或双槽钢构件的填板间距	保证单肢的局部稳定性
	受拉构件的长细比	避免使用期间有明显的下垂和过大的振动
	受压构件的长细比	避免使用期间有明显的下垂和过大的振动，避免对构件的整体稳定性带来过多的不利影响

受压板件的截面宽厚比限值 表 3.3-3

板件类别	Q235 钢	Q345 钢
非加劲板件	45	35
部分加劲板件	60	50
加劲板件	250	200

钢构件受压和受拉构件的长细比限值 表 3.3-4

构件类别	构件名称	长细比
受压构件	柱、桁架、天窗架中的杆件,柱的缀条、吊车梁、吊车桁架以下的柱间支撑	150
	支撑、用以减小受压构件长细比的杆件	200
受拉构件	桁架的杆件	350(250)
	吊车梁、吊车桁架以下的柱间支撑	300(200)
	其他拉杆、支撑、系杆等	400(350)

注:括号内为有重级工作制吊车的厂房或直接承受动力荷载的结构。

5. 钢构件的支座要求

构件支座的加工和安装应满足设计要求,支座的位置准确、无缝隙,偏差在允许范围;安装平整度、垂直度满足精度要求,连接板无变形。

6. 防锈措施

钢结构的防锈措施应满足设计要求,设计规范的防锈措施包括油漆和金属镀层,表面除锈应符合《涂装前钢材表面锈蚀等级和除锈等级》GB/T 8923 的规定,涂料符合《工业建筑防腐蚀设计规范》GB 50046 的规定,设计应注明涂层厚度及镀层厚度,未注明的则按施工验收规范检测评定。

钢柱柱脚在地面以下的部分应采用混凝土包裹,保护层厚度不应小于 50mm,并使混凝土高出地面 150mm 以上,当柱脚底面在地面以上时,应高出地面不小于 100mm。

7. 防火、隔热措施

钢结构的防火、隔热措施应满足设计要求,钢结构设计规范要求防火按国家标准《建筑设计防火规范》GB 50016 和《高层民用建筑设计防火规范》GB 50045 的要求,结构构件的防火保护层应根据建筑物的防火等级对不同的构件要求的耐火极限进行设计,防火涂料的性能、涂层厚度及质量要求,符合国家标准《钢结构防火涂料》GB 14907 和《钢结构防火涂料应用技术规范》CECS 24 的规定。

防火及防腐涂层的材料品质,性能,施工质量和现场检测的涂层厚度及外观质量应满足设计和施工验收规范的要求。

8. 非结构构件连接及基础连接

钢结构主体结构的构件与非结构构件的连接构造,上部结构与基础连接应进行检查,连接处工作正常,安全可靠,无松动、脱开及连接不紧密等现象。

3.4 构件承载能力验算

构件的承载力评定有多种方法,不同的方法有其适用范围,常通过钢结构设计软件用结构分项系数或安全系数的方法评定，用结构实际承载力与实际作用效应之间比较的方式评定。

3.4.1 构件承载力验算项目

结构安全性验算验算应包括构件的承载力验算、连接强度验算、构件稳定性验算、局部稳定性验算，常见的构件验算项目详见表 3.4-1。

钢结构构件承载力验算项目   表 3.4-1

构件类型	验算项目
轴心受拉构件	抗拉强度、长细比
轴心受压构件	抗压强度、稳定性、长细比、抗剪强度
受弯构件	抗弯强度、抗剪强度、局部承压强度、整体稳定、局部稳定、挠度
拉弯构件	拉弯强度
压弯构件偏压构件	压弯强度、平面内、外稳定性、整体稳定

钢结构构件承载力的验算要用到《建筑结构可靠度设计统一标准》GB 50068 确定安全等级及结构的重要性 γ_0；《建筑结构荷载规范》GB 50009 确定荷载及荷载组合；《钢结构设计规范》GB 50017 的验算方法；地震区还需采用《建筑结构抗震设计规范》GB 50011 确定设防烈度和抗震要求等。

钢结构重要性系数 γ_0 根据建筑物的重要性和设计基准期取值，详见表 3.4-2，其中设计使用年限 25 年的钢结构，属于可替换性构件，结构重要性系数 γ_0 按经验法取 0.95。

结构重要性系数 γ_0 表 3.4-2

安全等级	破坏后果	建筑物类型	建筑物使用年限	γ_0
一级	很严重	重要的工业与民用建筑物	100 年	1.1
二级	严重	一般的工业与民用建筑物	50 年	1.0
二级	严重	一般的工业与民用建筑物	25	0.95
三级	不严重	次要的建筑物	5	0.9

分别计算结构构件的抗力 R 和作用效应 S，抗力 R 由构件的材料强度、截面尺寸和截面形式等参数计算，验算时应按照实际检测取得的材料及连接的检验参数，并考虑构件损伤的影响，得出构件的抗力 R_g，连接的抗力 R_1，结构支撑稳定性要求参数 X_R；作用效应 S 与构件的受力模式及荷载种类、大小有关，应建立合理的力学计算模型及明确的荷载组合，得到的构件上的作用效应 S_g，连接的作用效应 S_1 和实际结构支撑稳定性参数 X_S；还需要确定结构重要性系数 γ_0。

验算得到的构件抗力 R 大于作用效应 $\gamma_0 S$ 时，即 $R/\gamma_0 S$ 比值大于等于 1，或安全系数不小于现行结构设计标准要求时，评定为构件承载力可评为符合要求。

3.4.2 构件抗力验算要求

构件的抗力 R 又称为承载能力，应按现行结构设计标准提供的结构分析模型确定，且应对结构分析模型中指标或参数进行符合实际情况的调整：

抗力 R 计算取用的各参数确定原则如下：

1. 材料强度

在结构构件验算时，采用材料及连接的检验参数必须考虑结构实际状态，构件材料强度的取值宜以实测数据为依据，按现行结构检测标准规定的方法进行破损或非破损检测，并且用统计方法加以评定，得到材料强度推定值，如其原始设计文件是可用的并且没有严重退化，则与原始设计相一致，或高于原设计材料强度等级时，可以采用原设计的特征值，低于原设计要求时，应采用实测结果。

2. 截面尺寸

结构分析模型的尺寸参数应按构件的实测尺寸确定，如当原始设计文件是有效的且并未发生尺寸变化，不存在各种偏差的其他证明，则在分析中应采用与原始设计文件相一致的各名义尺寸，这些尺寸必须在适当范围内进行检查验证。

3. 外观缺陷及损伤

在分析计算构件承载能力时应考虑不可恢复性损伤的不利影响，存在结构和构件截面损伤、外观质量缺陷、裂缝、变形、锈蚀等现象时，应进行损伤程度的分类或分级，按照剩余的完好截面验算其承载力。如果能按技术措施完全修复，承载力计算也要考虑其损伤修复与原设计的不同，如果不能完全修复，则应考虑截面损伤、锈蚀影响及变形影响，比较简单的简化方法，可以根据损伤程度的类别或损伤等级，在材料设计强度取值上考虑小于 1 的强度折减系数。

3.4.3 构件作用效应 S 验算要求

作用效应 S 由结构的荷载及建筑物的力学计算模型确定，其计算原则如下：

1. 荷载取值

作用效应 S 是指荷载在结构构件中产生的效应（结构或构件内力、应力、位移、应变、裂缝等）的总称，分为直接作用和间接作用两种，荷载仅等同于直接作用，按《建筑荷载设计规范》GB 50009，有永久荷载、可变荷载和偶然荷载三类。永久荷载包括结构和装修材料的自重、土压力、预应力等；可变荷载如楼面各类活荷载、立面的风荷载、屋顶的雪荷载、积灰荷载、吊车荷载等的作用，偶然荷载包括爆炸力、撞击力、火灾等；间接作用有地基变形、材料收缩、焊接作用、温度作用、安装变形或地震作用等。

（1）永久作用应以现场实测数据为依据，按现行结构荷载规范规定的方法确定，或依据有效的设计图确定；

（2）部分可变作用可根据评估使用年限的情况，采用考虑结构设计使用年限的荷载调整系数；如楼面的各类活荷载、立面的风荷载、屋顶的雪荷载等。

楼面的各类活荷载根据使用功能，查《建筑结构荷载规范》GB 50009 确定，荷载规范还给出了当地 30 年、40 年或 50 年的基本风压和基本雪压。

50 年的基本风压是当地空旷平坦地面上 10m 高度 10min 平均风速的观测数据，经概率统计得出的 50 年一遇最大值确定的风速，再考虑空气密度计算出来的值；50 年的基本雪压是当地空旷平坦地面上积雪的观测数据，经概率统计得出的 50 年一遇的最大值。

既有钢结构风、雪荷载取值可根据设计使用年限，由建造年代推算已经使用了多少年，与委托方协商确定后续使用年限，采用荷载规范规定的 30 年、40 年或 50 年一遇的风荷载或雪荷载。

活荷载的取值涉及钢结构建筑物的使用寿命，即建筑物建成后所有性能均能满足使用要求而不需进行大修的实际使用年限就是建筑物的使用寿命。这里所指的使用寿命，是建筑物主体结构的寿命，即基础、梁、板、柱等承重构件连接而成的建筑结构能够正常使用而不需大修的年限，而不是建筑物中的门窗、隔断、屋面防水、外墙饰面那样的建筑部件和水、暖、电等建筑设备系统的寿命。建筑部件和建筑设备的使用寿命较短，一般需要在建筑物的合理使用寿命内更新或大修。

设计基准期是指进行结构可靠性分析时，考虑各项基本变量与时间关系所取用的基准时间，我们常说的建筑物设计使用年限，则是设计时按合理使用寿命作为目标进行设计的使用年限，为了达到这个目标，设计时必须给予足够的保证率或安全裕度，所以按 50 年设计使用年限设计的建筑物，就其总体来说，不需大修的实际使用寿命必然要比 50 年的设计使用年限大得多，据工程实际调查的结果，平均来说应是设计使用年限的 1.8 到 2 倍左右，即 90～100 年。

既有建筑物评定时，需要明确其后续使用年限，同样在选择各项参数时，也必须给出足够的保证率和安全度。采用的活荷载数值应相当于实际状况的荷载特征值。当已经观察到使用期间存在超载现象，则可以适当增加代表值。当某些荷载已经折减或已全部卸载，则荷载量值的各代表值可以适当折减，利用分析系数可以进行调整。

我国荷载规范也经过了几次修编，从早期的《工业与民用建筑结构荷载规范》TJ 9—74；到 20 世纪 80 年代末的《建筑结构荷载规范》GBJ 9—87（取代 TJ 9—74），到《建筑结构荷载规范》GB 50009—2001（取代 GBJ 9—87，2006 年局部修订），现行的《建筑结构荷载规范》GB 50009—2012。

荷载值也随着规范的修编在变化，早期建造既有钢结构采用的是当时的活荷载，建议在荷载取值和荷载组合系数等应采用现行的荷载规范，因为既有钢结构建筑物还要继续使用，并在后续使用年限中要保证安全、适用、耐久。

（3）应按可能出现的最不利作用组合确定作用效应。

2. 钢结构力学计算模型

模型不定性必须如设计时的同样方式加以考虑，除非以前的结构性能（特别是损害）有另外说明。在某些情况下，模型参数、系数和其他设计假定可能要从对现存结构的各种量测结果来确定（例如，风压系数、有效宽度值等），总之力学计算模型是实际结构的简化和采用许多理论假定，应尽量符合钢结构建筑物的实际受力情况。

在计算作用效应时，应考虑既有结构可能存在的轴线偏差、尺寸偏差和安装偏差等的不利影响，由地基不均匀沉降等引起的不适于继续承载的位移或变形评定时，应考虑由于位移产生的附加的内力；框架柱初倾斜、初偏心及残余应力的影响，可在框架楼层节点施加假想力水平力来综合体现，假想力按《钢结构设计规范》GB 50017 中 3.2.8—1 式计算。

3. 抗震承载力验算

当钢结构建筑物处于七度或七度以上抗震设防烈度的地区时，应进行结构抗震承载力验算。抗震验算时，应加入地震作用效应和地震影响参数，有抗震设防的结构按《建筑抗震设计规范》GB 50011 的规定进行承载力验算。

3.5　钢结构安全性评定

经过检测、分析、验算等过程，现在可以对结构安全性进行评定，可以按项目分别给出评定结果，汇总后给出整体评定结论。

经济、社会和可持续性的因素使得用于既有结构评定的结构可靠度和用于新结构设计的可靠度存在很大差别，对既有结构可考虑缩短的使用期限和降低的目标可靠度。

3.5.1 按项目给出详细评定结果

1. 按下列项目分别给出检查和评定的结果，并得出是否符合要求的结论，按如下项目逐项评定：

（1）结构体系结构和构件布置的评定结果；

（2）连接与构造措施的评定结果；

（3）全面检查发现的外观质量问题，还需要分析问题产生的原因及对结构危害性；

（4）结构和构件出现变形的检测结果，变形的原因分析，对结构安全性的影响；

（5）构件的承载能力验算、连接强度验算、构件稳定性验算、局部稳定性验算的结果。

结构体系与构件布置、材料性能、构造连接、外观质量缺陷、结构和构件变形评定结果，可汇总成表 3.5-1 的格式对比评定。

钢结构体系及连接构造检查项目   表 3.5-1

鉴定项目		建筑抗震设计规范和 钢结构设计规范规定	实际情况	评定结论
建筑抗震设防类别		甲、乙、丙、丁		
结构体系和构件布置	结构形式	钢框架、框架、剪力墙等		
	结构缝设置、长度			
	适用的最大高度			
	最大跨度			
	高宽比			
	结构布置规则性要求	结构平面、立面、竖向剖面布置宜规则、对称		
	支撑系统布置	合理、完整、连接可靠		
	梁、柱、杆件等截面尺寸	钢板最小厚度为 4mm		
		钢管最小壁厚为 3mm,		
		角钢最小截面为∟45mm×4mm 和∟56mm×36mm×4mm,		
		节点板最小厚度为 4mm		
钢材强度及性能	强度等级	Q235、Q345、Q390、Q420		
	伸长率、冷弯、冲击功等性能			
	化学成分			
连接与构造	螺栓数量、直径、间距			
	杆件长细比、宽厚比			
	加劲肋设置			
	支座	位置准确、平整、无变形		
	主体结构与非结构构件连接			
	上部结构与基础连接			

鉴定项目		建筑抗震设计规范和 钢结构设计规范规定	实际情况	评定结论
外观 质量	防火防腐涂层厚度			
	构件锈蚀	无锈蚀	严重、轻微、无	
	连接板变形	杆件和连接板无变形和锈蚀	严重、轻微、无	
	焊缝外观质量	无裂纹、未焊满、根部收缩、 表面气孔、咬边、电弧擦伤、 接头不良、表面夹渣等	严重、轻微、无	
	螺栓外观质量	无断裂、松动、脱落、缺失、 螺杆弯曲,螺纹外露丝 2~3 个扣数、连接零件齐全	严重、轻微、无	
	涂装外观质量			
变形	水平杆件挠度变形	无	严重、轻微、无	
	竖向杆件倾斜变形	无	严重、轻微、无	
	地基不均匀沉降	无、在规范允许范围		
	建筑物整体倾斜变形	无、在规范允许范围		

给出结构安全性验算包括构件的承载力验算、连接强度验算、构件稳定性验算、局部稳定性验算的计算结果,并评定其是否满足要求。

对不满足要求的构件进行统计,统计构件位置、数量、构件种类、不满足的程度等。

2. 钢结构变形评定

设计规范对变形的规定是为了满足正常适用性要求,在设计阶段进行验算;民用建筑和工业建筑可靠性鉴定标准对变形按适用性影响分为三个等级,危险房屋鉴定标准对钢构件变形的危险性进行评定,鉴定标准的变形是通过实际工程检测得到的。

(1)《钢结构设计规范》GB 50017—2003 附录 A 对变形的规定如下:

楼盖梁或桁架挠度变形允许值 $L/400$;次梁和楼梯梁挠度变形允许值 $L/250$;平台板挠度变形允许值 $L/150$;风荷载作用下多层钢框架柱顶位移允许值 $H/500$;风荷载作用下多层钢框架层间相对位移 $h/400$。

L 为水平构件计算跨度,H 为钢结构建筑物总高度,h 为层高或构件高度。

(2)《民用建筑可靠性鉴定标准》GB 50292—1999 的评定条件为:

当钢桁架和其他受弯构件的使用性按其挠度检测结果评定时,应按下列规定评级:

1)若检测值小于计算值及现行设计规范限值时,可评为 a_s 级;

2)若检测值大于或等于计算值,但不大于现行设计规范限值时,可评为 b_s 级;

3)若检测值大于现行设计规范限值时,可评为 c_s 级。

4)在一般构件的鉴定中,对检测值小于现行设计规范限值的情况,可直接根据其完好程度定为 a_s 级或 b_s 级。

当钢柱的使用性按其柱顶水平位移(或倾斜)检测结果评定时,根据其检测结果直接评级,评级所需的位移限值,可按表 3.5-2 所列的层间限值确定。

当钢结构构件的使用性按其缺陷(含偏差)和损伤的检测结果评定时,应按表 3.5-3 的规定评级。

检查项目	结构类别		位移限值		
			A_s 级	B_s 级	C_s 级
钢结构的侧向位移	多层框架	层间	$\leqslant H_i/500$	$\leqslant H_i/400$	$> H_i/400$
		结构顶点	$\leqslant H/600$	$\leqslant H/500$	$> H/500$
	高层框架	层间	$\leqslant H_i/600$	$\leqslant H_i/500$	$> H_i/500$
		结构顶点	$\leqslant H/700$	$\leqslant H/600$	$> H/600$
	框架-剪力墙 框架-筒体	层间	$\leqslant H_i/800$	$\leqslant H_i/700$	$> H_i/700$
		结构顶点	$\leqslant H/900$	$\leqslant H/800$	$> H/800$
	筒中筒 剪力墙	层间	$\leqslant H_i/950$	$\leqslant H_i/850$	$> H_i/850$
		结构顶点	$\leqslant H/1100$	$\leqslant H/900$	$> H/900$

注：H—结构顶点高度；H_i—第 i 层的层间高度。

检查项目	a_s 级	b_s 级	c_s 级
桁架（屋架）不垂直度	不大于桁架高度的 1/250，且不大于 15mm	略大于 a_s 级允许值，尚不影响使用	大于 a_s 级允许值，已影响使用
受压构件平面内的弯曲矢高	不大于构件自由长度的 1/1000，且不大于 10mm	不大于构件自由长度的 1/660	大于构件自由长度的 1/660
实腹梁侧向弯曲矢高	不大于构件计算跨度的 1/660	不大于构件跨度的 1/500	大于构件跨度的 1/500
其他缺陷或损伤	无明显缺陷或损伤	局部有表面缺陷或损伤，尚不影响正常使用	有较大范围缺陷或损伤，且已影响正常使用

（3）《工业建筑可靠性鉴定标准》GB 50144—2008 对钢结构安全性及使用性的评定：构件有裂缝、断裂、存在不适于继续承载的变形时，承载力评定为 c 级或 d 级。

钢构件的使用性按变形、偏差、一般构造和腐蚀项目进行评定，满足国家现行设计规范和设计要求为 a 级；超过规范和设计要求，尚不影响正常使用时评定为 b 级；超过规范要求较多，对正常使用有明显影响时评定为 c 级。

（4）《危险房屋鉴定标准》JGJ 125—1999 规定达到下列指标为危险构件：

钢梁、钢板挠度变形 $> L/250$ 或 $> 45mm$；实腹梁侧弯矢高 $> L/600$；钢屋架挠度 $> L/250$ 或 $> 40mm$，倾斜量 $> h/150$；钢柱顶位移平面内 $> h/150$；平面外 $> h/500$ 或 $> 40mm$。

3.5.2　结构整体安全评定结论

必要时给出钢结构建筑物整体安全性的评估结论，通常按分为四个等级，结构安全、基本安全、存在隐患和不安全（或称结构危险）。

1. 符合下列条件的钢结构建筑，可评为结构安全：

（1）结构体系和结构布置合理，结构支撑系统完好；

（2）受压构件无因失稳出现的弯曲变形，未出现拉杆变为压杆的变形；

（3）构件截面无因宽厚比不足出现局部屈曲；

（4）构造和连接未出现失效的现象；

（5）钢结构构件未出现锈蚀；

（6）有防火要求的结构构件的防火措施未出现损伤；

（7）外观质量良好；

（8）承载力验算、连接强度验算、构件稳定性验算、局部稳定性验算等安全性验算满足要求。

2. 符合如下条件的钢结构房屋，可评为基本安全：

（1）结构体系和结构布置合理，结构支撑系统完好；

（2）受压构件无因失稳出现的弯曲变形，未出现拉杆变为压杆的变形；

（3）构件截面无因宽厚比不足出现局部屈曲；

（4）构造和连接未发现失效的现象；

（5）钢结构主要构件锈蚀后出现凹坑或掉皮；

（6）有防火要求的结构构件的防火措施出现局部损伤；

（7）外观质量良好存在轻微缺陷，可以修复；

（8）承载力验算、连接强度验算、构件稳定性验算、局部稳定性验算的安全性验算基本满足要求。

3. 符合如下条件之一的钢结构房屋建筑，可评为结构存在安全隐患：

（1）结构体系和结构布置不合理，结构支撑系统不完好；

（2）受压构件因失稳出现的弯曲变形，或出现拉杆变为压杆的变形；

（3）构件截面因宽厚比不足出现局部屈曲；

（4）构造和连接出现失效的现象；

（5）钢结构主要构件出现大面积锈蚀严重；

（6）有防火要求的结构构件的防火措施出现大面积损伤；

（7）外观质量良好存在较严重缺陷；

（8）安全性验算有少量构件不满足要求，承载力或稳定性与规定值之比小于1.0，大于0.9。

4. 符合如下条件之一的钢结构房屋建筑，可评为结构不安全或危险房屋：

（1）结构体系和结构布置不合理，结构支撑系统不完好；

（2）受压构件因失稳出现的严重弯曲变形，或出现拉杆变为压杆的变形；

（3）构件截面因宽厚比不足出现严重局部屈曲；

（4）大量构造和连接出现失效的现象；

（5）钢结构主要构件出现大面积锈蚀严重，截面尺寸减小10%以上；

（6）有防火要求的结构构件的防火措施出现大面积损伤；

（7）外观质量良好存在较严重缺陷；

（8）安全性验算有多数构件不满足要求，实际值与规定值之比小于0.9。

对于结构安全性评定项目中，重要性的顺序依次排列为：

（1）结构体系合理、构件布置正确；

（2）结构构件连接和构造符合要求；

（3）构件的承载力、稳定性、连接强度验算符合要求；

（4）构件的变形不应影响正常使用；

（5）外观质量缺陷不影响适用性、耐久性、安全性。

对于一个结构体系来说，不同楼层的重要性是不同的，同一楼层不同构件重要性不同，同一类构件所在的位置决定其重要性不同。

一般情况下，底层比上部楼层重要，顶层也很重要，同一楼层角部更重要，然后是侧边，然后是中间。

对于构件种类来说，柱、墙、主梁、屋架为主要受力构件，次梁、楼板为一般构件。构件重要性排列次序是柱子、墙、主梁、屋架、次梁、楼板、围护结构、装修部分。

柱子排列顺序角柱、边柱、中柱；梁排列顺序边梁、中间梁；楼板角部板、边板、中间板。尤其是轻钢结构屋面在风荷载下破坏首先从角部开始，在美国荷载规范中，角部的风荷载体型系数高于中间，角部应加强。

3.6 抗灾害能力评定

对钢结构抗灾害的能力评定重点在整体结构抗震能力和抗火灾能力，对轻型钢结构抗风灾能力，对钢屋架或轻钢屋架抗冰雪荷载的能力。

钢结构抗震能力是由结构体系和构件布置、连接构造措施和结构与构件的抗震承载力综合评估；抗火灾能力可参见《建筑钢结构防火技术规范》CECS 200：2006 的相关规定，从材料选择、防火保护措施、抗火验算几方面评定；抗风和抗冰雪能力从结构选型、构造连接及承载力验算等进行评估。

抗灾害能力的验算，应给出构件的抗力，构件上的作用，连接的抗力和连接的作用，结构支撑稳定性要求参数和实际稳定性参数，及构件局部稳定性参数。

构件的承载能力通过计算分析评定，分别计算结构构件的抗力 R 和作用效应 S，抗力大于作用效应，评定为结构抗灾害能力满足要求。

抗震作用效应 S 首先考虑结构设计使用年限，再按现行国家标准《建筑工程抗震设防分类标准》GB 50223 确定其设防类别，分为四类：甲类、乙类、丙类、丁类，同时确定建筑物的抗震设防烈度，一般情况下，采用中国地震动参数区划图的地震基本烈度或现行国家标准《建筑抗震设计规范》GB 50011 附录 A 规定的抗震设防烈度，附录 A 除我国主要城镇抗震设防烈度外，还有设计基本地震加速度和设计地震分组，设计基本地震加速度是 50 年设计基准期超越概率 10% 的地震加速度的设计取值。

抗风抗震作用效应 S 也要考虑结构设计使用年限，按现行国家标准《建筑荷载设计规范》GB 50009，根据当地和被鉴定的建筑物的具体情况，确定风荷载，高层建筑和建筑物密集区要根据实际情况考虑高度系数、体型系数、风振系数等。

钢结构屋面抗冰雪能力的作用效应 S 重点应考虑当地历史上最大雪压，被鉴定的建筑物结构形式及结构布置等具体情况，冬季温度变化，雪有可能化为冰等情况，确定基本雪压。有些情况下可能比《建筑荷载设计规范》GB 50009 规定值要大些。

3.7 处理建议及技术方案

3.7.1 处理建议

安全性评定是给出钢结构目前状态和评定结论，结构安全符合要求时可以继续使用，基本安全是对存在的问题进行维修处理，存在安全隐患的结构应采取加固等措施，危险的结构应停止使用，立即采用处理措施。

对于安全性不满足要求的情况，提出处理建议，便于委托方作最后的决策，建议可分为下面四种：

（1）为了经济的理由接受目前状况；

（2）减轻结构上的荷载，减轻静载或使用中控制活荷载，必要时也可提出限制其使用的要求；

（3）对安全性不足的结构，采取加固措施；

（4）存在严重安全隐患，通过经济技术综合分析比较，加固代价很高，可继续使用年限很短，可以考虑拆除重建；

3.7.2　处理方案和技术措施

评定报告可以提出采取加固措施及加固方案，根据不满足的情况可建议采用如下处理措施：

（1）构体系和构件及支撑布置不满足要求的工程，可采取整体加固方案，如改变结构体系或增设构件和支撑等，提高结构整体性和安全性；增设构件和支撑应保证加固件有合理的传力途径；加固件宜与原有构件的支座或节点有可靠的连接，连接可采用焊接、螺栓连接、铆接等，一般优先采用焊接。

（2）构件承载力不足，可采用加大截面法提高构件承载力和刚度，或条件允许时外包钢筋混凝土等，也可以增设支座或支撑等，改变构件受力体系。

（3）构件连接节点的加固，可采用焊缝连接、高强度螺栓连接、铆接和普通螺栓连接。

1）对焊缝连接的加固：直接延长原焊缝的长度，如存在困难，也可采用附加连接板和增大节点板的方法，增加焊缝有效高度；增设新焊缝。

2）对高强度螺栓连接的加固：增补同类型的高强度螺栓；将单剪结合改造为双剪结合；增设焊缝连接。

3）对铆接和普通螺栓连接的加固：全部或局部更换为高强度螺栓连接；增补新铆钉、新螺栓或增设高强度螺栓；增设焊缝连接。

（4）结构和构件存在裂缝，应先分析裂缝产生的原因，并进行焊接修补、嵌板修补、附加盖板等方法修补或加固，对不宜修补和加固的构件，可采用更换的方法处理。

一般情况下先在裂缝两端钻小孔防止裂缝进一步扩展，然后采取适当的修补措施，裂缝宽度和长度较小时，优先采用焊接修补的方法，即首先用砂纸或砂轮等清洗裂缝两侧80mm宽度范围内的油污、浮渣等，使之露出干净的金属面，然后将裂缝边缘加工出坡口，并将裂缝两侧及端部预热至 100～150℃，在焊接过程中保持该温度。用与钢材相匹配的焊条分段分层逆向施焊，每一焊道焊完后立即进行锤击，承受动力荷载的构件还应将裂缝表面磨光。嵌板修补是针对网状、分叉裂纹区和有破裂、过烧等缺陷的梁柱腹板部位，先将裂缝部位切除，切成为大于裂缝100mm圆弧角的矩形孔，再用等厚度同材质的钢板嵌入孔中，将嵌板和孔边缘加工呈坡口形式，预热至 100～150℃，分段分层逆向施焊，打磨焊缝余高，使之与原构件表面半。附加盖板修补是采用双层钢板，其厚度与被加固的构件厚度相同，采用焊接或高强度螺栓摩擦型连接，焊接时焊脚尺寸等于板厚，盖板长度大于裂缝长度加300mm，高强度螺栓连接时在裂缝两侧每侧用两排螺栓，盖板宽度根据螺栓布置确定。

（5）受压构件或受弯构件的受压翼缘破损和变形严重时，为避免矫正变形或拆除受损部分，可在杆件周围包以钢筋混凝土，形成劲性钢筋混凝土的组合结构。为了保证二者的共同工作，应在外包钢筋混凝土的部位上焊接能传递剪力的零件。

（6）结构的加固有卸荷加固和负荷加固两种形式。负荷加固时，必须对施工期间钢构件的工作条件和施工的过程进行控制，确保施工过程的安全。

（7）焊缝存在缺陷达不到要求时，重新补焊，螺栓连接松动时，重新拧紧；缺失或断裂时，增设螺栓。

（8）对存在缺陷、损伤和锈蚀的构件，应重新除锈，按新的设计要求进行涂装施工。

第4章 钢结构检测鉴定工程实例

本章共计归纳整理了21个工程应用实例，分为四类：

第一类是钢结构工程质量的检测评定，如实例1对钢结构材料强度、尺寸等检测评定，实例14和15是重大工程验收前进行的质量检测和评定。

第二类是既有钢结构工程安全性检测鉴定，有民用建筑如实例2钢结构食堂、实例3钢结构宿舍，有工业建筑如实例8钢结构厂房，有公共建筑如实例4游泳馆的室内钢网架和实例18体育场的室外钢网架，有老旧建筑如实例13为百年建筑物中的钢楼梯，实例16为北京在新中国成立初期十大建筑中使用50多年的钢结构罩棚，有轻钢结构如实例17钢结构库房。

第三类是为钢结构建筑物加固改造之前的检测鉴定，为加固改造设计提供依据，还有实例5是加固改造工程采用了钢结构的施工质量检测评定。

第四类是钢结构建筑物灾害后检测鉴定和抗震鉴定，如实例7是钢结构厂房遭受爆炸损伤后安全性检测鉴定，实例12是钢结构厂房雪灾后局部倒塌的检测鉴定，实例20是钢结构教学楼抗震能力鉴定。

4.1 地铁车辆段附属结构材料棚检测

4.1.1 工程概况

本工程为某地铁车辆段材料棚，无外围护墙，平面尺寸12m×78m，采用轻型门式刚架结构。门式刚架跨度12m，柱距6m，柱顶高8.4m，牛腿顶标高6.6m，轨顶标高7.20m，柱脚为刚接。屋面采用彩色夹芯钢板，檩条间距为1.5m。基础为现浇钢筋混凝土独立基础。门式刚架部分采用图集04SG518-3设计，轨道梁部分采用图集03SG520-1设计。材料棚外观照片见图4.1-1。

4.1.2 检测情况介绍

1. 结构外观质量检查结果

经现场全面检查，材料棚的主体结构无明显变形、倾斜或歪扭，未发现因地基不均匀沉降引起主体结构的倾斜，主要钢构件没有发现锈蚀情况。

主要存在以下外观缺陷和损伤：

1）轴线6~7-A~B区域内缺少钢檩条的横向系杆，照片见图4.1-2。

2）轴线3-1/A位置处水平纵向角钢系杆与钢梁连接处未使用螺栓连接，照片见图4.1-3。

3）轴线1-A位置处竖向支撑与钢柱间连接缺少螺栓，照片见图4.1-4。

2. 钢构件的强度检测结果

按照《金属里氏硬度试验方法》GB/T 17394—1998和《黑色金属硬度及强度换算

图 4.1-1　材料棚外观照片

图 4.1-2　轴线 6～7-A～B 区域内缺少
钢檩条的横向系杆

图 4.1-3　轴线 3-1/A 位置处水平纵向角钢
系杆与钢梁连接处缺少螺栓

图 4.1-4　轴线 1-A 位置处竖向支撑与钢
柱间连接缺少螺栓

值》GB/T 1172—1999 的规定，采用里氏硬度仪对主要钢构件（钢柱、钢梁）的里氏硬度进行抽查检测，钢构件的强度检测结果见表 4.1-1。

　　依照里氏硬度现场检测结果，可推算框架柱、梁钢材强度为 Q235 钢，满足原设计要求。

钢构件的钢材强度检测结果 表 4.1-1

序号	构件名称	测试位置	里氏硬度平均值	推定抗拉强度 σ_b（MPa）	Q235 钢抗拉极限强度规定值
1	14-A 柱	腹板	330	391	
		翼缘板	404	545	
2	12-A 柱	腹板	320	382	
		翼缘板	368	469	
3	9-A 柱	腹板	320	373	
		翼缘板	367	468	
4	8-B 柱	腹板	329	387	370～500
		翼缘板	367	466	
5	7-B 柱	腹板	325	381	
		翼缘板	387	509	
6	6～7-B 梁	腹板	322	373	
		翼缘板	385	505	

序号	构件名称	测试位置	里氏硬度平均值	推定抗拉强度 σ_b(MPa)	Q235 钢抗拉极限强度规定值
7	7~8-B 梁	腹板	325	380	
		翼缘板	402	541	
8	8~9-B 梁	腹板	317	383	
		翼缘板	393	522	370~500
9	9~10-B 梁	腹板	315	379	
		翼缘板	385	505	
10	8-1/A~B 梁	腹板	326	382	
		翼缘板	359	450	

3. 钢构件型钢截面尺寸检测结果

采用超声波测厚仪和钢直尺对主要钢构件（钢柱、钢梁）厚度进行抽查检测，检测方法参照《热轧钢板和钢带的尺寸、外形、重量及允许偏差》GB 709—2006、《钢结构工程施工质量验收规范》GB 50205—2001 有关要求进行。钢构件的截面尺寸检测结果见表 4.1-2。

由表可知，所抽检部位钢构件的截面尺寸均符合设计要求。

钢构件的截面尺寸检测结果   表 4.1-2

序号	构件名称	实测尺寸(mm) 高×宽×腹板厚×翼缘厚	设计尺寸(mm) 高×宽×腹板厚×翼缘厚	评 定 结 果
1	14-A 柱	448×248×5.5×9.6	450×250×6×10	符合设计要求
2	12-A 柱	451×248×5.5×9.6	450×250×6×10	符合设计要求
3	9-A 柱	452×248×5.5×9.6	450×250×6×10	符合设计要求
4	8-B 柱	451×247×5.5×9.5	450×250×6×10	符合设计要求
5	7-B 柱	449×249×5.5×9.6	450×250×6×10	符合设计要求
6	6~7-B 梁	452×280×5.6×9.6	450×280×6×10	符合设计要求
7	7~8-B 梁	452×279×5.5×9.6	450×280×6×10	符合设计要求
8	8~9-B 梁	451×279×5.6×9.6	450×280×6×10	符合设计要求
9	9~10-B 梁	450×280×5.6×9.6	450×280×6×10	符合设计要求
10	8-1/A~B 梁	401×249×5.5×7.6	400×250×6×8	符合设计要求

注：高度允许偏差为±2mm；宽度允许偏差为±3mm；5~8mm 厚板的允许偏差为±0.5mm；8~15mm 厚板的允许偏差为±0.55mm。

4.2 钢结构食堂检测鉴定

4.2.1 工程概况

某食堂为 2 层钢结构框架，建筑面积约 1200m²。基础均为混凝土独立柱基础，采用地脚螺栓与钢柱连接；主体结构柱、梁为热轧 H 型钢；预制混凝土空心楼板，屋面檩条及墙檩条采用冷弯薄壁 C 型钢。

食堂外立面照片见图 4.2-1，食堂首层结构平面布置见图 4.2-2。

图 4.2-1 食堂外立面照片

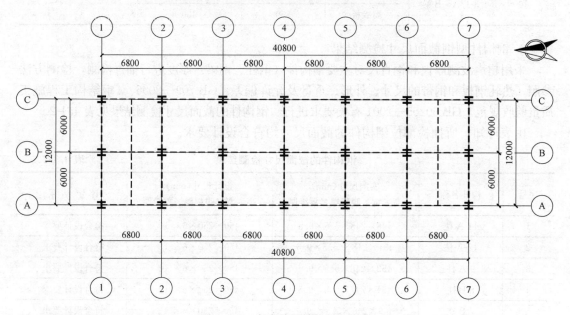

图 4.2-2 食堂首层结构平面布置

4.2.2 检测鉴定情况介绍

1. 外观质量检查

对食堂外观状况进行检查，主要发现以下问题：

1）室内隔墙板、外围护墙板的拼缝开裂普遍，照片见图 4.2-3 和图 4.2-4。

2）预制板拼缝开裂较普遍，预制板在梁上拼缝开裂，2 层楼面地砖拉裂普遍，照片见图 4.2-5。

3）预制楼板与纵向钢梁之间存在明显缝隙，照片见图 4.2-6。

4）2 层内隔墙门洞上方开裂较普遍，照片见图 4.2-7。

5）2 层钢柱与东侧外墙板之间缝隙较大，最大约 20mm，照片见图 4.2-8。

6）外墙勒脚空鼓、开裂，照片见图 4.2-9。

外观总体情况是墙板拼缝开裂较普遍，预制板板缝开裂普遍，2 层楼面地砖被拉裂。

2. 钢构件截面尺寸检测

采用超声波测厚仪和卡尺对主要钢构件截面尺寸进行抽查检测，检测依据《钢结构工

图 4.2-3　室内墙板拼缝开裂

图 4.2-4　外墙板拼缝开裂

图 4.2-5　预制板在梁上拼缝开裂、地砖拉裂

图 4.2-6　预制板与纵梁之间缝隙明显

图 4.2-7　2 层内隔墙门洞上方开裂

程施工质量验收规范》GB 50205—2001 有关要求进行。钢构件的截面尺寸检测结果见表 4.2-1 和表 4.2-2。

　　检测结果可知，所抽检柱截面尺寸均符合设计要求；所抽检部位有部分钢梁截面尺寸不符合设计要求。

图 4.2-8　2层东侧外墙与钢柱之间缝隙较大　　　　图 4.2-9　室外勒脚空鼓、开裂

工字钢柱的截面尺寸检测结果　　　　　　　　　表 4.2-1

序号	构件位置名称	实测尺寸(mm) 高×宽×腹板厚×翼缘厚	设计尺寸(mm) 高×宽×腹板厚×翼缘厚	评定结果
1	1层 4-B 柱	249×249×13.0×8.5	250×250×14×9	符合设计要求
2	1层 5-B 柱	248×249×13.1×8.6	250×250×14×9	符合设计要求
3	1层 3-B 柱	249×250×13.0×8.5	250×250×14×9	符合设计要求
4	1层 4-C 柱	250×249×13.3×8.6	250×250×14×9	符合设计要求
5	1层 5-C 柱	252×249×13.3×8.7	250×250×14×9	符合设计要求
6	2层 1-C 柱	250×249×13.0×8.6	250×250×14×9	符合设计要求
7	2层 1-B 柱	249×249×13.2×8.6	250×250×14×9	符合设计要求
8	2层 2-A 柱	250×(—)×13.3×8.5	250×250×14×9	符合设计要求
9	2层 6-C 柱	250×251×13.1×8.5	250×250×14×9	符合设计要求
10	2层 6-A 柱	(—)×249×13.1×8.5	250×250×14×9	符合设计要求

工字钢梁的截面尺寸检测结果　　　　　　　　　表 4.2-2

序号	构件位置名称	实测尺寸(mm) 高×宽×腹板厚×翼缘厚	设计尺寸(mm) 高×宽×腹板厚×翼缘厚	评定结果
1	1层 1~2-A 梁	348×175×6.2×8.5	350×175×7×11	不符合设计要求
2	1层 4~5-A 梁	349×177×6.8×8.1	350×175×7×11	不符合设计要求
3	1层 4-A~B 梁	400×201×7.7×12.4	400×200×8×13	符合设计要求
4	1层 4~5-B 梁	347×176×6.0×8.5	350×175×7×11	不符合设计要求
5	1层 4~5-C 梁	350×174×6.2×8.2	350×175×7×11	不符合设计要求

序号	构件位置名称	实测尺寸(mm) 高×宽×腹板厚×翼缘厚	设计尺寸(mm) 高×宽×腹板厚×翼缘厚	评定结果
6	2层1~2-C梁	300×152×6.2×8.9	300×150×6.5×9	符合设计要求
7	2层5~6-A梁	303×150×6.2×8.7	300×150×6.5×9	符合设计要求
8	2层6~7-A梁	301×149×6.2×8.7	300×150×6.5×9	符合设计要求
9	2层6~7-C梁	300×151×6.2×8.8	300×150×6.5×9	符合设计要求

3. 钢构件涂层厚度检测

采用覆层测厚仪对钢构件表面防火防腐涂装进行厚度检测，钢构件防火防腐涂装厚度检测结果见表 4.2-3 和表 4.2-4。设计防火防腐涂装厚度为 $120\mu m$。个别柱梁涂装厚度不符合设计要求。

工字钢柱涂装厚度检测结果 　　　　　　　　　　　　　　表 4.2-3

序号	构件名称		实测涂装厚度(μm)		设计涂装厚度(μm)
			测点值	平均值	
1	1层4-B	翼缘	214、215、219	216	120
		腹板	154、159、157	157	120
2	1层5-B	翼缘	135、141、141	139	120
		腹板	121、122、128	124	120
3	1层3-B	翼缘	194、191、167	184	120
		腹板	140、210、195	182	120
4	1层4-C	翼缘	168、154、160	161	120
		腹板	122、137、121	127	120
5	1层5-C	翼缘	60、60、97	72	120
		腹板	68、69、87	75	120
6	2层1-C	翼缘	240、179、210	210	120
		腹板	187、200、129	172	120
7	2层1-B	翼缘	210、216、193	206	120
		腹板	280、271、292	281	120
8	2层2-A	翼缘	125、170、112	136	120
		腹板	148、112、139	133	120
9	2层6-C	翼缘	176、200、221	199	120
		腹板	144、155、200	166	120
10	2层6-A	翼缘	315、310、287	304	120
		腹板	157、162、132	150	120

4. 钢构件的强度检测结果

采用里氏硬度仪对主要钢构件的里氏硬度进行抽查检测，按照《金属里氏硬度试验方法》GB/T 17394—1998 和《黑色金属硬度及强度换算值》GB/T 1172—1999 的规定，钢构件的强度检测结果见表 4.2-5 和表 4.2-6。

工字钢梁涂装厚度检测结果 表 4.2-4

序号	构件名称		实测涂装厚度（μm）		设计涂装厚度（μm）
			测点值	平均值	
1	1层 1-2-A	翼缘	221、209、248	226	120
		腹板	198、202、240	213	120
2	1层 4-5-A	翼缘	137、130、120	129	120
		腹板	120、116、150	129	120
3	1层 4-A-B	翼缘	205、121、170	165	120
		腹板	118、125、130	124	120
4	1层 4-5-B	翼缘	175、157、159	164	120
		腹板	192、190、194	192	120
5	1层 4-5-C	翼缘	190、187、165	181	120
		腹板	148、190、160	166	120
6	2层 1-2-C	翼缘	119、133、142	131	120
		腹板	182、128、133	148	120
7	2层 5-6-A	翼缘	73、67、75	72	120
		腹板	126、136、203	155	120
8	2层 6-7-A	翼缘	171、150、164	162	120
		腹板	133、120、127	127	120
9	2层 6-7-C	翼缘	146、180	163	120
		腹板	125、121	123	120

依照里氏硬度现场检测结果，推算框架柱钢材强度为 Q345B 钢，满足原设计要求；推算梁钢材强度为 Q235B 钢，不满足原设计要求。

工字钢柱的钢材强度检测结果 表 4.2-5

序号	构件名称		里氏硬度平均值	推定抗拉强度 σ_b（MPa）	Q345 钢抗拉极限强度规定值（MPa）
1	1层 4-B柱	翼缘	396	523	
		腹板	398	526	
2	1层 5-B柱	翼缘	409	560	
		腹板	390	506	
3	1层 3-B柱	翼缘	400	533	
		腹板	386	498	
4	1层 4-C柱	翼缘	391	510	470~630
		腹板	387	499	
5	1层 5-C柱	翼缘	372	471	
		腹板	355	445	
6	2层 1-C柱	翼缘	403	541	
		腹板	374	474	
7	2层 1-B柱	翼缘	387	500	
		腹板	375	476	

序号	构 件 名 称		里氏硬度平均值	推定抗拉强度 σ_b(MPa)	Q345 钢抗拉极限强度规定值(MPa)
8	2层2-A柱	翼缘	378	481	
		腹板	376	477	
9	2层6-C柱	翼缘	388	502	470～630
		腹板	380	486	
10	2层6-A柱	翼缘	396	523	
		腹板	395	520	

工字钢梁的钢材强度检测结果　　　　　　　　表 4.2-6

序号	构 件 名 称		里氏硬度平均值	推定抗拉强度 σ_b(MPa)	Q345 钢抗拉极限强度规定值(MPa)
1	1层1～2-A梁	翼缘	376	477	
		腹板	346	433	
2	1层4～5-A梁	翼缘	386	498	
		腹板	355	444	
3	1层4-A～B梁	翼缘	383	492	
		腹板	354	443	
4	1层4～5-B梁	翼缘	369	466	
		腹板	331	418	
5	1层4～5-C梁	翼缘	379	483	470～630
		腹板	329	417	
6	2层1～2-C梁	翼缘	364	457	
		腹板	271	384	
7	2层5～6-A梁	翼缘	361	453	
		腹板	332	419	
8	2层6～7-A梁	翼缘	364	457	
		腹板	325	413	
9	2层6～7-C梁	翼缘	362	454	
		腹板	348	435	

注：Q235 钢抗拉极限强度规定值：370MPa ～500MPa。

5. 超声波法检测焊缝内部缺陷

采用金属超声波探伤仪对食堂钢结构的对接焊缝进行内部探伤，现场随机抽选五条焊缝，按《钢焊缝手工超声波探伤方法和探伤结果分级》GB 11345—89 的规定进行探伤检测，焊缝及探伤技术参数见表 4.2-7，焊缝探伤结果见表 4.2-8。

探伤结果表明，所抽查的五条焊缝内部质量均符合《钢结构工程施工质量验收规范》GB 50205—2001 中对二级焊缝的质量要求，故评定所抽检的焊缝质量符合二级焊缝的要求。

焊缝及探伤技术参数　　　　　　　　　　　　　　　表 4.2-7

探 伤 仪 器	汉威 HS600(编号:06280)	焊 缝 种 类	对 接 型
探头规格	8×9K2(5MHz)	探伤方法	B级单面双侧
试块	ⅡW 和 RB-1	耦合剂	机油
钢板厚度(mm)	6	材料	Q345
探伤面及状态	修磨	探伤时机	焊后

超声波法焊缝探伤结果　　　　　　　　　　　　　　表 4.2-8

序号	焊 缝 位 置		焊缝长度 (mm)	板材厚度 (mm)	探 伤 结 果	评级	备注
1	1层 4~5-B梁 对接焊缝	腹板	470	6.0	无	Ⅰ级	设计 二级 焊缝
2	1层 4~5-A梁 对接焊缝	腹板	470	6.0	1处Ⅱ区缺陷,指示长度为 10mm,深度为 5.2mm	Ⅱ级	
3	1层 4~5-C梁 对接焊缝	腹板	370	6.2	1处Ⅱ区缺陷,指示长度为 5mm,深度为 5.4mm	Ⅰ级	
4	1层 6~7-A梁 对接焊缝	腹板	360	6.2	1处Ⅱ区缺陷,指示长度为 5mm,深度为 5.4mm	Ⅰ级	设计 二级 焊缝
5	1层 6~7-C梁 对接焊缝	腹板	360	6.2	2处Ⅱ区缺陷,指示长度为 5mm 和 6mm,深度为 3.1mm 和 5.0mm	Ⅱ级	

6. 基础形式检查

食堂采用钢筋混凝土独立柱基础,依照结构设计图和相关施工资料可知,基础的混凝土设计强度等级为 C30。

现场开挖 2 个检测点(只对抽查基础进行推定),核查基础实际形式和细部尺寸是否与设计图纸相一致,并采用回弹法对基础混凝土强度进行检测。

(1)基础实测尺寸

现场开挖 2 个检测点,基础实际形式、实测尺寸与基础设计形式、设计尺寸对比图见图 4.2-10 和图 4.2-11。

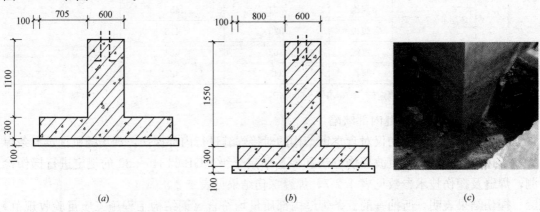

图 4.2-10　轴线 1-A 独立柱基础检测结果对比图

(a)实测基础立面图;(b)设计基础立面图;(c)基础外观照片

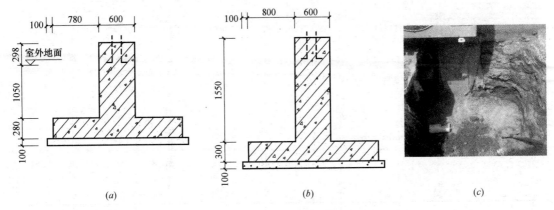

图 4.2-11　轴线 3-C 独立柱基础检测结果对比图

(a) 实测基础立面图；(b) 设计基础立面图；(c) 基础外观照片

由图 4.2-10 和图 4.2-11 检测结果可知，所抽查 2 个独立柱基础的实际形式和细部尺寸均不满足设计图纸的要求。

(2) 独立柱基础混凝土强度检测

按照《回弹法检测混凝土抗压强度技术规程》JGJ/T 23—2001 的规定，对基础的混凝土强度进行了回弹法检测，检测结果见表 4.2-9。

独立柱基础混凝土强度回弹法检测结果　　　　　　　　　表 4.2-9

序号	构件编号	强度换算值(MPa)			强度推定值(MPa)
		平均值	最小值	标准差	
1	1-A 基础	35.1	34.5	0.48	34.3
2	3-C 基础	33.3	31.6	1.04	31.6

检测结果可知，所抽检基础的混凝土强度推定值范围为 31.6～34.3MPa，符合设计 C30 的强度等级要求。

7. 结构安全性分析验算

(1) 验算依据

1) 建筑与结构设计图纸；

2) 本次检测结果；

3)《建筑结构荷载规范》GB 50009—2001（2006 版）；

4)《钢结构设计规范》GB 50017—2003；

5)《建筑抗震设计规范》GB 50011—2001。

(2) 结构抗震验算基本参数

1) 楼面、屋面活荷载标准值：楼面取 2.0kN/m²；屋面取 0.5kN/m²。

2) 楼面、屋面恒载标准值：楼面取 4.0kN/m²；屋面取 0.3kN/m²。

3) 风荷载、雪荷载：基本风压取 0.45kN/m²，基本雪压取 0.40kN/m²，地面粗糙度类别为 C 类。

4) 抗震设防烈度取 8 度，设计基本地震加速度为 0.20g。

5) 主体结构（板材、型钢）采用 Q345B。

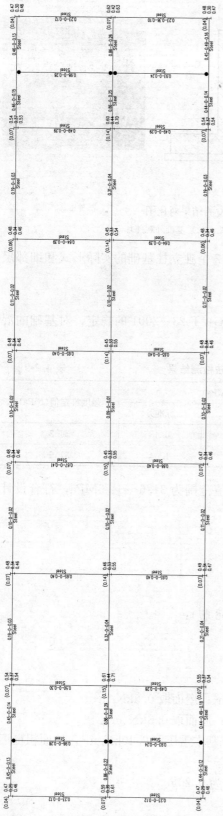

图 4.2-12 1 层钢构件应力比简图

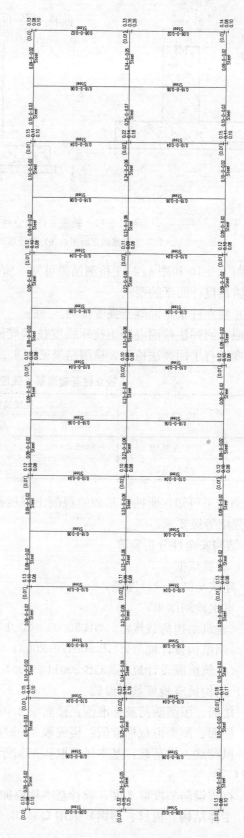

图 4.2-13 2 层钢构件应力比简图

84

（3）结构分析验算结果

根据结构、建筑施工图和检测结果，采用 PKPM 系列分析软件 STS 模块及 SETWE
模块建立结构分析模型，对结构承载力进行分析验算。

钢构件应力比：1～2 层钢构件正应力与强度设计比值均满足规范要求，钢构件应力
比简图见图 4.2-12 和图 4.2-13。

8. 处理建议

1) 对墙板和楼面开裂处进行修复处理。

2) 对外墙勒脚空鼓、开裂处进行修复处理。

3) 由于食堂湿度较大，对钢结构构件涂装进行定期维护。

4.3 钢结构宿舍检测鉴定

4.3.1 工程概况

某宿舍为 3 层钢结构框架，建筑面积
约 2900m²。建筑物基础均为钢筋混凝土
独立基础，采用地脚螺栓与钢柱连接；主
体结构的柱、梁为热轧 H 型钢；预制空
心板楼板屋面檩条及墙体檩条采用冷弯薄
壁 C 型钢。

宿舍楼外立面照片见图 4.3-1，首层
结构平面布置见图 4.3-2。

图 4.3-1 宿舍外立面照片

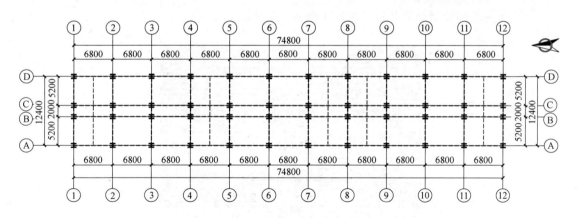

图 4.3-2 宿舍首层结构平面布置

4.3.2 检测鉴定情况介绍

1. 外观质量检查

对宿舍楼外观状况进行检查，主要发现以下问题：

1) 卫生间部位渗漏水问题较为严重，造成该部位的钢构件锈蚀严重，典型照片见图
4.3-3～图 4.3-5。

2) 预制板拼缝开裂较普遍，楼面装修层拉裂，照片见图 4.3-6。

图 4.3-3　卫生间部位渗漏水，钢梁锈蚀　　　　图 4.3-4　卫生间部位渗漏水，钢梁锈蚀

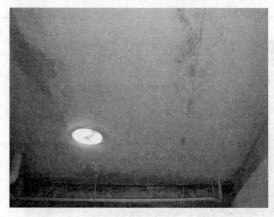 

图 4.3-5　卫生间部位渗漏水，钢梁锈蚀　　　图 4.3-6　预制板拼缝开裂，楼面装修层拉裂

3）内隔墙和外墙拼缝开裂，照片见图 4.3-7 和图 4.3-8。

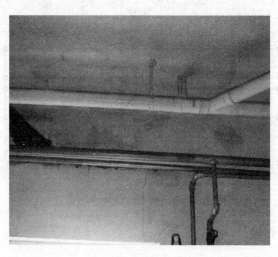

图 4.3-7　外墙窗洞口上方拼缝开裂

4）外墙与内墙交接处开裂，照片见图 4.3-9。

外观总体情况，墙板拼缝开裂较普遍，预制板板缝开裂普遍，卫生间部位渗漏水严重，钢构件严重锈蚀。

图 4.3-8　内隔墙竖向拼缝开裂　　　　　　　　　图 4.3-9　内、外墙交界处竖向裂缝

2. 钢构件截面尺寸检测

采用超声波测厚仪和卡尺对主要钢构件截面尺寸进行抽查检测，检测依据《钢结构工程施工质量验收规范》GB 50205—2001 有关要求进行。钢构件的截面尺寸检测结果见表 4.3-1 和表 4.3-2。

由表中检测结果可知，所抽检部位钢构件的截面尺寸均符合设计要求。

工字钢柱的截面尺寸检测结果　　　　　　　　　　表 4.3-1

序号	构件位置名称	实测尺寸(mm) 高×宽×腹板厚×翼缘厚	设计尺寸(mm) 高×宽×腹板厚×翼缘厚	评定结果
1	1层1-B柱	(—)×(—)×9.0×13.5	250×250×9×14	符合设计要求
2	1层1-A柱	(—)×(—)×8.9×13.8	250×250×9×14	符合设计要求
3	1层5-B柱	(—)×250×(—)×13.8	250×250×9×14	符合设计要求
4	1层12-B柱	(—)×(—)×8.9×13.6	250×250×9×14	符合设计要求
5	1层12-D柱	(—)×(—)×8.9×13.8	250×250×9×14	符合设计要求
6	1层12-C柱	(—)×(—)×8.9×13.5	250×250×9×14	符合设计要求
7	1层8-C柱	(—)×250×(—)×13.6	250×250×9×14	符合设计要求
8	1层8-D柱	(—)×(—)×(—)×13.6	250×250×9×14	符合设计要求
9	2层1-A柱	(—)×(—)×8.9×13.8	250×250×9×14	符合设计要求
10	2层1-B柱	(—)×(—)×9.0×13.7	250×250×9×14	符合设计要求
11	2层8-D柱	(—)×250×(—)×13.6	250×250×9×14	符合设计要求
12	2层12-B柱	(—)×(—)×8.9×13.5	250×250×9×14	符合设计要求
13	2层12-C柱	(—)×(—)×9.0×13.7	250×250×9×14	符合设计要求
14	2层12-D柱	(—)×(—)×8.9×13.8	250×250×9×14	符合设计要求
15	2层5-C柱	(—)×250×(—)×13.6	250×250×9×14	符合设计要求
16	2层5-D柱	(—)×(—)×(—)×13.8	250×250×9×14	符合设计要求

序号	构件位置名称	实测尺寸(mm) 高×宽×腹板厚×翼缘厚	设计尺寸(mm) 高×宽×腹板厚×翼缘厚	评定结果
17	2层8-D柱	(一)×250×(一)×13.9	250×250×9×14	符合设计要求
18	2层8-C柱	(一)×248×(一)×13.6	250×250×9×14	符合设计要求
19	3层1-A柱	(一)×(一)×7.0×10.7	244×175×7×11	符合设计要求
20	3层1-D柱	(一)×(一)×6.9×10.3	244×175×7×11	符合设计要求
21	3层8-D柱	(一)×(一)×(一)×10.3	244×175×7×11	符合设计要求
22	3层12-A柱	(一)×(一)×6.7×10.5	244×175×7×11	符合设计要求
23	3层12-B柱	(一)×(一)×6.8×10.5	244×175×7×11	符合设计要求
24	3层12-D柱	(一)×(一)×7.1×10.4	244×175×7×11	符合设计要求
25	3层5-C柱	(一)×175×(一)×10.4	244×175×7×11	符合设计要求
26	3层8-C柱	(一)×(一)×(一)×10.6	244×175×7×11	符合设计要求

工字钢梁的截面尺寸检测结果   表 4.3-2

序号	构件位置名称	实测尺寸(mm) 高×宽×腹板厚×翼缘厚	设计尺寸(mm) 高×宽×腹板厚×翼缘厚	评定结果
1	1层1～2-B梁	355×(一)×6.7×10.9	350×175×7×11	符合设计要求
2	1层1-A～B梁	355×176×6.7×11.0	350×175×7×11	符合设计要求
3	1层4～5-D梁	355×175×6.8×10.6	350×175×7×11	符合设计要求
4	1层7～8-B梁	352×(一)×6.6×10.3	350×175×7×11	符合设计要求
5	1层7～8-D梁	352×174×6.7×10.9	350×175×7×11	符合设计要求
6	1层8～9-D梁	352×176×6.9×10.4	350×175×7×11	符合设计要求
7	2层1-A～B梁	350×175×5.9×8.4	350×175×7×11	符合设计要求
8	2层4～5-D梁	350×175×6.7×10.9	350×175×7×11	符合设计要求
9	2层1/7-C～D梁	300×(一)×6.5×7.9	300×150×6.5×9	符合设计要求
10	2层8～9-D梁	355×175×6.6×10.6	350×175×7×11	符合设计要求
11	2层7～8-C梁	355×(一)×6.7×10.8	350×175×7×11	符合设计要求
12	2层7～8-B梁	353×(一)×6.7×10.9	350×175×7×11	符合设计要求
13	2层12-A～B梁	355×175×6.7×10.8	350×175×7×11	符合设计要求
14	2层11～12-D梁	355×175×6.6×10.8	350×175×7×11	符合设计要求
15	3层1-A～B梁	250×125×5.8×8.9	250×125×6×9	符合设计要求
16	3层1～2-D梁	251×126×5.7×8.9	250×125×6×9	符合设计要求
17	3层7～8-A梁	250×125×5.8×9.0	250×125×6×9	符合设计要求
18	3层7～8-D梁	250×125×5.7×8.9	250×125×6×9	符合设计要求
19	3层11～12-D梁	250×125×5.9×8.6	250×125×6×9	符合设计要求

3. 钢构件涂层厚度检测

采用覆层测厚仪对钢构件表面防火防腐涂装进行厚度检测，钢构件防火防腐涂装厚度检测结果见表 4.3-3 和表 4.3-4。设计防火防腐涂装厚度为 $120\mu m$。由表可见，部分构件涂装厚度不符合设计要求。

工字钢柱涂装厚度检测结果

表 4.3-3

序号	构件名称		实测涂装厚度(μm)		设计涂装厚度(μm)
			测点值	平均值	
1	1层1-B柱	腹板	0	0	不符合设计要求
		翼缘	400、482、345	409	符合设计要求
2	1层1-A柱	腹板	220、230、226	225	符合设计要求
		翼缘	412、420、355	396	符合设计要求
3	1层5-B柱	翼缘	132、170	151	符合设计要求
		腹板	0	0	不符合设计要求
4	1层12-B柱	腹板	370、387、285	347	符合设计要求
		翼缘	357、350、295	334	符合设计要求
5	1层12-D柱	腹板	0	0	不符合设计要求
		翼缘	0	0	不符合设计要求
6	1层12-C柱	腹板	0	0	不符合设计要求
		翼缘	0	0	不符合设计要求
7	1层8-C柱	腹板	0	0	不符合设计要求
		翼缘	383、385、380	383	符合设计要求
8	1层8-D柱	腹板	0	0	不符合设计要求
		翼缘	350、401、317	356	符合设计要求
9	2层1-A柱	腹板	130、215、182	176	符合设计要求
		翼缘	201、251、198	217	符合设计要求
10	2层1-B柱	腹板	345、285、346	325	符合设计要求
		翼缘	0	0	不符合设计要求
11	2层8-D柱	腹板	0	0	不符合设计要求
		翼缘	311、283、250	281	符合设计要求
12	2层12-B柱	腹板	220、223、186	210	符合设计要求
		翼缘	280、277、250	269	符合设计要求
13	2层12-C柱	腹板	0	0	不符合设计要求
		翼缘	413、355、200	323	符合设计要求
14	2层12-D柱	腹板	0	0	不符合设计要求
		翼缘	327、348、348	341	符合设计要求
15	2层5-C柱	翼缘	219、142	181	符合设计要求
		腹板	0	0	不符合设计要求
16	2层5-D柱	翼缘	205、172、146	174	符合设计要求
		腹板	0	0	不符合设计要求
17	2层8-D柱	翼缘	221、250	236	符合设计要求
		腹板	0	0	不符合设计要求
18	2层8-C柱	翼缘	199、220	210	符合设计要求
		腹板	0	0	不符合设计要求
19	3层1-A柱	腹板	428、182、369	326	符合设计要求
		翼缘	311、420、411	381	符合设计要求
20	3层1-D柱	腹板	180、421、143	248	符合设计要求
		翼缘	224、226、283	244	符合设计要求

序号	构件名称		实测涂装厚度(μm)		设计涂装厚度(μm)
			测点值	平均值	
21	3层8-D柱	腹板	0	0	不符合设计要求
		翼缘	420、421、462	434	符合设计要求
22	3层12-A柱	腹板	380、305、437	374	符合设计要求
		翼缘	245、240、224	236	符合设计要求
23	3层12-B柱	腹板	359、303、270	311	符合设计要求
		翼缘	341、345、313	333	符合设计要求
24	3层12-D柱	腹板	289、301、316	302	符合设计要求
		翼缘	400、379、415	398	符合设计要求
25	3层5-C柱	腹板	0	0	不符合设计要求
		翼缘	223、202	213	符合设计要求
26	3层8-C柱	腹板	0	0	不符合设计要求
		翼缘	181、182、187	183	符合设计要求

工字钢梁涂装厚度检测结果

表 4.3-4

序号	构件名称		实测涂装厚度(μm)		设计涂装厚度(μm)
			测点值	平均值	
1	1层1~2-B梁	腹板	235、238、210	228	符合设计要求
		翼缘	198、219、345	254	符合设计要求
2	1层1-A~B梁	腹板	148、185、235	189	符合设计要求
		翼缘	144、226、144	171	符合设计要求
3	1层4~5-D梁	腹板	340、350、374	355	符合设计要求
		翼缘	292、315、229	279	符合设计要求
4	1层7~8-B梁	腹板	172、260、288	240	符合设计要求
		翼缘	196、176、172	181	符合设计要求
5	1层7~8-D梁	腹板	252、287、140	226	符合设计要求
		翼缘	307、238、238	261	符合设计要求
6	1层8~9-D梁	腹板	270、290、389	316	符合设计要求
		翼缘	219、225、282	242	符合设计要求
7	2层1-A~B梁	腹板	302、284、379	322	符合设计要求
		翼缘	174、185、182	180	符合设计要求
8	2层4~5-D梁	腹板	429、447、485	454	符合设计要求
		翼缘	411、395、356	387	符合设计要求
9	2层1/7-C~D梁	腹板	400、375、432	402	符合设计要求
		翼缘	172、200、229	200	符合设计要求
10	2层8~9-D梁	腹板	420、325、360	368	符合设计要求
		翼缘	116、123、182	140	符合设计要求
11	2层7~8-C梁	腹板	218、318、306	281	符合设计要求
		翼缘	420、412、160	331	符合设计要求
12	2层7~8-B梁	腹板	238、237、310	262	符合设计要求
		翼缘	176、102、117	132	符合设计要求

序号	构件 名 称		实测涂装厚度(μm)		设计涂装厚度(μm)
			测点值	平均值	
13	2层12-A~B梁	腹板	401、335、336	357	符合设计要求
		翼缘	338、249、330	306	符合设计要求
14	2层11~12-D梁	腹板	280、179、195	218	符合设计要求
		翼缘	222、187、158	189	符合设计要求
15	3层1-A~B梁	腹板	154、109、107	123	符合设计要求
		翼缘	78、85、70	78	不符合设计要求
16	3层1~2-D梁	腹板	240、203、308	250	符合设计要求
		翼缘	152、146、175	158	符合设计要求
17	3层7~8-A梁	腹板	336、336、335	336	符合设计要求
		翼缘	210、174、179	188	符合设计要求
18	3层7~8-D梁	腹板	222、221、219	221	符合设计要求
		翼缘	309、300、240	283	符合设计要求
19	3层11~12-D梁	腹板	260、199、200	220	符合设计要求
		翼缘	112、107、162	127	符合设计要求

4. 钢构件的强度检测结果

采用里氏硬度仪对主要钢构件的里氏硬度进行抽查检测，按照《金属里氏硬度试验方法》GB/T 17394—1998和《黑色金属硬度及强度换算值》GB/T 1172—1999的规定，钢构件的强度检测结果见表4.3-5和表4.3-6。

依照里氏硬度现场检测结果，推算框架柱钢材强度为Q345B钢，满足原设计要求；推算梁钢材强度为Q235B钢，不满足原设计要求。

工字钢柱的钢材强度检测结果　　　　　　　　　　　表4.3-5

序号	构件 名 称		里氏硬度平均值	推定抗拉强度 σ_b(MPa)	Q345钢抗拉极限强度规定值(MPa)
1	1层1-B柱	腹板	386	498	
		翼缘	397	524	
2	1层1-A柱	腹板	389	505	
		翼缘	397	526	
3	1层5-B柱	翼缘	390	507	
		腹板	—	—	
4	1层12-B柱	腹板	371	468	
		翼缘	380	486	
5	1层12-D柱	腹板	383	491	470~630
		翼缘	381	488	
6	1层12-C柱	腹板	386	498	
		翼缘	399	530	
7	1层8-C柱	腹板	—	—	
		翼缘	388	502	
8	1层8-D柱	腹板	—	—	
		翼缘	394	516	

序号	构件名称		里氏硬度平均值	推定抗拉强度 σ_b(MPa)	Q345 钢抗拉极限强度规定值(MPa)
9	2 层 1-A 柱	腹板	383	492	
		翼缘	404	545	
10	2 层 1-B 柱	腹板	383	492	
		翼缘	392	512	
11	2 层 8-D 柱	腹板	—	—	
		翼缘	395	519	
12	2 层 12-B 柱	腹板	372	471	
		翼缘	386	498	
13	2 层 12-C 柱	腹板	409	560	
		翼缘	403	540	
14	2 层 12-D 柱	腹板	376	478	
		翼缘	394	517	
15	2 层 5-C 柱	翼缘	381	488	
		腹板	—	—	
16	2 层 5-D 柱	翼缘	405	546	
		腹板	—	—	
17	2 层 8-D 柱	翼缘	397	525	
		腹板	—	—	470～630
18	2 层 8-C 柱	翼缘	378	482	
		腹板	—	—	
19	3 层 1-A 柱	腹板	355	445	
		翼缘	396	523	
20	3 层 1-D 柱	腹板	383	491	
		翼缘	374	475	
21	3 层 8-D 柱	腹板	—	—	
		翼缘	389	504	
22	3 层 12-A 柱	腹板	340	427	
		翼缘	403	543	
23	3 层 12-B 柱	腹板	354	444	
		翼缘	387	501	
24	3 层 12-D 柱	腹板	373	472	
		翼缘	376	477	
25	3 层 5-C 柱	腹板	—	—	
		翼缘	383	492	
26	3 层 8-C 柱	腹板	—	—	
		翼缘	389	505	

工字钢梁的钢材强度检测结果

表 4.3-6

序号	构 件 名 称		里氏硬度平均值	推定抗拉强度 σ_b (MPa)	Q345 钢抗拉极限强度规定值(MPa)
1	1 层 1~2-B 梁	腹板	352	441	
		翼缘	410	564	
2	1 层 1-A~B 梁	腹板	364	458	
		翼缘	387	500	
3	1 层 4~5-D 梁	腹板	369	465	
		翼缘	406	550	
4	1 层 7~8-B 梁	腹板	360	451	
		翼缘	386	498	
5	1 层 7~8-D 梁	腹板	369	465	
		翼缘	400	532	
6	1 层 8~9-D 梁	腹板	361	452	
		翼缘	406	549	
7	2 层 1-A~B 梁	腹板	337	424	
		翼缘	347	434	
8	2 层 4~5-D 梁	腹板	367	462	
		翼缘	421	601	
9	2 层 1/7-C~D 梁	腹板	330	417	
		翼缘	353	442	
10	2 层 8~9-D 梁	腹板	379	483	470~630
		翼缘	421	601	
11	2 层 7~8-C 梁	腹板	370	466	
		翼缘	424	615	
12	2 层 7~8-B 梁	腹板	369	466	
		翼缘	425	617	
13	2 层 12-A~B 梁	腹板	355	444	
		翼缘	408	555	
14	2 层 11~12-D 梁	腹板	375	475	
		翼缘	399	530	
15	3 层 1-A~B 梁	腹板	341	428	
		翼缘	368	464	
16	3 层 1~2-D 梁	腹板	326	414	
		翼缘	376	477	
17	3 层 7~8-A 梁	腹板	327	415	
		翼缘	370	468	
18	3 层 7~8-D 梁	腹板	342	429	
		翼缘	340	427	
19	3 层 11~12-D 梁	腹板	344	431	
		翼缘	390	508	

注：Q235 钢抗拉极限强度规定值：370~500MPa。

5. 超声波法检测焊缝内部缺陷

采用金属超声波探伤仪对食堂钢结构的对接焊缝进行内部探伤，现场随机抽选五条焊缝，按《钢焊缝手工超声波探伤方法和探伤结果分级》GB 11345—1989 的规定进行探伤检测，焊缝及探伤技术参数见表 4.3-7，焊缝探伤结果见表 4.3-8。

焊缝及探伤技术参数 表 4.3-7

探 伤 仪 器	汉威 HS600(编号:06280)	焊缝 种 类	对 接 型
探头规格	8×9K2(5MHz)	探伤方法	B级单面双侧
试块	ⅡW 和 RB-1	耦合剂	机油
钢板厚度(mm)	13.6、6.6、10	材料	Q345
探伤面及状态	修磨	探伤时机	焊后

超声波法焊缝探伤结果 表 4.3-8

序号	焊缝 位 置		焊缝长度(mm)	板材厚度(mm)	探伤 结果	评级	备注
1	1层 5-B柱对接焊缝	翼缘	248	13.6	1处Ⅱ区缺陷,指示长度为10mm,深度为11.2mm	Ⅱ级	设计二级焊缝
2	1层 11~12-A梁对接焊缝	腹板	450	6.6	1处Ⅱ区缺陷,指示长度为8mm,深度为5.2mm	Ⅱ级	
3	1层 1/7-C~D梁对接焊缝	腹板	390	5.6	无	Ⅰ级	
4	1层 1~1/1-B梁对接焊缝	腹板	470	6.7	2处Ⅱ区缺陷,指示长度为8mm和5mm,深度为4.9mm和6.0mm	Ⅱ级	
5	2层 1/7~8-C梁对接焊缝	腹板	480	6.8	1处Ⅱ区缺陷,指示长度为8mm,深度为4.9mm	Ⅰ级	
6	2层 1/4~5-D梁对接焊缝	翼缘	170	10	1处Ⅱ区缺陷,指示长度为10mm,深度为2.0mm	Ⅱ级	
7	2层 1/7~8-C梁对接焊缝	腹板	470	6.6	无	Ⅰ级	

探伤结果表明，所抽查的七条组焊缝内部质量均符合《钢结构工程施工质量验收规范》GB 50205—2001 中对二级焊缝的质量要求，故评定所抽检的焊缝质量符合二级焊缝的要求。

6. 基础形式检查

食堂采用钢筋混凝土独立柱基础，依照结构设计图和相关施工资料可知，基础的混凝土设计强度等级为 C30。

现场开挖 2 个检测点（只对抽查基础进行推定），核查基础实际形式和细部尺寸是否与设计图纸相一致，并采用回弹法对基础混凝土强度进行检测。

（1）基础实测尺寸

现场开挖 2 个检测点，基础实际形式、实测尺寸与基础设计形式、设计尺寸对比图见图 4.3-10 和图 4.3-11。

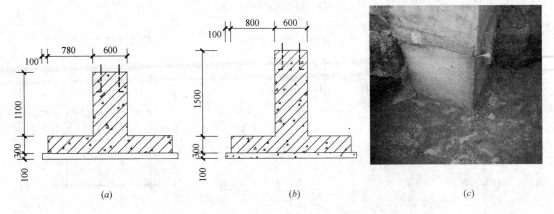

图 4.3-10　轴线 1-A 独立柱基础检测结果对比图

(a) 实测基础立面图；(b) 设计基础立面图；(c) 基础外观照片

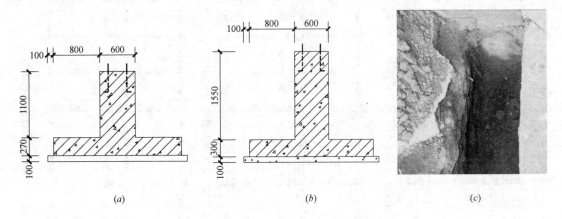

图 4.3-11　轴线 3-C 独立柱基础检测结果对比图

(a) 实测基础立面图；(b) 设计基础立面图；(c) 基础外观照片

由图 4.3-10 和图 4.3-11 检测结果可知，所抽查 2 个独立柱基础的实际形式和细部尺寸均不满足设计图纸的要求。

（2）独立柱基础混凝土强度检测

按照《回弹法检测混凝土抗压强度技术规程》JGJ/T 23—2001 的规定，对基础的混凝土强度进行了回弹法检测，检测结果见表 4.3-9。

独立柱基础混凝土强度回弹法检测结果　　　　　　　　　　　表 4.3-9

序号	构 件 编 号	强度换算值(MPa)			强度推定值(MPa)
		平均值	最小值	标准差	
1	1-A 基础	34.5	33.6	0.91	33.0
2	12-A 基础	36.2	35.1	0.66	35.1

从表 4.3-9 检测结果可知，所抽检基础的混凝土强度推定值范围为 33.0～35.1MPa，符合设计 C30 的强度等级要求。

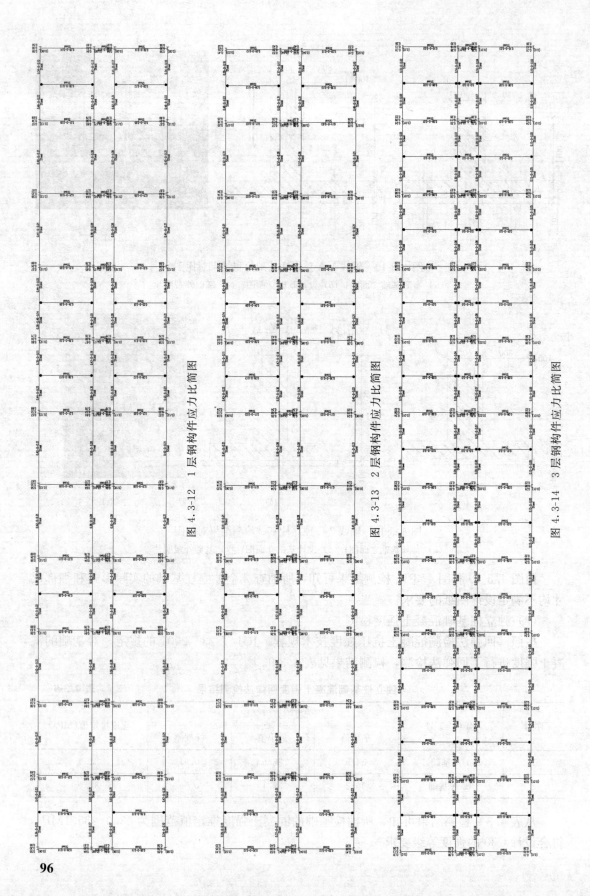

图 4.3-12　1 层钢构件应力比简图

图 4.3-13　2 层钢构件应力比简图

图 4.3-14　3 层钢构件应力比简图

7. 结构安全性分析验算

（1）验算依据

1）建筑与结构设计图纸；

2）本次检测结果；

3）《建筑结构荷载规范》GB 50009—2001（2006 版）；

4）《钢结构设计规范》GB 50017—2003；

5）《建筑抗震设计规范》GB 50011—2001。

（2）结构抗震验算基本参数

1）楼面、屋面活荷载标准值：楼面取 2.0kN/m²；屋面取 0.5kN/m²。

2）楼面、屋面恒载标准值：楼面取 4.0kN/m²；屋面取 0.3kN/m²。

3）风荷载、雪荷载：基本风压取 0.45kN/m²，基本雪压取 0.40kN/m²，地面粗糙度类别为 C 类。

4）抗震设防烈度取 8 度，设计基本地震加速度为 0.20g。

5）主体结构（板材、型钢）采用 Q345B。

（3）结构分析验算结果

根据结构、建筑施工图和检测结果，采用 PKPM 系列分析软件 STS 模块及 SETWE 模块建立结构分析模型，对结构承载力进行分析验算。

钢构件应力比：1～3 层钢构件正应力与强度设计比值均满足规范要求，钢构件应力比简图见图 4.3-12～图 4.3-14。

8. 处理建议

1）对墙板和楼面开裂处进行修复处理。

2）对卫生间部位进行防渗漏处理，确保不影响结构的耐久性。

3）对已经锈蚀的钢构件进行除锈，并涂刷防腐防火涂层。

4.4 游泳馆钢结构网架检测鉴定

4.4.1 工程概况

某游泳馆屋面为钢结构网架，网架平面呈矩形，纵向跨度为 31.4m，横向跨度为 28.6m，采用焊接球节点，钢管及空心球均采用 Q235 钢，支座、支托及其连接件均采用 Q235 钢，焊接要求为二级。原设计网架零部件除锈后刷底漆和面漆各两道。

因游泳馆环境潮湿及长期未对网架进行维护，网架节点位置多处出现锈蚀现象，个别杆件与球节点锈断。为了解网架的安全性，委托进行检测鉴定。

该网架外观照片见图 4.4-1，钢结构网架平面布置图见图 4.4-2。

图 4.4-1 网架外观照片

图 4.4-2　网架结构平面布置示意图

4.4.2　检测鉴定情况介绍

1. 外观质量检查

现场对游泳馆钢网架进行接触式检查发现问题如下：

（1）球节点位置普遍锈蚀，尤其 A 轴、B 轴、T 轴和 U 轴的球节点位置锈蚀严重；典型照片如图 4.4-3～图 4.4-12 所示。

图 4.4-3　轴线 22-U 位置照片

图 4.4-4　轴线 20-U 位置照片

图 4.4-5　轴线 20-S 位置照片

图 4.4-6　轴线 19-T 位置照片

图 4.4-7　轴线 16-U 位置照片

图 4.4-8　轴线 15-T 位置照片

图 4.4-9　轴线 13-T 位置照片

图 4.4-10　轴线 10-U 位置照片

（2）连接钢管存在较普遍锈蚀现象，个别钢杆件因锈蚀断裂，典型照片如图 4.4-13～图 4.4-17 所示。

（3）B 轴和 T 轴支座位置纵向 Z 形连接系杆锈蚀严重，典型照片如图 4.4-18～图 4.4-20 所示。

图 4.4-11　轴线 7-T 位置照片

图 4.4-12　轴线 4-U 位置照片

图 4.4-13　轴线 19-T 位置南侧下弦杆照片

图 4.4-14　轴线 14-16-U 位置系杆照片

图 4.4-15　轴线 5-T 位置东侧斜腹杆照片

图 4.4-16　轴线 25-D-F 位置下弦杆照片

（4）C 型钢檩条锈蚀较普遍，照片如图 4.4-21 和图 4.4-22 所示。

（5）轴线 4-6-U 位置和轴线 2-4-A 位置的连接角钢脱落，照片如图 4.4-23 和图 4.4-24 所示。

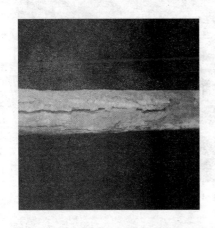

图 4.4-17　轴线 17-B 位置北侧下弦杆

图 4.4-18　轴线 19-21-T 位置 Z 型钢

图 4.4-19　轴线 11-13-T 位置 Z 型钢

图 4.4-20　轴线 7-9-B 位置 Z 型钢照片

图 4.4-21　轴线 9-T-U 位置檩条照片

图 4.4-22　轴线 25-A-B 位置檩条照片

图 4.4-23　轴线 4-6-U 位置连接角钢脱落　　　　图 4.4-24　轴线 2-4-A 位置连接角钢脱落

2. 网架连接节点检查

现场对钢网架采用目测的方式进行全面检测，对球节点表面锈蚀程度进行分级，钢材表面的四个锈蚀等级分别以 A、B、C 和 D 表示，其钢材表面锈蚀程度分类如下：

A：全面地覆盖着氧化皮而几乎没有铁锈；

B：已发生锈蚀，并且部分氧化皮已经剥落；

C：氧化皮已因锈蚀而剥落，或者可以刮除，并且有少量点蚀；

D：氧化皮已因锈蚀而全面剥离，并且已普遍发生点蚀。

钢网架的球节点钢材表面锈蚀等级检查结果汇总见图 4.4-25。锈蚀等级为 D 的球节

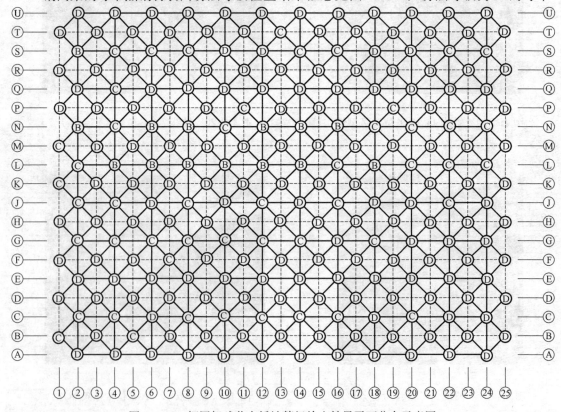

图 4.4-25　钢网架球节点锈蚀等级检查结果平面分布示意图

102

点有 174 个，占全部球节点的 73%；锈蚀等级为 C 的球节点有 49 个，占全部球节点的 21%；锈蚀等级为 B 的球节点有 14 个，占全部球节点的 6%。锈蚀等级为 D 的球节点主要分布在 A 轴、B 轴、D 轴、E 轴、F 轴、H 轴、K 轴、M 轴、P 轴、Q 轴、R 轴、T 轴及 U 轴上。

3. 钢构件材料强度抽检

采用里氏硬度仪对主要钢构件的钢材里氏硬度值进行抽查检测，按照《金属里氏硬度试验方法》GB/T 17394—1998 和《黑色金属硬度及强度换算值》GB/T 1172—1999 的规定，钢构件的强度检测结果见表 4.4-1。

该工程钢构件设计均采用 Q235 钢材。依据《碳素结构钢》GB/T 700—2006 中 Q235 的抗拉强度范围为 370~500MPa。从表 4.4-1 的检测结果可知，所抽查 82 个构件的钢材强度实测值在 370~499MPa 之间，均满足设计要求。

钢柱的钢材强度检测结果

表 4.4-1

序号	构件名称		里氏硬度平均值	推定抗拉强度 σ_b(MPa)	钢材抗拉极限强度规定值(MPa)
1		节点东侧水平连杆	368	464	
2		节点南侧斜腹杆	364	457	
3	23-B	节点北侧斜腹杆	362	455	
4		节点上部南北向水平连杆	343	430	
5		球节点	362	455	
6		球节点	354	444	
7		节点南侧斜腹杆	353	441	
8	19-B	节点东侧水平连杆	361	452	
9		节点北侧斜腹杆	311	403	
10		节点上部南北向水平连杆	347	434	Q235 钢：370~500MPa
11		球节点	357	447	
12		节点南侧斜腹杆	359	450	
13	15-B	节点东侧水平连杆	377	479	
14		节点北侧斜腹杆	367	462	
15		节点北侧下弦杆	366	460	
16		节点上部南北向水平连杆	345	433	
17		球节点	350	438	
18		节点东侧水平连杆	360	452	
19	13-B	节点南侧斜腹杆	352	441	
20		节点北侧斜腹杆	347	435	
21		节点北侧下弦杆	355	445	
22		节点上部南北向水平连杆	355	444	
23		球节点	364	457	
24		节点东侧水平连杆	363	455	
25	9-B	节点南侧斜腹杆	383	492	Q235 钢：370~500MPa
26		节点北侧斜腹杆	356	446	
27		节点北侧下弦杆	363	456	
28		节点上部南北向水平连杆	358	449	

序号	构件名称		里氏硬度平均值	推定抗拉强度 σ_b（MPa）	钢材抗拉极限强度规定值（MPa）
29		球节点	351	440	
30		节点东侧水平连杆	360	452	
31		节点南侧斜腹杆	355	445	
32	7-B	节点北侧斜腹杆	362	455	
33		节点北侧下弦杆	365	459	
34		节点上部南北向水平连杆	341	427	
35		节点西侧斜腹杆	313	404	
36		球节点	343	430	
37		节点东侧水平连杆	387	499	Q235 钢：
38	3-B	节点南侧斜腹杆	383	491	370～500MPa
39		节点北侧斜腹杆	368	463	
40		节点上部南北向水平连杆	352	441	
41		节点东侧水平连杆	383	491	
42	21-T	节点东侧斜腹杆	389	505	
43		节点北侧斜腹杆	381	488	
44		球节点	330	417	
45		节点东侧斜腹杆	300	397	
46	19-T	节点东侧水平连杆	388	502	
47		节点北侧斜腹杆	340	427	
48		球节点	360	451	
49		节点北侧斜腹杆	379	483	
50	15-T	节点上部南北向水平连杆	348	436	
51		球节点	345	432	
52		节点东侧水平连杆	366	461	
53		节点南侧斜腹杆	358	448	
54	13-T	节点北侧斜腹杆	361	453	
55		节点南侧下弦杆	366	460	
56		球节点	360	452	
57		节点上部南北向水平连杆	347	434	Q235 钢：
58		节点东侧水平连杆	360	452	370～500MPa
59		节点东侧斜腹杆	362	455	
60	9-T	节点北侧斜腹杆	363	456	
61		节点南侧下弦杆	361	452	
62		节点上部南北向水平连杆	358	448	
63		球节点	362	455	
64		节点东侧水平连杆	377	480	
65		节点北侧斜腹杆	363	456	
66	5-T	节点南侧下弦杆	369	465	
67		节点东侧斜腹杆	369	466	
68		节点上部南北向水平连杆	379	449	
69		球节点	366	461	

序号	构件名称		里氏硬度平均值	推定抗拉强度 σ_b(MPa)	钢材抗拉极限强度规定值(MPa)
70		节点东侧水平连杆	363	456	Q235钢:370~500MPa
71		节点南侧斜腹杆	346	433	
72	1-T	节点南侧下弦杆	370	466	
73		节点北侧下弦杆	359	450	
74		球节点	369	465	
75		19-21-B位置Z型钢	224	373	Q235钢:370~500MPa
76		15-17-B位置Z型钢	223	373	
77		9-11-B位置Z型钢	333	420	
78		7-9-B位置Z型钢	320	409	
79		3-5-B位置Z型钢	195	370	
80		19-21-T位置Z型钢	192	370	
81		11-13-T位置Z型钢	203	370	
82		7-9-T位置Z型钢	194	370	

4. 钢构件截面尺寸抽检

采用超声波测厚仪、钢卷尺对主要钢构件截面尺寸进行抽查检测,检测参照《无缝钢管尺寸、外形、重量及允许偏》GB 17395—2008、《钢结构工程施工质量验收规范》GB 50205—2001有关要求进行。钢构件的截面尺寸检测结果见表4.4-2。

钢构件截面尺寸检测结果　　　　　　　　　　　表4.4-2

序号	构件名称		实测尺寸(mm) 直径×管壁厚	设计尺寸(mm) 直径×管壁厚	评定结果
1		节点东侧水平连杆	$\phi48.7×3.4$	$\phi48×3.5$	符合设计要求
2		节点南侧斜腹杆	$\phi48.4×3.3$	$\phi48×3.5$	符合设计要求
3	23-B	节点北侧斜腹杆	$\phi48.5×3.1$	$\phi48×3.5$	符合设计要求
4		节点上部南北向水平连杆	$\phi47.5×2.2$	—	—
5		球节点	$\phi160.0×5.5$	$\phi160×6$	符合设计要求
6		球节点	$\phi260.0×8.6$	$\phi260×10$	不符合设计要求
7		节点南侧斜腹杆	$\phi75.5×3.4$	$\phi75.5×3.75$	符合设计要求
8	19-B	节点东侧水平连杆	$\phi48.5×3.3$	$\phi48×3.5$	符合设计要求
9		节点北侧斜腹杆	$\phi117.1×3.7$	$\phi114×4$	符合设计要求
10		节点上部南北向水平连杆	$\phi47.2×2.3$	—	—
11		球节点	$\phi160.0×5.4$	$\phi160×6$	符合设计要求
12		节点南侧斜腹杆	$\phi48.0×3.1$	$\phi48×3.5$	符合设计要求
13	15-B	节点东侧水平连杆	$\phi48.9×3.3$	$\phi48×3.5$	符合设计要求
14		节点北侧斜腹杆	$\phi49.0×3.3$	$\phi48×3.5$	符合设计要求
15		节点北侧下弦杆	$\phi48.5×3.3$	$\phi48×3.5$	符合设计要求
16		节点上部南北向水平连杆	$\phi49.5×2.3$	—	—
17		球节点	$\phi200.0×6.8$	$\phi200×8$	不符合设计要求
18	13-B	节点东侧水平连杆	$\phi49.0×3.5$	$\phi48×3.5$	符合设计要求
19		节点南侧斜腹杆	$\phi76.0×3.5$	$\phi75.5×3.75$	符合设计要求

序号		构 件 名 称	实测尺寸(mm) 直径×管壁厚	设计尺寸(mm) 直径×管壁厚	评 定 结 果
20	13-B	节点北侧斜腹杆	$\phi89.1\times3.7$	$\phi88.5\times4$	符合设计要求
21		节点北侧下弦杆	$\phi49.7\times3.0$	$\phi48\times3.5$	符合设计要求
22		节点上部南北向水平连杆	$\phi47.5\times2.2$	—	—
23	9-B	球节点	$\phi160.0\times6.1$	$\phi160\times6$	符合设计要求
24		节点东侧水平连杆	$\phi48.5\times3.6$	$\phi48\times3.5$	符合设计要求
25		节点南侧斜腹杆	$\phi48.0\times3.5$	$\phi48\times3.5$	符合设计要求
26		节点北侧斜腹杆	$\phi60.0\times3.2$	$\phi60\times3.5$	符合设计要求
27		节点北侧下弦杆	$\phi48.5\times3.3$	$\phi48\times3.5$	符合设计要求
28		节点上部南北向水平连杆	$\phi47.5\times2.1$	—	—
29	7-B	球节点	$\phi200.0\times7.1$	$\phi200\times8$	不符合设计要求
30		节点东侧水平连杆	$\phi49.1\times3.1$	$\phi48\times3.5$	符合设计要求
31		节点南侧斜腹杆	$\phi75.8\times3.5$	$\phi75.5\times3.75$	符合设计要求
32		节点北侧斜腹杆	$\phi90.0\times3.8$	$\phi88.5\times4$	符合设计要求
33		节点北侧下弦杆	$\phi49.0\times3.1$	$\phi48\times3.5$	符合设计要求
34		节点上部南北向水平连杆	$\phi47\times2.2$	—	—
35	3-B	节点西侧斜腹杆	$\phi114.6\times3.7$	$\phi114\times4$	符合设计要求
36		球节点	$\phi160.0\times5.3$	$\phi160\times6$	不符合设计要求
37		节点东侧水平连杆	$\phi48.5\times3.4$	$\phi48\times3.5$	符合设计要求
38		节点南侧斜腹杆	$\phi48.7\times2.8$	$\phi48\times3.5$	符合设计要求
39		节点北侧斜腹杆	$\phi60.5\times3.2$	$\phi60\times3.5$	符合设计要求
40		节点上部南北向水平连杆	$\phi47.8\times2.3$	—	—
41	21-T	节点东侧水平连杆	$\phi48.4\times3.2$	$\phi48\times3.5$	符合设计要求
42		节点东侧斜腹杆	$\phi61.6\times3.2$	$\phi60\times3.5$	符合设计要求
43		节点北侧斜腹杆	$\phi48.7\times3.0$	$\phi48\times3.5$	符合设计要求
44		球节点	$\phi160.0\times5.1$	$\phi160\times6$	不符合设计要求
45	19-T	节点东侧斜腹杆	$\phi114.6\times3.7$	$\phi114\times4$	符合设计要求
46		节点东侧水平连杆	$\phi48.6\times3.4$	$\phi48\times3.5$	符合设计要求
47		节点北侧斜腹杆	$\phi75.9\times3.6$	$\phi75.5\times3.75$	符合设计要求
48		球节点	$\phi260.0\times8.6$	$\phi260\times10$	不符合设计要求
49	15-T	节点北侧斜腹杆	$\phi47.0\times3.3$	$\phi48\times3.5$	符合设计要求
50		节点上部南北向水平连杆	$\phi46.8\times2.2$	—	—
51	13-T	球节点	$\phi160\times5.8$	$\phi160\times6$	符合设计要求
52		节点东侧水平连杆	$\phi49.0\times3.3$	$\phi48\times3.5$	符合设计要求
53		节点南侧斜腹杆	$\phi89.1\times3.9$	$\phi88.5\times4$	符合设计要求
54		节点北侧斜腹杆	$\phi76.0\times3.7$	$\phi75.5\times3.75$	符合设计要求
55		节点南侧下弦杆	$\phi48.6\times2.2$	$\phi48\times3.5$	符合设计要求
56		球节点	$\phi200.0\times7.6$	$\phi200\times8$	符合设计要求
57		节点上部南北向水平连杆	$\phi47.8\times2.3$	—	—

序号	构件名称		实测尺寸(mm) 直径×管壁厚	设计尺寸(mm) 直径×管壁厚	评定结果
58		节点东侧水平连杆	φ49.1×3.3	φ48×3.5	符合设计要求
59		节点东侧斜腹杆	φ60.2×3.2	φ60×3.5	符合设计要求
60	9-T	节点北侧斜腹杆	φ48.0×3.3	φ48×3.5	符合设计要求
61		节点南侧下弦杆	φ48.6×3.1	φ48×3.5	符合设计要求
62		节点上部南北向水平连杆	φ47.3×2.3	—	—
63		球节点	φ155.0×5.2	φ160×6	不符合设计要求
64		节点东侧水平连杆	φ48.7×3.4	φ48×3.5	符合设计要求
65		节点北侧斜腹杆	φ48.0×3.1	φ48×3.5	符合设计要求
66	5-T	节点南侧下弦杆	φ48.3×3.3	φ48×3.5	符合设计要求
67		节点东侧斜腹杆	φ48.7×3.4	φ48×3.5	符合设计要求
68		节点上部南北向水平连杆	φ47.9×2.3	—	—
69		球节点	φ157.0×4.8	φ160×6	不符合设计要求
70		节点东侧水平连杆	φ48.6×3.3	φ48×3.5	符合设计要求
71		节点南侧斜腹杆	φ89.0×3.6	φ88.5×4	符合设计要求
72	1-T	节点南侧下弦杆	φ48.5×3.4	φ48×3.5	符合设计要求
73		节点北侧下弦杆	φ60.8×3.2	φ60×3.5	符合设计要求
74		球节点	φ260.0×9.2	φ260×10	不符合设计要求
75		19-21-B 位置 Z 形钢	53.3(宽)×96.8(高)	—	
76		15-17-B 位置 Z 形钢	53.2(宽)×92.0(高)	—	
77		9-11-B 位置 Z 形钢	52.0(宽)×88.0(高)	—	
78		7-9-B 位置 Z 形钢	50.5(宽)×86.0(高)	—	
79		3-5-B 位置 Z 形钢	54.5(宽)×92.0(高)	—	
80		19-21-T 位置 Z 形钢	50.6(宽)×94.7(高)	—	
81		11-13-T 位置 Z 形钢	49.0(宽)×95.0(高)	—	
82		7-9-T 位置 Z 形钢	51.0(宽)×94.4(高)	—	

注：直径 D 的允许偏差为 $\pm D/500$ 和 ± 5.0 中的绝对值较小者；厚板的允许偏差为 $\pm 0.15S$ 和 $\pm 0.6mm$ 中的绝对值较大者（D 和 S 分别为钢管的公称直径和公称壁厚）。

由表 4.4-2 检测结果可见，所抽检的球节点实测截面尺寸有 9 个不符合设计要求，其他抽检钢构件除图纸上未提供设计尺寸的均符合设计要求。

所抽检的钢构件的实测管壁厚因锈蚀原因均小于原设计尺寸，因此在结构建模计算时管壁厚按原设计的 85% 取值。

5. 结构安全性与抗震能力分析鉴定

（1）验算依据

1）建筑与结构设计图纸；

2）本次检测结果；

3）《建筑结构荷载规范》GB 50009—2001（2006 版）；

4）《钢结构设计规范》GB 50017—2003；

5）《网架结构设计与施工规程》JGJ 7—91。

（2）结构分析基本参数

1）恒荷载：网架部分恒荷载依据各构件及球铰的自重而得出。屋面板及屋面保温层的自重原设计图纸未给出，依据常规做法，取1.5kN/m²。

2）活荷载：依据《荷载规范》取值0.5kN/m²。

3）雪荷载：依据《荷载规范》北京地区50年一遇雪荷载的相关规定，基本雪压取值0.4kN/m²。屋面积雪分布系数取1.0（不与活荷载同时组合）。

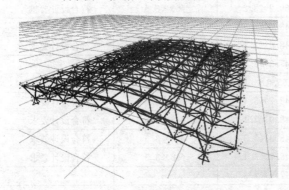

图4.4-26　网架结构计算模型

4）各构件的材料强度及有效截面面积均按照本次检测的结果取值。

（3）结构分析验算结果

网架结构计算模型如图4.4-26所示。网架各构件在最不利荷载组合作用下的轴力和剪力如图4.4-27和图4.4-28所示。

从图4.4-27和图4.4-28可以看出，该网架结构的承载能力满足规范要求。

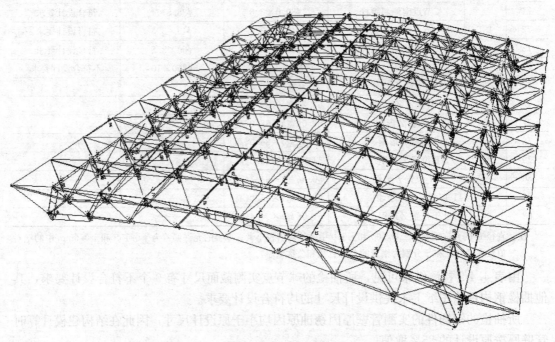

图4.4-27　网架最不利荷载组合作用下轴力图

6．结构安全性评定

现有的钢构件存在外观质量缺陷影响自身及其相关构件的可靠性（安全性、适用性和耐久性），尤其是锈蚀严重和锈断的钢构件安全隐患较多，结构连接存在的问题主要表现在因锈蚀断裂的杆件以及锈蚀严重的球节点。网架构件涂层损坏普遍，影响耐火性和耐久性。

因钢网架存在严重缺陷，结构安全性能不满足规范要求，应对结构进行缺陷修复和结构加固或更换处理。

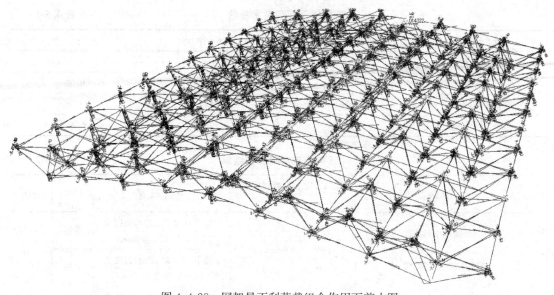

图 4.4-28 网架最不利荷载组合作用下剪力图

7. 处理建议

对钢网架进行全面整改，逐一检查钢网架连接节点以及钢构件与混凝土之间的连接节点。对于已锈蚀的杆件，应先除锈，再进行防锈处理恢复涂层，确保连接节点的可靠性。对因锈蚀破损或断裂的杆件进行更换。由有资质的设计单位根据鉴定报告及原设计图，建立结构整体分析模型，依据分析验算结果出具正式加固施工图，并由有相应资质的施工单位进行后续施工。或者从经济及技术方面，根据加固费用和后续使用年限等因素综合分析比较的结果，采取更新方案。

4.5 办公楼外立面钢结构改造

4.5.1 工程概况

本工程为某办公楼外立面改造工程，设计使用年限为 50 年，建筑物的重要性类别为二类，安全等级为二级。外立面钢结构加固部分采用工字型钢，连接方式为螺栓连接结合焊缝连接。焊缝设计等级为二级焊缝。办公楼南侧面外观照片见图 4.5-1。

4.5.2 检测情况介绍

超声波法检测焊缝内部缺陷

采用金属超声波探伤仪对办公楼外立面钢结构的对接焊缝进行内部探伤，根据委托方要求现场随机抽选六组焊缝按《钢焊缝手工超声波探伤方法和探伤结果分级》GB 11345—89 的规定进行探伤检测，焊缝及探伤技术参数见表 4.5-1，焊缝探伤结果见表 4.5-2。

图 4.5-1 办公楼南侧面外观照片

焊缝及探伤技术参数　　　　　　　　　　　　表 4.5-1

探伤仪器	汉威 HS600(编号:06280)	焊缝种类	对接型
探头规格	8×9K2(5MHz)	探伤方法	B级单面双侧
试块	ⅡW 和 RB-1	耦合剂	机油
钢板厚度(mm)	10	材料	Q235
探伤面及状态	修磨	探伤时机	焊后

超声波法焊缝探伤结果　　　　　　　　　　表 4.5-2

序号	焊缝位置		焊缝长度 (mm)	板材厚度 (mm)	探伤结果	评级	备注
1	轴线 1-E (标高:13.125)柱与柱连接处对接焊缝	东侧翼板	199	10	1 处 Ⅱ区缺陷,指示长度为 10mm,深度为 6mm	Ⅱ级	
		西侧翼板	200	10	1 处 Ⅱ区缺陷,指示长度为 10mm,深度为 7mm	Ⅱ级	
2	轴线 2-E (标高:13.125)柱与柱连接处对接焊缝	东侧翼板	198	10	1 处 Ⅱ区缺陷,指示长度为 11mm,深度为 8.5mm	Ⅱ级	设计二级焊缝
		西侧翼板	198	10	无	Ⅰ级	
3	轴线 3-E (标高:13.125)柱与柱连接处对接焊缝	东侧翼板	198	10	无	Ⅰ级	
		西侧翼板	198	10	1 处 Ⅱ区缺陷,指示长度为 10mm,深度为 6.5mm	Ⅱ级	
4	轴线 5-A (标高:26.425)柱与柱连接处对接焊缝	东侧翼板	198	10	无	Ⅰ级	
		西侧翼板	198	10	无	Ⅰ级	
5	轴线 7-A (标高:26.425)柱与柱连接处对接焊缝	东侧翼板	199	10	1 处 Ⅱ区缺陷,指示长度为 11mm,深度为 3mm	Ⅱ级	设计二级焊缝
		西侧翼板	200	10	1 处 Ⅱ区缺陷,指示长度为 10mm,深度为 8mm	Ⅱ级	
6	轴线 9-A (标高:26.425)柱与柱连接处对接焊缝	东侧翼板	198	10	无	Ⅰ级	

　　探伤结果表明,所抽查的六组焊缝内部质量均符合《钢结构工程施工质量验收规范》GB 50205—2001中对二级焊缝的质量要求,故评定所抽检的焊缝质量符合二级焊缝的要求。

4.6　某钢结构库房检测鉴定

4.6.1　工程概况

　　该项目为 2 层轻型钢框架结构仓库及办公用房,建筑总高度 11.4m,建筑面积

110

1983.4m²，建于 2011 年。该建筑采用钢-
混凝土组合楼板，主体钢框架均采用
Q345B。建筑物北立面见图 4.6-1。

本工程需要补办相关手续，为了解结
构质量现状和安全性能，对该钢结构厂房
进行结构检测鉴定。

4.6.2 检测鉴定情况介绍

1. 结构体系核查与外观质量检查

（1）结构体系核查

经现场检查，该项目为 2 层轻型钢框

图 4.6-1　北立面现场照片

架结构仓库及办公用房，楼面板与屋面板均采用钢－混凝土组合楼板。建筑平面大致呈矩
形，最大长度约为 75.0m，最大宽度约为 28.0m。

该房屋室外地面到主要屋面板板顶的高度（不包括局部突出屋顶部位）为 11.4m，首
层层高为 5.4m，2 层层高为 4.8m。经现场抽检，房屋层高、平面布局和构件尺寸基本与
原设计相符。

结构体系平面布置基本规则对称，立面和竖向剖面基本规则，传力途径明确。建筑平
面布局、构件布置与原设计相符。相关建筑、结构专业图纸保存完整。

（2）外观质量检查

经现场检查，该建筑的主体结构未见明显变形、倾斜或歪扭，未发现因地基不均匀沉
降引起主体结构的倾斜，连接部位的螺栓基本完好。现场检查发现个别钢构件（1 层 3/1-
K-J 轴钢梁及连接节点）存有锈蚀情况，典型照片如图 4.6-2 和图 4.6-3 所示。

图 4.6-2　1 层 3/1-K-J 轴梁存有锈蚀

图 4.6-3　1 层 3/1-K-J 柱连接节点存有锈蚀

2. 钢材强度检测

采用里氏硬度仪对钢构件（钢柱、钢梁）的里氏硬度进行抽查检测，检测结果见表
4.6-1 和表 4.6-2。

依据《低合金高强度结构钢》GB/T 1591—1994 中 Q345B 的抗拉强度范围为 470～
630MPa，钢柱和钢梁的钢材强度满足 Q345B 要求。

钢柱的钢材里氏硬度检测结果

表 4.6-1

序号	构 件 名 称		里氏硬度值(HLD)	抗拉强度 σ_b(MPa)
1	1层 3/1-J柱	翼缘	436	611
2			367	466
3			368	469
4		腹板	398	532
5			400	535
6			398	532
7	1层 1/1-J柱	翼缘	419	575
8			410	558
9			414	566
10		腹板	407	551
11			402	540
12			403	542
13	1层 2/1-B柱	翼缘	395	526
14			389	513
15			392	520
16		腹板	378	490
17			398	532
18			382	499
19	2层 3/1-J柱	翼缘	418	573
20			399	534
21			426	590
22		腹板	379	492
23			390	516
24			380	495
25	2层 2/1-K柱	翼缘	403	542
26			434	606
27			420	578
28		腹板	378	490
29			373	479
30			380	495
31	2层 3/1-C柱	翼缘	414	565
32			407	551
33			407	551

注：2层 3/1-C柱受现场条件限制，腹板部位无法打磨，没有进行里氏硬度检测。

112

钢梁的钢材里氏硬度检测结果

表 4.6-2

序号	构 件 名 称		里氏硬度值(HLD)	抗拉强度 σ_b(MPa)
1	1层 3/1-K-J 梁	翼缘	390	515
2			388	512
3			384	502
4		腹板	390	516
5			394	523
6			396	527
7	1层 1/1-2/1-J 梁	翼缘	415	568
8			419	576
9			412	561
10		腹板	392	519
11			385	506
12			394	523
13	1层 3/1-2/1-B 梁	翼缘	391	517
14			392	519
15			389	514
16		腹板	407	551
17			405	547
18			402	541
19	2层 3/1-K-J 梁	翼缘	399	534
20			418	574
21			423	584
22		腹板	385	504
23			394	524
24			381	497
25	2层 2/1-K-J 梁	翼缘	401	537
26			405	547
27			414	565
28		腹板	393	522
29			370	474
30			388	511
31	2层 3/1-2/1-C 梁	翼缘	403	543
32			408	553
33			395	525
34		腹板	409	555
35			412	562
36			412	561

3. 构件截面尺寸检测

采用钢卷尺、卡尺和测厚仪对主要构件（钢柱、钢梁）截面尺寸进行检测，所抽查构件的截面尺寸整理见表4.6-3和表4.6-4。

依照《钢结构工程施工质量验收规范》GB 50205—2001，所抽检钢构件的截面尺寸满足设计要求。

钢柱截面尺寸检测结果　　　　　　　　　　　　　　　　表4.6-3

序号	构件编号	设计截面尺寸(mm)	实测尺寸(mm)	结论
1	1层3/1-J柱	H400×400×14×22	高度:405 翼缘宽度:405 腹板厚度:13.8 翼缘厚度:22.0	满足
2	1层1/1-J柱	H350×350×14×20	高度:355 翼缘宽度:355 腹板厚度:13.8 翼缘厚度:20.2	满足
3	1层2/1-B柱	H350×350×14×20	高度:355 翼缘宽度:350 腹板厚度:14.0 翼缘厚度:19.9	满足
4	2层3/1-J柱	H400×400×14×22	高度:410 翼缘宽度:405 腹板厚度:13.8 翼缘厚度:21.8	满足

114

序号	构件编号	设计截面尺寸(mm)	实测尺寸(mm)	结论
5	2层2/1-K柱	H350×350×14×20	高度:345 翼缘宽度:355 腹板厚度:13.6 翼缘厚度:20.8	满足
6	2层3/1-C柱	H350×350×14×20	高度:355 翼缘厚度:350 腹板厚度:14.0 翼缘厚度:20.1	满足

钢梁截面尺寸检测结果 表4.6-4

序号	构件编号	设计截面尺寸(mm)	实测尺寸(mm)	结论
1	1层3/1-K-J梁	H600×200×12×14	高度:605 翼缘宽度:200 腹板厚度:11.6 翼缘厚度:13.5	满足
2	1层1/1-2/1-J梁	H400×200×8×13	高度:405 翼缘宽度:205 腹板厚度:9.5 翼缘厚度:13.6	满足

序号	构件编号	设计截面尺寸(mm)	实测尺寸(mm)	结论
3	1层 3/1-2/1-B 梁	14 12 600 14 200 H600×200×12×14	高度：600 翼缘宽度：200 腹板厚度：11.7 翼缘厚度：14.1	满足
4	2层 3/1-K-J 梁	14 12 600 14 200 H600×200×12×14	高度：605 翼缘宽度：200 腹板厚度：11.7 翼缘厚度：13.8	满足
5	2层 2/1-K-J 梁	14 12 600 14 200 H600×200×12×14	高度：605 翼缘宽度：200 腹板厚度：11.9 翼缘厚度：14.0	满足
6	2层 3/1-2/1-C 梁	14 12 600 14 200 H600×200×12×14	高度：605 翼缘宽度：203 腹板厚度：11.6 翼缘厚度：14.1	满足

4. 整体倾斜度检测

采用经纬仪对库房进行了整体倾斜检测，按照现场情况选择 3 个测点进行检测，测点布置见图 4.6-4，倾斜检测结果见表 4.6-5。由表 4.6-5 可见，该建筑顶点的最大倾斜度为 1/759。

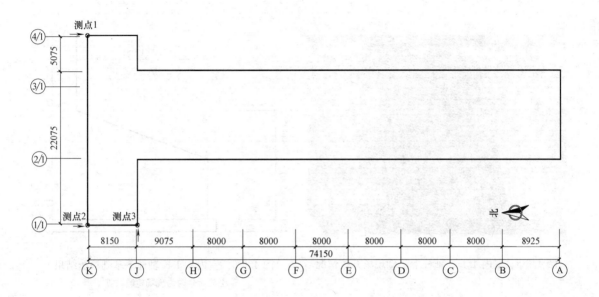

图 4.6-4　测点位置图

建筑物倾斜检测结果　　　　　　　　　　　　　　表 4.6-5

测点编号	观测点高度 H(mm)	侧移量(mm)	倾斜度	倾斜方向	结论
测点 1	11532	14	1/824	向南倾斜	满足
测点 2	11382	15	1/759	向南倾斜	满足
测点 3	11524	12	1/960	向东倾斜	满足

注：根据《工业建筑可靠性鉴定标准》GB 50144—2008 表 7.3.9 可知，多层厂房的顶点位移≤H/500，上部结构系统使用性等级为 A 级。

5. 基础检测

现场开挖 1 个基础检测点（室内 4/1-K 轴柱下基础），挖至基础垫层，检查其基础形式、埋深、实测尺寸、混凝土强度及配筋情况。

4/1-K 轴柱下基础形式采用柱下独立基础，混凝土强度及配筋检测结果整理于表 4.6-6 和表 4.6-7，基础检测结果见图 4.6-6 和图 4.6-7。由检测结果可知，所抽检基础满足原设计要求。

基础混凝土强度回弹法检测结果　　　　　　　　　　表 4.6-6

序号	构件位置	强度换算值（MPa）			强度推定值（MPa）
		平均值	最小值	标准差	
1	4/1-K 轴柱基	35.1	32.8	2.20	31.5

注：基础主体的原设计混凝土强度等级为 C30。

序号	构件编号	设计配筋	实测配筋	结论
1	4/1-K 轴柱基	单侧面主筋:5 根(南) 箍筋间距:100mm	单侧面主筋:5 根(南) 箍筋间距:100mm	满足

图 4.6-5　室内 4/1-K 轴柱下基础现场开挖情况　　图 4.6-6　室内 4/1-K 轴柱下基础检测结果

注:括号内为现场检测数据。

6. 结构承载力分析验算

(1) 验算依据

1) 结构施工图;

2) 本次检测结果;

3)《建筑结构荷载规范》GB 50009—2001(2006 版);

4)《钢结构设计规范》GB 50017—2003;

5)《建筑抗震设计规范》GB 50011—2010。

(2) 结构分析基本参数

1) 活荷载:屋面活荷载取 $0.5kN/m^2$;二层楼面活荷载取 $2.0kN/m^2$;二层走廊活荷载取 $2.5kN/m^2$。

2) 恒荷载:恒荷载根据结构自重和构造做法按照《建筑结构荷载规范》GB 50009—2001 取值。

3) 风荷载:基本风压取 $0.45kN/m^2$,地面粗糙度类别为 B 类。

4) 雪荷载:基本雪压取 $0.40kN/m^2$。

5) 地震作用:抗震设防类别为丙类,抗震设防烈度为 8 度(设计基本地震加速度值为 0.20g),设计地震分组第一组。

6) 材料:根据本次检测结果及原设计图纸,主体钢框架钢材强度按 Q345B 考虑。

(3) 结构分析验算结果

采用 PKPM 系列结构计算软件,根据结构、建筑施工图和检测结果建立结构分析模型。部分框架柱的验算结果整理见表 4.6-8,部分框架梁的验算结果整理见表 4.6-9。由计算结果可知，各层框架柱、梁的承载力均满足规范要求。

框架柱承载力验算结果 表4.6-8

楼层	框架柱	计算正应力与截面强度设计值之比	平面内稳定应力与截面强度设计值之比	平面外稳定应力与截面强度设计值之比
1层	A-3/1柱	0.56	0.47	0.44
1层	B-2/1柱	0.58	0.51	0.49
1层	H-2/1柱	0.49	0.45	0.42
1层	J-2/1柱	0.55	0.38	0.54
1层	K-1/1柱	0.41	0.31	0.40
2层	A-2/1柱	0.43	0.31	0.34
2层	B-3/1柱	0.48	0.40	0.38
2层	H-3/1柱	0.40	0.35	0.32
2层	J-3/1柱	0.43	0.25	0.40
2层	K-4/1柱	0.30	0.17	0.25

框架梁承载力验算结果 表4.6-9

楼层	框架梁	计算正应力与强度设计值之比	整体稳定应力与强度设计值之比	计算剪应力与强度设计值之比
1层	2/1-A～B梁	0.79	0.00	0.31
1层	3/1～C-D梁	0.70	0.00	0.30
1层	2/1-G～H梁	0.58	0.00	0.24
1层	4/1-J～K梁	0.61	0.00	0.24
1层	3/1-J～K梁	0.57	0.00	0.16
2层	3/1-A～B梁	0.62	0.00	0.25
2层	2/1～C-D梁	0.30	0.00	0.13
2层	3/1-G～H梁	0.44	0.00	0.18
2层	1/1-J～K梁	0.29	0.00	0.13
2层	2/1-J～K梁	0.38	0.00	0.14

7. 结构安全性鉴定

（1）地基基础

通过现场检测及查阅地基变形观测数据表明，未见由于地基基础不均匀沉降造成的损伤，地基基础在现使用条件下承载状况正常。根据《工业建筑可靠性鉴定标准》GB 50144—2008，地基基础的安全性等级评定为A级。

（2）上部承重结构

该建筑的结构整体性布置合理，传力路线设计正确，构件之间的连接性能较好。建筑平面布局、构件布置与原设计相符，基本符合国家现行标准规范的规定。结构整体性的安全性等级评定为A级。

采用中国建筑科学研究院PKPM工程部编制的系列软件对该建筑进行分析计算。计算结果表明：各层框架柱、梁的承载力均满足规范要求。结构承载能力的安全性等级评定为 A 级。

（3）围护结构

该建筑的围护系统包括轻质墙、屋面、门窗、防护设施等，现场检查可知，围护系统未见变形或损坏，连接构造基本符合国家现行标准规范要求，个别钢构件存有锈蚀情况。围护结构的安全性等级评定为 A 级。

（4）安全性鉴定

综合评定汇总于表 4.6-10，该建筑结构系统（地基基础、上部承重结构和围护结构）的安全性鉴定评级为 A 级，即符合国家现行标准规范的安全性要求，不影响整体安全。

主体结构安全性鉴定评级表 　　　　　　　　　表 4.6-10

项次	结构系统		安全性鉴定评级
1	地基基础		A
2	上部承重结构	整体性	A
		承载能力	A
3	围护结构		A

4.7 某单层门式刚架结构厂房爆炸后检测鉴定

4.7.1 工程概况

该厂房结构形式为单层门式刚架结构，占地面积为 $2316m^2$，建筑高度为 15.75m，基础底板和刚架柱柱下混凝土柱混凝土强度等级均为 C30，锚栓和锚板均采用 Q345 钢，刚架、抗风柱、墙梁、檩条、吊车梁及车挡材质均为 Q345B，支撑、隅撑、拉条及吊车梁制动结构材质均为 Q245B。焊接的钢结构连接焊缝等级为二级。

图 4.7-1　厂房外立面照片

该厂房因 3 号压缩机组东侧管道试压时发生爆炸，导致厂房结构和设备基础等受损，为了解该厂房受损后质量情况与安全性能，对该厂房进行结构检测评估。

厂房外立面照片见图 4.7-1，厂房结构平面布置图见图 4.7-2。

4.7.2 检测鉴定情况介绍

1. 检测鉴定项目

1）建筑物外观质量检查；

2）建筑物损伤状况全面检查；

3）钢构件截面尺寸抽检；

4）钢构件涂层厚度抽检；

5）钢构件钢材强度抽检；

6）钢构件焊缝抽检；

7）受损情况评估及处理建议。

2. 检测鉴定依据

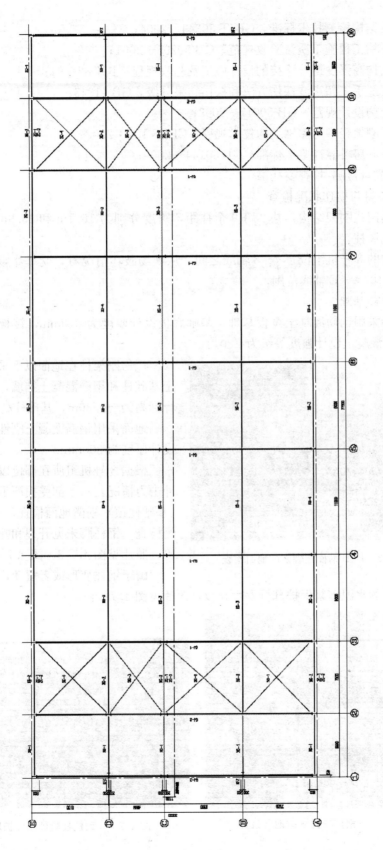

图 4.7-2　厂房结构平面布置图

1)《建筑结构检测技术标准》GB/T 50344—2004；

2)《钢结构工程施工质量验收规范》GB 50205—2001；

3)《钢结构高强度螺栓连接的设计施工及验收规程》JGJ 82—91；

4)《钢焊缝手工超声波探伤方法和探伤结果分级》GB 11345；

5)《钢结构设计规范》GB 50017—2003；

6)《门式刚架轻型房屋钢结构技术规程》CECS 102：2002；

7)《工业厂房可靠性鉴定标准》GB 50144—2009；

8)工程质量检测/检查委托书。

3. 外观质量与损伤状况检查

厂房采用门式刚架结构，共2跨9个柱距，跨度分别为16.1m和13.9m，两侧山墙各增设2个抗风柱。

本次爆炸的3号机组位于7~8轴线之间，从现场破坏情况看，受爆炸影响的严重区域集中在7~10/A~E轴线范围。

（1）刚架柱基础

厂房设计采用钢筋混凝土筏板基础，基础底板设计厚度为610mm，筏板底设计标高为-4.21m，混凝土设计强度等级为C30。

图 4.7-3　10-B 钢柱柱脚剔凿地面检查

厂房刚架柱在地面以下采用钢筋混凝土基础柱和钢筋混凝土挡墙，基础柱顶设计标高为-0.30m，基础柱高3.3m。

地面采用钢筋混凝土刚性地面，地面设计厚度为300mm。

根据3号机组所在部位以及爆炸时的冲击力情况，对上部受损严重的钢柱柱脚（基础柱顶）剔凿地面检查，共检查2处。经检查，钢柱脚未见开裂和螺栓被拔出现象，照片见图4.7-3、图4.7-4。

由于钢柱变形或者震动，钢柱脚刚性地面以上部分的水泥砂浆保护部分发生开裂，照片见图4.7-5。

图 4.7-4　9-D 钢柱柱脚剔凿地面检查

图 4.7-5　钢柱柱脚砂浆保护层开裂

由于采用了刚性地面，对钢柱形成了侧向支撑，且地面刚度较大，再根据对受损严重钢柱下的基础柱顶检查，未见开裂和拔出现象，可判断基础柱受爆炸的影响较小。

（2）刚架柱

现场对刚架柱的柱根全面检查，除发现柱根部水泥砂浆保护层局部开裂外，未见严重损伤。其中，在7～10/A～E轴线范围柱根水泥砂浆保护层开裂较多，其他区域均为轻微开裂。

由于受到爆炸冲击力作用（作用方向主要向东），厂房柱有整体向东倾斜的迹象。现场对部分刚架柱在两个正交方向的侧向变形进行了测量，柱变形示意图见图4.7-6～图4.7-17（图中未标注变形数值的刚架柱，是由于现场测量条件不具备或者推断其变形较小而未检测），统计结果见表4.7-1。

柱侧向变形测量结果 表 4.7-1

序号	轴线位置	观测高度(mm)	侧移分量(mm)				总侧移量(mm)	倾斜率
			东	西	南	北		
1	1-B柱	14670	—	—	37	—	—	1/396
		5700	—	12	—	—	—	1/475
2	1-C柱	7110	13	—	—	—	—	1/547
3	1-E柱	7110	—	11	—	—	—	1/646
4	2-C柱	15240	38	—	—	—	—	1/401
5	3-C柱	15240	45	—	—	—	—	1/339
6	3-E柱	13840	12	—	—	—	—	1/1153
7	4-C柱	15240	51	—	—	—	—	1/299
8	4-E柱	13840	10	—	—	—	—	1/1384
9	5-A柱	6730	—	19	—	—	—	1/354
10	5-C柱	8130	20	—	—	—	—	1/407
11	5-E柱	13840	11	—	—	—	—	1/1258
12	6-A柱	13840	16	—	—	—	—	1/865
		7110	6	—	21	—	22	1/323
13	6-C柱	15240	23	—	—	—	—	1/663
14	6-E柱	13840	—	17	—	—	—	1/814
15	7-A柱	7110	27	—	16	—	31	1/229
16	7-C柱	8130	46	—	—	—	—	1/177
17	7-E柱	13840	—	11	—	—	—	1/1258
18	8-A柱	6730	20	—	—	—	—	1/337
		7110	—	2	23	—	23	1/309
19	8-C柱	7110	42	—	2	—	42	1/169
20	8-E柱	13840	40	—	—	—	—	1/346
21	9-A柱	6730	32	—	—	—	—	1/210
22	9-C柱	15240	81	—	—	—	—	1/188
		7110	39	—	80	—	89	1/80

序号	轴线位置	观测高度(mm)	侧移分量(mm)				总侧移量(mm)	倾斜率
			东	西	南	北		
23	9-D柱	7870	120	—	—	—	—	1/66
		6800	—	70	—	—	—	1/97
24	10-A柱	7110	11		22		25	1/284
25	10-B柱	14670			67			1/219
26	10-C柱	7110	48					1/148
27	10-E柱	6800		10				1/680

注："—"表示现场不具备观测条件或推断其变形值较小而未检测；《钢结构工程施工质量验收规范》GB 50205—2001 对单层柱轴线垂直度允许偏差为 H/1000。

由图可以看出，C 轴线刚架柱变形较大，9-C 柱顶向东侧移 81mm，10-C 柱在吊车梁底标高处向东侧移 48mm；A 轴和 E 轴变形较大的刚架柱集中在 7～10 轴线区域，9-A 柱顶向东侧移 35mm，8-E 柱顶向东侧移 40mm；靠近 3 号机组的 9-D 柱变形较大，吊车梁标高处向西侧移 70mm，柱顶向东侧移 50mm；10 轴山墙抗风柱 10-B 向南侧移 67mm。

总体而言，中柱（C 轴）较为严重，边柱（A 轴和 E 轴）稍轻，变形较大的区域在7～10 轴线之间。

厂房四角屋面檐口处两个正交方向的侧移量测量结果见图 4.7-18 和图 4.7-19。

除变形外，刚架柱表面涂层因爆炸飞溅的杂物而局部破损，主要集中在 7～10/A～E 轴线范围，照片见图 4.7-20。

轴线 10-C 钢柱的腹板因受爆炸飞溅物冲击，严重变形，凹陷最大深度为 7mm，照片见图 4.7-21；7-C 柱牛腿处加劲肋变形，典型照片见图 4.7-22；8-C 柱牛腿处翼缘变形，典型照片见图 4.7-23；9-A 柱牛腿变形，典型照片见图 4.7-24、图 4.7-25。

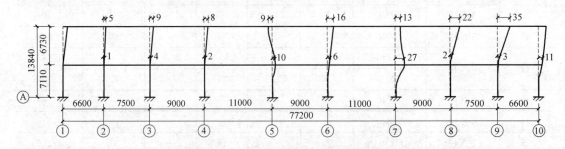

图 4.7-6　A 轴柱东西向侧移测量结果

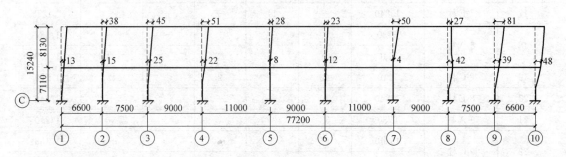

图 4.7-7　C 轴柱东西向侧移测量结果

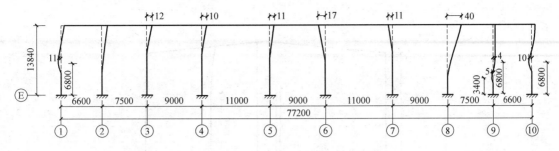

图 4.7-8　E 轴柱东西向侧移测量结果

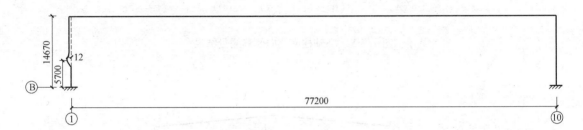

图 4.7-9　B 轴柱东西向侧移测量结果

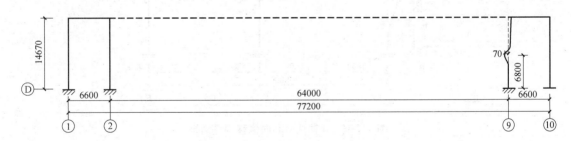

图 4.7-10　D 轴柱东西向侧移测量结果

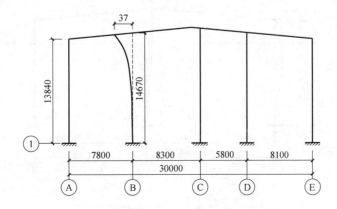

图 4.7-11　1 轴柱南北向侧移测量结果

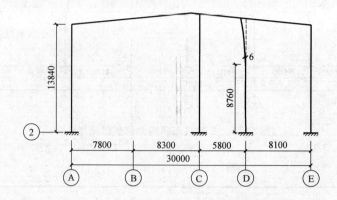

图 4.7-12 2 轴柱南北向侧移测量结果

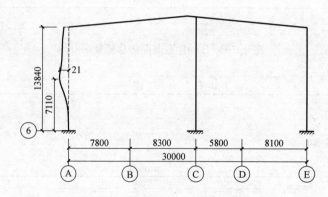

图 4.7-13 6 轴柱南北向侧移测量结果

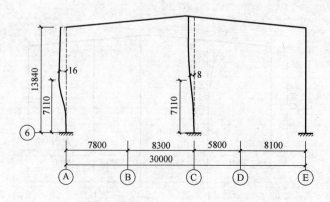

图 4.7-14 7 轴柱南北向侧移测量结果

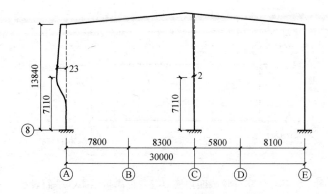

图 4.7-15　8 轴柱南北向侧移测量结果

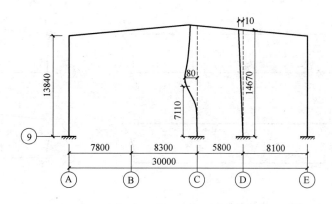

图 4.7-16　9 轴柱南北向侧移测量结果

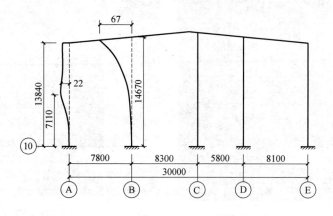

图 4.7-17　10 轴柱南北向侧移测量结果

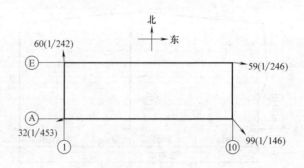

图 4.7-18　厂房外轮廓四角檐口处变形测量结果（平面表示）

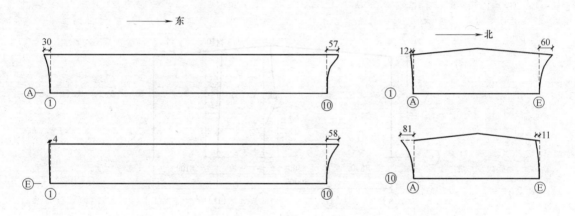

图 4.7-19　厂房外轮廓四角檐口处变形测量结果（立面表示）

图 4.7-20　8-C 柱防火涂装开裂脱落

图 4.7-21　10-C 柱腹板因受爆炸物冲击严重变形

图 4.7-22　7-A柱牛腿处加劲肋变形

图 4.7-23　8-C柱牛腿位置翼缘变形

图 4.7-24　9-A牛腿变形1

图 4.7-25　9-A牛腿变形2

刚架柱外观情况统计见表 4.7-2。

柱外观及损伤检查结果　　　　　　　　　　表 4.7-2

序号	构件轴线位置	损伤现状情况
1	5-A	钢柱防火涂装有龟裂迹象
2	7-C	钢柱牛腿处加劲肋变形
3	8-C	钢柱防火涂装有开裂、脱落迹象 钢柱翼缘板有损伤变形(吊车梁上翼缘板上部,距离20mm位置处)
4	9-A	钢柱牛腿变形
5	9-C	钢柱防火涂装有开裂、脱落迹象
6	10-B	钢柱柱脚砂浆保护层开裂,柱脚与基础连接处未见明显损伤。防火涂装有龟裂迹象
7	10-C	钢柱腹板距地面150mm的位置受重物冲击变形严重,最大凹陷尺寸为6mm

（3）吊车梁

现场对吊车梁的外观进行检查,在爆炸发生区域（7～10 轴）,吊车梁、牛腿及刚架柱存在局部变形,部分吊车梁与轨道连接螺栓松动,个别吊车轨道连接板断裂破坏,吊车梁表面涂层因爆炸飞溅的杂物而局部破损。吊车梁外观情况统计见表 4.7-3。

轴线8～9-A处吊车梁上翼缘板因吊车脚架在发生爆炸时产生的竖向位移冲击而变形，照片见图4.7-26；在8-A柱附近，吊车轨道连接板开裂，典型照片见图4.7-27；吊车轨道螺栓松动，典型照片见图4.7-28；4-5-C吊车梁与轨道连接螺栓松动，典型照片见图4.7-29。

吊车梁受爆炸影响范围在7～10轴之间，1～7轴区域吊车梁未见严重损伤，局部存在吊车轨道与吊车梁连接螺栓松动情况。

图4.7-26 轴线8～9-A处吊车梁上翼缘板变形

图4.7-27 吊车轨道连接板断裂

图4.7-28 吊车轨道螺栓松动

图4.7-29 4-5-C吊车轨道螺栓松动

吊车梁外观及损伤检查结果   表4.7-3

序号	构件轴线位置	损伤现状情况
1	1～2-C	吊车梁与轨道个别螺栓安装不标准
2	2～3-C	吊车梁与轨道安装螺栓有缺失
3	4～5-C	吊车梁与轨道连接螺栓松动
5	8～9-A	吊车梁上翼缘板因受爆炸时吊车的冲击局部变形，最大凹陷尺寸为50mm 吊车梁上部轨道局部向外侧（南侧）偏移 靠近8-A柱,吊车轨道连接板开裂
6	8～9-C	吊车梁轨道安装螺栓缺失

（4）梁柱节点连接

从螺栓数量来看，仅两端抗风柱顶部螺栓被剪断，其他部位螺栓未见脱落；由于爆炸瞬间冲击力较大，部分螺栓存在受损和变形。

吊车梁与刚架柱连接部位，经检查，未见螺栓脱落和焊缝开裂，部分螺栓存在松动，但在受爆炸影响较大的区域，吊车梁与牛腿连接节点不排除存在内部损伤缺陷的可能。

轴线1-B处抗风柱顶部与钢梁的连接节点两个螺栓全部断裂，照片见图4.7-30。轴线10-B处抗风柱顶部与钢梁的连接节点两个螺栓全部断裂，照片见图4.7-31。

7-C柱与吊车梁连接螺栓松动，典型照片见图4.7-32；9-A柱与吊车梁连接螺栓松动，典型照片见图4.7-33。

图4.7-30　1-B钢柱顶端与钢梁连接螺栓脱落

图4.7-31　10-B钢柱顶端与钢梁连接螺栓脱落

图4.7-32　7-C柱与吊车梁连接螺栓松动

图4.7-33　9-A柱上吊车轨道螺栓松动

梁柱节点外观情况统计见表4.7-4。

梁柱节点外观及损伤检查结果　　　　　　　　　　　　　　　　　　　　表4.7-4

序号	构件轴线位置	损伤现状情况
1	1-B	钢柱柱顶与钢梁连接螺栓全部脱落
2	1-D	钢柱柱顶与钢梁连接螺栓全部变形,但未脱落
3	7-C	刚架柱与吊车梁连接螺栓松动
4	9-A	刚架柱与吊车梁连接螺栓松动
5	10-B	钢柱柱顶与钢梁连接螺栓全部脱落
6	10-D	钢柱柱顶与钢梁连接螺栓变形,但未脱落

（5）屋盖系统

1）刚架梁

在地面通过目测检查，未见刚架梁有较大变形。

通过对刚架柱顶的变形测量，可以间接获得刚架梁侧向变形发生的区域。

因刚架柱变形，带动屋面刚架梁平面外变形，两端部各有一根抗风柱与屋面梁连接螺栓被剪断。

2）檩条

7～10轴范围内屋面檩条受损严重，多数檩条变形、屈曲，丧失承载能力；1～7轴线间檩条未见明显的变形。受损檩条典型照片见图4.7-34和图4.7-35。

图4.7-34　7～8-A～C区域屋面檩条扭曲变形

图4.7-35　8～9-A～C区域屋面破损

3）拉条

由于檩条变形，7～10轴范围内多数拉条弯曲、松动，典型照片见图4.7-36。

4）隔撑

由于屋面变形，7～10轴范围内部分隔撑变形、屈曲，焊接节点开裂。

5）屋面彩钢板和采光带

7～10轴范围内屋面彩钢板和采光带大面积变形、损坏。

1～7轴范围内屋面彩钢板存在局部变形情况，未见严重损伤，但多数采光带已损坏，部分较严重，并有易坠落的危险悬挂物，典型照片见图4.7-37和图4.7-38。

图4.7-36　屋面拉条、隔撑变形

图4.7-37　1-2-A-C区域屋面板局部变形

图 4.7-38　屋面彩钢板损坏

屋面外观情况统计见表 4.7-5。

屋面外观及损伤检查结果 表 4.7-5

序号	构件轴线位置	损伤现状情况
1	1-2-A-C	屋面采光带破坏；屋面板局部变形；屋面板与采光带之间存有无任何连接的危险易坠物（方形钢管），应及时清理
2	2-3-A-E	2-3-A-C 区域屋面采光带破坏，并悬有危物；2-3-C-E 区域屋面采光带破坏
3	3-4-A-C	屋面采光带破坏
4	5-6-A-E	屋面采光带破坏
5	7-8-A-E	7～8-A～C 区域屋面受损变形、局部破损，檩条扭曲变形 7-8-C-E 屋面采光带破坏
6	8～9-A～C	该区域屋面受损变形、局部破损，檩条扭曲变形，拉条，撑杆变形，屋面板大面积破坏
7	8～9-C～E	该区域屋面檩条受损变形
8	9～10-A～C	该区域屋面受损变形、破坏严重，檩条、拉条扭曲变形，屋面板大面积破坏

（6）支撑系统

1）柱间支撑

厂房结构在 2～3 轴和 8～9 轴之间设柱间支撑，经现场检查，2～3 轴之间柱间支撑未见损伤；8～9 轴之间 C 列柱间支撑局部变形，表面涂层损坏，受爆炸影响较大；8～9 轴之间 A 列柱和 E 列柱之间支撑未见明显损伤。

2）屋面支撑

厂房结构在 2～3 轴和 8～9 轴之间设屋面水平支撑，经现场检查，2～3 轴之间屋面水平支撑未见损伤；8～9 轴之间屋面支撑变形、挠曲，照片见图 4.7-39。

3）刚性系杆

部分刚性系杆节点螺栓剪断、螺栓孔

图 4.7-39　8～9-A～C 屋面水平支撑变形

剪断，系杆脱落。主要集中在 7～10 轴范围内。典型照片见图 4.7-40、图 4.7-41。

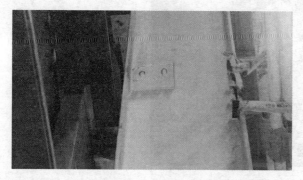

图 4.7-40　轴线 10-B 处柱间水平系杆脱落　　　　图 4.7-41　轴线 10-B 处纵向水平系杆脱落

支撑系统外观及损伤检查结果　　　　　　　　表 4.7-6

序号	构件轴线位置	损伤现状情况
1	8-9-A-C 区域	8～9 轴之间 C 列柱间支撑局部变形，表面涂层损坏，受爆炸影响较大 8～9 轴之间屋面支撑变形、挠曲
2	9-10-A-C 区域	10-B 与 10-C 柱间横向系杆脱落 10-A-C 梁与 9-A-C 梁跨中纵向系杆连接破坏 10-C-D 系杆与柱连接处螺栓缺失

图 4.7-42　外墙板局部破损、孔洞

（7）围护系统

A 轴线围护墙和 E 轴线围护墙在接近爆炸发生区域（即 7～10 轴），因爆炸力、飞溅物体的影响，外墙彩钢板局部破损；由于冲击和振动的影响，固定墙板的螺钉部分脱落和松动。照片见图 4.7-42 和图 4.7-43。

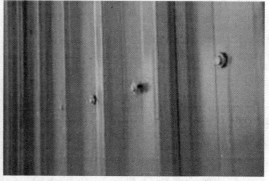

图 4.7-43　外墙板固定螺钉缺失、松动

1 轴线山墙受爆炸影响较小，未见明显损伤；10 轴线山墙受爆炸影响最大，几乎丧失使用功能，墙梁、拉条、系杆等均损伤严重，照片见图 4.7-44。

1～2 轴区域的内隔墙受爆炸影响小，但也发现存在局部变形，照片见图 4.7-45；9～

10 轴区域的内隔墙受爆炸影响大，墙梁、拉条变形，几乎丧失使用功能，照片见图 4.7-46。

图 4.7-44　10 轴线山墙严重受损

图 4.7-45　1～2-C～E 区域隔墙受损

图 4.7-46　轴线 9～10-C 墙面檩条
严重变形、脱落，墙面板破损严重

图 4.7-47　墙体踢脚开裂、脱开

受爆炸冲击和振动影响，室内墙体多数踢脚开裂、脱落。典型照片见图 4.7-47。
围护墙外观情况统计见表 4.7-7。

墙体外观及损伤检查结果　　　　　　　　　　　　　　表 4.7-7

序号	构件轴线位置	损伤现状情况
1	10-A～B	门两侧外墙底部踢脚开裂、破损 外墙有被爆炸时产生飞溅物撞击破损痕迹
2	10-B～C	墙体已完全破损，檩条变形严重，两侧柱间水平系杆脱落
3	9～10-C	檩条变形严重，墙面已完全破损
4	10-C～D	靠近 C 轴墙面受损变形，底部踢脚开裂
5	9-C～D	墙体受损严重，檩条变形
6	9-C～E	墙面底部踢脚开裂、破损严重
7	9-D～E	墙面受损变形
8	8～9-E	外墙有被爆炸时产生飞溅物撞击破损痕迹，墙面底部踢脚开裂、破损严重
9	8～9-E	墙体外侧面个别螺钉有脱落

序号	构件轴线位置	损伤现状情况
10	6~7-A	墙面个别螺钉脱落,个别螺钉未拧紧,墙底踢脚开裂
11	5~6-E	墙面个别螺钉脱落,墙底踢脚开裂
12	7~8-A	墙面个别螺钉脱落,墙底踢脚开裂
13	7~8-E	墙面个别螺钉脱落,墙底踢脚开裂
14	2~3-E	墙面个别螺钉脱落
15	2-C~D	墙面板变形
16	2-C~E	墙面底部踢脚开裂,破损严重
17	1~2-A	房门两侧有轻微破损
18	1~2-E	墙体外侧面螺钉个别脱落

（8）室内地面

由于爆炸引起的重物坠落、管道变形等,爆炸发生区域,室内混凝土刚性地面开裂、破损,检查结果见表 4.7-8,典型照片见图 4.7-48。

地面外观及损伤检查结果 表 4.7-8

序号	构件轴线位置	损伤现状情况
1	8~9-B~C	该轴线区域地面因爆炸后严重受损
2	10-A~B	该轴线位置的地面有一条南北向裂缝,裂缝宽度为 4mm

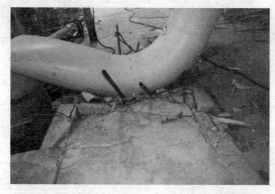

图 4.7-48　轴线 8~9-B~C 地面因爆炸严重破损

4. 钢构件截面尺寸抽检

采用超声波测厚仪、钢卷尺对主要钢构件（钢柱、钢梁）截面尺寸进行抽查检测,检测参照《热轧钢板和钢带的尺寸、外形、重量及允许偏差》GB/T 709—2006、《钢结构工程施工质量验收规范》GB 50205—2001 有关要求进行。

钢构件的截面尺寸检测结果见表 4.7-9。

由表可知,所抽检部位钢构件的截面尺寸均符合设计要求。

钢桁架杆件型钢截面尺寸检测结果 表 4.7-9

序号	构件位置名称	实测尺寸(mm) 宽×高×翼缘厚×腹板厚	设计尺寸(mm) 宽×高×翼缘厚×腹板厚	评定结果
1	2-C柱	300×599 ×15.7×11.6	300×600 ×16×12	符合设计要求
2	1-D柱	250×600 ×(/)×11.6	250×600 ×16×12	符合设计要求
3	10-B柱	250×600 ×15.8×11.8	250×600 ×16×12	符合设计要求
4	9-C柱	299×600 ×15.9×11.8	300×600 ×16×12	符合设计要求
5	9-D柱	256×403 ×15.9×7.7	250×400 ×16×8	符合设计要求

序号	构件位置名称	实测尺寸(mm) 宽×高×翼缘厚×腹板厚	设计尺寸(mm) 宽×高×翼缘厚×腹板厚	评定结果
6	8-E柱	300×600×15.8×11.7	300×600×16×12	符合设计要求
7	7-A柱	300×600×15.8×11.7	300×600×16×12	符合设计要求
8	5-A柱	300×600×15.8×11.7	300×600×16×12	符合设计要求
9	3-E柱	300×600×15.8×11.7	300×600×16×12	符合设计要求
10	8-C柱	300×600×( )×11.7	300×600×16×12	符合设计要求
11	10-D柱	298×600×( )×11.8	300×600×16×12	符合设计要求
12	7-8-C梁	300×1055×13.7×7.6	300×1050×14×8	符合设计要求
13	8-9-C梁	翼缘厚13.6	300×1050×14×8	符合设计要求
14	8-9-A梁	300×1050×13.6×7.7	300×1050×14×8	符合设计要求
15	6-7-C梁	翼缘厚13.6	300×1050×14×8	符合设计要求

注：高度允许偏差为±2mm；宽度允许偏差为±3mm；5～8mm厚板的允许偏差为±0.5mm；8～15mm厚板的允许偏差为±0.55mm

5. 钢构件涂层厚度抽检

采用卡尺测量刚架柱的涂装厚度，检测结果见表4.7-10。采用涂层测厚仪测量钢梁和支撑的涂层厚度，检测结果见表4.7-11。

刚架柱涂装厚度检测结果 表4.7-10

序号	构件名称	构件部位	实测涂装厚度(mm)	
			测点值	平均值
1	2-C柱	腹板	3.1、2.7、4.2、3.6、3.3	3.4
2		翼缘	3.7、3.1、3.5、3.2、3.0	3.3
3	3-E柱	腹板	2.2、2.2、2.4、2.0、2.3	2.2
4		翼缘	2.6、2.3、2.0、2.0、2.1	2.2
5	5-A柱	腹板	3.2、3.5、4.3、4.7、4.6	4.1
6		翼缘	4.6、5.1、3.4、3.7、3.6	4.1
7	7-A柱	腹板	3.2、3.1、3.5、4.0、3.1	3.4
8		翼缘	3.1、2.9、3.8、2.5、3.0	3.1
9	8-E柱	腹板	3.2、3.1、3.6、2.7、3.1	3.1
10		翼缘	2.5、2.2、2.8、2.7、3.0	2.6
11	9-C柱	腹板	3.7、3.2、3.5、2.7、2.8	3.2
12		翼缘	2.9、3.2、3.5、3.6、2.9	3.2
13	9-D柱	腹板	4.2、4.7、5.0、4.8、4.1	4.6
14		翼缘	3.5、3.0、2.7、3.0、3.3	3.1
15	10-B柱	腹板	4.1、4.0、3.8、4.1、3.9	4.0
16		翼缘	3.7、4.0、4.0、3.0、4.2	3.8
17	10-D柱	腹板	2.4、2.6、2.5、3.1、3.6	2.8

钢梁、支撑涂装厚度检测结果 表4.7-11

序号	构件名称	构件部位	实测涂装厚度(mm)	
			测点值	平均值
1		角钢1	383、438、445、389、452	421
2	2～3-A 支撑	角钢2	396、457、475、443、412	436
3		角钢3	521、305、355、394、408	396
4		角钢4	412、525、487、475、426	464
5		角钢1	225、308、310、312、185	268
6	8～9-E 支撑	角钢2	204、285、257、271、209	245
7		角钢3	273、340、296、363、338	322
8		角钢4	269、310、345、308、342	315
9	7～8-C梁	腹板	284、228、190、336、222	252
10		翼缘	290、472、514、328、361	393
11	8～9-A架	腹板	220、271、237、194、259	236
12		翼缘	594、441、521、522、468	509

6. 钢构件钢材强度抽检

按照《金属里氏硬度试验方法》GB/T 17394—1998 和《黑色金属硬度及强度换算值》GB/T 1172—1999 的规定，采用里氏硬度仪对主要钢构件（钢柱、钢梁）的里氏硬度进行抽查检测，钢构件的强度检测结果见表4.7-12 和表4.7-13。

《碳素结构钢》GB/T 700—2006 规定 Q235 钢抗拉强度规定值为 370～500MPa，《低合金高强度结构钢》GB/T 1591—2008 规定 Q345 钢抗拉强度规定值为 470～630MPa，

根据表4.7-12 和表4.7-13 中检测结果，推算柱间支撑钢材强度为 Q235 钢，框架柱、梁钢材强度为 Q345 钢。

所抽检部位钢材实测强度均符合设计要求。

刚架梁、刚架柱的钢材强度检测结果 表4.7-12

序号	构件名称	构件部位	里氏硬度平均值	推定抗拉强度 σ_b(MPa)	Q345 钢抗拉 强度规定值 (MPa)
1	6～7-C梁	翼缘	398	527	
2	7～8-C梁	翼缘	397	525	
3		腹板	358	448	
4	8～9-C梁	翼缘	404	545	
5	8～9-A梁	翼缘	376	478	470～630
6		腹板	368	464	
7	1-D柱	腹板	377	480	
8	2-C柱	翼缘	401	536	
9		腹板	381	487	
10	3-E柱	翼缘	410	563	

138

序号	构件名称	构件部位	里氏硬度平均值	推定抗拉强度 σ_b(MPa)	Q345 钢抗拉强度规定值（MPa）
11	3-E 柱	腹板	384	495	
12	5-A 柱	翼缘	409	560	
13		腹板	398	528	
14	7-A 柱	翼缘	405	546	
15		腹板	387	501	
16	8-C 柱	腹板	390	508	
17	8-E 柱	翼缘	408	557	
18		腹板	398	528	470～630
19	9-C 柱	翼缘	407	554	
20		腹板	391	509	
21	9-D 柱	翼缘	402	540	
22		腹板	386	498	
23	10-B 柱	翼缘	401	536	
24		腹板	383	492	
25	10-D 柱	腹板	382	490	

支撑的钢材强度检测结果 表 4.7-13

序号	构件名称	构件部位	里氏硬度平均值	推定抗拉强度 σ_b(MPa)	Q345 钢抗拉强度规定值（MPa）
1	2～3-A 柱间支撑	角钢 1	353	442	
2		角钢 2	354	443	
3		角钢 3	376	478	
4		角钢 4	381	488	
5	2～3-C 柱间支撑	角钢 1	365	459	
6		角钢 2	367	462	
7	2～3-E 柱间支撑	角钢 1	386	498	
8		角钢 2	377	480	370～500
9	8～9-C 柱间支撑	角钢 1	353	441	
10		角钢 2	347	434	
11	8～9-E 柱间支撑	角钢 1	367	462	
12		角钢 2	359	449	
13		角钢 3	356	446	
14		角钢 4	367	461	

7. 钢构件焊缝抽检

采用金属超声波探伤仪对厂房钢结构的对接焊缝进行内部探伤，现场随机抽选五条焊缝，按《钢焊缝手工超声波探伤方法和探伤结果分级》GB 11345—89 的规定进行探伤检测，焊缝及探伤技术参数见表 4.7-14，焊缝探伤结果见表 4.7-15。

探伤结果表明，所抽查的五条焊缝内部质量均符合《钢结构工程施工质量验收规范》GB 50205—2001 中对二级焊缝的质量要求。

焊缝及探伤技术参数　　　　　　　　　　　　表 4.7-14

探伤仪器	汉威 HS600(编号:06280)	焊缝种类	对接型
探头规格	8×9K2(5MHz)	探伤方法	B 级单面双侧
试块	ⅡW 和 RB-1	耦合剂	机油
钢板厚度(mm)	8~12	材料	Q235,Q345
探伤面及状态	修磨	探伤时机	焊后

超声波法焊缝探伤结果　　　　　　　　　　　表 4.7-15

序号	焊缝位置		焊缝长度(mm)	板材厚度(mm)	探伤结果	评级
1	轴线 2~3-A 柱间支撑角钢连接处对接焊缝	—	310	8.5	1 处Ⅱ区缺陷,指示长度为 5mm,深度为 6.5mm	Ⅰ级
2	轴线 8~9-A 柱间支撑角钢连接处对接焊缝	—	305	8.4	1 处Ⅱ区缺陷,指示长度为 8mm,深度为 7mm	Ⅱ级
3	轴线 1-D 柱与柱连接处对接焊缝	腹板	550	11.7	无缺陷	Ⅰ级
4	轴线 8-C 柱与柱连接处对接焊缝	腹板	470	11.7	1 处Ⅱ区缺陷,指示长度为 10mm,深度为 9mm	Ⅱ级
5	轴线 10-D 柱与柱连接处对接焊缝	腹板	550	11.8	无缺陷	Ⅰ级

8. 厂房受损情况评估结果

厂房受损评估：因受爆炸冲击力影响，厂房主体结构刚架柱有整体向东倾斜趋势，部分构件的变形和损伤已超出规范要求，厂房结构达不到设计要求的承载和使用功能，存在安全隐患，应对存在问题的部位进行处理。

详细情况如下：

(1) 刚架柱基础

经对上部受损严重的钢柱柱脚（基础柱顶）剔凿地面检查，钢柱脚未见开裂和螺栓被拔出现象。由于采用了刚性地面，对钢柱形成了侧向支撑，且地面刚度较大，判断厂房刚架柱脚（基础柱顶）受爆炸影响较小。

由于钢柱变形或者振动，钢柱脚刚性地面以上部分的水泥砂浆保护部分发生开裂。

（2）刚架柱

由于受到爆炸冲击力作用（作用方向主要向东），厂房柱有整体向东倾斜的迹象。C轴线刚架柱变形较大，9-C柱顶向东侧移81mm，10-C柱在吊车梁底标高处向东侧移48mm；A轴和E轴变形较大的刚架柱集中在7～10轴线区域，9-A柱顶向东侧移35mm，8-E柱顶向东侧移40mm；靠近3号机组的9-D柱变形较大，吊车梁标高处向西侧移70mm，柱顶向东侧移50mm；10轴山墙抗风柱10-B向南侧移67mm。

总体而言，中柱（C轴）较为严重，边柱（A轴和E轴）稍轻。

除整体变形外，刚架柱表面涂层因爆炸飞溅的杂物而局部破损；7～10轴之间，个别钢柱因受爆炸飞溅物冲击局部严重变形，个别牛腿变形。

（3）吊车梁

在爆炸发生区域，吊车梁有局部变形，部分吊车梁与轨道连接螺栓松动，个别轨道连接板断裂。吊车梁受爆炸影响范围在7～10轴之间，其他区域的吊车梁未见严重损伤，局部存在吊车轨道与吊车梁连接螺栓松动的情况。吊车梁表面涂层因爆炸飞溅的杂物而局部破损。

（4）梁柱节点

从螺栓数量来看，仅两端抗风柱顶部螺栓被剪断，其他部位螺栓未见脱落；由于爆炸瞬间冲击力较大，部分螺栓存在受损和变形。

吊车梁与刚架柱连接部位，经检查，未见螺栓脱落和焊缝开裂，部分螺栓存在松动，但在受爆炸影响较大的区域（7～10轴），吊车梁与牛腿连接节点不排除存在内部损伤缺陷的可能。

（5）屋盖系统

1）刚架梁

通过对刚架柱顶的变形测量，可以获得刚架梁侧向变形发生的区域。因刚架柱变形，带动屋面刚架梁平面外变形，两端部抗风柱与屋面梁连接螺栓被剪断。

2）檩条

7～10轴范围内屋面檩条受损严重，多数檩条变形、屈曲，丧失承载能力；1～7轴线间檩条未见明显的变形。

（3）拉条

由于檩条变形，7～10轴范围内多数拉条弯曲、松动；1～7轴线间部分拉条松动。

4）隅撑

由于屋面变形，7～10轴范围内部分隅撑变形、屈曲，焊接节点开裂；1～7轴线间未见明显的变形。

5）屋面彩钢板和采光带

7～10轴范围内屋面彩钢板和采光带大面积变形、损坏；1～7轴范围内屋面彩钢板存在局部变形情况，未见严重变形，但多数采光带已损坏，部分较严重。

（6）支撑系统

1）柱间支撑

厂房结构在2～3轴和8～9轴之间设柱间支撑，经现场检查，2～3轴之间柱间支撑未见损伤；8～9轴之间C列柱间支撑局部变形，表面涂层损坏，受爆炸影响较大；8～9轴之间A列柱和E列柱之间支撑未见明显损伤。

2）屋面支撑

厂房结构在2～3轴和8～9轴之间设屋面水平支撑，经现场检查，2～3轴之间屋面水平支撑未见损伤；8～9轴之间屋面支撑变形、挠曲。

3）刚性系杆

部分刚性系杆节点螺栓剪断、螺栓孔剪断，系杆脱落。主要损伤集中在7～10轴范围内。

（7）围护系统

A轴线围护墙和E轴线围护墙在接近爆炸发生区域（即7～10轴），因爆炸力、飞溅物体的影响，外墙彩钢板局部破损；由于冲击和振动的影响，固定墙板的螺钉部分脱落和松动。

1轴线山墙受爆炸影响较小，未见明显损伤；10轴线山墙受爆炸影响最大，几乎丧失使用功能，墙梁、拉条、系杆等均损伤严重。

1～2轴区域的内隔墙受爆炸影响小，但也发现存在局部变形；9～10轴区域的内隔墙受爆炸影响大，墙梁、拉条变形，几乎丧失使用功能。

受爆炸冲击和振动影响，室内墙体多数踢脚开裂、脱落。

（8）室内地面

由于爆炸引起的重物坠落、管道变形等，在爆炸发生区域，室内混凝土刚性地面开裂、破损。

9. 处理建议

（1）对变形大于《钢结构工程施工质量验收规范》GB 50205—2001允许偏差（1/1000）的刚架柱进行校正或拆除更换。

（2）对7～10轴范围内的吊车梁进行更换；对C列柱1～7轴吊车梁与柱牛腿连接节点检修。

（3）与变形大于《钢结构工程施工质量验收规范》GB 50205—2001允许偏差（1/1000）的刚架柱相连的刚架梁，在拆除施工时，若发现刚架梁变形较大时，建议一并更换刚架梁。

（4）对10轴山墙拆除重建；对靠近爆炸区域的A轴和E轴外墙局部损伤部位进行修复处理，若外墙板有破损时，更换外墙板，对螺钉缺失和松动部位，增加螺钉；对9～10-C～E范围、1～2-C～E范围内损伤严重的内隔墙进行更换。

（5）更换7～10轴屋面檩条、拉条、彩钢板、采光带等屋面构件；对1-7轴范围内局部破损的屋面彩钢板和采光带进行更换。

（6）对7～10轴范围内有变形的屋面支撑、柱间支撑、刚性系杆进行更换。

（7）拆除修复施工时，对主要连接部位的螺栓进行检查，对于缺失螺栓的部位进行增补，对变形和受损的螺栓进行更换。

（8）对因爆炸造成的其他损伤（如钢构件涂层破损、地面破损、踢脚开裂等）进行修复处理。

（9）因爆炸造成杆件变形、损伤，在结构构件中产生了附加应力，后续修复处理过程中，应加强支护，避免因附加应力造成结构损伤、破坏。

4.8 某铸钢炼钢车间鉴定

4.8.1 工程概况

  某铸、炼钢车间为单层排架结构厂房，屋面采用预制混凝土屋架和钢屋架，按伸缩缝划分为东区、西南区和西北区，总建筑面积约为 27000m²，建于 1959 年～1972 年。该工业建筑的设计单位是第一机械工业部第一设计院。铸、炼钢车间现场照片与总平面见图 4.8-1 和图 4.8-2。铸、炼钢车间准备作为文化创意产业相关活动举办场所，业主委托进行检测鉴定。

图 4.8-1 铸、炼钢车间现状

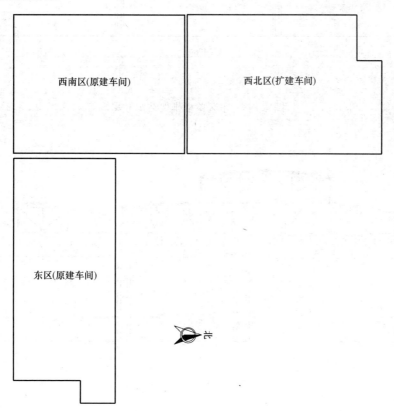

西南区(原建车间)

西北区(扩建车间)

东区(原建车间)

北

图 4.8-2 铸、炼钢车间总平面图

4.8.2 检测鉴定情况介绍

  1. 结构体系核查

通过现场检查，铸、炼钢车间东区屋面采用预制混凝土屋架，建筑平面呈矩形，最大长度为 127m，最大宽度为 72m；西南区和西北区屋面采用钢屋架和预制混凝土屋架，平面呈矩形，最大长度合计为 260m，最大宽度为 72m。

东区排架结构的室外地面到主要屋面顶面的最大高度为 20.6m，其单榀排架结构形式见图 4.8-3；西南区排架结构的室外地面到主要屋面顶面的最大高度为 24.8m，其单榀排架结构形式见图 4.8-4；西北区排架结构的室外地面到主要屋面顶面的最大高度为 35.2m，其单榀排架结构形式见图 4.8-5；各区车间的屋盖均采用 1.5m×6m 大型屋面板。

厂房围护墙厚度 240mm，四角没有设置混凝土构造柱，沿高度方向设有 3 道圈梁。

厂房平面布局、构件布置与原设计基本相符。相关建筑、结构专业图纸保存不完整。

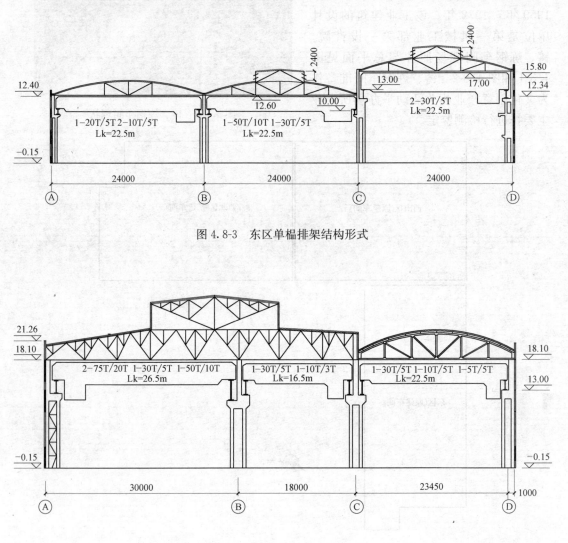

图 4.8-3　东区单榀排架结构形式

图 4.8-4　西南区单榀排架结构形式

2. 外观质量

(1) 经现场检查，排架结构无明显变形、倾斜或歪扭，未发现因地基不均匀沉降引起

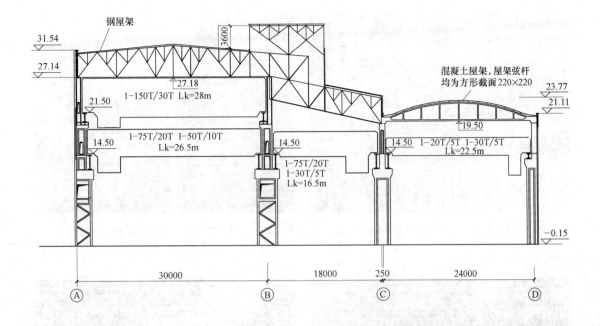

图 4.8-5　西北区单榀排架结构形式

的主体结构裂缝。

（2）铸、炼钢车间主体结构基本完整，但混凝土构件普遍存有破损开裂；钢构件普遍锈蚀，部分位置锈蚀严重；侧向支撑普遍缺失，尤其天窗的侧向支撑基本都缺失；个别支撑节点受损，杆件悬落；屋面板普遍露筋锈蚀，西南区的屋面板腐蚀严重，保护层脱落露筋；西北区和西南区的围护结构普遍破损，天窗部位围护受损情况严重。典型照片见图4.8-6～图 4.8-29。

（3）西北区 1-24-A-B 区域由于拆除天窗时未进行彻底清理，在钢屋架上遗留大量玻璃碎片和砖头等垃圾，对会场存有安全隐患。

图 4.8-6　西北区 6-A 屋架支座锈蚀严重

图 4.8-7　西北区 9-A 屋架支座锈蚀严重

图 4.8-8　西北区 11-A 屋架支座锈蚀严重

图 4.8-9　西北区 12-A 屋架支座锈蚀严重

图 4.8-10　西北区 7-9-A-B 屋面板破损

图 4.8-11　西北区 16-B 屋架支座锈蚀严重

图 4.8-12　西北区 19-B 屋架支座锈蚀严重

图 4.8-13　西北区 24-A 屋架支座锈蚀严重

图 4.8-14　西南区 2-B 屋架支座锈蚀严重

图 4.8-15　西南区 2-A-B 屋架下弦杆锈蚀严重

图 4.8-16　西南区 4-5-A 侧向支撑缺失

图 4.8-17　西南区 14-22-B 轴钢梁破损严重

图 4.8-18　西南区 17-24-A-B 屋面板腐蚀严重

图 4.8-19　西南区 4-C 支座钢构件锈蚀严重

图 4.8-20　西南区 11-14-D 侧向支撑缺失

图 4.8-21　西南区 22-C 屋架支座钢构件锈蚀严重

图 4.8-22　东区 6-D 屋架支座螺杆锈蚀

图 4.8-23　东区 6-7-A 侧向支撑缺失

图 4.8-24　东区 5-A-B 屋架下弦节点混凝土开裂

图 4.8-25　东区 11-12-A-B 上弦支撑锈蚀严重

图 4.8-26　西南区 4-D 柱露筋锈蚀

图 4.8-27　西南区 18-D 柱混凝土裂缝

图 4.8-28　西南区 24-D 柱露筋锈蚀

图 4.8-29　西北区 11-D 柱
（原加固处理）脱落锈蚀

3. 材料强度

根据检测结果，东区排架柱的混凝土强度推定最小值为 33.4MPa，西南区排架柱的混凝土强度推定最小值为 43.8MPa，西北区排架柱的混凝土强度推定最小值为 37.0MPa。

采用里氏硬度仪对钢构件的里氏硬度进行抽查检测，检测结果可知，钢材强度满足钢材 Q235 要求。

4. 主要构件的截面尺寸及钢筋配置

所抽查主要构件的截面尺寸及钢筋配置检测结果整理见表 4.8-1。

所抽查钢屋架与混凝土屋架的结构形式与截面尺寸见表 4.8-2、表 4.8-3。

排架柱配筋与截面尺寸检测结果　　　　　　　　　　　　　　　　表 4.8-1

序号	构件编号	实测配筋	实测构件截面尺寸
1	Z1 柱	单侧面主筋 4 根；（南） 非加密区箍筋间距：200mm	250 250 500 1600

149

序号	构件编号	实测配筋	实测构件截面尺寸
2	Z2柱	单侧面主筋5根;(北) 非加密区箍筋间距:200mm	
3	Z3柱	单侧面主筋5根;(北) 非加密区箍筋间距:200mm	
4	Z4柱	单侧面主筋3根;(南) 非加密区箍筋间距:200mm	
5	Z5柱	单侧面主筋3根;(西) 非加密区箍筋间距:250mm	
6	Z6柱	单侧面主筋4根;(西) 非加密区箍筋间距:250mm	
7	Z7柱	单侧面主筋4根;(东) 非加密区箍筋间距:250mm	
8	Z8柱	单侧面主筋4根;(东) 非加密区箍筋间距:250mm	

序号	构件编号	实测配筋	实测构件截面尺寸
9	Z9柱	单侧面主筋6根;(东) 非加密区箍筋间距:250mm	
10	Z10柱	单侧面主筋6根;(东) 非加密区箍筋间距:250m	
11	Z11柱	单侧面主筋4根;(西) 非加密区箍筋间距:150mm	
12	Z12柱	单侧面主筋4根;(东) 非加密区箍筋间距:200m	
13	Z13柱	单侧面主筋4根;(东) 非加密区箍筋间距:250mm	

钢屋架的结构形式与杆件截面尺寸检测结果　　　　　　　表 4.8-2

序号	检测位置	主要杆件 截面尺寸(mm)	钢屋架的结构形式
1	西北区 A-C轴, 跨度48m	上弦杆、下弦杆及腹 杆均采用双角钢, ∟100×100×10	

151

序号	检测位置	主要杆件 截面尺寸(mm)	钢屋架的结构形式
2	西南区 A-C轴， 跨度48m	上弦杆、下弦杆及腹 杆均采用双角钢， ∟100×100×10	

混凝土屋架的结构形式与杆件截面尺寸检测结果 　　　　表4.8-3

序号	检测位置	主要杆件截面尺寸(mm)	混凝土屋架的结构形式
1	西北区 C-D轴， 跨度24m	上弦杆为方形截面 260×220,下弦杆为方形 截面220×160,腹杆为 200×150	
2	西南区 C-D轴， 跨度24m	上弦杆为方形截面 260×220,下弦杆为方形 截面220×160,腹杆为 200×150	
3	东区 A-B轴， 跨度24m	上弦杆为方形截面 260×220,下弦杆为方形 截面220×160,腹杆为 200×150	
4	东区 B-C轴， 跨度24m	上弦杆为方形截面 260×220,下弦杆为方形 截面220×160,腹杆为 200×150	

序号	检测位置	主要杆件截面尺寸(mm)	混凝土屋架的结构形式
5	东区 C-D 轴，跨度 24m	上弦杆为方形截面 260×220，下弦杆为方形截面 220×160，腹杆为 200×150	

5. 整体倾斜

采用经纬仪对铸、炼钢车间进行了整体倾斜沉降检测，现场总共测点数为 39 个，不符合 A 级的测点（包括 B 级和 C 级）为 9 个，其中 B 级测点 8 个，C 级的测点 1 个，占总数 23%。

6. 承载力验算与抗震措施核查

（1）建模及验算参数

1）现场检查可知，厂房各区段的排架侧向支撑均存有缺失，因此，计算建模取单榀排架，并按东区、西南区和西北区分别建立三榀排架进行验算（计算模型见图 4.8-30～图 4.8-32）。排架柱与基础固接，排架柱与屋架铰接，钢屋架与混凝土屋架的杆件均按二力杆计算。

2）大型预制屋面板自重为 $1.4kN/m^2$；屋面活载标准值按《建筑结构荷载规范》GB 50009—2001 取值确定。

3）由于厂房吊车已停用多年，根据实际荷载情况，只考虑吊车的自重荷载，不考虑吊车的竖向（最大、最小轮压）荷载与水平（包括纵向、横向）荷载。

4）风荷载：基本风压取 $0.45kN/m^2$，地面粗糙度类别为 B 类。

5）抗震设防烈度取 8 度，设计基本地震加速度为 0.20g。

6）东区排架柱的混凝土强度取 33.4MPa，西南区排架柱的混凝土强度取 43.8MPa，

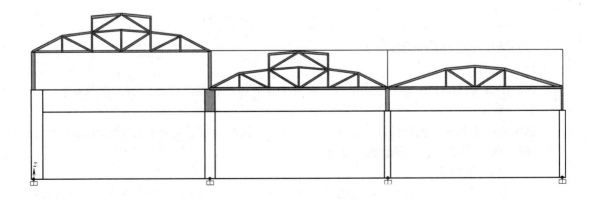

图 4.8-30 东区单榀排架计算模型

西北区排架柱的混凝土强度取 37.0MPa；钢材强度取 Q235。

7）排架及屋架的主要构件的截面尺寸按实测尺寸取用。

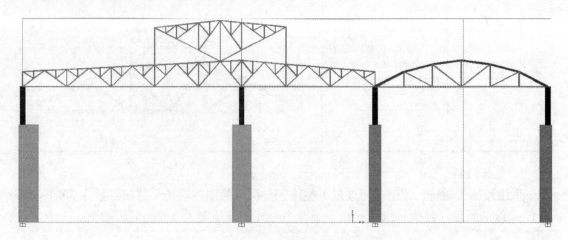

图 4.8-31　西南区单榀排架计算模型

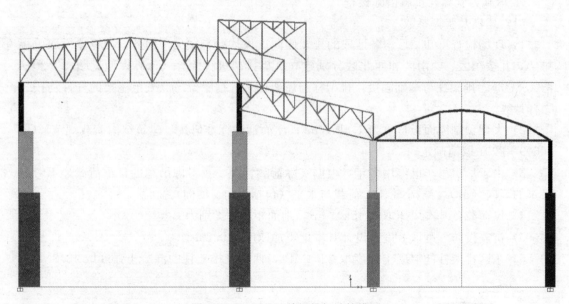

图 4.8-32　西北区单榀排架计算模型

（2）结构承载力分析验算结果

1）排架柱

各区段排架柱的上柱均不能满足水平荷载要求，排架柱的下柱可以满足规范要求。

2）钢屋架

钢屋架的上弦和下弦杆件计算需求比大于 1.0，天窗架的竖向杆件的计算需求比小于1.0，部分腹杆长细比不能满足规范要求。

3）结构自振频率

各个单榀排架的自振频率考虑前 12 个振型，西北区单榀排架的自振频率范围为1.17～128.0 Hz；西南区单榀排架的自振频率范围为 2.53～180.2Hz；东区单榀排架的自振频率范围为 2.28～186.2Hz。

4）混凝土屋架

由于混凝土屋架采用原设计院（第一机械工业部第一设计院）编制的预应力拱架图集（1959 年），现在无法查找该资料，因此未进行验算。

（3）结构抗震构造措施

按照《建筑抗震鉴定标准》GB 50023—2009 和《建筑抗震设计规范》GB 50011—2010 可知，铸、炼钢车间属于 A 类厂房（考虑后续使用年限 30 年），并按抗震设防烈度 8 度（0.20g）进行抗震措施核查，抗震措施核查结果见表 4.8-4。从表 4.8-4 可得出抗震措施核查结论如下：

1）混凝土承重构件的外观质量不满足《建筑抗震设计规范》GB 50011—2010 单层钢筋混凝土厂房抗震措施的要求；

2）排架柱的截面形式不满足规范要求；

3）天窗两侧竖向支撑不满足规范的最低限值要求；

4）结构构件中排架柱与大型屋面板的抗震措施不满足规范要求；

5）围护结构中墙体和圈梁的抗震措施不满足规范要求。

排架厂房抗震措施核查结果 表 4.8-4

	项目	规范要求	实际情况	结论
外观和内在质量	混凝土承重构件	仅有少量微小裂缝或局部剥落	混凝土构件(排架柱、混凝土屋架)普遍存有破损开裂	不满足
	屋盖构件	无严重变形和歪斜	排架结构无明显变形、倾斜或歪扭	满足
	构件连接处	无明显裂缝或松动	符合	满足
	地基	无不均匀沉降	符合	满足
结构布置	防震缝	宜为 50～90mm，纵横跨交接处宜为 100～150mm	设抗震缝,缝宽大于 100mm	满足
	突出屋面天窗	端部不应为砖墙承重	符合	满足
	砖围护墙	宜为外贴式	符合	满足
构件形式	排架柱	8、9 度时，排架柱柱底至室内地坪以上 500mm 范围内宜为矩形	为薄壁工字形或腹板大开孔工字形柱	不满足
	组合屋架	宜为型钢,上弦杆不宜为 T 形截面	—	—
屋盖支撑布置和构造	上弦横向支撑	厂房单元端开间及柱间支撑开间各有一道	符合	满足
	上弦横向支撑	厂房单元端开间各有一道	符合	满足
	跨中竖向支撑	厂房单元端开间及柱间支撑开间各有一道	符合	满足
	天窗两侧竖向支撑	厂房单元天窗端开间及每隔 18m 各有一道	缺失	不满足

项目		规范要求	实际情况	结论
结构构件	排架柱	8、9度时,有柱间支撑的排架柱柱底至室内地坪以上500mm范围内箍筋直径不宜小于8mm	抽查为6mm	不满足
	柱间支撑	8、9度时,厂房单元中部应有一道上下柱柱间支撑,单元两端宜各有一道上柱支撑	符合	满足
	大型屋面板	支承长度不宜小于50mm,8、9度时尚应焊牢	现场检查支承长度满足,焊接处锈蚀严重	不满足
围护墙连接构造	墙体	沿柱高每隔10皮砖均应有2φ6钢筋可靠拉结	现场检查无拉结钢筋	不满足
	圈梁	8、9度时,沿墙高每隔4~6m宜有圈梁一道	沿高度方向设有3道圈梁	不满足

7. 安全性鉴定结论

铸、炼钢车间建于20世纪六七十年代,当时的设计和施工安全度较低,已经使用40多年,出现较多裂缝和缺陷,结构体系、构造措施及承载力已不能满足现行规范要求,并存在较多的安全隐患。

通过现场检测与验算可知,该厂房的外观质量和多项抗震构造不满足规范要求,如混凝土构件(排架柱、混凝土屋架)普遍存有破损开裂;排架柱的截面形式不满足规范要求;结构构件中排架柱与大型屋面板的抗震措施不满足规范要求;围护结构中墙体和圈梁的抗震措施不满足规范要求等。承载力验算表明在水平地震作用下,排架柱的上柱和部分天窗架的竖向杆件不满足规范要求,钢屋架部分腹杆长细比不能满足规范要求,结构安全性不足,抗震能力不能满足本地区(北京市)设计抗震设防8度(0.20g)的要求。

8. 建议

1)原铸、炼钢车间部分排架柱的混凝土局部脱落,钢筋锈蚀,影响了排架柱的承载能力和耐久性能,通过结构验算可知排架柱的上柱也不能满足抗震设防8度(0.20g)的规范要求,因此,结合该厂房的改造使用要求,应对厂房的排架柱应进行加固处理。

2)钢屋架的主体结构基本完整,但钢构件普遍锈蚀,部分靠近落水位置锈蚀严重,且侧向支撑普遍缺失;通过结构验算可知天窗架的竖向杆件和部分腹杆不满足规范要求。因此,考虑天窗的侧向支撑基本都缺失,天窗架可采取更新措施;对于钢屋架应进行整体除锈,对于部分腹杆增加侧向支撑。

3)混凝土屋架的主体结构基本完整,但存有混凝土保护层开裂,会影响混凝土屋架的耐久性能。根据使用现状和受力情况,若混凝土屋架不增加使用荷载条件下,可采取耐久性修复,个别弦杆节点开裂严重部位采取加强处理。

4)屋面板普遍露筋锈蚀,西南区的屋面板腐蚀严重,保护层脱落露筋,建议采取更新或更换措施。

5)排架的侧向支撑普遍缺失或受损,而且原主体结构也有多项抗震措施不满足规范要求。因此,结合该厂房的改造使用要求,应对该厂房的结构体系进行抗震加固。

6) 考虑舞台音响低音频率参照范围为 38～300Hz，体系的自振频率 ω 与干扰力的频率 θ 很接近时（$0.75 \leqslant \theta/\omega \leqslant 1.25$ 区段）将会产生共振。因此，为避免共振影响，举办活动时舞台音响低音频率建议在 230 Hz 以上。

7) 由于准备的文化创意产业相关活动时间较紧，在举办活动之前必须处理支撑杆件受损及其他悬落情况，钢桁架上遗留大量玻璃碎片和砖块等垃圾采取必要清理及防护措施，主体结构（混凝土结构与屋架）不应增加荷载，并制定安全防护方案与抗震疏散应急方案。

4.9　某公司新建厂房检测鉴定

4.9.1　工程概况

某新建厂房为门式刚架结构厂房及办公用房（局部 3 层混凝土结构），建筑面积约为 12598m² ，建于 2011 年，混凝土构件（梁、柱和板）的混凝土强度等级均为 C30，钢结构的主结构构件（钢柱、钢梁等）采用 Q345B 钢。该新建厂房现场照片如图 4.9-1 所示。

4.9.2　检测鉴定情况介绍

1. 检测鉴定项目

经与委托方协商，进行结构检测鉴定的项目如下：

1) 结构体系与外观质量全面检查；

2) 混凝土强度检测；

3) 混凝土构件配筋检测；

4) 钢构件钢材强度检测；

5) 主要构件尺寸检测；

6) 整体倾斜度检测；

7) 基础检测；

8) 安全性鉴定。

图 4.9-1　某新建厂房现场照片

2. 检测鉴定依据

进行结构检测鉴定的主要依据如下：

1)《建筑结构检测技术标准》GB/T 50344—2004；

2)《回弹法检测混凝土抗压强度技术规程》JGJ/T 23—2001；

3)《混凝土中钢筋检测技术规程》JGJ/T 152—2008；

4)《混凝土结构工程施工质量验收规范》GB 50204—2002（2011 版）

5)《钢结构工程施工质量验收规范》GB 50205—2001；

6)《建筑工程抗震设防分类标准》GB 50223—2008；

7)《混凝土结构设计规范》GB 50010—2002；

8)《钢结构设计规范》GB 50017—2003；

9)《建筑抗震设计规范》GB 50011—2001；

10)《金属里氏硬度试验方法》GB/T 17394—1998；

11)《低合金高强度结构钢》GB/T 1591—94；

12)《工业建筑可靠性鉴定标准》GB 50144—2008；

13)《建筑结构荷载规范》GB 50009—2001，2006 版；

14) 原建筑与结构设计图纸；

15) 工程质量检测/检查委托书。

3. 结构体系核查与外观质量检查

1) 结构体系核查

经现场检查，某新建厂房由北侧（D～E 轴）单层（局部 3 层）钢筋混凝土框架结构楼与南侧（A～C 轴）门式刚架结构厂房组成。北侧混凝土结构楼采取现浇混凝土楼、屋面板，建筑平面呈"一"字形，中间设置二道伸缩缝，建筑总长度约为 185.0m，最大宽度约为 11.7m；南侧刚架厂房屋面采用预制混凝土屋面板，建筑平面呈矩形，最大长度约为 185.0m，最大宽度约为 48.0m。

混凝土结构楼的 1～23 轴区域（此区域为 3 层）室内地面到主要屋面板板顶的最大高度（不包括局部突出屋顶部位）为 10.6m，首层层高为 3.55m，2 层层高为 3.5m，3 层层高为 3.55m；24 轴～57 轴区域（此区域为单层）室内地面到主要屋面板板顶的最大高度（不包括局部突出屋顶部位）为 6.4m。

钢结构厂房的室内地面到天窗架的最大高度为 17.6m，抽查单榀排架结构形式见图 4.9-2，屋盖采用 1.5m×6m 大型屋面板。刚架厂房区域围护墙体四周设置混凝土构造柱，沿高度方向设有 4 道圈梁。

经现场抽检，建筑层高、平面布局和构件尺寸基本与原设计相符。混凝土结构体系平面布置不规则对称，钢结构体系平面布置基本规则对称，建筑立面和竖向剖面基本规则，传力途径明确。建筑平面布局、构件布置与原设计相符。相关建筑、结构专业图纸保存完整。

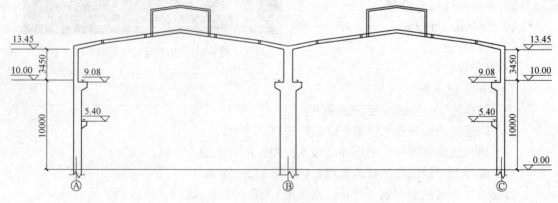

图 4.9-2　42 轴单榀刚架结构形式

2) 外观质量检查

经现场检查，该建筑的主体结构（混凝土结构与钢结构）未见明显变形、倾斜或歪扭，未发现因地基不均匀沉降引起主体结构的倾斜。

现场检查钢结构的刚架、节点及支撑连接等部位，主刚架的螺栓与焊缝连接基本完好，个别柱间支撑节点的螺栓缺失，个别支座与连接节点的螺栓存有锈蚀情况，典型照片如图 4.9-3～图 4.9-6 所示。

图4.9-3 B-3轴主刚架的螺
栓与焊缝连接基本完好

图4.9-4 A-13~15轴柱间
支撑节点的螺栓缺失

图4.9-5 B-5轴吊车梁支座的螺栓锈蚀

图4.9-6 B-5轴节点的螺栓锈蚀

4. 混凝土强度检测

按照《回弹法检测混凝土抗压强度技术规程》JGJ/T 23—2001的规定，对新建厂房北侧混凝土框架结构柱、梁的混凝土强度进行了回弹法检测。混凝土强度回弹法检测结果见表4.9-1、表4.9-2，采用浓度为1‰的酚酞酒精溶液检测混凝土构件的碳化深度，所抽检构件的混凝土碳化深度值取1mm。

柱混凝土强度回弹测试结果 表4.9-1

序号	构件编号	强度换算值（MPa）			推定强度（MPa）
		平均值	最小值	标准差	
1	1层9-D	54.7	53.6	0.99	53.1
2	1层16-D	37.5	33.6	4.15	30.7
3	1层11-D	46.3	45.4	0.70	45.1
4	1层14-E	47.5	46.2	1.22	45.5
5	1层18-D	51.1	50.0	1.11	49.3
6	2层14-E	55.5	54.3	1.72	52.7

| 序号 | 构件编号 | 强度换算值（MPa） | | | 推定强度（MPa） |
		平均值	最小值	标准差	
7	2 层 11-D	52.2	49.8	3.28	46.8
8	2 层 9-D	51.2	51.1	0.18	50.9
9	2 层 9-E	51.3	49.8	1.77	48.4
10	2 层 11-E	51.8	50.4	1.15	49.9
11	3 层 11-D	50.9	49.2	1.10	49.1
12	3 层 11-E	50.2	48.9	0.97	48.6
13	3 层 14-E	52.4	50.0	1.39	50.1
	单元推定	50.2	33.6	4.69	42.5

梁混凝土强度回弹测试结果 表 4.9-2

| 序号 | 构件编号 | 强度换算值（MPa） | | | 推定强度（MPa） |
		平均值	最小值	标准差	
1	1 层 9-E-E	54.6	53.8	0.60	53.6
2	1 层 1/11-D-E	52.6	50.9	1.32	50.4
3	1 层 11-14-D	48.3	46.4	1.53	45.8
4	1 层 11-D-E	46.3	44.4	1.29	44.2
5	1 层 14-D-E	50.7	48.0	1.60	48.1
6	1 层 11-14-E	50.4	48.0	2.16	46.8
7	2 层 14-D-E	50.0	47.2	1.81	47.0
8	2 层 14-16-E	49.8	47.6	1.57	47.2
9	2 层 11-D-E	50.8	48.0	1.86	47.7
10	2 层 9-D-E	49.9	46.4	2.83	45.2
11	2 层 6-D-E	48.4	46.4	1.65	45.7
12	3 层 14-D-E	50.0	48.3	1.42	47.7
13	3 层 14-16-E	51.9	47.8	3.01	46.9
14	3 层 11-D-E	49.9	48.5	1.60	47.3
	单元推定	50.3	44.4	2.53	46.1

由表 4.9-1 和表 4.9-2 检测结果可知，柱混凝土强度推定值为 42.5MPa，梁混凝土推定值为 46.1MPa，均满足原设计混凝土强度等级 C30 的要求。

5. 混凝土构件配筋检测

采用磁感仪检测混凝土构件（柱、梁）中的钢筋配置情况，主要检测主筋根数和箍筋间距，检测操作按《混凝土中钢筋检测技术规程》JGJ/T 152—2008 有关规定进行。混凝土柱、梁的配筋检测结果见表 4.9-3 和表 4.9-4。

由表 4.9-3 和表 4.9-4 可见，所抽查柱、梁钢筋配置符合设计要求。

混凝土柱配筋检测结果 表 4.9-3

序号	构件编号	实测配筋	设计配筋	结论
1	1 层 9-D 柱	北侧面主筋 7 根； 箍筋间距：195mm	北侧面主筋 7 根； 箍筋间距：200mm	满足
2	1 层 11-D 柱	箍筋间距：190mm	箍筋间距：200mm	满足
3	1 层 9-E 柱	南侧面主筋 7 根； 箍筋间距：200mm	南侧面主筋 7 根； 箍筋间距：200mm	满足
4	1 层 18-E 柱	箍筋间距：210mm	箍筋间距：200mm	满足
5	1 层 16-D 柱	西侧面主筋 6 根； 箍筋间距：100mm	西侧面主筋 6 根； 箍筋间距：100mm	满足
6	2 层 11-D 柱	北侧面主筋 7 根； 箍筋间距：200mm	北侧面主筋 7 根； 箍筋间距：200mm	满足
7	2 层 6-E 柱	南侧面主筋 6 根； 箍筋间距：195mm	南侧面主筋 6 根； 箍筋间距：200mm	满足
8	2 层 9-D 柱	箍筋间距：205mm	箍筋间距：200mm	满足
9	2 层 9-E 柱	箍筋间距：200mm	箍筋间距：200mm	满足
10	2 层 6-D 柱	箍筋间距：210mm	箍筋间距：200mm	满足
11	3 层 14-E 柱	箍筋间距：190mm	箍筋间距：200mm	满足
12	3 层 16-D 柱	南侧面主筋 5 根； 箍筋间距：100mm	南侧面主筋 5 根； 箍筋间距：100mm	满足
13	3 层 11-D 柱	箍筋间距：210mm	箍筋间距：200mm	满足

注：《混凝土结构工程施工质量验收规范》GB 50204—2002 对绑扎箍筋间距的允许偏差为±20mm。

混凝土梁配筋检测结果 表 4.9-4

序号	构件编号	实测配筋	设计配筋	结论
1	1 层 9-D~E 梁	加密区箍筋间距：110mm	加密区箍筋间距：100mm	满足
2	1 层 11-D~E 梁	加密区箍筋间距：110mm	加密区箍筋间距：100mm	满足
3	1 层 D-11~14 梁	加密区箍筋间距：110mm	加密区箍筋间距：100mm	满足
4	1 层 D~E-14 梁	加密区箍筋间距：100mm	加密区箍筋间距：100mm	满足
5	1 层 D~E-1/11 梁	底面主筋 5 根； 非加密区箍筋间距：185mm	底面主筋 5 根； 非加密区箍筋间距：200mm	满足
6	1 层 E-11~14 梁	非加密区箍筋间距：150mm	非加密区箍筋间距：200mm	满足
7	2 层 14-D~E 梁	加密区箍筋间距：125mm	加密区箍筋间距：150mm	满足
8	2 层 E-14~16 梁	加密区箍筋间距：110mm	加密区箍筋间距：100mm	满足
9	2 层 11-D~E 梁	加密区箍筋间距：110mm	加密区箍筋间距：100mm	满足
10	2 层 9-D~E 梁	加密区箍筋间距：105mm	加密区箍筋间距：100mm	满足
11	2 层 6-D~E 梁	加密区箍筋间距：105mm	加密区箍筋间距：100mm	满足
12	3 层 14-D~E 梁	底面主筋 5 根； 加密区箍筋间距：105mm	底面主筋 5 根； 加密区箍筋间距：100mm	满足
13	3 层 E-14~16 梁	加密区箍筋间距：120mm	加密区箍筋间距：100mm	满足
14	3 层 11-D~E 梁	底面主筋 5 根； 非加密区箍筋间距：140mm	底面主筋 5 根； 非加密区箍筋间距：200mm	满足

注：《混凝土结构工程施工质量验收规范》GB 50204—2002 对绑扎箍筋间距的允许偏差为±20mm。

6. 钢材强度检测

采用里氏硬度仪对钢柱和钢支撑的里氏硬度进行抽查检测，检测结果见表 4.9-5 和表 4.9-6。

钢柱的钢材里氏硬度检测结果　　　　　　　　表 4.9-5

序号	构件名称		里氏硬度值（HLD）	抗拉强度 σ_b（MPa）
1	A-15 柱	腹板	438	615
2			443	626
3		翼缘	412	561
4			405	547
5	A-44 柱	翼缘	412	562
6			406	548
7		腹板	431	601
8			436	612
9	A-20 柱	翼缘	412	561
10			414	565
11		腹板	429	597
12			425	587
13	A-10 柱	翼缘	423	584
14			413	562
15		腹板	421	580
16			422	582
17	A-15 柱	翼缘	434	607
18			424	587
19		腹板	413	563
20			430	598
21	B-30 柱	翼缘	423	584
22			435	610
23		腹板	491	725
24			466	674
25	B-46 柱	翼缘	434	608
26			433	605
27		腹板	441	622
28			432	603
29	B-54 柱	翼缘	397	531
30			411	558
31		腹板	420	578
32			427	592
33	C-52 柱	翼缘	427	591
34			417	572
35		腹板	437	613
36			444	627
37	C-30 柱	翼缘	426	591
38			425	588
39		腹板	421	581
40			427	592
41	10-C 柱	翼缘	428	595
42			430	598
43		腹板	430	598
44			426	591
45	C-3 柱	翼缘	422	581
46			432	603
47		腹板	435	610
48			411	559

		钢支撑的钢材里氏硬度检测结果		表 4.9-6

序号	构件名称		里氏硬度值(HLD)	抗拉强度 σ_b(MPa)
1	42-44-A 支撑	双角钢支撑(南)	375	484
2			384	502
3		双角钢支撑(北)	373	480
4			375	484
5	44-46-B 支撑	单侧面	332	394
6			333	396
7			324	378
8			338	407
9	C-13-15 支撑	南	392	520
10			382	499
11		北	384	503
12			389	514

依据《碳素结构钢》GB/T 700—2006 和《低合金高强度结构钢》GB/T 1591—94，Q345B 的抗拉强度范围为 470~630MPa，Q235B 的抗拉强度范围为 370~500MPa。从表 4.9-5 和表 4.9-6 可知，所抽检钢柱的钢材强度满足 Q345B 要求，钢支撑的钢材强度满足 Q235B 要求。

7. 构件截面尺寸检测

采用钢卷尺、卡尺和测厚仪对钢柱和钢支撑截面尺寸进行检测，所抽查构件的截面尺寸整理见表 4.9-7；采用钢卷尺对混凝土构件截面尺寸进行检测，混凝土柱的截面尺寸检测结果见表 4.9-8，混凝土梁的截面尺寸检测结果见表 4.9-9。

从表 4.9-7~表 4.9-9 看出，所抽查钢构件、混凝土构件截面尺寸均满足设计要求。

		钢构件截面尺寸检测结果		表 4.9-7

序号	构件编号	设计截面尺寸	实测尺寸(mm)	结论
1	A-15 柱	 H 900×420×22×28	高　　　度:900 翼缘宽度:422 腹板厚度:22.2 翼缘厚度:28.1	满足
2	42-44-A 支撑	 L 180×12	宽　　　度:180 角钢厚度:11.5	满足

序号	构件编号	设计截面尺寸	实测尺寸(mm)	结论
3	A-44 柱	28 22 900 28 420 H 900×420×22×28	高　　度:900 翼缘宽度:420 腹板厚度:22.6 翼缘厚度:28.1	满足
4	A-20 柱	28 22 900 28 420 H 900×420×22×28	高　　度:900 翼缘宽度:424 腹板厚度:22.0 翼缘厚度:27.9	满足
5	B-15 柱	28 22 900 28 420 H 900×420×22×28	高　　度:895 翼缘宽度:417 腹板厚度:22.0 翼缘厚度:27.7	满足
6	B-30 柱	28 22 900 28 420 H 900×420×22×28	高　　度:910 翼缘厚度:422 腹板厚度:21.5 翼缘厚度:27.9	满足

序号	构件编号	设计截面尺寸	实测尺寸(mm)	结论
7	44-46-B 支撑	L 180×12	宽　　度:182 角钢厚度:11.2	满足
8	B-46 柱	H 900×420×22×28	高　　度:905 翼缘宽度:422 腹板厚度:22.1 翼缘厚度:27.5	满足
9	B-54 柱	H 900×420×22×28	高　　度:905 翼缘宽度:421 腹板厚度:22.1 翼缘厚度:27.5	满足
10	C-52 柱	H 650×420×22×28	高　　度:652 翼缘宽度:421 腹板厚度:22.1 翼缘厚度:28.4	满足
11	C-30 柱	H 650×420×22×28	高　　度:649 翼缘宽度:420 腹板厚度:21.5 翼缘厚度:27.6	满足

序号	构件编号	设计截面尺寸	实测尺寸(mm)	结论
12	C-13-15 支撑	180 12 12 180 L 180×12	宽　　度:180 角钢厚度:11.1	满足
13	10-C柱	28 22 650 28 420 H 650×420×22×28	高　　度:652 翼缘宽度:420 腹板厚度:22.2 翼缘厚度:28.1	满足
14	C-3柱	28 22 650 28 420 H 650×420×22×28	高　　度:651 翼缘宽度:421 腹板厚度:21.7 翼缘厚度:27.6	满足
15	57-1/B 抗风柱	12 22　22 500 400 H 400×500×12×22	高　　度:400 翼缘宽度:498 腹板厚度:11.6 翼缘厚度:22.5	满足
16	57-2/B 抗风柱	12 22　22 500 400 H 400×500×12×22	高　　度:400 翼缘宽度:497 腹板厚度:11.6 翼缘厚度:22.6	满足

混凝土柱截面尺寸检测结果   表 4.9-8

序号	构件位置	实测截面尺寸(mm)	设计截面尺寸(mm)	结论
1	1层 9-D 柱	660(北)	650(北)	满足
2	1层 9-E 柱	660(南)	650(南)	满足
3	1层 16-D 柱	610(西)	600(西)	满足
4	2层 11-D 柱	660(北)	650(北)	满足
5	2层 6-E 柱	656(南)	650(南)	满足
6	2层 9-D 柱	660(北)	650(北)	满足
7	2层 9-E 柱	657(南)	650(南)	满足
8	2层 6-D 柱	653(北)	650(北)	满足
9	3层 16-D 柱	610(西)	600(西)	满足

混凝土梁截面尺寸检测结果   表 4.9-9

序号	构件编号	实测尺寸(mm)		设计尺寸(mm)		结论
		梁宽	梁高(不含板厚)	梁宽	梁高(不含板厚)	
1	1层 9-D~E 梁	—	675	400	680	满足
2	1层 11-D~E 梁	—	675	400	680	满足
3	1层 D-11~14 梁	—	675	400	680	满足
4	1层 D~E-1~11 梁	305	525	300	530	满足
5	1层 E-11~14 梁	450	680	350	680	满足
6	2层 11-D~E 梁	355	580	350	580	满足
7	2层 9-D~E 梁	—	580	350	580	满足
8	2层 6-D~E 梁	355	580	350	580	满足
9	3层 14-D~E 梁	305	535	300	530	满足
10	3层 E-14~16 梁	—	580	350	580	满足
11	3层 11-D~E 梁	310	530	300	530	满足

8. 整体倾斜度检测

采用经纬仪对新建厂房进行了整体倾斜检测，按照现场情况选择 4 个立面进行检测布点，测点见图 4.9-7～图 4.9-10，检测结果整理见表 4.9-10。由表 4.9-10 可见，该建筑顶点的最大倾斜度为 1/937。

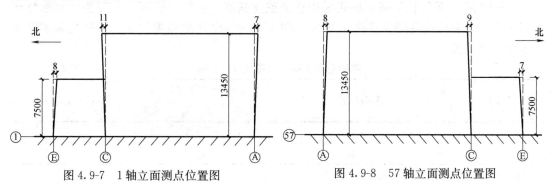

图 4.9-7 1轴立面测点位置图   图 4.9-8 57轴立面测点位置图

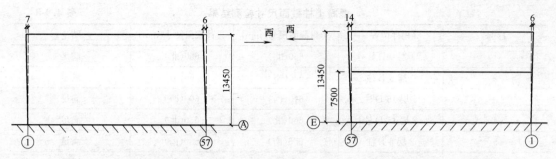

图 4.9-9 A轴立面测点位置图   图 4.9-10 E轴立面测点位置图

建筑物倾斜检测结果   表 4.9-10

测点编号		观测点高度 H(mm)	侧移量(mm)	倾斜度	倾斜方向	结论
1轴	测点1 1-E	7500	8	1/937	向南倾斜	满足
	测点2 1-C	13450	11	1/1223	向北倾斜	满足
	测点3 1-A	13450	7	1/1921	向南倾斜	满足
57轴	测点4 57-A	13450	8	1/1681	向北倾斜	满足
	测点5 57-C	13450	9	1/1494	向南倾斜	满足
	测点6 57-E	7500	7	1/1071	向南倾斜	满足
A轴	测点7 1-A	13450	7	1/1921	向东倾斜	满足
	测点8 57-A	13450	6	1/2242	向东倾斜	满足
E轴	测点9 57-E	13450	14	1/961	向西倾斜	满足
	测点10 1-E	13450	6	1/2242	向东倾斜	满足

注：根据《工业建筑可靠性鉴定标准》GB 50144—2008 表 7.3.9 可知，多层厂房的顶点位移≤H/500，上部结构系统使用性等级为 A 级。

9. 基础检测

现场开挖 2 个基础检测点（1-A 轴和 57-E 轴柱下基础），挖至基础垫层，检查其基础形式、埋深、实测尺寸、混凝土强度情况。

1-A 轴和 57-E 轴柱下基础形式采用柱下独立基础，混凝土强度及配筋检测结果整理于表 4.9-11，基础检测结果见图 4.9-11～图 4.9-14。由检测结果可知，所抽检基础基本满足原设计要求。

基础混凝土强度回弹法检测结果   表 4.9-11

序号	构件位置	强度换算值(MPa)			强度推定值(MPa)
		平均值	最小值	标准差	
1	1-A	32.6	30.8	1.43	30.2
2	57-E	33.5	32.0	1.21	31.5

注：基础主体的原设计混凝土强度等级为 C30。

168

图 4.9-11   1-A 轴柱下基础现场开挖情况

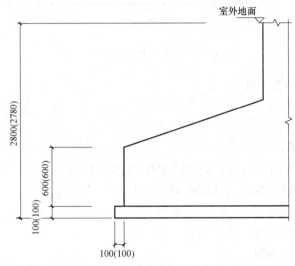

图 4.9-12   1-A 轴柱下基础检测结果

注：括号内为现场检测数据。

图 4.9-13   57-E 轴柱下基础现场开挖情况

169

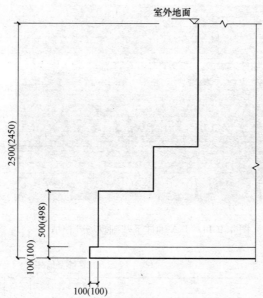

图 4.9-14　57-E 轴柱下基础检测结果

注：括号内为现场检测数据。

10. 结构承载力分析验算

（1）验算依据

1）结构施工图；

2）本次检测结果；

3）《建筑结构荷载规范》GB 50009—2001（2006 版）；

4）《混凝土结构设计规范》GB 50010—2001；

5）《钢结构设计规范》GB 50017—2003；

6）《建筑抗震设计规范》GB 50011—2002。

（2）结构分析基本参数

1）活荷载：混凝土结构：屋面活荷载取 0.7kN/m²；楼面活荷载取 2.0kN/m²；走廊活荷载取 2.5 kN/m²。门式刚架：屋面活荷载取 0.5kN/m²。

2）恒荷载：混凝土结构：根据结构自重和构造做法按照《建筑结构荷载规范》GB 50009—2001 取值。

门式刚架：屋面恒荷载取 0.35kN/m²。

3）风荷载：基本风压取 0.45kN/m²，地面粗糙度类别为 B 类。

4）雪荷载：基本雪压取 0.40kN/m²。

5）地震作用：抗震设防类别为丙类，抗震设防烈度为 8 度（设计基本地震加速度值为 0.20g），设计地震分组第一组。

6）材料：根据本次检测结果及原设计图纸。

（3）结构分析验算结果

1）混凝土结构

采用 PKPM 系列结构计算软件，根据结构、建筑施工图和检测结果并按照伸缩缝位置，分别建立 1～23 轴、24～40 轴、41～57 轴结构计算模型。选取部分框架柱（角柱、边柱和中柱等）的验算结果整理见表 4.9-12、表 4.9-13。框架梁和楼板的验算结果整理见表 4.9-14～表 4.9-16。

由验算结果可知，框架柱、梁和混凝土板的承载力均满足规范要求。

1～23 轴结构框架柱配筋验算对比结果　　　　　　　　　　　　　表 4.9-12

序号	构件位置	配筋部位	设计配筋	设计面积(mm²)	验算面积(mm²)	结论
1	1 层 2-D 柱	主筋	2 Φ 32+6 Φ 28（东侧面）	5304	1820	满足
		箍筋	4 Φ 12@100	452	190	满足
2	1 层 2-E 柱	主筋	2 Φ 32+6 Φ 28（东侧面）	5304	2120	满足
		箍筋	4 Φ 12@100	452	190	满足
3	1 层 11-D 柱	主筋	2 Φ 32+5 Φ 28（东侧面）	4688	1700	满足
		箍筋	4 Φ 12@100	452	190	满足
4	1 层 11-E 柱	主筋	2 Φ 32+5 Φ 28（东侧面）	4688	1720	满足
		箍筋	4 Φ 12@100	452	180	满足
5	2 层 2-D 柱	主筋	2 Φ 28+4 Φ 25（东侧面）	3196	2720	满足
		箍筋	4 Φ 12@100	452	190	满足
6	2 层 2-E 柱	主筋	2 Φ 28+4 Φ 25（东侧面）	3196	1820	满足
		箍筋	4 Φ 12@100	452	190	满足
7	2 层 11-D 柱	主筋	2 Φ 25+5 Φ 25（东侧面）	3436	1720	满足
		箍筋	4 Φ 12@100	452	180	满足
8	2 层 11-E 柱	主筋	2 Φ 25+5 Φ 25（东侧面）	3436	1720	满足
		箍筋	4 Φ 12@100	452	180	满足
9	3 层 2-D 柱	主筋	2 Φ 28+2 Φ 25（东侧面）	2214	1620	满足
		箍筋	4 Φ 10@100	314	170	满足
10	3 层 2-E 柱	主筋	2 Φ 28+2 Φ 25（东侧面）	2214	1620	满足
		箍筋	4 Φ 10@100	314	170	满足
11	3 层 11-D 柱	主筋	2 Φ 25+3 Φ 25（东侧面）	2454	1620	满足
		箍筋	4 Φ 10@100	314	170	满足
12	3 层 11-E 柱	主筋	2 Φ 25+3 Φ 25（东侧面）	2454	1620	满足
		箍筋	4 Φ 10@100	314	170	满足

24～40 轴、41～57 轴结构框架柱配筋验算对比结果 　　　　　　　表 4.9-13

序号	构件位置	配筋部位	设计配筋	设计面积(mm²)	验算面积(mm²)	结论
1	1 层 24-D 柱	主筋	2 Φ 28＋3 Φ 25（东侧面）	2705	2020	满足
		箍筋	4 Φ 10@100	314	170	满足
2	1 层 24-E 柱	主筋	2 Φ 28＋3 Φ 25（东侧面）	2705	1820	满足
		箍筋	4 Φ 10@100	314	170	满足
3	1 层 31-D 柱	主筋	2 Φ 32＋4 Φ 25（东侧面）	3573	1620	满足
		箍筋	4 Φ 10@100	314	170	满足
4	1 层 41-D 柱	主筋	2 Φ 28＋3 Φ 25（东侧面）	2705	1620	满足
		箍筋	4Φ10@100	314	170	满足
5	1 层 41-E 柱	主筋	2 Φ 28＋3 Φ 25（东侧面）	2705	1620	满足
		箍筋	4 Φ 10@100	314	170	满足
6	1 层 48-E 柱	主筋	2 Φ 28＋4 Φ 25（东侧面）	3196	1620	满足
		箍筋	4 Φ 10@100	314	170	满足

1～23 轴结构框架梁配筋验算对比结果 　　　　　　　表 4.9-14

序号	构件位置	配筋部位	设计配筋	设计面积(mm²)	验算面积(mm²)	结论
1	1 层 2-D～E 梁	跨中	6 Φ 25	2945	600	满足
		箍筋	2 Φ 10@100	157	构造	满足
2	1 层 D-6～9 梁	跨中	9 Φ 25	4418	1200	满足
		箍筋	2 Φ 10@100	157	构造	满足
3	1 层 E-6～9 梁	跨中	5 Φ 25	2454	700	满足
		箍筋	2 Φ 10@100	157	构造	满足
4	2 层 2-D～E 梁	跨中	4 Φ 25	1964	600	满足
		箍筋	2 Φ 10@100	157	构造	满足
5	21 层 D-6～9 梁	跨中	8 Φ 25	3927	1200	满足
		箍筋	2 Φ 10@100	157	构造	满足
6	2 层 E-6～9 梁	跨中	5 Φ 25	2454	700	满足
		箍筋	2 Φ 10@100	157	构造	满足
7	3 层 2-D～E 梁	跨中	6 Φ 25	2945	600	满足
		箍筋	2 Φ 10@100	157	构造	满足
8	3 层 D-6～9 梁	跨中	7 Φ 25	3436	1200	满足
		箍筋	2 Φ 10@100	157	构造	满足
9	3 层 E-6～9 梁	跨中	4 Φ 25	1964	700	满足
		箍筋	2 Φ 10@100	157	构造	满足

24～40 轴、41～57 轴结构框架梁配筋验算对比结果　　　　表 4.9-15

序号	构件位置	配筋部位	设计配筋	设计面积(mm²)	验算面积(mm²)	结论
1	1层 24-D～E 梁	跨中	4 Φ 22	1520	600	满足
		箍筋	2Φ10@100	157	构造	满足
2	1层 D-31～34 梁	跨中	7 Φ 25	3436	1900	满足
		箍筋	2Φ10@100	157	构造	满足
3	1层 41-D～E 梁	跨中	4 Φ 22	1520	600	满足
		箍筋	2Φ10@100	157	构造	满足
4	1层 D-48～50 梁	跨中	7 Φ 25	3436	1900	满足
		箍筋	2Φ10@100	157	构造	满足

楼板配筋验算对比结果　　　　表 4.9-16

序号	构件编号	部位	设计配筋	设计面积（mm²）	验算配筋（mm²）	结论
1	1层 11-14～D-E 楼板	底面	东西向钢筋 Φ 12@150	753	379	满足
			南北向钢筋 Φ 10@150	523	258	满足
		顶面	东支座钢筋 Φ 12@150	753	725	满足
			西支座钢筋 Φ 12@150	753	725	满足
			北支座钢筋 Φ 10@150	523	485	满足
			南支座钢筋 Φ 10@150	523	485	满足
2	2层 6-9～D-E 楼板	底面	东西向钢筋 Φ 12@150	753	379	满足
			南北向钢筋 Φ 10@150	523	258	满足
		顶面	东支座钢筋 Φ 12@150	753	725	满足
			西支座钢筋 Φ 12@150	753	725	满足
			北支座钢筋 Φ 10@150	523	485	满足
			南支座钢筋 Φ 10@150	523	485	满足
3	3层 18-21～D-E 楼板	底面	东西向钢筋 Φ 12@150	753	379	满足
			南北向钢筋 Φ 10@150	523	258	满足
		顶面	东支座钢筋 Φ 12@150	753	725	满足
			西支座钢筋 Φ 12@150	753	725	满足
			北支座钢筋 Φ 10@150	523	485	满足
			南支座钢筋 Φ 10@150	523	485	满足

2）刚架结构

采用 PKPM 系列结构计算软件，根据结构、建筑施工图和检测结果建立刚架计算模型。计算建模取中间单榀刚架，排架柱与基础固接，排架柱与屋架铰接。整理验算结果见表 4.9-17 和表 4.9-18。由验算结果可知，刚架的钢柱、钢梁的承载力均满足规范要求。

钢柱承载力验算结果　　　　　　　　表 4.9-17

序号	框架柱	计算正应力与截面强度设计值之比	平面内稳定应力与截面强度设计值之比	平面外稳定应力与截面强度设计值之比
1	A 轴柱	0.53	0.46	0.68
2	B 轴柱	0.52	0.46	0.55
3	C 轴柱	0.52	0.47	0.57

钢梁承载力验算结果　　　　　　　　表 4.9-18

序号	框架柱	计算正应力与强度设计值之比	整体稳定应力与强度设计值之比	计算剪应力与强度设计值之比
1	A~B 梁	0.70	0.00	0.07
2	B~C 梁	0.69	0.00	0.07

11. 结构安全性鉴定

（1）地基基础

通过现场检测及查阅地基变形观测数据表明，未见由于地基基础不均匀沉降造成的损伤，地基基础在现使用条件下承载状况正常。根据《工业建筑可靠性鉴定标准》GB 50144—2008：地基基础的安全性等级评定为 A 级。

（2）上部承重结构

该建筑的结构布置合理，传力路线设计正确，结构形式和构件选型、整体性构造和连接等符合规范要求；支撑系统布置合理，形成完整的支撑系统；支承杆件长细比及节点构造符合规范要求。结构整体性的安全性等级评定为 A 级。

采用中国建筑科学研究院 PKPM 工程部编制的系列软件对该建筑进行分析计算。计算结果表明：框架柱、梁的承载力均满足规范要求，门式刚架的承载力满足规范要求。结构承载能力的安全性等级评定为 A 级。

（3）围护结构

该建筑的围护系统包括轻质墙、屋面、门窗等，现场检查可知，围护系统未见变形或损坏，连接构造基本符合国家现行标准规范要求。围护结构的安全性等级评定为 A 级。

（4）安全性鉴定

综合评定汇总于表 4.9-19，该建筑结构系统（地基基础、上部承重结构和围护结构）的安全性鉴定评级为 A 级，即符合国家现行标准规范的安全性要求。

主体结构安全性鉴定评级表　　　　　　　　表 4.9-19

项次	结构系统		安全性鉴定评级
1	地基基础		A
2	上部承重结构	整体性	A
		承载能力	
3	围护结构		A

4.10 某公司 3 号厂房改造前检测鉴定

4.10.1 工程概况

某通信有限公司 3 号厂房为门式刚架结构，屋面为有檩体系的压型钢板，外围护墙采用压型钢板，建筑面积约 14000m², 1998 年建成投入使用。

目前，需对该厂房进行消防改造，拟在结构上新增悬挂荷载，为了解结构的质量现状，对厂房主体结构进行检测，为结构改造和消防改造提供依据。

3 号厂房外观照片见图 4.10-1，吊顶现状见图 4.10-2，厂房柱网平面布置图见图 4.10-3。

图 4.10-1　3 号厂房外观照片

图 4.10-2　吊顶现状

4.10.2 检测情况介绍

1. 检测项目

1) 结构布置与结构体系核查；

2) 结构现有荷载调查；

3) 结构构件外观状况普查；

4) 螺栓连接质量抽查；

5) 主要构件尺寸抽查；

6) 涂层厚度抽查；

7) 处理建议。

2. 检测依据

1)《建筑结构检测技术标准》GB/T 50344—2004；

2)《钢结构工程施工质量验收规范》GB 50205—2001；

3)《钢结构高强度螺栓连接的设计、施工及验收规程》JGJ 82—91；

4) 国家建筑工程质量监督检验中心相关检验细则；

5) 结构竣工图纸、施工资料；

6) 工程质量检测/检查委托书。

3. 结构布置与结构体系核查

1) 结构构件的平面布置

现场对 3 号厂房的所有钢柱和钢梁进行了全面核查，结构平面布置与结构竣工图纸相符。

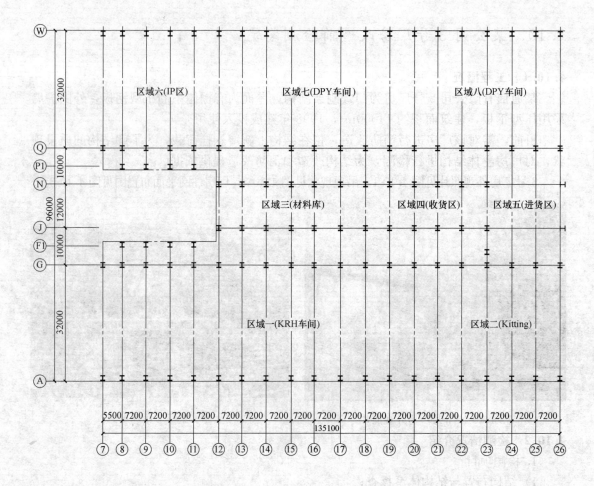

图 4.10-3　3 号厂房柱网平面布置图

对典型区域的屋面檩条布置进行了全面核查，檩条布置与结构竣工图纸相符。

2）柱间支撑布置

柱间采用直径 16mm 的圆钢十字交叉支撑，柱间支撑布置见图 4.10-4，结构设计图纸标注 A 轴和 W 轴在 8～9 轴线之间设有柱间支撑，经现场核查，发现 A 轴和 W 轴是在 9～10 轴线之间设有柱间支撑，其他部位的柱间支撑设置均与结构图纸相符。

3）屋面支撑布置

屋面采用直径 12mm 的圆钢十字交叉支撑，屋面支撑布置见图 4.10-5 和图 4.10-6，屋面支撑设置均与结构图纸相符。

结构布置与支撑核查结果：现有厂房结构在 8～10 轴线范围内的屋面支撑与柱间支撑未设置在同一个开间，与原设计图纸不符；结构沿厂房纵向未设置刚性系杆；屋面檩条间未设置拉条或撑杆。

4. 结构现有悬挂荷载调查

对 3 号厂房的钢梁和檩条上的悬挂荷载进行普查，现场调查分为八个典型区域进行，分区见图 4.10-3，主要调查悬挂于结构构件上的管线和设备荷载（原设计附加荷载为 $0.5kN/m^2$），各区域检查结果如下：

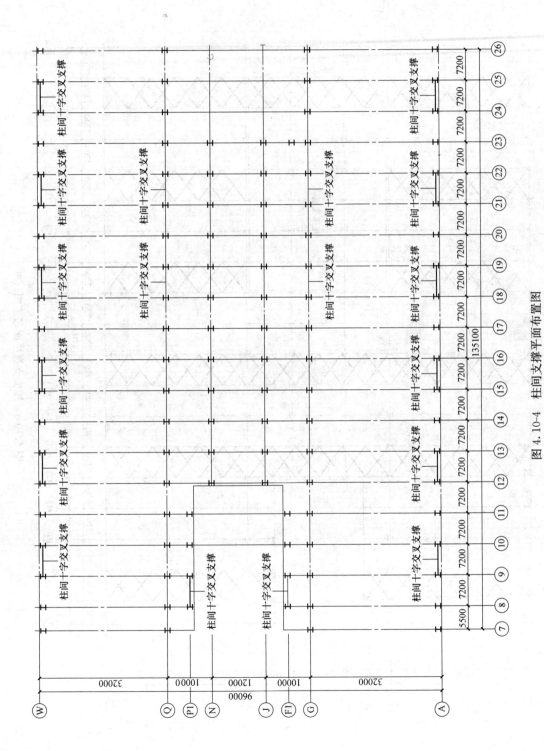

图 4.10-4 柱间支撑平面布置图

177

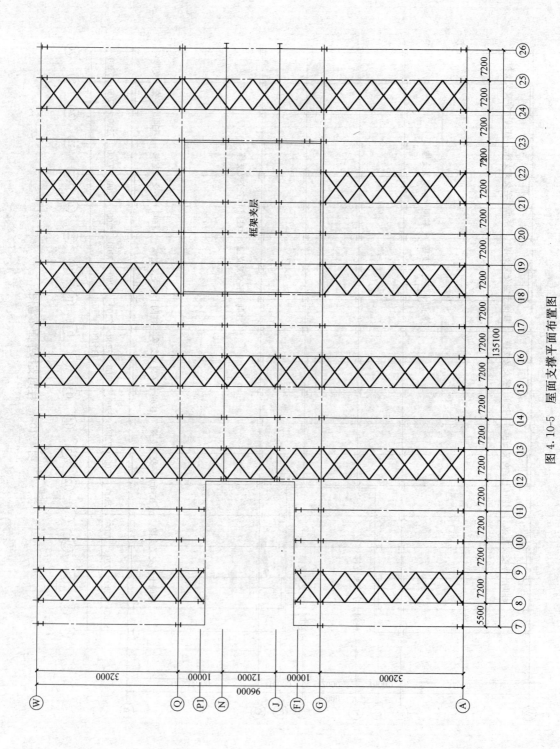

图 4. 10-5　屋面支撑平面布置图

框架夹层

178

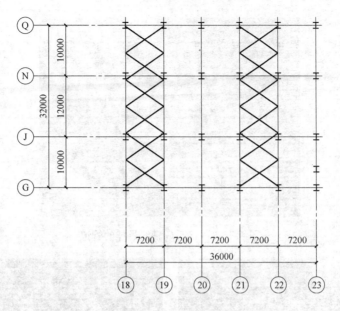

图 4.10-6 框架夹层屋面支撑平面布置图

1）区域一（KRH 车间）

该区域悬挂于钢梁和檩条上的荷载主要来自照明系统、空调风管、电缆、电线与数据线、管道（靠近 G 轴线），此区域无消防喷淋。

该区域典型照片见图 4.10-7 和图 4.10-8。此区域现有荷载未超出原设计附加荷载 0.5kN/m²。

图 4.10-7 区域一内主要悬挂物

2）区域二（Kitting）

该区域悬挂于钢梁和檩条上的荷载主要来自空调风管、电线与数据线、消防水管，此区域有消防喷淋。

该区域典型照片见图 4.10-9 和图 4.10-10。此区域现有荷载未超出原设计附加荷载 0.5kN/m²。

图 4.10-8　靠近 G 轴线悬挂的管道

图 4.10-9　区域二内主要悬挂物

图 4.10-10　悬挂的风管和线架

3）区域三（材料库）

该区域悬挂于钢梁和檩条上的荷载主要来自空调风管、消防水管，此区域有消防喷淋。该区域典型照片见图 4.10-11 和图 4.10-12。

图 4.10-11　区域三内主要悬挂物

图 4.10-12　悬挂的风管和消防喷淋

该区域悬挂荷载较少，此区域现有荷载小于 0.3kN/m²。

4）区域四（一层为收货区，二层为机房）

该区域一层悬挂于钢梁上的荷载主要来自空调风管、少量的电线与数据线、消防水管，此区域有消防喷淋。该区域典型照片见图 4.10-13。

该区域一层悬挂荷载较少，此区域现有荷载小于 0.3kN/m²。

该区域二层悬挂于钢梁和檩条上的荷载主要来自空调风管、少量的电线与数据线、水管，此区域无消防喷淋。

图 4.10-13　区域四一层主要悬挂物

该区域典型照片见图 4.10-14 和图 4.10-15。此区域现有荷载未超出原设计附加荷载 0.5kN/m²。

图 4.10-14　区域四二层悬挂的风管

图 4.10-15　区域四二层悬挂线管

5）区域五（进货区）

图 4.10-16　区域五几乎无悬挂物

该区域几乎无悬挂荷载，无消防喷淋。典型照片见图 4.10-16。

此区域现有悬挂荷载小于 0.1kN/m²。

6）区域六（IP 区）

该区域悬挂于钢梁和檩条上的荷载主要来自照明系统、空调风管、电缆、电线与数据线，此区域无消防喷淋。

该区域典型照片见图 4.10-17。此区域现有荷载未超出原设计附加荷载 0.5kN/m²。

7）区域七（DPY 车间）

图 4.10-17 区域六内的主要悬挂物

该区域悬挂于钢梁和檩条上的荷载主要来自照明系统、空调风管、电缆、电线与数据线，且在靠近 Q 轴附近、沿厂房纵向悬挂的风管和数据线较多。此区域仅在 18~20 轴线间有少量的消防喷淋管道，其他区域无消防喷淋。

典型照片见图 4.10-18 和图 4.10-19。此区域现有荷载未超出原设计附加荷载 $0.5kN/m^2$。

8）区域八（DPY 车间）

该区域悬挂于钢梁和檩条上的荷载主要来自照明系统、空调风管、电缆、电线与数据线、消防水管，此区域有消防喷淋。典型照片见图 4.10-20 和图 4.10-21。此区域现有荷载未超出原设计附加荷载 $0.5kN/m^2$。

图 4.10-18 区域七内主要悬挂物

图 4.10-19 区域七靠近 Q 轴的悬挂线管较多

图 4.10-20 区域八内主要悬挂物

图 4.10-21 区域八内悬挂的线管

5. 结构构件外观状况普查

对 3 号厂房的主体结构外观质量状况进行了全面检查（表 4.10-1），外观质量总体良好，局部存在下列问题：

1）屋檐处渗漏水问题较多，部分柱顶比较严重，构件表面涂层浸水严重，涂层发黄，局部腐蚀、疏松，钢构件存在局部锈蚀现象。

2）在材料库和收货区，个别钢柱的根部受机械碰撞较为严重，少数翼板已严重变形，多处柱根部的涂装局部破损。

3）由于多年的使用和局部改造安装，钢构件表面的涂装存在局部破损现象。

4）个别连接节点的螺栓存在局部轻微锈蚀问题。

5）因安装消防管道影响，个别外墙的隔撑与刚架柱未连接。

6）隔墙和围护墙存在因地基沉降引起的开裂问题，局部较为严重；由于隔墙基础的沉降，墙顶部与梁连接处的缝隙较为明显。

7）由于回填土的压缩变形，室内地面裂缝较多。

8）2层机房区域的楼面裂缝较多，多数裂缝沿南北向轴线（19轴、20轴、21轴、22轴）分布，个别楼面在跨中开裂；南侧屋檐天沟处渗漏水迹象较多。

结构构件外观状况检查结果 表4.10-1

序号	检查位置	外观状况检查结果	照片编号
1	7-A	柱北侧翼缘板涂装局部破损	—
2	8-A	屋面有严重渗漏水迹象，柱顶涂装浸水严重、腐蚀，局部涂装疏松	—
3	10-A	屋面有渗漏水迹象，柱顶涂装浸水严重、腐蚀	图4.10-22
4	11-A	屋面有渗漏水迹象，柱顶涂装浸水	—
5	11-G	钢柱与钢梁节点连接局部偏差较大	图4.10-23
6	12-A	屋面有渗漏水迹象，柱顶涂装浸水	—
7	13-A	屋面有渗漏水迹象，柱顶涂装浸水	—
8	13-G	柱与隔墙之间开裂	—
9	13-N	柱根涂装破损严重，翼缘板碰撞变形严重	图4.10-24
10	13-W	为安装消防管，外墙隔撑与柱未连接	图4.10-25
11	14-A	屋面有渗漏水迹象，柱顶涂装浸水	—
12	14-N	柱翼缘板局部涂装破损	—
13	15-N	柱底部翼缘板涂装破损	图4.10-26
14	15-W	屋面有渗漏水迹象，柱顶涂装浸水	—
15	16-A	屋面有渗漏水迹象，梁柱连接节点螺栓局部锈蚀	图4.10-27
16	16-N	柱底部翼缘板涂装破损	图4.10-28
17	17-N	柱底部涂装破损严重，且翼缘板变形	图4.10-29
18	17-W	为安装消防管，外墙隔撑与柱未连接	—
19	18-N	柱底部翼缘板涂装破损	—
20	18-W	柱顶钢梁底局部涂层不完整，柱根部涂层局部破损	—
21	19-A	柱北侧翼缘板涂装局部破损	—
22	19-N	柱根涂装破损，且翼缘板碰撞变形	图4.10-30
23	20-A	柱北侧翼缘板涂装局部破损	—
24	20-W	屋面有严重渗漏水迹象，柱顶涂装浸水严重，涂装疏松、腐蚀	图4.10-31
25	21-A	屋面有渗漏水迹象，柱顶涂装浸水	—

序号	检查位置	外观状况检查结果	照片编号
26	21-N	柱底部翼缘板涂装破损，周围的地面裂缝	图4.10-32
27	22-A	屋面有严重渗漏水迹象，柱顶涂装浸水、腐蚀	图4.10-33
28	22-W	屋面有明显渗漏水迹象，柱顶涂装浸水、局部腐蚀；柱根涂装局部破损	图4.10-34
29	23-W	屋面有明显渗漏水迹象，柱顶涂装浸水	—
30	24-A	屋面有渗漏水迹象，柱顶涂装浸水；柱北侧翼缘板涂装局部破损	—
31	25-A	屋面有严重渗漏水迹象，柱顶涂装浸水严重、腐蚀	图4.10-35
32	25-W	屋面有严重渗漏水迹象，柱顶涂装浸水严重	图4.10-36
33	26-A	屋面有严重渗漏水迹象，柱顶涂装浸水严重、腐蚀	图4.10-37
34	26-W	屋面有严重渗漏水迹象，柱顶涂装浸水严重	图4.10-38
35	12-Q～W	钢梁与填充墙之间存在明显缝隙	—
36	13-Q～W	隔墙因地基沉降产生斜裂缝	图4.10-39
37	17～18-W	外围护墙与屋面连接处有漏水迹象	—
38	18-J～N	钢梁与隔墙之间存在明显缝隙	—
39	18-Q～W	梁下翼缘板底面有焊点，涂装破损	—
40	18～19-N	梁下翼缘板涂装破损	—
41	19-Q～W	梁靠近南侧支座处涂装破损	—
42	20-Q～W	钢梁与填充墙之间存在明显缝隙	图4.10-40
43	21-A～G	隔墙基础下沉，墙与梁之间存在明显缝隙	—
44	22-Q～W	隔墙因地基沉降产生斜裂缝	图4.10-41
45	12～13-G～J	该区域内东西向隔墙因地基沉降开裂	图4.10-42
46	18～19-J～N	该区域地面存在南北向裂缝	—
47	19～20-J～N	该区域地面存在南北向裂缝	图4.10-43
48	20～22-G～J	隔墙因地基沉降开裂	—
49	21～22-J～N	地面存在东西向裂缝	图4.10-44
50	2层20-Q	因楼面受潮，柱根部防火涂层局部破坏	图4.10-45
51	2层22-G	柱顶部位屋面有渗漏水迹象，涂层浸水、破损	—
52	2层18-N～Q	靠近北侧柱，墙体开裂	—
53	2层18～19-Q	外围护墙有斜裂缝	—
54	2层19～20-Q	隔墙存在斜裂缝	—
55	2层22-J～N	梁下翼缘板底面涂装局部破损，轻微腐蚀	图4.10-46
56	2层18～23-G～Q	机房区域楼面裂缝较多，多数裂缝沿南北向轴线分布，个别在跨中开裂；南侧屋檐天沟处渗漏水迹象较多	图4.10-47

图4.10-22 柱顶涂装浸水严重、腐蚀

图4.10-23 钢柱与钢梁节点连接局部偏差较大

图 4.10-24　柱根翼缘板碰撞变形严重

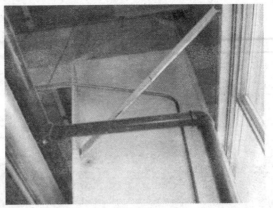

图 4.10-25　外墙隅撑与柱未连接

图 4.10-26　柱底部翼缘板涂装破损

图 4.10-27　梁柱连接节点螺栓局部锈蚀

图 4.10-28　柱底部翼缘板涂装破损

图 4.10-29　柱底部涂装破损严重，且翼缘板变形

图 4.10-30　柱根涂装破损，且翼缘板碰撞变形　　图 4.10-31　柱顶涂装浸水严重，涂装疏松、腐蚀

图 4.10-32　柱周围的地面裂缝　　　　　　图 4.10-33　屋面有渗漏水迹象，
柱顶涂装浸水、腐蚀

图 4.10-34　柱顶涂装浸水、局部腐蚀　　　　图 4.10-35　柱顶涂装浸水严重、腐蚀

图4.10-36 屋面有严重渗漏水迹象，
柱顶涂装浸水严重

图4.10-37 柱顶涂装浸水严重、腐蚀

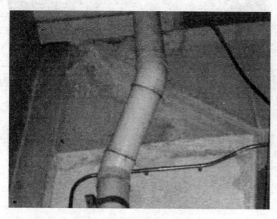

图4.10-38 屋面有严重渗漏水迹象，
涂装浸水严重

图4.10-39 隔墙因地基沉降产生斜裂缝

图4.10-40 钢梁与填充墙之间存在明显缝隙

图4.10-41 隔墙因地基沉降产生斜裂缝

图 4.10-42　隔墙因地基沉降开裂

图 4.10-43　地面存在南北向裂缝

图 4.10-44　地面存在东西向裂缝

图 4.10-45　因楼面受潮，柱根部防火
涂层局部破坏

图 4.10-46　梁下翼缘板底面涂装局部破损，
轻微腐蚀

图 4.10-47　楼面南北向裂缝

6. 螺栓连接质量抽查

对构件连接节点的螺栓连接质量进行抽查，主要检查螺栓的数量、外露丝扣长度、连接质量、螺栓是否松动等问题，现场抽检结果见表 4.10-2。

由表中的检查结果可见，由于屋面渗漏水，个别螺栓表面涂层失效，螺栓存在轻微锈蚀现象；极个别螺栓存在松动现象。所抽检部位的节点螺栓连接状况总体良好。

螺栓连接抽检结果　　　　　　　　　　　　　　　　　　　　表 4.10-2

序号	检查位置	螺栓连接检查结果	备注
1	8-W	除有轻微锈蚀现象外，钢柱与钢梁节点连接螺栓未发现明显异常	—
2	12-A	除有轻微锈蚀现象外，钢柱与钢梁节点连接螺栓未发现明显异常	—
3	12-W	除有轻微锈蚀现象外，钢柱与钢梁节点连接螺栓未发现明显异常	—
4	18-A	钢柱与钢梁节点连接螺栓未发现明显异常	—
5	19-A	除有轻微锈蚀现象外，钢柱与钢梁节点连接螺栓未发现明显异常	—
6	19-A	钢柱与钢梁节点连接螺栓未发现明显异常	—
7	20-A	钢柱与钢梁节点连接螺栓未发现明显异常	—
8	20-W	除有轻微锈蚀现象外，钢柱与钢梁节点连接螺栓未发现明显异常	—
9	21-A	钢柱与钢梁节点连接螺栓未发现明显异常	—
10	24-A	除有轻微锈蚀现象外，钢柱与钢梁节点连接螺栓未发现明显异常	—
11	26-W	钢柱与钢梁节点个别连接螺栓松动，且有锈蚀现象	—
12	7～11-W	钢柱与钢梁节点连接螺栓未发现明显异常	—
13	12～19-W	钢柱与钢梁节点连接螺栓未发现明显异常	—
14	12-G～Q	钢柱与钢梁节点连接螺栓未发现明显异常	—
15	20～23-W	钢柱与钢梁节点连接螺栓未发现明显异常	—
16	24～26-W	钢柱与钢梁节点连接螺栓未发现明显异常	—

7. 构件尺寸检测

（1）钢柱截面尺寸与板材厚度检测

局部剔开构件表面涂装，采用钢卷尺测量钢柱截面尺寸，抽检结果见表 4.10-3 和表 4.10-4，各参数符号示意图见图 4.10-48。由表可见，实测钢柱截面尺寸满足设计要求。

采用钢板测厚仪测量钢柱的腹板和翼板厚度，抽检结果见表 4.10-5，由表可见，实测钢柱的板材厚度满足设计要求。

钢柱翼板宽度检测结果　　　　　　　　　　　　　　　　　　表 4.10-3

序号	轴线位置	实测翼板宽度 B(mm)	设计翼板宽度 B(mm)	备注
1	9-W柱	250	250	满足
2	10-Q柱	251	250	满足
3	11-A柱	249	250	满足
4	12-G柱	251	250	满足
5	13-Q柱	250	250	满足
6	14-A柱	300	300	满足
7	15-G柱	250	250	满足
8	16-W柱	300	300	满足
9	17-Q柱	250	250	满足
10	18-W柱	301	300	满足
11	20-A柱	302	300	满足
12	20-G柱	249	250	满足
13	22-A柱	301	300	满足
14	22-G柱	252	250	满足
15	26-W柱	250	250	满足

钢柱截面尺寸检测结果

表 4.10-4

序号	轴线位置	实测尺寸(mm)		设计尺寸(mm)		备注
		柱宽 B	柱高 H	柱宽 B	柱高 H	
1	2层18-J柱	250	—	250	350	满足
2	2层18-N柱	248	—	250	350	满足
3	2层19-J柱	252	349	250	350	满足
4	2层19-N柱	250	350	250	350	满足
5	2层20-J柱	250	351	250	350	满足
6	2层20-N柱	250	350	250	350	满足
7	2层20-Q柱	250	352	250	350	满足
8	2层21-J柱	251	350	250	350	满足
9	2层21-N柱	251	350	250	350	满足
10	2层23-N柱	250	352	250	350	满足

钢柱钢板厚度检测结果

表 4.10-5

序号	轴线位置	检验位置	实测钢板厚度(mm)	设计钢板厚度(mm)	备注
1	9-W柱	南侧翼缘板	7.81	8.00	满足
		腹板	5.16	5.00	满足
2	10-Q柱	南侧翼缘板	7.95	8.00	满足
		腹板	4.42	4.40	满足
3	11-A柱	南侧翼缘板	7.84	8.00	满足
		北侧翼缘板	8.02	8.00	满足
		腹板	4.89	5.00	满足
4	12-G柱	南侧翼缘板	7.98	8.00	满足
		腹板	4.39	4.40	满足
5	13-Q柱	南侧翼缘板	8.06	8.00	满足
		腹板	4.30	4.40	满足
6	14-A柱	南侧翼缘板	7.91	8.00	满足
		北侧翼缘板	12.34	12.00	满足
		腹板	5.82	6.00	满足
7	15-G柱	南侧翼缘板	7.94	8.00	满足
		腹板	4.20	4.40	满足
8	16-W柱	北侧翼缘板	7.79	8.00	满足
		腹板	5.82	6.00	满足
9	17-Q柱	南侧翼缘板	7.90	8.00	满足
		腹板	4.41	4.40	满足
10	18-W柱	北侧翼缘板	9.85	10.00	满足
		腹板	7.84	8.00	满足

序号	轴线位置	检验位置	实测钢板厚度 (mm)	设计钢板厚度 (mm)	备注
11	20-A 柱	南侧翼缘板	10.54	10.00	满足
		北侧翼缘板	16.00	16.00	满足
		腹板	7.91	8.00	满足
12	20-G 柱	南侧翼缘板	13.80	14.00	满足
		腹板	8.19	8.00	满足
13	22-A 柱	南侧翼缘板	9.88	10.00	满足
		北侧翼缘板	15.86	16.00	满足
		腹板	7.93	8.00	满足
14	22-G 柱	南侧翼缘板	13.58	14.00	满足
		腹板	7.88	8.00	满足
15	23-Q 柱	南侧翼缘板	13.96	14.00	满足
		腹板	7.95	8.00	满足
16	26-W 柱	北侧翼缘板	7.87	8.00	满足
		腹板	5.81	6.00	满足
17	2层 18-J 柱	翼缘板	12.20	12.50	满足
		腹板	4.29	4.40	满足
18	2层 18-N 柱	翼缘板	12.30	12.50	满足
		腹板	4.36	4.40	满足
19	2层 18-Q 柱	翼缘板	14.09	14.00	满足
		腹板	8.04	8.00	满足
20	2层 19-J 柱	翼缘板	12.17	12.50	满足
		腹板	4.42	4.40	满足
21	2层 19-N 柱	翼缘板	12.38	12.50	满足
		腹板	4.32	4.40	满足
22	2层 19-Q 柱	翼缘板	13.70	14.00	满足
		腹板	7.93	8.00	满足
23	2层 20-J 柱	翼缘板	12.22	12.50	满足
		腹板	4.33	4.40	满足
24	2层 20-N 柱	翼缘板	12.20	12.50	满足
		腹板	4.35	4.40	满足
25	2层 20-Q 柱	翼缘板	13.78	14.00	满足
		腹板	8.01	8.00	满足
26	2层 21-J 柱	翼缘板	12.22	12.50	满足
		腹板	4.30	4.40	满足
27	2层 21-N 柱	翼缘板	12.27	12.50	满足
		腹板	4.51	4.40	满足
28	2层 23-N 柱	翼缘板	12.53	12.50	满足
		腹板	4.30	4.40	满足

图 4.10-48　工字型截面
参数示意图

（2）钢梁截面尺寸与板材厚度检测

局部剔开构件表面涂装，采用钢卷尺测量钢梁的翼板宽度，抽检结果见表 4.10-6，各参数符号示意图见图 4.10-48。由表可见，实测钢梁截面尺寸满足设计要求。

采用钢板测厚仪测量钢梁的腹板和翼板厚度，抽检结果见表 4.10-7，由表可见，实测钢梁板材厚度满足设计要求。

（3）檩条截面尺寸检测

采用卡尺和钢板测厚仪对屋面檩条的截面尺寸进行抽查检测，检测结果见表 4.10-8。各参数符号示意图见图 4.10-49。

钢梁翼板宽度检测结果　　　　　　　　　　　　　　表 4.10-6

序号	轴线位置	实测翼板宽度 B（mm）	设计翼板宽度 B（mm）	备注
1	8-A～G 梁	251	250	满足
2	8-Q～W 梁	251	250	满足
3	12-A～G 梁	251	250	满足
4	12-Q～W 梁	250	250	满足
5	13-N～Q 梁	200	200	满足
6	17-N～Q 梁	200	200	满足
7	19-A～G 梁	250	250	满足
8	19-J～N 梁	350	350	满足
9	19-N～Q 梁	349	350	满足
10	20-J～N 梁	351	350	满足
11	20-Q～W 梁	249	250	满足
12	21-J～N 梁	350	350	满足
13	22-J～N 梁	349	350	满足
14	24-A～G 梁	252	250	满足
15	26-Q～W 梁	250	250	满足
16	2 层 20-J～N 梁（跨中）	149	150	满足
17	2 层 20-J～N 梁（支座）	250	250	满足
18	2 层 22-G～J 梁	250	250	满足
19	2 层 22-J～N 梁（跨中）	151	150	满足
20	2 层 22-J～N 梁（支座）	250	250	满足

钢梁钢板厚度检测结果　　　　　　　　　　　　　　表 4.10-7

序号	轴线位置	检验位置	实测钢板厚度（mm）	设计钢板厚度（mm）	备注
1	8-A～G 梁	下翼缘板	7.83	8.00	满足
		腹板	7.95	8.00	满足
2	8-Q～W 梁	下翼缘板	7.95	8.00	满足
		腹板	7.91	8.00	满足

序号	轴线位置	检验位置	实测钢板厚度（mm）	设计钢板厚度（mm）	备注
3	12-A~G 梁	下翼缘板	14.17	14.00	满足
		腹板	7.86	8.00	满足
4	12-Q~W 梁	下翼缘板	14.10	14.00	满足
		腹板	7.86	8.00	满足
5	13-N~Q 梁	下翼缘板	9.78	10.00	满足
		腹板	7.88	8.00	满足
6	17-N~Q 梁	下翼缘板	9.67	10.00	满足
		腹板	7.96	8.00	满足
7	19-A~G 梁	下翼缘板	16.00	16.00	满足
		腹板	8.05	8.00	满足
8	20-Q~W 梁	下翼缘板	16.10	16.00	满足
		腹板	7.95	8.00	满足
9	22-J~N 梁	下翼缘板	20.20	20.00	满足
		腹板	9.96	10.00	满足
10	24-A~G 梁	下翼缘板	15.79	16.00	不满足
		腹板	5.90	6.00	满足
11	26-Q~W 梁	下翼缘板	15.74	16.00	不满足
		腹板	5.89	6.00	满足
12	2 层 18-G~J 梁	上翼缘板	7.85	8.00	满足
		下翼缘板	7.88	8.00	满足
		腹板	4.67	4.40	满足
13	2 层 18-J~N 梁	上翼缘板	7.99	8.00	满足
		下翼缘板	7.91	8.00	满足
		腹板	4.28	4.40	满足
14	2 层 18-N~Q 梁	上翼缘板	7.91	8.00	满足
		下翼缘板	7.92	8.00	满足
		腹板	4.26	4.40	满足
15	2 层 20-J~N 梁（跨中）	上翼缘板	7.81	8.00	满足
		下翼缘板	8.05	8.00	满足
		腹板	4.30	4.40	满足
16	2 层 20-J~N 梁（支座）	上翼缘板	12.34	12.50	满足
		下翼缘板	12.30	12.50	满足
		腹板	4.42	4.40	满足
17	2 层 22-G~J 梁	上翼缘板	12.27	12.50	满足
		下翼缘板	12.24	12.50	满足
		腹板	4.32	4.40	满足

序号	轴线位置	检验位置	实测钢板厚度 (mm)	设计钢板厚度 (mm)	备注
18	2层22-J~N梁 （跨中）	上翼缘板	8.17	8.00	满足
		下翼缘板	8.25	8.00	满足
		腹板	4.51	4.40	满足
19	2层22-J~N梁 （支座）	上翼缘板	12.30	12.50	满足
		下翼缘板	12.16	12.50	满足
		腹板	4.32	4.40	满足
20	2层23-J~N梁	上翼缘板	7.93	8.00	满足
		下翼缘板	7.85	8.00	满足
		腹板	4.39	4.40	满足
21	2层23-N~Q梁	上翼缘板	8.08	8.00	满足
		下翼缘板	8.00	8.00	满足
		腹板	4.54	4.40	满足

檩条截面尺寸实测结果   表 4.10-8

序号	检验位置	H (mm)	B (mm)	C (mm)	板厚 (mm)	备注
1	1层12~13-N~Q	200	65.0	20.0	1.94	图纸信息不详
2	1层15~16-N~Q	200	65.0	20.0	1.94	图纸信息不详
3	1层17~18-G~J	200	65.0	20.0	2.01	图纸信息不详
4	1层17~18-J~N	200	65.0	20.0	2.00	图纸信息不详
5	1层17~18-N~Q	200	65.0	20.0	1.92	图纸信息不详
6	1层17~18-N~Q	200	65.0	20.0	1.83	图纸信息不详
7	1层23~24-A~G	200	65.0	20.0	1.86	图纸信息不详
8	1层23~24-A~G	200	65.0	20.0	1.89	图纸信息不详
9	1层23~24-G~Q	200	65.0	20.0	2.30	图纸信息不详
10	2层21-22~G-Q	200	60.0	20.0	2.13	图纸信息不详
11	2层22-23~G-Q	200	60.0	20.0	2.15	图纸信息不详
12	2层20-21~G-Q	200	60.0	20.0	2.03	图纸信息不详
13	2层19-20~G-Q	200	60.0	20.0	1.97	图纸信息不详

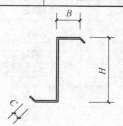

图 4.10-49　檩条截面尺寸
参数示意图

（4）支撑截面尺寸检测

采用卡尺测量屋面十字交叉支撑和柱间十字交叉支撑的截面直径，抽检结果见表 4.10-9。由表可见，实测支撑圆杆直径满足设计要求。

8. 涂层厚度检测

采用卡尺测量刚架柱和刚架梁的涂装厚度，检测结果见4.10-10、表 4.10-11。

支撑截面尺寸检测结果

表 4.10-9

序号	检验位置	实测截面直径(mm)	设计截面直径(mm)	备注
1	屋面支撑(轴线 8～9-Q～W)	11.97	12	满足
2	屋面支撑(轴线 12～13-N～Q)	12.23	12	满足
3	屋面支撑(轴线 12～13-Q～W)	12.00	12	满足
4	屋面支撑(轴线 24～25-A～G)	11.84	12	满足
5	柱间支撑(轴线 9～10- W)	16.11	16	满足
6	柱间支撑(轴线 15～16-A)	16.03	16	满足
7	柱间支撑(轴线 15～16-W)	15.99	16	满足
8	柱间支撑(轴线 18～19-A)	16.08	16	满足
9	柱间支撑(轴线 18～19-W)	16.16	16	满足

刚架柱翼缘板涂装平均厚度为 5.94mm, 标准差为 1.88mm, 变异系数为 31.6%; 刚架柱腹板涂装平均厚度为 5.37mm, 标准差为 1.58mm, 变异系数为 29.4%; 刚架柱涂装总体平均值为 5.65mm, 标准差为 1.74mm, 变异系数为 30.8%。

刚架梁翼缘板涂装平均厚度为 3.44mm, 标准差为 1.26mm, 变异系数为 36.6%; 刚架梁腹板涂装平均厚度为 3.88mm, 标准差为 1.63mm, 变异系数为 42.0%; 刚架梁涂装总体平均值为 3.66mm, 标准差为 1.45mm, 变异系数为 39.6%。

刚架柱涂装厚度检测结果

表 4.10-10

序号	轴线位置	检验位置	实测涂装厚度(mm)
1	9-W柱	翼缘板	5.26
		腹板	6.90
2	10-Q柱	翼缘板	6.84
		腹板	7.93
3	11-A柱	翼缘板	5.16
		腹板	7.05
4	12-G柱	翼缘板	5.44
		腹板	3.25
5	13-Q柱	翼缘板	11.12
		腹板	6.24
6	14-A柱	翼缘板	4.50
		腹板	6.00
7	15-G柱	翼缘板	7.76
		腹板	4.08
8	16-W柱	翼缘板	4.18
		腹板	4.15
9	17-Q柱	翼缘板	8.61
		腹板	7.93
10	18-W柱	翼缘板	8.02
		腹板	7.68

序号	轴线位置	检验位置	实测涂装厚度(mm)
11	20-A柱	翼缘板	3.78
		腹板	3.14
12	20-G柱	翼缘板	6.53
		腹板	7.38
13	22-A柱	翼缘板	8.04
		腹板	6.38
14	22-G柱	翼缘板	5.77
		腹板	3.07
15	23-Q柱	翼缘板	7.51
		腹板	4.36
16	26-W柱	翼缘板	5.18
		腹板	5.07
17	2层18-J柱	翼缘板	6.47
		腹板	5.40
18	2层18-N柱	翼缘板	4.52
		腹板	4.16
19	2层19-J柱	翼缘板	5.71
		腹板	5.52
20	2层19-N柱	翼缘板	6.10
		腹板	6.73
21	2层20-J柱	翼缘板	4.24
		腹板	4.73
22	2层20-N柱	翼缘板	5.91
		腹板	5.93
23	2层20-Q柱	翼缘板	6.10
		腹板	5.37
24	2层21-G柱	翼缘板	4.42
		腹板	4.86
25	2层21-J柱	翼缘板	4.74
		腹板	4.66
26	2层21-Q柱	翼缘板	4.27
		腹板	4.95
27	2层22-N柱	翼缘板	8.25
		腹板	5.75
28	2层23-N柱	翼缘板	1.87
		腹板	1.66

钢梁涂装厚度检测结果

表 4.10-11

序号	轴线位置	检验位置	实测涂装厚度(mm)
1	8-A~G 梁	翼缘板	3.08
		腹板	4.09
2	8-Q~W 梁	翼缘板	2.54
		腹板	2.64
3	12-A~G 梁	翼缘板	2.27
		腹板	2.55
4	12-Q~W 梁	翼缘板	2.69
		腹板	3.39
5	13-N~Q 梁	翼缘板	2.66
		腹板	3.95
6	17-N~Q 梁	翼缘板	1.69
		腹板	2.81
7	19-A~G 梁	翼缘板	2.30
		腹板	2.69
8	20-Q~W 梁	翼缘板	2.46
		腹板	2.07
9	23-J~N 梁	翼缘板	5.44
		腹板	8.10
10	24-A~G 梁	翼缘板	3.71
		腹板	3.56
11	26-Q~W 梁	翼缘板	2.52
		腹板	2.09
12	2 层 18-G~J 梁	翼缘板	4.52
		腹板	4.71
13	2 层 18-J~N 梁	翼缘板	3.10
		腹板	4.08
14	2 层 18-N~Q 梁	翼缘板	4.39
		腹板	4.18
15	2 层 19-G~J 梁	翼缘板	6.58
		腹板	7.47
16	2 层 20-N~Q 梁	翼缘板	3.56
		腹板	4.52
17	2 层 23-J~N 梁	翼缘板	4.20
		腹板	3.30
18	2 层 23-N~Q 梁	翼缘板	4.22
		腹板	3.55

197

9. 处理建议

对结构外观状况检查结果和节点螺栓连接检查结果中存在的问题，采取相应的修复措施，以确保厂房结构的安全性、适用性和耐久性不受影响。

4.11 某钢结构教学楼检测鉴定

4.11.1 工程概况

临时教学周转楼为地上二层（局部三层）钢框架结构，基础采用钢筋混凝土独立柱基，结构安全等级为二级，设计使用年限为五年。建筑总面积为 3700m²，建筑总高为 13.35m。主要承重构件采用 Q345B 级钢，悬臂梁与柱连接焊缝要求为全熔透焊缝，质量检验级别为一级；其余梁柱、梁梁按刚性连接时翼缘处坡口焊缝质量检验级别为二级。

临时教学周转楼外观照片见图 4.11-1。结构平面布置图见图 4.11-2。

图 4.11-1 临时教学周转楼外观照片

4.11.2 检测鉴定情况介绍

1. 检测项目

1）结构体系与外观质量全面检查；

2）连接节点检查；

3）钢材强度检测；

4）钢构件截面尺寸检测；

5）基础检测；

6）结构安全性分析验算；

7）结构安全性鉴定。

2. 检测鉴定依据

1）《建筑结构检测技术标准》GB/T 50344—2004；

2）《钢结构工程施工质量验收规范》GB 50205—2001；

3）《钢结构设计规范》GB 50017—2003；

4）《建筑抗震设计规范》GB 50011—2010；

5）《金属里氏硬度试验方法》GB/T 17394—1998；

6）《低合金高强度结构钢》GB/T 1591—1994；

7）《建筑结构荷载规范》GB 50009—2001（2006 版）；

8）《回弹法检测混凝土抗压强度技术规程》JGJ/T 23—2011；

9）《钻芯法检测混凝土强度技术规程》CECS 03：2007；

10）《混凝土中钢筋检测技术规程》JGJ/T 152—2008；

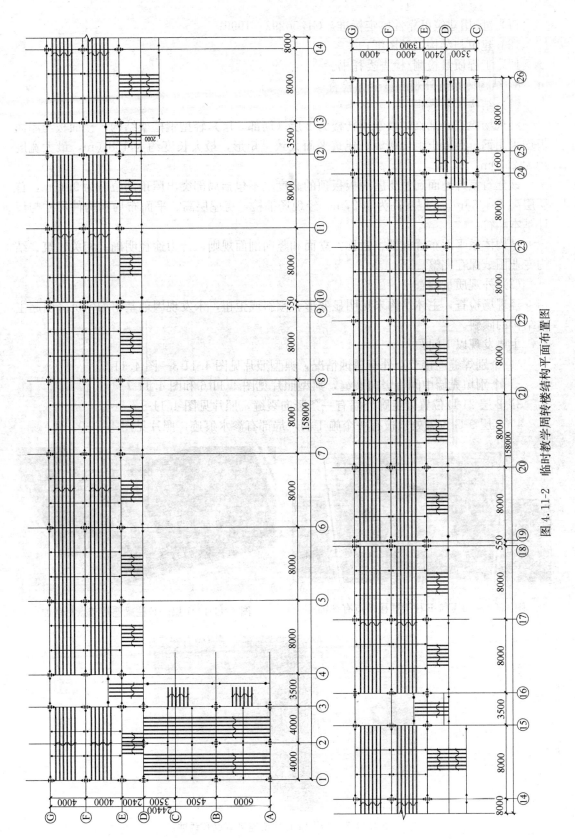

图 4.11-2　临时教学周转楼结构平面布置图

199

11)《民用建筑可靠性鉴定标准》GB 50292—1999；

12) 建筑与结构设计图纸；

13) 工程质量检测/检查委托书。

3. 结构体系与外观质量全面检查

（1）结构体系核查

经现场检查，某临时教学周转楼为2层（局部3层）轻型钢框架结构，楼面板与屋面板均采用钢—混凝土组合楼板。建筑平面大致呈矩形，最大长度约为158.0m，最大宽度约为25.0m。

该建筑室外地面到主要屋面板板顶的高度（不包括局部突出屋顶部位）为9.12m，首层层高为4.38m，2层层高为4.27m。经现场抽检，房屋层高、平面布局和构件尺寸与设计基本相符。

结构体系平面布置规则、对称，立面和竖向剖面规则，传力途径明确。相关建筑、结构专业图纸保存完整。

（2）外观质量检查

经现场检查，主体结构未见明显变形、倾斜或歪扭，未发现因地基不均匀沉降引起主体结构的倾斜。

主要发现以下问题：

1）个别焊缝连接节点处有锈蚀情况，典型照片见图4.11-3～图4.11-5。

2）个别填充墙中间有竖向裂缝，典型照片见图4.11-6和图4.11-7。

3）2层21-D位置处走廊外墙有一条竖向裂缝，照片见图4.11-8。

4）2层9-G位置处顶板有一个施工洞，局部有渗水痕迹，照片见图4.11-9。

图4.11-3　1层4-F柱梁连接节点有锈蚀　　　　图4.11-4　1层4-E柱梁连接节点有锈蚀

图4.11-5　2层14-E柱梁连接节点有锈蚀

图 4.11-6　1 层 9-F 位置处墙有一条竖向裂缝　　图 4.11-7　1 层 22-F 位置处墙有一条竖向裂缝

图 4.11-8　2 层 21-D 位置处走廊外墙有　　　图 4.11-9　2 层 9-G 位置处施工洞照片
一条竖向裂缝　　　　　　　　　　　　（有渗水痕迹）

4. 连接节点检查

现场对周转楼各连接节点进行检查，主要发现以下问题：

1）1 层 25-F 柱与南侧梁连接节点位置处缺少 3 个螺栓，照片见图 4.11-10。

2）1 层 17-E 柱与东侧梁连接节点位置处缺少 1 个螺栓，照片见图 4.11-11。

3）2 层 25-G 柱与南侧梁连接节点位置处缺少 1 个螺栓，照片见图 4.11-12。

4）2 层 14-E 柱与悬挑梁连接节点位置螺栓长度不够，照片见图 4.11-13。

5）2 层 7-F 柱与东侧梁焊缝连接节点水平方向有错边现象，照片见图 4.11-14。

图 4.11-10　1 层 25-F 柱和南侧梁连接
节点位置处缺少 3 个螺栓

图 4.11-11　1 层 17-E 柱和东侧梁连接
节点位置处缺少 1 个螺栓

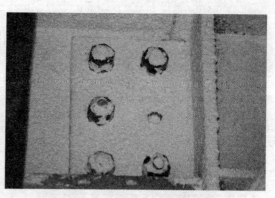

图 4.11-12　2 层 25-G 柱和南侧梁连接
节点位置处缺少 1 个螺栓

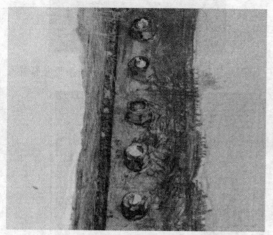

图 4.11-13　2 层 14-E 柱与悬挑梁连接节点
位置螺栓长度不够

图 4.11-14　2 层 7-F 柱与东侧梁焊缝
连接节点水平方向有错边现象

5. 钢构件的钢材强度检测结果

采用里氏硬度仪对主要钢构件的钢材里氏硬度值进行抽查检测，按照《金属里氏硬度试验方法》GB/T 17394—1998 和《黑色金属硬度及强度换算值》GB/T 1172—1999 的规定，钢构件的强度检测结果见表 4.11-1 和表 4.11-2。

依据《低合金高强度结构钢》GB/T 1591—1994 中 Q345B 的抗拉强度范围为 470～630MPa，从表 4.11-1 和表 4.11-2 可知，钢柱和钢梁的钢材强度满足 Q345B 要求。

工字钢柱的钢材强度检测结果　　　　　　　　　　　　表 4.11-1

序号	构件名称		里氏硬度平均值	推定抗拉强度 σ_b(MPa)	Q345B 钢抗拉极限强度规定值(MPa)
1	1 层 4-G 柱	腹板	456.6	793	
		翼缘	443.8	712	
2	1 层 4-F 柱	腹板	422.2	607	470～630
		翼缘	396	522	
3	1 层 13-F 柱	腹板	460.2	820	
		翼缘	401.4	537	

序号	构件名称		里氏硬度平均值	推定抗拉强度 σ_b(MPa)	Q345B 钢抗拉极限强度规定值(MPa)
4	1 层 13-G 柱	腹板	416	584	
		翼缘	396.4	523	
5	1 层 14-F 柱	腹板	417.6	590	
		翼缘	394.8	519	
6	1 层 14-G 柱	腹板	437.8	679	
		翼缘	415.6	582	
7	1 层 16-F 柱	腹板	427.4	629	
		翼缘	409.8	562	
8	1 层 16-G 柱	腹板	440.8	695	
		翼缘	403.8	544	
9	1 层 21-F 柱	腹板	391.2	510	
		翼缘	419	595	
10	2 层 23-C 柱	腹板	454	775	
		翼缘	412	570	
11	2 层 24-C 柱	腹板	422.8	610	
		翼缘	413.2	574	
12	2 层 23-D 柱	腹板	401.8	538	
		翼缘	416.2	585	470~630
13	2 层 22-F 柱	腹板	391	510	
		翼缘	410.2	564	
14	2 层 21-F 柱	腹板	391.8	511	
		翼缘	398.4	528	
15	2 层 20-F 柱	腹板	386.4	499	
		翼缘	413.2	574	
16	2 层 19-F 柱	腹板	391.2	510	
		翼缘	438.4	682	
17	2 层 7-F 柱	腹板	424.4	616	
		翼缘	436.2	671	
18	2 层 6-F 柱	腹板	411.8	569	
		翼缘	417.2	588	
19	3 层 23-C 柱	腹板	407.8	556	
		翼缘	397.8	527	
20	3 层 24-C 柱	腹板	425	619	
		翼缘	414.8	579	
21	3 层 23-E 柱	腹板	421.8	606	
		翼缘	424.6	617	

工字钢梁的钢材强度检测结果 表 4.11-2

序号	构件名称		里氏硬度平均值	推定抗拉强度 σ_b(MPa)	Q345B 钢抗拉极限强度规定值(MPa)
1	1 层 23-24-C 梁	腹板	388.6	793	
		翼缘	453	712	
2	1 层 4-5-G 梁	腹板	419.6	607	
		翼缘	400	522	
3	1 层 3-4-F 梁	腹板	415.8	820	
		翼缘	419.4	537	
4	1 层 13-14-F 梁	腹板	382.4	584	
		翼缘	411.2	523	
5	1 层 13-14-G 梁	腹板	404	590	
		翼缘	429.6	519	
6	1 层 14-15-F 梁	腹板	415.8	679	
		翼缘	410.8	582	
7	1 层 14-15-G 梁	腹板	410	629	
		翼缘	426.8	562	
8	1 层 16-17-F 梁	腹板	387.8	695	
		翼缘	422.6	544	
9	1 层 16-17-G 梁	腹板	376.4	510	470~630
		翼缘	412	595	
10	1 层 21-22-F 梁	腹板	386.8	775	
		翼缘	398.8	570	
11	2 层 22-23-F 梁	腹板	396.8	610	
		翼缘	403.8	574	
12	2 层 21-22-F 梁	腹板	408	538	
		翼缘	400.8	585	
13	2 层 20-21-F 梁	腹板	378.6	510	
		翼缘	402	564	
14	2 层 19-20-F 梁	腹板	372.6	511	
		翼缘	397	528	
15	2 层 7-8-F 梁	腹板	409.8	499	
		翼缘	433.4	574	
16	2 层 6-7-F 梁	腹板	393.8	510	
		翼缘	426	682	
17	2 层 23-24-C 梁	腹板	373.6	616	
		翼缘	407.8	671	

序号	构件名称		里氏硬度平均值	推定抗拉强度 σ_b(MPa)	Q345B 钢抗拉极限强度规定值(MPa)
18	2层 14-D-E 梁	腹板	390.8	569	470～630
		翼缘	386	588	
19	2层 15-D-E 梁	腹板	403.2	556	
		翼缘	380	527	

6. 钢构件截面尺寸检测

采用超声波测厚仪和卡尺对主要钢构件截面尺寸进行抽查检测,检测工作依据《钢结构工程施工质量验收规范》GB 50205—2001 有关要求进行。

钢构件的截面尺寸检测结果见表 4.11-3 和表 4.11-4。

由表 4.11-3 和表 4.11-4 中检测结果可知,所抽检部位钢构件的截面尺寸基本符合设计要求。

工字钢柱的截面尺寸检测结果 表 4.11-3

序号	构件位置名称	实测尺寸(mm) 高×宽×腹板厚×翼缘厚	设计尺寸(mm) 高×宽×腹板厚×翼缘厚	评定结果
1	1层 4-G 柱	400×(—)×15.5×(—)	400×370×16×25	符合设计要求
2	1层 4-F 柱	350×(—)×13.4×20.0	350×350×14×20	符合设计要求
3	1层 13-F 柱	355×(—)×13.8×19.7	350×350×14×20	符合设计要求
4	1层 13-G 柱	(—)×(—)×15.9×24.5	400×370×16×25	符合设计要求
5	1层 14-F 柱	(—)×356×13.9×20.4	350×350×14×20	符合设计要求
6	1层 14-G 柱	(—)×(—)×13.8×19.7	350×350×14×20	符合设计要求
7	1层 16-F 柱	355×(—)×13.8×19.7	350×350×14×20	符合设计要求
8	1层 16-G 柱	(—)×(—)×16.0×24.7	400×370×16×25	符合设计要求
9	1层 21-F 柱	358×(—)×13.8×19.9	350×320×14×20	符合设计要求
10	2层 24-C 柱	402×351×14.0×20.2	400×350×14×20	符合设计要求
11	2层 23-C 柱	406×375×15.9×24.7	400×350×14×20	基本符合要求
12	2层 23-D 柱	296×(—)×10.0×15.9	300×300×10×16	符合设计要求
13	2层 22-F 柱	355×(—)×13.8×19.7	350×320×14×20	符合设计要求
14	2层 21-F 柱	356×(—)×13.9×19.7	350×320×14×20	符合设计要求
15	2层 20-F 柱	350×(—)×13.9×19.8	350×320×14×20	符合设计要求
16	2层 19-F 柱	(—)×(—)×13.9×19.9	350×350×14×20	符合设计要求
17	2层 7-F 柱	348×(—)×13.6×19.6	350×320×14×20	符合设计要求
18	2层 6-F 柱	350×(—)×13.4×19.7	350×320×14×20	符合设计要求
19	3层 23-C 柱	401×355×14.0×20.2	400×350×14×20	符合设计要求
20	3层 24-C 柱	405×352×14.0×20.2	400×350×14×20	符合设计要求
21	3层 23-E 柱	400×307×14.0×20.1	400×300×14×20	符合设计要求

工字钢梁的截面尺寸检测结果　　　　表 4.11-4

序号	构件位置名称	实测尺寸(mm) 高×宽×腹板厚×翼缘厚	设计尺寸(mm) 高×宽×腹板厚×翼缘厚	评定结果
1	1 层 23-24-C 梁	504×243×11.5×15.9	500 ×240×12×16	符合设计要求
2	1 层 4-5-G 梁	502×200×9.9×13.5	500×200×10×14	符合设计要求
3	1 层 4-5-F 梁	504×205×9.7×13.4	500×200×10×14	符合设计要求
4	1 层 13-14-F 梁	500×200×9.6×13.8	500×200×10×14	符合设计要求
5	1 层 13-14-G 梁	503×(—)×9.7×13.8	500×200×10×14	符合设计要求
6	1 层 14-15-F 梁	505×202×9.5×13.8	500×200×10×14	符合设计要求
7	1 层 14-15-G 梁	504×200×9.6×13.8	500×200×10×14	符合设计要求
8	1 层 16-17-F 梁	500×203×9.6×13.8	500×200×10×14	符合设计要求
9	1 层 16-17-G 梁	499×(—)×9.6×13.8	500×200×10×14	符合设计要求
10	1 层 21-22-F 梁	503×202×9.9×13.8	500×200×10×14	符合设计要求
11	2 层 22-23-F 梁	498×202×9.9×13.8	500×200×10×14	符合设计要求
12	2 层 21-22-F 梁	504×202×9.9×13.9	500×200×10×14	符合设计要求
13	2 层 20-21-F 梁	500×205×9.9×13.8	500×200×10×14	符合设计要求
14	2 层 19-20-F 梁	501×200×9.9×13.8	500×200×10×14	符合设计要求
15	2 层 7-8-F 梁	502×200×9.8×13.4	500×200×10×14	符合设计要求
16	2 层 6-7-F 梁	500×200×9.9×13.4	500×200×10×14	符合设计要求
17	2 层 23-24-C 梁	500×243×11.6×15.9	500×240×12×16	符合设计要求
18	2 层 14-D-E 梁	1255×265×13.8×17.9	1250×260×14×18	符合设计要求
19	2 层 15-D-E 梁	1005×240×9.5×18.5	1000×230×10×16	基本符合要求

7. 基础形式检查

周转楼采用钢筋混凝土独立柱基础,依照结构设计图和相关施工资料可知,基础的混凝土设计强度等级为 C30。

现场开挖 6 个检测点(只对所抽基础进行核查),核查基础实际形式和细部尺寸是否与设计图纸相一致,并采用回弹法对基础混凝土强度进行检测。

(1) 基础实测尺寸

现场开挖 6 个检测点,基础实际型式、实测尺寸及现场外观照片见图 4.11-15～图 4.11-20。由检测结果可知,所抽检基础满足原设计要求。

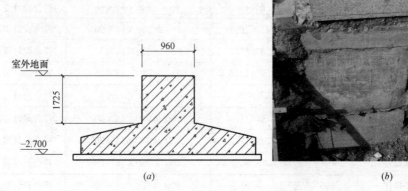

(a) 　　　　　　　　　　　　　(b)

图 4.11-15　轴线 23-C 独立柱基础检测结果图

(a) 实测基础立面图;(b) 基础外观照片

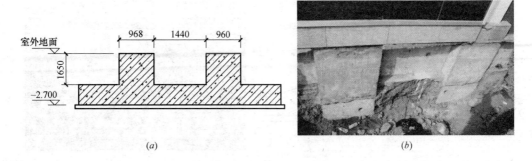

图 4.11-16　轴线 24-C 和 25-C 独立柱基础检测结果图

（a）实测基础立面图；（b）基础外观照片

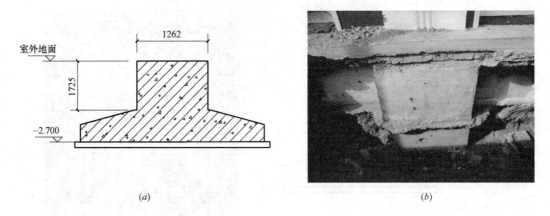

图 4.11-17　轴线 18-E（19-E）独立柱基础检测结果图

（a）实测基础立面图；（b）基础外观照片

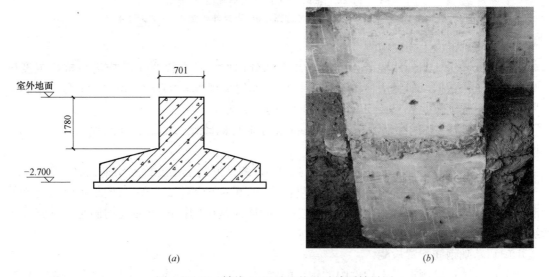

图 4.11-18　轴线 14-E 独立柱基础检测结果图

（a）实测基础立面图；（b）基础外观照片

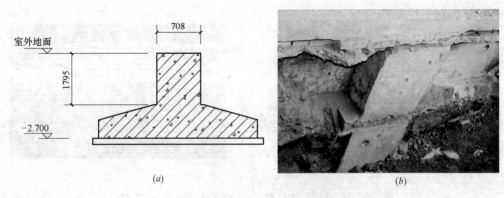

图 4.11-19　轴线 4-E 独立柱基础检测结果图

(a) 实测基础立面图；(b) 基础外观照片

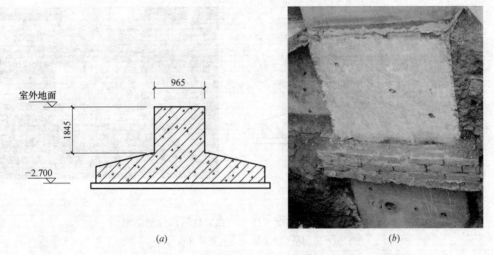

图 4.11-20　轴线 3-A 独立柱基础检测结果图

(a) 实测基础立面图；(b) 基础外观照片

（2）基础混凝土强度检测

采用回弹法检测构件混凝土强度，并在部分构件上钻取混凝土芯样进行抗压强度试验。检测工作依据《回弹法检测混凝土抗压强度技术规程》JGJ/T 23—2011 和《钻芯法检测混凝土强度技术规程》CECS 03：2007 的有关规定。

采用浓度为 1‰ 的酚酞酒精溶液测试混凝土芯样的碳化深度，芯样照片见图 4.11-21，检测结果见表 4.11-5。

混凝土芯样抗压强度试验结果见表 4.11-6，构件混凝土强度检测结果见表 4.11-7。

由检测数据可知，所取芯样抗压强度值在 39.9～49.0MPa 之间，所抽检 12 处基础的混凝土强度推定值在 32.8～40.6MPa 之间，所抽检基础的混凝土强度均满足设计强度等级 C30 的要求。

（3）基础钢筋配置检测

采用磁感仪检测混凝土构件中的钢筋配置情况，主要检测钢筋间距和主筋根数，检测操作按《混凝土中钢筋检测技术规程》JGJ/T 152—2008 有关规定进行。基础配筋检测结果见表 4.11-8。

图 4.11-21　芯样外观照片

基础混凝土碳化深度检测结果　　　表 4.11-5

序号	测 区 名 称	碳化深度检测值(mm)	平均值(mm)	备注
1	3-A 基础柱	0、0.5、0.5、0.5	0.5	
2	18-E,19-E 基础柱	0、0、0.5、0.5	0.5	
3	23-E 基础柱	0.5、0.5、0、0	0.5	碳化取值:0.5mm
4	24-E 基础柱	0、0.5、0.5、0.5	0.5	
5	14-15-E 基础梁	0.5、0.5、0、0.5	0.5	
6	23-24-E 基础梁	0.5、0.5、0.5、0	0.5	

基础混凝土芯样抗压检测结果　　　表 4.11-6

序号	构 件 名 称	芯样规格(mm)	破坏荷载	芯样强度 (MPa)
1	3-A 基础柱	Φ74.0×75.0	201.9	47.0
2	18-E,19-E 基础柱	Φ74.0×74.0	200.0	46.5
3	23-E 基础柱	Φ74.0×75.0	191.0	44.4
4	24-E 基础柱	Φ74.0×75.0	210.7	49.0
5	14-15-E 基础梁	Φ74.0×74.0	203.8	47.4
6	23-24-E 基础梁	Φ74.0×75.0	171.4	39.9

基础混凝土强度回弹法检测结果　　　表 4.11-7

序号	构 件 编 号	混凝土抗压强度换算值(MPa)			强度推定值(MPa)
		平均值	标准差	最小值	
1	23-C 基础柱	37.1	1.39	34.8	34.8
2	24-C 基础柱	38.3	2.27	35.9	34.6
3	25-C 基础柱	37.6	1.49	35.0	35.1
4	18-E,19-E 基础柱	40.4	2.56	36.9	36.2
5	14-E 基础柱	43.7	1.90	39.6	40.6
6	4-E 基础柱	40.6	3.32	37.1	35.1
7	3-A 基础柱	37.3	1.49	35.1	34.8
8	24-25-C 基础梁	39.1	2.04	36.9	35.7

序号	构件编号	混凝土抗压强度换算值（MPa）			强度推定值（MPa）
		平均值	标准差	最小值	
9	23-24-C 基础梁	36.9	2.50	33.8	32.8
10	17-18-E 基础梁	42.0	2.53	38.4	37.8
11	14-15-E 基础梁	43.4	3.33	37.9	37.9
12	4-5-E 基础梁	39.5	2.24	35.3	35.8

　　由表 4.11-8 可见，除 14-E 基础柱和 25-C 基础柱实测箍筋间距偏大外，所抽查基础的钢筋配置满足设计要求。

基础配筋检测结果

表 4.11-8

序号	构件位置	实测配筋（间距 mm）	设计配筋（间距 mm）	结论
1	18-E,19-E 基础柱	南侧主筋：8 根 箍筋间距：103mm	南侧主筋：8 根 箍筋间距：100mm	满足规范要求
2	14-E 基础柱	南侧主筋：4 根 箍筋间距：120mm	南侧主筋：4 根 箍筋间距：100mm	满足规范要求
3	3-A 基础柱	南侧主筋：6 根 箍筋间距：118mm	南侧主筋：6 根 箍筋间距：100mm	满足规范要求
4	4-E 基础柱	南侧主筋：4 根 箍筋间距：115mm	南侧主筋：4 根 箍筋间距：100mm	满足规范要求
5	23-C 基础柱	南侧主筋：6 根 箍筋间距：100mm	南侧主筋：6 根 箍筋间距：100mm	满足规范要求
6	24-C 基础柱	南侧主筋：6 根 箍筋间距：100mm	南侧主筋：6 根 箍筋间距：100mm	满足规范要求
7	25-C 基础柱	南侧主筋：6 根 箍筋间距：120mm	南侧主筋：6 根 箍筋间距：100mm	满足规范要求
8	17-18-E 基础梁	加密区箍筋间距：116mm	加密区箍筋间距：100mm	满足规范要求
9	14-15-E 基础梁	加密区箍筋间距：118mm	加密区箍筋间距：100mm	满足规范要求
10	13-14-E 基础梁	加密区箍筋间距：108mm	加密区箍筋间距：100mm	满足规范要求
11	4-5-E 基础梁	加密区箍筋间距：106mm	加密区箍筋间距：100mm	满足规范要求
12	23-24-C 基础梁	加密区箍筋间距：101mm	加密区箍筋间距：100mm	满足规范要求
13	24-25-C 基础梁	加密区箍筋间距：110mm	加密区箍筋间距：100mm	满足规范要求

8. 结构安全性分析验算

（1）验算依据

1）建筑与结构设计图纸；

2）本次检测结果；

3）《建筑结构荷载规范》GB 50009—2001（2006 版）；

4）《钢结构设计规范》GB 50017—2003；

5）《建筑抗震设计规范》GB 50011—2001。

（2）结构抗震验算基本参数

1）竖向荷载：根据房屋当前的使用功能，确定竖向荷载：

恒载：楼面取 $4.3kN/m^2$，2 层屋面取 $4.5kN/m^2$，3 层屋面取 $0.3kN/m^2$。

活载：楼面活载按设计说明取用，不上人屋面取 $0.5kN/m^2$。

2）地震作用：抗震设防烈度 8 度，设计基本地震加速度值 $0.20g$，设计地震第二组，场地土类型Ⅱ类。

3）风荷载：基本风压按 $w_0=0.45kN/m^2$，地面粗糙度类别为 C 类。

4）材料指标：主刚架钢材种类按 Q345B 钢计算。

5）构件尺寸：构件截面尺寸按设计图纸取值。

（3）结构分析验算结果

采用中国建筑科学研究院编制结构分析软件 PKPM 系列对楼板、钢柱、梁的承载力进行验算。

以西段钢构件应力验算结果为代表见图 4.11-22、图 4.11-23，根据验算结果可知，钢柱、钢梁荷载效应与抗力之比均小于 1，即满足现行规范要求。

混凝土楼板验算结果代表见图 4.11-24、图 4.11-25，根据验算结果可知，楼板承载力基本满足规范要求。

9. 结构安全性鉴定

（1）地基基础

通过现场检测，未见由于地基基础不均匀沉降造成的损伤，地基基础在现使用条件下承载状况正常。根据《民用建筑可靠性鉴定标准》GB 50292—1999：地基基础的安全性等级评定为 A 级。

（2）上部承重结构

该建筑的结构整体性布置合理，传力路线设计正确，构件之间的连接性能较好。建筑平面布局、构件布置与原设计相符，基本符合国家现行标准规范的规定。结构整体性的安全性等级评定为 A 级。

采用中国建筑科学研究院 PKPM 工程部编制的系列软件对该建筑进行分析计算。计算结果表明：各层框架柱、梁的承载力均满足规范要求。结构承载能力的安全性等级评定为 A 级。

（3）围护结构

该建筑的围护系统包括轻质墙、屋面、门窗、防护设施等，现场检查可知，围护系统未见变形或损坏，连接构造基本符合国家现行标准规范要求，个别钢构件存有锈蚀情况。围护结构的安全性等级评定为 A 级。

（4）安全性鉴定

综合评定汇总见表 4.11-9，该建筑结构系统（地基基础、上部承重结构和围护结构）的安全性鉴定评级为 A 级，即符合国家现行标准规范的安全性要求，不影响整体安全。

主体结构安全性鉴定评级表   表 4.11-9

项　　次	结构系统		安全性鉴定评级
1	地基基础		A
2	上部承重结构	整体性	A
		承载能力	A
3	围护结构		A

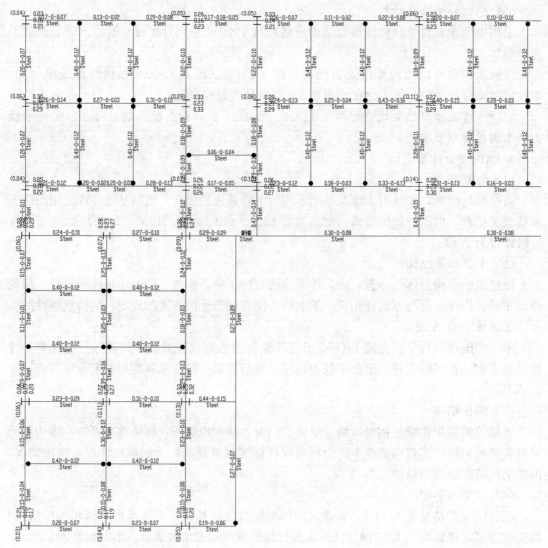

图 4.11-22 西段 1 层结构

212

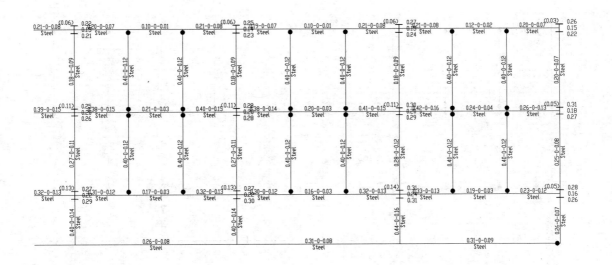

应力验算结果

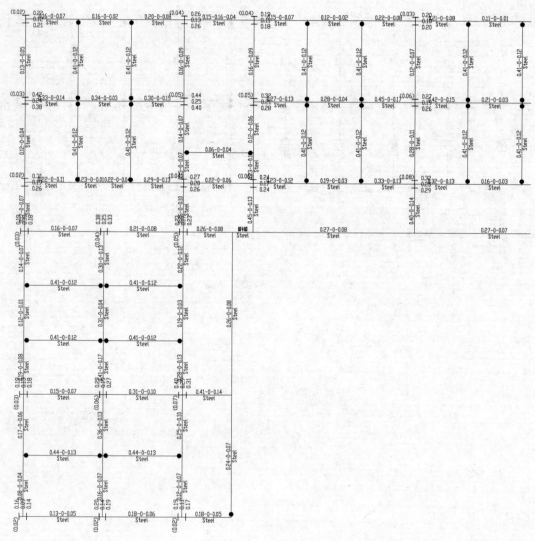

图 4.11-23　　西段 2 层结构

214

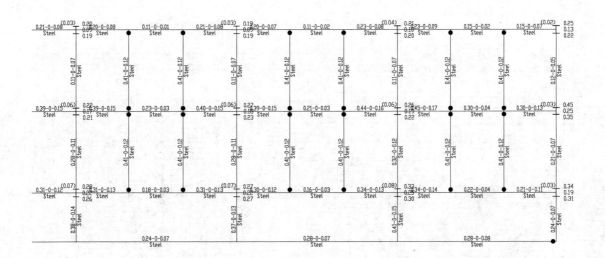

应力验算结果

215

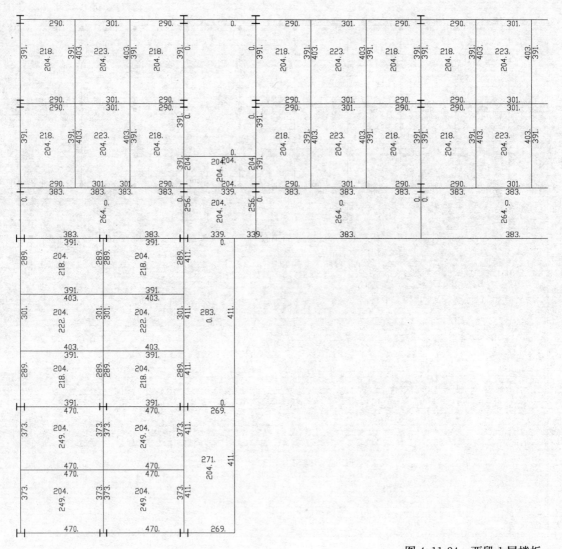

图 4.11-24 西段 1 层楼板

216

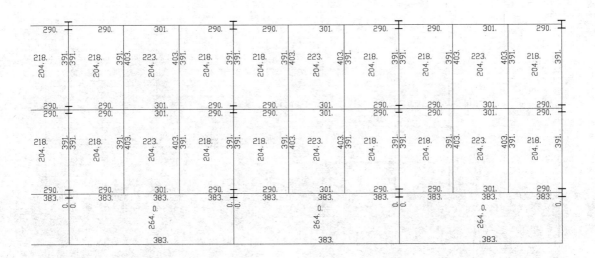

承载力验算结果

217

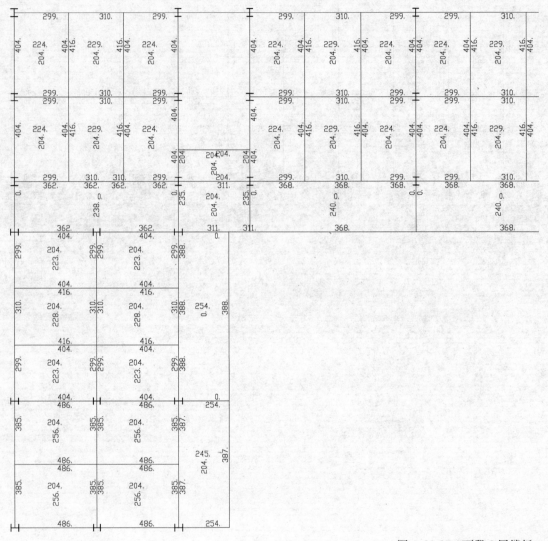

图 4.11-25　西段 2 层楼板

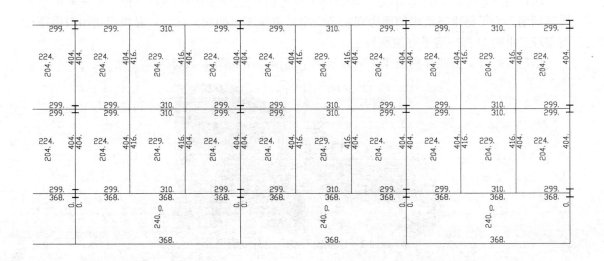

承载力验算结果

4.12 某产业园D栋厂房雪灾后鉴定

4.12.1 工程概况

某产业园厂房位于东北地区，由 A、B、C、D 四栋厂房组成。其结构形式为单层门式刚架结构，每个单体厂房的建筑面积均约为 12000m²。D 栋厂房于 2011 年 11 月竣工。

2011 年 11 月 22 日～23 日，当地普降大雪，该产业园内 B、C、D 三栋厂房南侧雨篷局部倒塌。为了解雨篷倒塌的原因和雨篷倒塌后主体库房的安全状况，对该产业园内雨篷倒塌较严重的 D 栋厂房进行检测鉴定。

该厂房的外立面照片见图 4.12-1，检测平面示意图见图 4.12-2。

图 4.12-1 产业园 D 栋厂房外立面照片

4.12.2 检测鉴定情况介绍

1. 检测鉴定项目

（1）钢柱、钢梁截面尺寸抽样检测；

（2）钢材力学性能和化学成分抽样检测；

（3）钢柱垂直度抽样检测；

（4）钢梁、檩条挠度抽样检测；

（5）对接焊缝焊接质量抽样探伤；

（6）焊缝外观质量检查及焊角尺寸抽样测量；

（7）螺栓连接节点外观质量检查；

（8）结构计算复核和施工图纸核查；

（9）厂房安全性鉴定；

（10）雨篷倒塌事故原因分析。

2. 检验鉴定依据

（1）《建筑结构检测技术标准》GB/T 50344—2004；

（2）《钢结构施工质量验收规范》GB 50205—2001；

（3）《钢结构设计规范》GB 50017—2003；

（4）《建筑结构荷载规范》GB 50009—2001（2006 年版）；

（5）《热轧 H 型钢和部分 T 型钢》GB/T 11263—2005；

（6）《热轧钢板和钢带的尺寸、外形、重量及允许偏差》GB/T 709—2006；

（7）《通用冷弯开口型钢尺寸、外形、重量及允许偏差》GB/T 6723—2008；

(8)《无缝钢管尺寸、外形、重量及允许偏差》GB/T 17395—2008；

(9)《热轧槽钢尺寸、外形、重量及允许偏差》GB 707—1988；

(10)《门式刚架轻型房屋钢结构技术规程》CECS 102—2002；

(11)厂房结构设计图纸。

3. 钢柱、钢梁截面尺寸抽样检测

采用超声波测厚仪、游标卡尺、钢卷尺等仪器设备，在现场对钢柱、钢梁的截面尺寸进行抽样检测，检测结果见表 4.12-1。

检查结果表明：所测钢构件的截面尺寸均满足设计要求。

钢柱、钢梁截面尺寸抽样检测结果　　　　　　表 4.12-1

构件名称	轴线位置	检测项目	实测值(mm)	设计值(mm)	允许偏差(mm)	评定结果
柱	8～D	高度	500	500	±3.0	满足设计要求
		宽度	299	300	±3.0	满足设计要求
		腹板厚	10.2	10	±0.7	满足设计要求
		翼缘厚	13.4	14	±1.0	满足设计要求
	9～D	高度	499	500	±3.0	满足设计要求
		宽度	297	300	±3.0	满足设计要求
		腹板厚	10.3	10	±0.7	满足设计要求
		翼缘厚	13.7	14	±1.0	满足设计要求
	10～G	高度	400	400	±3.0	满足设计要求
		宽度	328	330	±3.0	满足设计要求
		腹板厚	10.2	10	±0.7	满足设计要求
		翼缘厚	13.7	14	±1.0	满足设计要求
	7～G	高度	398	400	±3.0	满足设计要求
		宽度	329	330	±3.0	满足设计要求
		腹板厚	9.7	10	±0.7	满足设计要求
		翼缘厚	13.5	14	±1.0	满足设计要求
	7～K	高度	498	500	±3.0	满足设计要求
		宽度	297	300	±3.0	满足设计要求
		腹板厚	9.6	10	±0.7	满足设计要求
		翼缘厚	13.5	14	±1.0	满足设计要求
	8～N	高度	380	350	±3.0	满足要求
		宽度	300	300	±3.0	满足设计要求
		腹板厚	10.2	10	±0.7	满足设计要求
		翼缘厚	12.4	12	±1.0	满足设计要求
	11～N	高度	714	700	±3.0	满足要求
		宽度	298	300	±3.0	满足设计要求
		腹板厚	11.9	12	±0.7	满足设计要求
		翼缘厚	13.7	14	±1.0	满足设计要求

构件名称	轴线位置	检测项目	实测值(mm)	设计值(mm)	允许偏差(mm)	评定结果
柱	3～K	高度	504	500	±3.0	满足要求
		宽度	298	300	±3.0	满足设计要求
		腹板厚	10.2	10	±0.7	满足设计要求
		翼缘厚	13.9	14	±1.0	满足设计要求
	1～H	高度	405	400	±3.0	满足要求
		宽度	298	300	±3.0	满足设计要求
		腹板厚	10.0	10	±0.7	满足设计要求
		翼缘厚	14.0	14	±1.0	满足设计要求
	4～A	高度	376	350	±3.0	满足要求
		宽度	301	300	±3.0	满足设计要求
		腹板厚	10.2	10	±0.7	满足设计要求
		翼缘厚	11.8	12	±1.0	满足设计要求
	5～D	高度	504	500	±3.0	满足要求
		宽度	299	300	±3.0	满足设计要求
		腹板厚	10.2	10	±0.7	满足设计要求
		翼缘厚	13.5	14	±1.0	满足设计要求
	5～K	高度	498	500	±3.0	满足设计要求
		宽度	300	300	±3.0	满足设计要求
		腹板厚	10.0	10	±0.7	满足设计要求
		翼缘厚	13.9	14	±1.0	满足设计要求
	4～G	高度	402	400	±3.0	满足设计要求
		宽度	328	330	±3.0	满足设计要求
		腹板厚	9.9	10	±0.7	满足设计要求
		翼缘厚	13.5	14	±1.0	满足设计要求
檩条	倒塌雨篷部分	高度	247	250	±3.0	满足设计要求
		宽度	78	78	±3.0	满足设计要求
		腹板厚	6.5	7	±0.7	满足设计要求
		翼缘厚	11.5	12	±0.7	满足设计要求
	倒塌雨篷部分	高度	247	250	±3.0	满足设计要求
		宽度	76	78	±3.0	满足设计要求
		腹板厚	6.3	7	±0.7	满足设计要求
		翼缘厚	11.7	12	±0.7	满足设计要求
	7-8～C北侧第1根	高度	295	280	±1.2	满足设计要求
		宽度	85	75	±1.6	满足设计要求
		腹板厚	2.1	2.2	±0.17	满足设计要求

构件名称	轴线位置	检测项目	实测值(mm)	设计值(mm)	允许偏差(mm)	评定结果
檩条	5-6~A南侧第7根	高度	298	280	±1.2	满足设计要求
		宽度	87	75	±1.6	满足设计要求
		腹板厚	2.2	2.2	±0.17	满足设计要求
梁	4~A-0/A	高度	398	400	±3.0	满足设计要求
		宽度	199	200	±3.0	满足设计要求
		腹板厚	5.8	6	±0.7	满足设计要求
		翼缘厚	11.7	12	±1.0	满足设计要求
	3~A-0/A	高度	400	400	±3.0	满足设计要求
		宽度	200	200	±3.0	满足设计要求
		腹板厚	5.8	6	±0.7	满足设计要求
		翼缘厚	11.7	12	±1.0	满足设计要求
	8~D-G	高度	950	800~1100	±4.0	满足设计要求
		宽度	250	250	±3.0	满足设计要求
		腹板厚	10.0	10	±0.7	满足设计要求
		翼缘厚	13.9	14	±1.0	满足设计要求
	7~A-D	高度	809	800	±4.0	满足设计要求
		宽度	229	230	±3.0	满足设计要求
		腹板厚	7.9	8	±0.7	满足设计要求
		翼缘厚	11.5	12	±1.0	满足设计要求
	5~A-D	高度	806	800	±4.0	满足设计要求
		宽度	230	230	±3.0	满足设计要求
		腹板厚	7.9	8	±0.7	满足设计要求
		翼缘厚	11.4	12	±1.0	满足设计要求
	4~A-D	高度	799	800	±4.0	满足设计要求
		宽度	230	230	±3.0	满足设计要求
		腹板厚	7.8	8	±0.7	满足设计要求
		翼缘厚	11.7	12	±1.0	满足设计要求
拉杆	3~A-0/A	壁厚	5.1	5.5	±0.4	满足设计要求
		直径	143	140	±1.1	满足要求
	4~A-0/A	壁厚	5.3	5.5	±0.4	满足设计要求
		直径	144	140	±1.1	满足要求

4. 材料力学性能和化学成分抽样检测

根据委托要求，从现场倒塌的雨篷中截取螺栓和钢材，进行力学性能试验和化学成分分析。力学性能试验结果见表 4.12-2，化学成分分析试验结果见表 4.12-3。

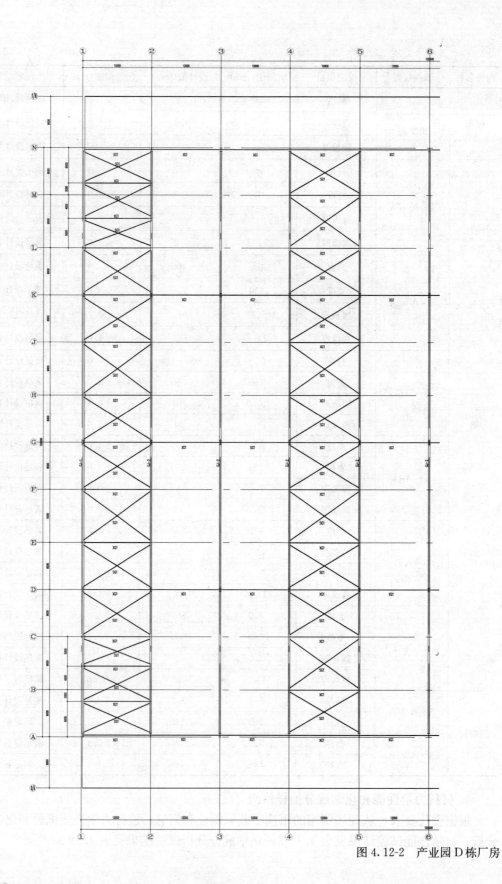

图 4.12-2　产业园 D 栋厂房

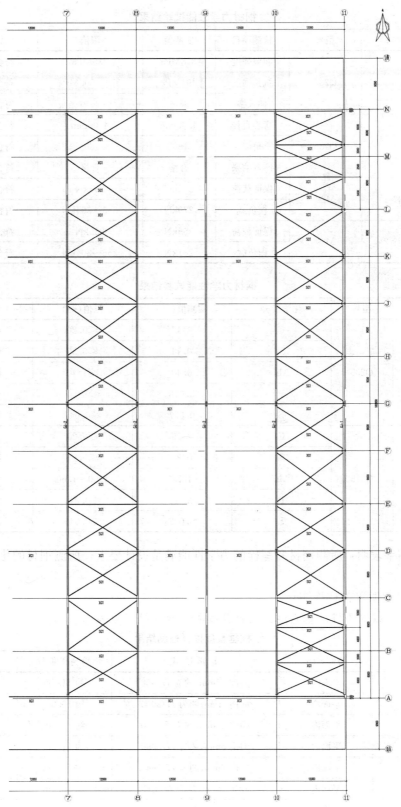

检测平面示意图

构件名称	型号	检测项目	实测值	限值	评定结果
隔撑1	Q235	屈服强度	378MPa	235MPa	符合设计要求
		抗拉强度	491MPa	370~500MPa	符合设计要求
		伸长率	38%	26%	符合设计要求
隔撑2	Q235	弯心直径	4.00mm	4.00mm	符合设计要求
		角度	180°	180°	符合设计要求
		冷弯结果	合格	合格	符合设计要求
高强度螺栓1	M20	保证载荷	255kN	255kN	符合设计要求
		楔负载	279kN	255~304kN	符合设计要求
高强度螺栓2	M20	保证载荷	255kN	255kN	符合设计要求
		楔负载	281kN	255~304kN	符合设计要求

钢材力学性能试验结果 表 4.12-3

构件名称	型号	化学成分	实测值(%)	限值(%)	评定结果
隔撑	Q235	C	0.17	≤0.20	满足要求
		Si	0.14	≤0.35	满足要求
		Mn	0.40	≤1.40	满足要求
		P	0.016	≤0.045	满足要求
		S	0.027	≤0.045	满足要求
钢梁	Q345	C	0.15	≤0.20	满足要求
		Si	0.25	≤0.55	满足要求
		Mn	1.27	1.00~1.60	满足要求
		P	0.015	≤0.040	满足要求
		S	0.002	≤0.040	满足要求

检测结果表明：所测钢材和螺栓的力学性能满足设计要求；所测钢材的化学成分满足设计要求。

5. 钢柱垂直度抽样检测

采用全站仪对钢柱的垂直度进行抽样检测，检测结果见表4.12-4。

钢柱垂直度抽样检测结果 表 4.12-4

轴线位置	检测方向	实测结果	检测高度 H	评定结果
8~G	平面内	向南12mm，约为$H/958$	约11.5m	不满足要求
7~G	平面内	向南5mm，约为$H/2000$	约10.0m	满足要求
11~G	平面内	向北40mm，约为$H/250$	约10.0m	不满足要求
3~G	平面内	向南5mm，约为$H/2300$	约11.5m	满足要求
4~G	平面内	向南7mm，约为$H/1643$	约11.5m	满足要求
4~K	平面内	向南10mm，约为$H/1000$	约10.0m	满足要求
5~K	平面内	向北1mm，约为$H/10000$	约10.0m	满足要求

轴线位置	检测方向	实测结果	检测高度 H	评定结果
8~K	平面内	向北 20mm,约为 $H/500$	约 10.0m	不满足要求
9~K	平面内	向北 5mm,约为 $H/2000$	约 10.0m	满足要求
10~K	平面内	向北 8mm,约为 $H/1250$	约 10.0m	满足要求
9~D	平面内	向北 40mm,约为 $H/250$	约 10.0m	不满足要求
8~D	平面内	向南 10mm,约为 $H/1000$	约 10.0m	满足要求
7~D	平面内	向北 5mm,约为 $H/2000$	约 10.0m	满足要求

根据《钢结构工程施工质量验收规范》GB 50205—2003 的规定,单层钢结构柱的轴线垂直度允许偏差为 $H/1000$（$H \leqslant 10$m 时）或 $H/1000$ 且不应大于 25.0mm（$H > 10$m 时）。

检测结果表明:所测 13 根钢柱的垂直度中,4 根钢柱的垂直度超过规范允许偏差,占所测钢柱的 31%;9 根钢柱的垂直度未超过规范限值,占所测钢柱的 69%。

6. 钢梁、檩条挠度抽样检测

采用全站仪对钢梁、檩条的挠度进行抽样检测,钢梁挠度检测结果见表 4.12-5,檩条挠度检测结果见表 4.12-6。

钢梁挠度抽样检测结果 表 4.12-5

轴线位置	检测跨度 L(m)	实测结果	评定结果
8~G-K	25	47.4mm,相当于 $L/527$	满足设计要求
8~D-G	25	39.2mm,相当于 $L/638$	满足设计要求
7~G-K	25	-43.9mm,相当于 $L/569$	满足设计要求
7~D-G	25	35.8mm,相当于 $L/698$	满足设计要求
5~G-K	25	11.6mm,相当于 $L/2155$	满足设计要求
2~G-K	25	17.6mm,相当于 $L/1420$	满足设计要求
4~K-N	25	56.0mm,相当于 $L/446$	满足设计要求
5~K-N	25	68.1mm,相当于 $L/367$	不满足设计要求
6~A-0/A	9	-6.9mm,相当于 $L/1304$	满足设计要求
7~A-0/A	9	-2.4mm,相当于 $L/3750$	满足设计要求
8~A-0/A	9	0mm	满足设计要求
6~N-1/N	9	-10.0mm,相当于 $L/900$	满足设计要求
5~N-1/N	9	1.2mm,相当于 $L/7500$	满足设计要求

注:表中"一"表示梁跨中较两端高,即起拱。

《钢结构设计规范》GB 500017—2003 规定,楼（屋）盖主梁或桁架的挠度容许值为 $1/400$。

检测结果表明:所测屋盖主梁的挠度基本满足规范要求。

轴线位置		检测跨度 L(m)	实测结果	评定结果
6-7～0/A	北侧第 1 根	12	11.0mm,相当于 $L/1091$	满足设计要求
6-7～0/A	北侧第 3 根	12	6.3mm,相当于 $L/1950$	满足设计要求
7-8～0/A	北侧第 3 根	12	17.6mm,相当于 $L/682$	满足设计要求
6-7～A	南侧第 1 根	12	65.6mm,相当于 $L/183$	不满足设计要求
5-6～A	南侧第 1 根	12	42.2mm,相当于 $L/284$	满足设计要求
5-6～0/A	北侧第 3 根	12	15.6mm,相当于 $L/769$	满足设计要求
6-7～1/N	北侧第 1 根	12	12.6mm,相当于 $L/952$	满足设计要求
5-6～1/N	北侧第 3 根	12	28.6mm,相当于 $L/420$	满足设计要求
9-10～K	北侧第 1 根	12	34.3mm,相当于 $L/350$	满足设计要求
9-10～K	南侧第 1 根	12	10.5mm,相当于 $L/1143$	满足设计要求
8-9～K	南侧第 1 根	12	17.0mm,相当于 $L/706$	满足设计要求
9-10～D	南侧第 1 根	12	31.0mm,相当于 $L/387$	满足设计要求
9-10～D	北侧第 1 根	12	3.3mm,相当于 $L/3636$	满足设计要求
4-5～K	南侧第 1 根	12	3.8mm,相当于 $L/3158$	满足设计要求
4-5～K	北侧第 1 根	12	21.9mm,相当于 $L/548$	满足设计要求
4-5～D	南侧第 1 根	12	2.3mm,相当于 $L/5217$	满足设计要求
4-5～D	北侧第 1 根	12	10.7mm,相当于 $L/1121$	满足设计要求

《钢结构设计规范》GB 500017—2003 规定,屋盖檩条的挠度容许值为 1/200。

检测结果表明:所测屋盖檩条的挠度基本满足规范要求。

7. 对接焊缝焊接质量抽样探伤

通过咨询现场施工时的业主方管理人员,并对现场进行调查后,发现该厂房没有现场对接焊缝,现场安装时仅有少量 T 形焊缝和角焊缝。因此,现场不再进行对接焊缝的焊接质量进行探伤。

8. 焊缝外观质量检查及焊角尺寸抽样测量

现场对焊缝的外观质量进行了检查,检查结果表明:

(1) 雨篷斜拉杆的上下端与柱或横梁连接节点处存在未焊接的现象,部分节点只有简单点焊,焊角尺寸不符合设计要求;

(2) 雨篷横梁与柱连接节点处存在未焊接的现象;

(3) 所查库房斜向支撑与柱连接节点只有简单点焊,焊角尺寸不符合设计要求。

现场大部分 T 形焊缝和角焊缝的焊接节点只有简单的点焊,无法测量其焊角尺寸,仅测得雨篷位置 4～A-0/A 处斜拉杆与横梁的 T 形焊缝的焊角高 4.5mm。

典型外观质量照片见图 4.12-3～图 4.12-7。

图 4.12-3　雨篷斜拉杆上端节点未焊接

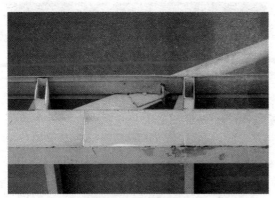

图 4.12-4　雨篷斜拉杆下端节点未有效焊接

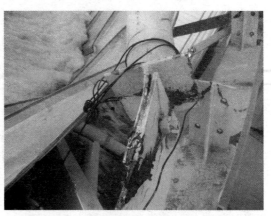

图 4.12-5　雨篷斜拉杆下端节点板与连接板
　　　　　　边缘对齐、无法焊接

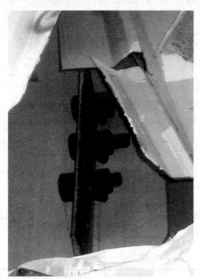

图 4.12-6　倒塌雨篷的横梁端节点未焊接

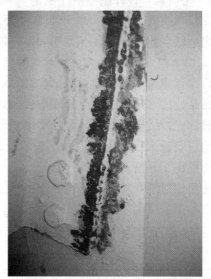

图 4.12-7　库房内斜向支撑未有效焊接

9. 螺栓连接节点外观质量检查

现场对螺栓连接节点的外观质量进行检查，检查结果表明：

（1）库房主体结构未发现螺栓缺失现象；

（2）库房雨篷檩条与横梁连接位置存在螺栓缺失现象。

典型外观质量照片见图 4.12-8 ～ 图 4.12-10。

10. 结构计算复核和施工图纸核查

根据委托要求，对厂房 D 进行结构计算复核和施工图纸核查，复核与核查项目及主要内容如下：

（1）荷载复核

图 4.12-8　库房主体结构螺栓节点连接状况

图 4.12-9 雨篷檩条与横梁
连接处无螺栓

图 4.12-10 库体内钢柱与支撑
连接处加劲肋弯曲变形

1) 设计图纸中注明的静荷载和活荷载取值满足规范要求。

2) 雪荷载：设计图纸中注明的雪荷载标准值为 $0.5kN/m^2$，满足《建筑结构荷载规范》GB 50009—2001（2006 年版）的要求。

当地城乡建设委员会《关于加强轻钢结构建筑设计施工管理的通知》（沈建发〔2007〕40 号）中第四大项规定："2、对雪荷载比较敏感的轻型钢结构建筑，其基本雪压应适当提高，按《建筑结构荷载规范》GB 50009—2001 中给出的 100 年一遇雪压采用，屋面积雪分布系数按《建筑结构荷载规范》GB 50009—2001 中提高 1.5 倍采用。3、对雪荷载和风荷载都比较敏感的轻钢结构，应增加考虑风荷载与不均匀雪荷载的不利组合，其组合值系数均应取为 1.0。"因此，本工程的设计雪荷载标准值应取 $0.55kN/m^2$，屋面积雪分布系数应提高 1.5 倍。

按照沈建发〔2007〕40 号的规定，各部分雪荷载汇总见表 4.12-7。

按沈建发〔2007〕40 号规定计算的各部分雪荷载值　　　　表 4.12-7

部位	基本雪压 kN/m²	荷载规范积雪分布系数	07-40 规定的积雪分布系数提高倍数	雪荷载 kN/m²	用途
屋面（均布）	0.55	1.00	1.5	0.83	主体计算及檩条、屋面计算
雨篷靠近墙面 0~8m	0.55	2.00	1.5	1.65	主体计算及檩条、屋面计算
雨篷从端部起 1m	0.55	1.00	1.5	0.83	主体计算及檩条、屋面计算

因委托方未提供原设计计算文件，只能判断出原设计的雪荷载标准值偏小，无法判断原设计的屋面积雪分布系数是否合理。

3) 风荷载

图纸中注明：基本风压取 $0.55 \times 1.05 = 0.58kN/m^2$，地面粗糙度取 B 类，均满足规范要求。因委托方未提供原设计计算文件，无法判断风荷载体形系数是否合理。

根据《建筑结构荷载规范》GB 50009—2001（2006 年版）和《门式刚架轻型房屋钢结构技术规程》CECS 102：2002 的相关规定，屋面及雨篷各部位的风荷载汇总见表 4.12-8。

（2）雨篷檩条复核验算

雨篷檩条采用 Q235B，檩条跨度 12m，檩条间距 1.2m（靠近墙面部分为 1.0m），檩条采用 25a 热轧普通槽钢，两端简支，跨中设 3 道拉条，拉条分上下两层。积雪荷载按照《建筑结构荷载规范》和沈建发〔2007〕40 号规定分别取值，雨篷檩条验算结果见表 4.12-9。

部　　位	基本风压 kN/m²	檩条负荷面积 A(m²)	体 形 系 数	高度系数	风荷载 kN/m²	用途
屋面前坡中部	0.58	—	−1.0	1.13	−0.65	主体计算
屋面后坡中部	0.58	—	−0.55	1.13	−0.36	主体计算
屋面前坡边部	0.58	—	−1.4	1.13	−0.91	主体计算
屋面后坡中部	0.58	—	−0.8	1.13	−0.52	主体计算
雨篷	0.58	12×1.2	0.858×log(A)−2.658=−1.66	1.0	−0.97	主体计算
雨篷	0.58	12×1.2	0.858×log(A)−2.658=−1.66	1.0	−0.97	檩条计算
屋面中部	0.58	12×1.2	−1.15	1.13	−0.75	檩条计算
屋面边部、角部	0.58	12×1.2	−1.4	1.13	−0.92	檩条计算

雨篷檩条验算结果　　　　　　　　　　表 4.12-9

檩 条 名 称	雨篷檩条			
截面	25a 槽钢	25a 槽钢	25a 槽钢	25a 槽钢
材质	Q235B	Q235B	Q235B	Q235B
檩条间距(mm)	1200	1200	1000	1000
檩条跨度(m)	12	12	12	12
是否连续	否	否	否	否
风体形系数	−1.66	−1.66	−1.66	−1.66
雪荷载值(kN/m²)	1	1.65	1	1.65
雪荷载取值规定	《建筑结构荷载规范》	沈建发〔2007〕40 号	《建筑结构荷载规范》	沈建发〔2007〕40 号
应力(工况 1.2D+1.4L)N/mm²	151	222	129	189
强度限值 N/mm²	215	215	215	215
挠度(工况 D+L)(mm)	69	97	57	83
变形控制值(mm)	80	80	80	80
强度判定结果	满足规范要求	基本满足规范要求	满足规范要求	满足规范要求
变形判定结果	满足规范要求	不满足规范要求	满足规范要求	不满足规范要求

雪荷载取 1.65kN/m² 时，间距 1200mm 的檩条，其承载能力超出规范限值 3.3%，基本满足要求；变形超出规范限值 21.3%，变形不满足规范要求。此时每个檩条承担的积雪平均厚度为 1.1m（积雪密度按 1.5kN/m³ 考虑）。

（3）屋面檩条计算复核

"图纸 02A 第三.1 条说明"中次结构（强梁、次檩条等冷弯薄壁构件）采用 Q345B，而设计图纸"第十二.2 的材料表"中，屋面檩条 WL1 的材质为 Q235B。根据工程设计洽商记录，WL1 的材质为 Q345B，因此檩条 WL1 按照 Q345B 进行验算。

边跨采用 WL1，中间跨采用 WL2，檩条跨度 12m，檩条间距 1.2m（靠近边部 4m 的范围间距为 1.0m）。檩条采用 Z 型冷弯薄壁构件，多跨连续（按 5 跨连续计算），跨中设 3 道拉条。积雪荷载按照《建筑结构荷载规范》和沈建发〔2007〕40 号规定分别取值验算，屋面檩条的验算结果见表 4.12-10、4.12-11。

验算时考虑屋面板能阻止檩条侧向失稳，考虑上下两层拉条能保证檩条下翼缘在风吸力下的稳定性；考虑连续跨檩条的活载不利组合，不考虑雪荷载的不利组合。

屋面边跨檩条 WL1 （Q345B） 验算结果　　　　　　　　表 4.12-10

截　　面	Z280×75×20×2.5			
檩条间距(mm)	1200	1200	1000	1000
檩条跨度(m)	12	12	12	12
是否连续	是	是	是	是
风体形系数	−1.4	−1.4	−1.4	−1.4
雪荷载值(kN/m²)	0.50	0.83	0.50	0.83
雪荷载取值规定	《建筑结构荷载规范》	沈建发〔2007〕40 号	《建筑结构荷载规范》	沈建发〔2007〕40 号
应力(工况 1.2D+1.4L)N/mm²	226	284	189	236
强度限值 N/mm²	300	300	300	300
挠度(工况 D+L)(mm)	62	65	54	54
变形控制值(mm)	80	80	80	80
强度判定结果	满足规范要求	满足规范要求	满足规范要求	满足规范要求
变形判定结果	满足规范要求	满足规范要求	满足规范要求	满足规范要求

屋面中间跨檩条 WL2 （Q345B） 验算结果　　　　　　　　表 4.12-11

截　　面	Z280×75×20×2.2			
檩条间距(mm)	1200	1200	1000	1000
檩条跨度(m)	12	12	12	12
是否连续	是	是	是	是
风体形系数	−1.15	−1.15	−1.15	−1.15
雪荷载值(kN/m²)	0.50	0.83	0.50	0.83
雪荷载取值规定	《建筑结构荷载规范》	沈建发〔2007〕40 号	《建筑结构荷载规范》	沈建发〔2007〕40 号
应力(工况 1.2D+1.4L)N/mm²	189	270	158	225
强度限值 N/mm²	300	300	300	300
挠度(工况 D+L)(mm)	69	26	58	22
变形控制值(mm)	80	80	80	80
强度判定结果	满足规范要求	满足规范要求	满足规范要求	满足规范要求
变形判定结果	满足规范要求	满足规范要求	满足规范要求	满足规范要求

从上述檩条计算结果可以得出如下结论：

1) 屋面檩条 WL1 材质为 Q345B，雪荷载按《建筑结构荷载规范》取值验算时，承载能力和变形均满足规范要求。雪荷载按沈建发〔2007〕40 号规定取值验算时，承载能力和变形均满足规范要求；

2) 屋面檩条 WL2 材质为 Q345B，雪荷载按《建筑结构荷载规范》取值验算时，承载能力和变形均满足规范要求。雪荷载按沈建发〔2007〕40 号规定取值验算时，承载能力和变形均满足规范要求。

(4) 积雪荷载按照《建筑结构荷载规范》取值门式刚架结构复核

1) 变形验算

屋面积雪荷载按照《建筑结构荷载规范》取值时,门式刚架的变形验算结果见表
4.12-12。

按《建筑结构荷载规范》取值时的门式刚架变形验算结果   表 4.12-12

项 目	左边跨	右边跨	左雨篷	右雨篷
恒载 DL	−9.8mm	−9.8mm	−4.0mm	−4.0mm
活载 LL	−16.3mm	−16.3mm	−6.5mm	−6.5mm
均布雪载 SL	−13.8mm	−13.8mm	−17.8mm	−17.8mm
左风 W_1	−19.9mm	51.7mm	118.1mm	−94.5mm
右风 W_2	49.3mm	−18.2mm	−89.0mm	114.8mm
$DL+LL$	−26.1mm	−26.1mm	−10.5mm	−10.5mm
$DL+SL$	−23.6mm	−23.6mm	−21.8mm	−21.8mm
$DL+W_1$	−29.7mm	41.9mm	114.1mm	−98.5mm
$DL+W_2$	39.5mm	−28.0mm	−93.0mm	110.8mm
最大组合向上变形 f_1	39.5mm	41.9mm	114.1mm	110.8mm
最大组合向下变形 f_2	−29.7mm	−28.0mm	−93.0mm	−98.5mm
最大组合变形 f	39.5mm	41.9mm	114.1mm	110.8mm
跨度 L	25m	25m	9m	9m
L/f	633	597	79	81
L/f 规范变形限值	180	180	90	90
变形判定结果	满足规范要求	满足规范要求	不满足规范要求	不满足规范要求

2) 杆件承载能力验算

验算结果表明,刚架杆件最大应力比为 0.62,雨篷梁杆件最大应力比为 0.36,均满
足规范要求;雨篷斜拉杆应力比为 1.16(受压),不满足规范要求。雨篷斜拉杆的最大组
合内力(拉力)为 249kN,应力为 107N/mm²。按《建筑结构荷载规范》规定取值时的
杆件验算应力比见图 4.12-11。

3) 结论

积雪荷载按照《建筑结构荷载规范》取值,门式刚架结构满足规范要求。雨篷斜拉杆
在风荷载作用下,其受压承载能力不满足规范要求。雨篷在风荷载下的向上变形值不满足
规范要求。

(5) 积雪荷载按照沈建发〔2007〕40 号规定取值门式刚架结构复核

1) 变形验算

屋面积雪荷载按照沈建发〔2007〕40 号规定取值时,门式刚架的变形验算结果见表
4.12-13。

图 4.12-11 按《建筑结构荷载规范》规定取值时的杆件验算应力比

234

按沈建发〔2007〕40 号规定取值时的门式刚架变形验算结果 表 4.12-13

项 目	左边跨	右边跨	左雨篷	右雨篷
恒载 DL	−9.8mm	−9.8mm	−4.0mm	−4.0mm
活载 LL	−16.3mm	−16.3mm	−6.5mm	−6.5mm
均布雪载 SL	−22.8mm	−22.8mm	−29.2mm	−29.2mm
左风 W_1	−19.9mm	51.7mm	118.1mm	−94.5mm
右风 W_2	49.3mm	−18.2mm	−89.0mm	114.8mm
$DL+LL$	−26.1mm	−26.1mm	−10.5mm	−10.5mm
$DL+SL$	−32.6mm	−32.6mm	−33.2mm	−33.2mm
$DL+W_1$	−29.7mm	41.9mm	114.1mm	−98.5mm
$DL+W_2$	39.5mm	−28.0mm	−93.0mm	110.8mm
最大组合向上变形 f_1	39.5mm	41.9mm	114.1mm	110.8mm
最大组合向下变形 f_2	−32.6mm	−32.6mm	−93.0mm	−98.5mm
最大组合变形 f	39.5mm	41.9mm	114.1mm	110.8mm
跨度 L	25m	25m	9m	9m
L/f	633	597	79	81
L/f 规范变形限值	180	180	90	90
变形评定结果	满足规范要求	满足规范要求	满足规范要求	满足规范要求

2）杆件承载能力验算

验算结果表明，刚架杆件最大应力比为 0.85，雨篷梁杆件最大应力比为 0.55，均满足规范要求；雨篷斜拉杆应力比为 1.16（受压），不满足规范要求。雨篷斜拉杆的最大组合内力（拉力）为 373kN，应力为 160N/mm²。按沈建发〔2007〕40 号规定取值时的杆件验算应力比见图 4.12-12。

3）结论

积雪荷载按沈建发〔2007〕40 号规定取值时，门式刚架结构满足规范要求。雨篷斜拉杆在风荷载作用下，其受压承载能力不满足规范要求。雨篷在风荷载下的向上变形值不满足规范要求。

（6）积雪荷载按照现场实际积雪规定取值门式刚架结构复核

为了验证现场实际积雪对结构的影响，南侧雨篷按本次降雪后的实际积雪荷载取值，北侧雨篷按沈建发〔2007〕40 号规定取值，对厂房结构进行了复算。南侧雨篷从墙面起 0～8m 的范围内，雪荷载从 4.8kN/m²（相当于 3.2m 积雪）渐变到 0.83kN/m²，北侧雨篷按照沈建发〔2007〕40 号规定取值。

1）变形验算

屋面南侧按本次降雪后的实际积雪荷载验算，北侧按沈建发〔2007〕40 号规定取值验算时，门式刚架的变形验算结果见表 4.12-14。

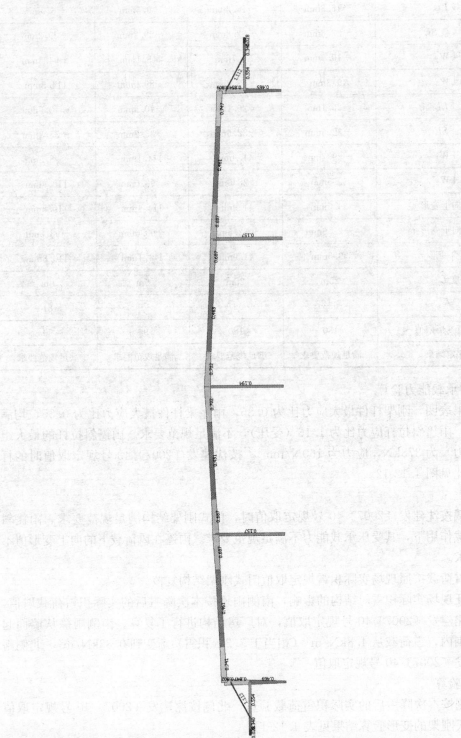

图 4.12-12 按沈建发〔2007〕40 号规定取值时的杆件验算应力比

屋面南侧按本次降雪后实际积雪荷载验算时的门式刚架变形验算结果

表 4.12-14

项　　目	左边跨	右边跨	左雨篷	右雨篷
恒载 DL	-9.8mm	-9.8mm	-4.0mm	-4.0mm
活载 LL	-16.3mm	-16.3mm	-6.5mm	-6.5mm
不均布雪载 SL	-22.3mm	-27.6mm	-28.7mm	-23.8mm
左风 W_1	-19.9mm	51.7mm	118.1mm	-94.5mm
右风 W_2	49.3mm	-18.2mm	-89.0mm	114.8mm
$DL+LL$	-26.1mm	-26.1mm	-10.5mm	-10.5mm
$DL+SL$	-32.1mm	-37.4mm	-32.7mm	-27.8mm
$DL+W_1$	-29.7mm	41.9mm	114.1mm	-98.5mm
$DL+W_2$	39.5mm	-28.0mm	-93.0mm	110.8mm
最大组合向上变形 f_1	39.5mm	41.9mm	114.1mm	110.8mm
最大组合向下变形 f_2	-32.1mm	-37.4mm	-93.0mm	-98.5mm
最大组合变形 f	39.5mm	41.9mm	114.1mm	110.8mm
跨度 L	25m	25m	9m	9m
L/f	633	597	79	81
L/f 规范变形限值	180	180	90	90
变形评定结果	满足规范要求	满足规范要求	不满足规范要求	不满足规范要求

2）杆件承载能力验算

验算结果表明，刚架杆件最大应力比为 0.87，雨篷梁杆件最大应力比为 0.92，均满足规范要求；雨篷斜拉杆应力比为 1.16（受压），不满足规范要求。雨篷斜拉杆的最大组合内力（拉力）为 356kN，应力为 153N/mm^2。

3）结论

荷载按本次降雪后的实际积雪荷载取值验算时，门式刚架结构满足规范要求。雨篷斜拉杆在向上的风荷载作用时，其受压承载能力不满足规范要求。雨篷在风荷载下的向上变形值不满足规范要求。

11. 安全性鉴定

现场检查发现雨篷倒塌未对钢柱的截面产生损伤和削弱。假设两侧雨篷全部取消，按取消全部雨篷的库房进行安全性验算。

（1）变形验算

屋面积雪荷载按照沈建发〔2007〕40 号规定取值时，不带雨篷的门式刚架变形验算结果见表 4.12-15。

按沈建发〔2007〕40 号规定取值时，不带雨篷的门式刚架变形验算结果

表 4.12-15

项　　目	左　边　跨	右　边　跨
恒载 DL	-11.9mm	-11.9mm
活载 LL	-19.8mm	-19.8mm
均布雪载 SL	-32.6mm	-32.6mm

项　目	左边跨	右边跨
左风 W_1	2.4mm	39.1mm
右风 W_2	38.4mm	3.4mm
DL+LL	−31.7mm	−31.7mm
DL+SL	−44.5mm	−44.5mm
DL+W_1	−9.5mm	27.2mm
DL+W_2	26.5mm	−8.5mm
最大组合向上变形 f_1	26.5mm	27.2mm
最大组合向下变形 f_2	−44.5mm	−44.5mm
最大组合变形 f	44.5mm	44.5mm
跨度 L	25m	25m
L/f	562	562
L/f 规范变形限值	180	180
评定结果	满足规范要求	满足规范要求

（2）杆件承载能力验算

验算结果表明，刚架杆件最大应力比为 0.73，满足规范要求。按沈建发〔2007〕40号规定取值时，不带雨篷的杆件验算应力比见图 4.12-13。

（3）结论

雨篷是否取消，对门式刚架的影响很小。积雪荷载按照《建筑结构荷载规范》和沈建发〔2007〕40 号规定取值时，门式刚架结构均能满足规范要求。

12. 雨篷倒塌事故原因分析和设计审核结果综述

我中心技术人员于 2011 年 11 月 25 日勘查现场时，倒塌雨篷尚未处理，12 月 6 日到现场检测时，仅对部分位置的倒塌构件进行了清理。

经现场查看，局部倒塌的雨篷全部位于主体库房的南侧，钢柱截面尚未受到损伤。根据现场检测结果、检查结果和厂房结构验算结果综合分析，该厂房雨篷倒塌的原因主要有：

（1）雪载严重超载，檩条失效

设计图纸注明的设计雪荷载值为 $0.50kN/m^2$，按照《建筑结构荷载规范》考虑屋面积雪分布系数后，则雨篷的最大积雪厚度不应超过 0.67m。实际上现场观测到南侧雨篷上的最大积雪厚度达到约 3.2m，远远超出设计雪荷载值。

在远超设计要求的雪荷载作用下，檩条应力达到了 $382N/mm^2$，变形达到了 165mm，远远超过规范要求的限值。从而导致檩条丧失承载能力，致使雨篷倒塌。

（2）雨篷斜拉杆截面偏小的影响

按沈建发〔2007〕40 号规定取值验算时，雨篷斜拉杆的最大组合内力（拉力）为 373kN，应力为 $160N/mm^2$。按照现场实际积雪荷载（最大积雪厚度 3.2m，梯形分布）进行结构复核时，斜拉杆最大组合内力（拉力）为 356kN，应力为 $153N/mm^2$，与按沈建发〔2007〕40 号规定取值验算结果基本一致，满足规范要求。

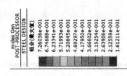

图 4.12-13　按沈建发〔2007〕40 号规定取值时，不带雨篷的杆件验算应力比

239

在风荷载作用下斜拉杆转变为压杆，最大应力比为 1.16，不满足规范要求；并且雨篷端部在风荷载作用下的最大向上变形值超出规范限值。因此可以判定雨篷斜拉杆截面偏小。

（3）雨篷采用倒坡形式的不利影响

雨篷采用倒坡，不利于雨篷排水和排雪，也容易造成下雪后天沟内积存雪融成的冰块，造成荷载增加。这也是大雪后 4d 仍发生雨篷倒塌的原因之一。

（4）现场施工质量较差

现场发现多处雨篷檩条支撑系统漏装（图 4.12-14）、雨篷檩条螺栓漏装（图 4.12-15）和安装错误，容易造成檩条的侧向失稳而破坏；雨篷斜拉杆两端连接节点及梁柱节点未按图施工（包括斜拉杆两端只有安装螺栓而无焊缝、雨篷横梁与钢柱连接节点只有腹板螺栓而无翼缘焊缝等现象），导致斜拉杆失效。这些均是造成此次大雪后雨篷坍塌的重要原因。

图 4.12-14　雨篷雪荷载分布情况 　　　　图 4.12-15　雨篷檩条间未设置刚性支撑
（蓝线位置约 3.2m）

4.13　百年建筑中钢楼梯检测鉴定

4.13.1　工程概况

某办公主楼始建于 1908 年，结构形式为 4 层工字形平面的混合结构，外墙为承重砖墙，内部为钢筋混凝土内框架，室内采用钢结构楼梯作为主要的交通与疏散通道，南北各有一个钢结构楼梯。首层钢楼梯平面如图 4.13-1 所示。

4.13.2　检测鉴定情况介绍

1. 钢楼梯外观及尺寸检测

现场检查可知，钢构件外观无锈蚀，无明显的变形及倾斜；钢结构楼梯的构件主要采用铆接或螺栓连接，现场检查铆接件及螺栓均保持良好，基本无松动脱落。

现场检测可知两个钢结构楼梯形式不一样，主要结构构件由钢柱、钢梁、钢板等组成。根据现场所测构件尺寸，建立南、北钢楼梯计算模型，如图 4.13-2 所示。

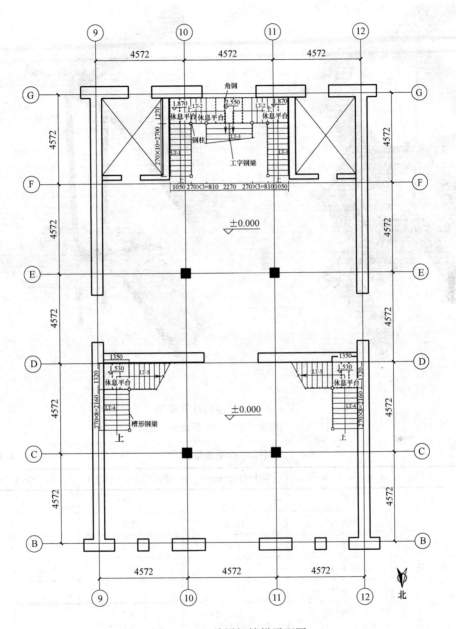

图 4.13-1 首层钢楼梯平面图

2. 钢材强度和厚度检测

按照《金属里氏硬度试验方法》GB/T 17394—1998 的规定，采用里氏硬度仪对钢楼梯构件的硬度进行抽查检测，此次检测使用里氏硬度计配置 D 型冲击头，适用于普通硬度测试场合，对现场钢构件表面测点进行抛光处理。同时，在所选测点采用超声波测厚仪检测钢材的厚度，现场检测里氏硬度值与厚度，检测数据见表 4.13-1。

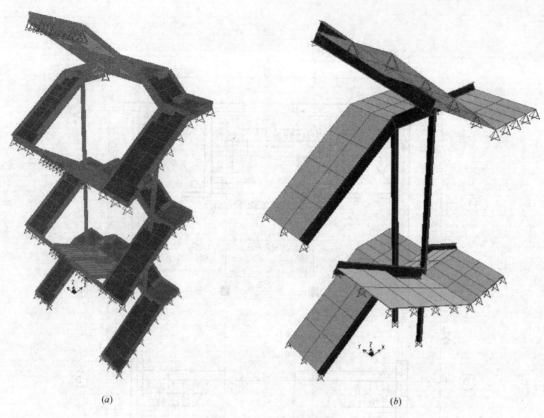

图 4.13-2 钢楼梯计算模型

(a) 钢楼梯 (南); (b) 钢楼梯 (北)

钢楼梯的检测数据 表 4.13-1

构 件 名 称		构件厚度(mm)	里氏硬度值(HLD)	抗拉强度(MPa)
1层钢楼梯(南)	钢梁 GL1	10.1	368	469
	钢梁 GL2	10.5	364	461
	钢梁 GL3	9.9	352	436
	钢梁 GL4	9.9	384	503
	钢柱	27.9	467	676
	踢板	4.2	296	319
	踏板	6.2	314	357
2层钢楼梯(南)	钢梁 GL1	9.9	328	386
	钢梁 GL2	10.3	346	424
	钢梁 GL4	10.3	336	403
	钢柱	12.1	481	705
	踢板	5.2	307	342
	踏板	6.2	318	365

构 件 名 称		构件厚度(mm)	里氏硬度值(HLD)	抗拉强度(MPa)
3层钢楼梯(南)	钢梁 GL1	10.3	343	417
	钢梁 GL2	10.6	388	511
	钢梁 GL4	10.1	407	551
	踢板	4.7	266	257
	踏板	6.8	309	346
1层钢楼梯(北)	钢梁 GL1	9.7	344	419
	钢梁 GL4	10.6	359	451
	踢板	4.5	264	253
	踏板	5.7	298	324
2层钢楼梯(北)	钢梁 GL1	10.9	346	424
	钢梁 GL4	9.6	353	438
	踢板	4.7	269	263
	踏板	6.2	314	357
3层钢楼梯(北)	钢梁 GL1	9.6	368	469
	钢梁 GL2	9.6	344	419
	钢梁 GL4	10.1	361	455
	钢柱	18.6	474	690
	踢板	4.6	264	253
	踏板	7.8	311	351

注：钢梁编号 GL1、GL2 等参见图 4.13-3。

从表 4.13-1 可知，钢柱的里氏硬度值范围 467～474，钢梁的里氏硬度值范围 328～407，钢板（踢板和踏板）的里氏硬度值范围 264～314，钢楼梯的不同构件用钢符合一定的规律。同时，从表 4.13-1 可知所测钢材厚度数据比较稳定，所测数据较准确。

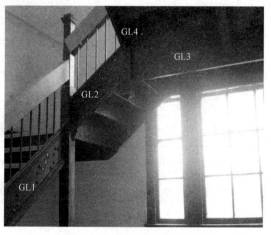

图 4.13-3　钢楼梯的钢梁编号

3. 结构计算及安全分析

依照现场检测数据，建立计算模型，采用有限元计算内力，计算取值依照以下规定：

1）依据《建筑结构荷载规范》GB 50009—2001（2006 年版），楼梯活荷载标准值取 $2.5kN/m^2$。

2）按现场所测钢板厚度计算自重，楼面恒荷载标准值取 $1.5kN/m^2$。

3）依照里氏硬度现场检测结果，为了计算简便，并偏于安全考虑取值，钢柱按 Q345 钢验算，钢梁、钢板（踏板和踢板）按 Q235 钢验算。

计算应力云图结果整理见图 4.13-4 和图 4.13-5，计算结果整理于表 4.13-2，通过验算可知，钢楼梯的主要构件的承载力可以满足现行设计规范要求，钢楼梯具有一定安全裕度。

图 4.13-4　钢楼梯（北）的计算应力云图

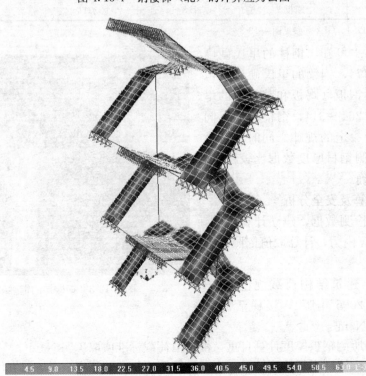

图 4.13-5　钢楼梯（南）的计算应力云图

构 件 名 称		验算部位 最大应力(MPa)	设计强度(MPa)	结论
1层钢楼梯(南)	钢柱	47.2	295	满足
	钢梁	16.5	215	满足
	梯板	49.5	215	满足
2层钢楼梯(南)	钢柱	28.7	310	满足
	钢梁	15.3	215	满足
	梯板	49.5	215	满足
3层钢楼梯(南)	钢柱	22.0	310	满足
	钢梁	14.7	215	满足
	梯板	49.5	215	满足
1层钢楼梯(北)	钢梁	28.5	215	满足
	梯板	74.1	215	满足
2层钢楼梯(北)	钢梁	28.5	215	满足
	梯板	74.1	215	满足
3层钢楼梯(北)	钢柱	33.0	310	满足
	钢梁	28.5	215	满足
	梯板	44.3	215	满足

4.14 国家体育馆工程质量检测

4.14.1 工程概况

国家体育馆位于北京奥林匹克公园南部,东南面是中轴线广场和国家体育场,南面是国家游泳中心,北面是国际会议中心。国家体育馆是一座拥有1.9万坐席的国家级综合性体育馆,总建筑面积为80890m²,在第29届北京奥林匹克运动会期间将进行体操比赛、

手球比赛和蹦床比赛,也是残奥会期间轮椅篮球比赛场馆,国家体育馆外立面见图4.14-1,首层建筑结构平面布置见图4.14-2。国家体育馆在建筑空间上划分为两个大厅,即比赛大厅和训练大厅,双向张弦空间网格钢结构屋盖将比赛大厅和训练大厅的屋顶连为一个整体,主体结构形式为框架—抗震墙结构与型钢混凝土框架与钢支撑相结合的混合型结构体系,比赛大厅基础形式为钢筋混凝土梁筏基础;训练大厅的基础部分采用柱下扩展基础,部分采用钢筋混凝土梁筏基础。

图 4.14-1 国家体育馆东南侧外立面

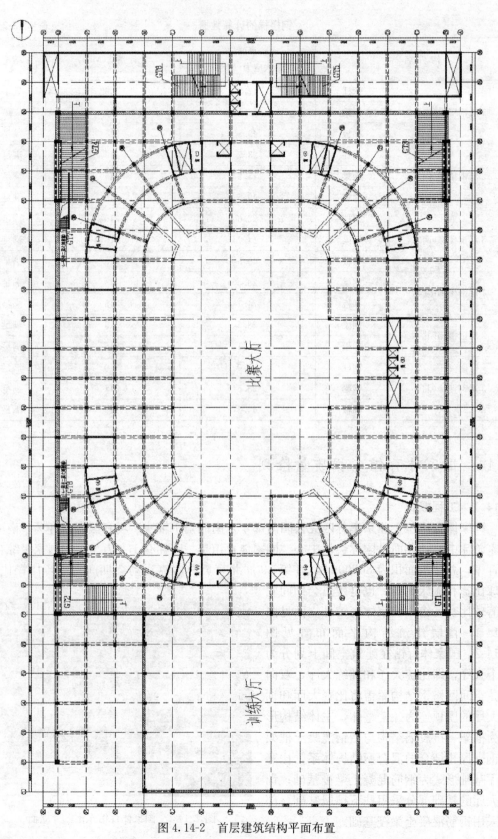

图 4.14-2　首层建筑结构平面布置

4.14.2 检测鉴定情况介绍

1. 结构体系的核查

结构体系核查采用现场检查与资料调查相结合进行,根据该工程具体情况,对地基基础、上部结构及屋面结构均进行了核查,核查结果如下:

国家体育馆建筑采用下沉式设计,室内比赛场地标高±0.000=41.100,建筑物东、西、北侧的大部分室外地坪高程-0.150=40.950,相当于该场地自然地坪下约3.5m处标高,建筑物最高点为42m(以±0.000计),见图4.14-3。

国家体育馆地基基础采用天然地基方案,地基综合承载力标准值为190kPa,比赛场地和观众厅基础形式为钢筋混凝土梁筏基础,训练大厅场地的基础部分采用柱下扩展基础,部分采用钢筋混凝土梁筏基础,由于结构自重较小,基础埋深较深,采用了压重法抗浮措施,比赛场地和观众厅采用填充钢渣和素土压重;训练大厅场地采用配置构造钢筋的混凝土和素土压重;地下室车库的车道采用设置飞边利用回填土压重。近年来该场区地下水的上层滞水最高水位标高为42.0m,潜水最高水位标高为35.0m,地下室顶板、外墙、基础梁、基础底板、车道等均采用防水混凝土,抗渗等级不小于S12,现场检查未发现地下室等有渗漏现象。

国家体育馆在建筑空间上划分为两个大厅,即比赛大厅和训练大厅,由比赛场地、看台、休息厅和附属用房构成的空间称为比赛大厅,热身场地空间为训练大厅,比赛大厅空间平面尺寸为114.0m×144.5m,柱顶高度为26~40m,主要柱网尺寸为8.5m×8.5m,另有8.5m×12.0m、8.5m×4.25m柱网,比赛大厅的固定看台分为池座、包厢层及楼座共三层,见图4.14-4;附属用房分布于看台下部,共五层,地下一层,地上四层,各层层高分别为4.0m(6.5m)、6.0m、6.0m、4.0m、4.0m,地下一层设有局部六级人防和五星级人防区域,平时主要为停车场使用,见图4.14-5。

图4.14-3 国家体育馆建筑采用下沉式设计

图4.14-4 国家体育馆看台分为三层

训练大厅在比赛大厅北侧,主要为地上一层,局部两层,训练大厅空间平面尺寸为51m×63m,柱顶高度为26~21m。

整个上部主体结构和屋盖钢结构均不设永久性结构变形缝,设置施工后浇带和结构沉降后浇带,在地下室和外侧通道相连的部位设置变形缝。

上部主体结构形式为框架—抗震墙结构与型钢混凝土框架—钢支撑相结合的混合型结

构体系，在平面上利用分布均匀的楼梯间、电梯间的钢筋混凝土墙形成十二个筒体和沿外圈柱布置的柱间型钢支撑作为结构主要抗侧力构件，屋盖的水平和竖向力主要通过外圈型钢混凝土框架和型钢支撑传至主体结构和基础，型钢支撑系统见图4.14-6。型钢混凝土构件内型钢和型钢支撑截面均是采用焊接H型钢，楼板采用全现浇钢筋混凝土板。跨高比较大的梁采用有粘结部分预应力结构混凝土梁或钢梁。

图 4.14-5　国家体育馆地下一层车库

图 4.14-6　型钢支撑系统

国家体育馆屋盖结构采用单曲面、双向张弦空间网格结构体系，见图4.14-7，比赛大厅和训练大厅空间的屋顶结构连为一个整体，形成单向曲线屋面，屋盖钢结构的上弦采用正交正放的空间网格结构，使屋盖在壳面内具有很好的刚度，张弦桁架上弦及腹杆均采用圆钢管和焊接空心球节点，下弦采用矩形管和铸钢节点。屋盖结构的下弦每跨横向（东西向114m跨）和大部分纵向（南北向144.5m跨）布置张弦钢索，张弦索纵向（南北向）8根单索在上，横向（东西向）14根双索在下，钢索采用高强度低松弛冷拔镀锌钢丝，外包双层PE保护套，锚具采用螺杆式锚头，最小索 $\phi5\times109$，最大索 $\phi5\times369$，单根索抗拉强度为1670MPa，通过中间的撑杆与上层网格结构共同形成了具有一定竖向刚度和竖向承载能力的受力结构，以此构成了屋盖的整体空间结构体系，撑杆 $\phi219\times12$ 上端与桁架下弦相连为万向球铰，下端与索相连为夹板带滚轴节点，索端为铸钢节点。屋盖双向张弦空间网格结构构件共采用三种截面形式：矩形截面、圆管、钢索。

钢屋盖支座分别采用万向球形铰支座和单向滑动球铰支座，钢结构屋盖节点连接分别采用相贯节点、焊接球节点、铸钢节点、万向球铰节点等。

屋面覆盖材料采用复合钢板夹心保温隔声屋面系统，其中0.75mm厚压型楼承板和屋面内层檩条、下层檩条直接固定于屋顶钢结构上弦杆件上，使整个屋面结构形成了很好的面内刚度。

图 4.14-7　双向张弦空间网格屋盖结构体系

248

建筑物周围的装饰架采用钢结构附在主体结构上，外立面为玻璃幕墙装饰其中南北两侧为斜面，东西两侧外面有装饰棚架。

建筑结构设计使用年限（耐久年限）混凝土结构和钢结构均为100年，结构设计基准期为50年，建筑结构安全等级为一级，结构重要性系数1.1，地基基础设计等级为甲级，基础设计安全等级为一级（结构重要性系数1.1），建筑物耐火等级为一级，地下工程的防水等级为一级，抗震设防类别为乙类，设防烈度为8度，抗震设防措施为9度，设计地震加速度为0.20g，设计地震分组为第一组，场地土类别为Ⅲ类。混凝土结构抗震等级：剪力墙为一级，一般框架为一级，支撑屋盖的外圈框架按特一级考虑。

经现场核查和资料调查，国家体育馆实际结构形式、构件的设置与结构工程设计图一致，结构施工过程中未进行改变传力方法和传力途径的改造等，结构的实际环境与设计确定的环境类别一致。

2. 结构外观质量检查

构件外观质量以现场调查为主，采用全面普查的方法进行，经现场对国家体育馆包括训练大厅和比赛大厅在内的地面、墙体、屋面及有关附属结构的构件外观质量详细检查，该馆外观质量总体良好，尚未发现由于地基不均匀沉降产生的上部结构变形，未发现由于结构构件承载力不足或荷载过大引起的结构变形与损伤，未发现钢结构构件弯曲变形与和可见的轴线位置偏，也未发现屋盖钢结构桁架可见的挠度变形。

发现存在外观质量缺陷的部位及问题如下：

1）训练大厅混凝土框架柱外观质量良好，在框架柱之间的填充墙抹灰层发现干缩裂缝，最大裂缝宽度0.2mm，见图4.14-8；

2）除比赛大厅外，一层附属用房自流平地面存在细微裂缝，裂缝宽度主要在0.05～0.2mm之间，部分裂缝经过处理，部分裂缝尚未进行处理，见图4.14-9～图4.14-11；

3）一层西门门厅（贵宾休息室门口）地面瓷砖开裂较多，见图4.14-12和图4.14-13；

4）钢屋盖结构少量钢构件表面涂装出现皱皮和大面积磨损，见图4.14-14和图4.14-15；

5）钢屋盖结构少量钢构件表面涂装有局部脱落，见图4.14-16和图4.14-17；

6）钢屋盖结构少数支座处和钢构件表面出现轻微锈蚀，见图4.14-18和图4.14-19；

7）钢构件表面存在焊疤，见图4.14-20和图4.14-21；

8）个别张拉索端头内部未作防火、防腐处理，见图4.14-22；

9）少量撑杆下部节点处螺栓均未经防火、防腐处理，且锈蚀，见图4.14-23；

10）两个双向张弦桁架下弦铸钢节点截面与下弦杆件尺寸不同，见图4.14-24和图4.14-25；

11）个别钢构件表面涂装不均匀，个别张拉索索套破损；

12）少量钢楼梯表面涂装出现裂缝，并存在起鼓脱落现象，见图4.14-26～图4.14-29；

13）少数钢楼梯梁端支座连接处螺栓漏装，改变了原设计的栓焊连接方式，见图4.14-30和图4.14-31；

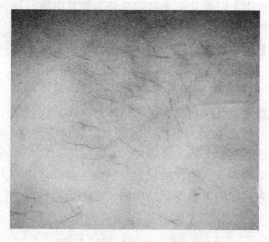

图 4.14-8　训练大厅框架柱之间的填充墙
抹灰层干缩裂缝

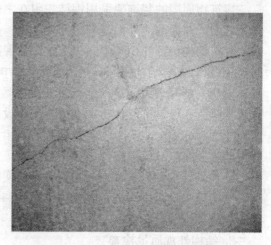

图 4.14-9　一层附属用房地面裂缝

图 4.14-10　一层附属用房地面裂缝经修补

图 4.14-11　一层附属用房地面裂缝经修补

图 4.14-12　一层西门门厅多块地砖开裂

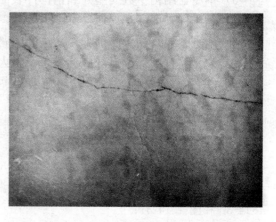

图 4.14-13　一层西门门厅地砖裂缝

14) 一层通往二层之间的个别钢楼梯板连接处焊缝外观质量差，见图 4.14-32 和图 4.14-33。

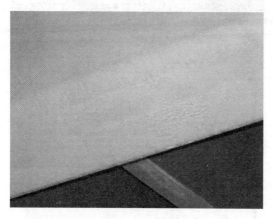

图 4.14-14 轴线 16～17-C 处下弦涂装皱皮

图 4.14-15 轴线 12-N～P 处下弦涂装磨损

图 4.14-16 轴线 15～16-C 处下弦涂装脱落

图 4.14-17 轴线 19-C～D 处下弦涂装脱落

图 4.14-18 竖向撑杆轻微锈蚀

图 4.14-19 轴线 21-P 处下弦节点
涂装脱落、锈蚀

图 4.14-20 轴线 12～13-P 处下弦有焊疤

图 4.14-21 张拉索端头有焊疤

图 4.14-22 张拉索端头内部未作防火、防腐处理

图 4.14-23 撑杆下部节点螺栓均未经
防火、防腐处理

图 4.14-24 轴线 19-C 处焊接两侧钢构件
截面不同

图 4.14-25 轴线 18-C 处焊接两侧钢构件
截面不同

图 4.14-26　钢楼梯 GT1 平台梁涂层裂缝

图 4.14-27　钢楼梯 GT1 斜梁涂层破损

图 4.14-28　钢楼梯 GT3 涂层破损

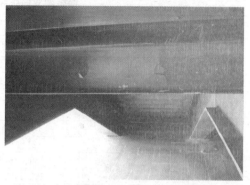

4.14-29　钢楼梯 GT5 平台梁涂层起鼓、脱落

图 4.14-30　钢楼梯 GT1 踏步 T 形钢与
斜梁连接处螺栓缺失

图 4.14-31　钢楼梯 GT8 悬挑踏步与
斜梁连接处螺栓缺失

图 4.14-32　钢楼梯 GT7 悬挑踏步与斜梁
连接处焊接情况

图 4.14-33　钢楼梯 GT8 悬挑踏步与斜梁
连接处焊接情况

3. 钢构件防火防腐涂装厚度检测

采用覆层测厚仪对钢屋架双向张弦桁架、建筑物周围装饰架与主体结构连接的钢结构杆件、钢楼梯的钢构件表面防火防腐涂装进行厚度检测；屋架双向张弦桁架钢构件防火防腐涂装厚度检测结果见表4.14-1，建筑物周围装饰架与主体结构相连接的钢结构杆件防火防腐涂装厚度检测结果见表4.14-2，钢楼梯构件表面防火防腐涂装厚度检测结果见表4.14-3。

原设计屋架双向张弦桁架钢构件和建筑物周围装饰架与主体结构相连接的钢结构杆件防火防腐涂装厚度均为225μm，钢楼梯构件表面防火防腐涂装厚度为底层225μm，外加氟碳喷涂层。

钢屋架双向张弦桁架涂装厚度检测结果 表 4.14-1

轴线位置	杆件及检验位置	实测涂装厚度(μm)		设计涂装厚度(μm)
		测点值	平均值	
23~24-L	方钢管侧面	202、221、182、199、191	194	225
		159、164、151、214、257		
	方钢管底面	123、147、166、120、137	193	225
		168、132、123、177、140		
23~24-K	方钢管侧面	187、89、112、135、119	129	225
		121、127、158、95、145		
	方钢管底面	139、138、127、129、113	131	225
		122、140、108、136、158		
23~24-F	方钢管侧面	159、169、203、244、247、	234	225
		262、329、233、294、201		
	方钢管底面	198、361、222、169、161	210	225
		195、171、229、210、187		
23~24-G	方钢管侧面	159、143、136、143、154	133	225
		118、134、123、114、105		
	方钢管底面	135、182、145、518、176	193	225
		131、169、165、139、168		
F~G-23~24	靠近G轴水平支撑侧面	98、96、102、124、118	101	225
		128、97、95、79、77		
	靠近G轴水平支撑底面	72、85、77、85、95	78	225
		76、75、69、87、60		
F~G-23~24	靠近F轴水平支撑侧面	128、126、100、98、97	106	225
		76、87、105、110、129		
	靠近F轴水平支撑底面	250、113、141、125、124	157	225
		134、202、202、139、142		
23~24-K~L	靠近L轴水平支撑侧面	105、107、89、127、92	132	225
		121、137、168、193、178		
	靠近L轴水平支撑底面	122、184、90、89、142	121	225
		106、104、129、107、133		
23~24-K~L	靠近K轴水平支撑侧面	80、82、64、70、86	82	225
		82、81、87、108、77		
	靠近K轴水平支撑底面	70、63、61、63、68	69	225
		64、70、82、55、90		

从表4.14-1结果可以看出，所测钢屋架双向张弦桁架涂装厚度大部分满足设计要求，水平支撑涂装厚度偏薄。

轴线位置	检验位置	实测涂装厚度(μm)		设计涂装厚度(μm)
		测点值	平均值	
26-F	翼缘板	313、275、253、208、234	258	225
		271、281、293、269、183		
	腹板	291、330、483、358、253	366	225
		268、346、400、411、518		
26-M	翼缘板	529、297、270、162、164	258	225
		259、210、209、218、264		
	腹板	144、148、217、280、224	211	225
		213、159、322、140、259		
26-E	翼缘板	240、233、298、238、311	277	225
		317、330、280、223、299		
	腹板	248、328、232、223、223	273	225
		335、324、262、292、258		
26-N	翼缘板	278、350、204、256、215	273	225
		318、275、333、281、223		
	腹板	356、282、287、325、243	287	225
		318、377、262、216、201		

从表 4.14-2 结果可以看出，建筑物周围装饰架与主体结构相连接的钢结构杆件防火防腐涂装厚度检测结果满足设计要求。

钢楼梯涂装厚度检测结果　　　　　　　　　　　　　表 4.14-3

轴线位置	检验位置	实测涂装厚度(μm)		设计涂装厚度(μm)
		测点值	平均值	
7~10-B~D	西北角处折跑楼梯踏步板	1130、1120、1240、1040、760	953	>225
		760、1140、697、913、728		>225
		626、498、1270、615、1150	729	
		714、454、453、734、773		
7~10-B~D	西北角处折跑楼梯钢斜梁	1100、1220、890、1040、1100	1068	>225
		1010、1170、945、948、1260		>225
		1280、1010、1030、1030、993	1052	
		1240、1100、1020、620、1200		
7~10-B~D	西北角处折跑楼梯钢平台梁	449、457、278、588、732	536	>225
		376、519、418、501、1040		>225
		462、373、651、719、636	639	
		618、770、656、878、623		

从表 4.14-3 结果可以看出，钢楼梯杆件防火防腐涂装厚度检测结果满足设计要求。

4.15　国家体育场工程质量检测

4.15.1　工程概况

国家体育场（又称"鸟巢"）是 2008 年北京第 29 届奥运会的主体育场，承担奥运会开、闭幕式与田径比赛。国家体育场平面呈椭圆形，外部由巨形空间钢桁架"鸟巢"覆盖，内部为钢筋混凝土看台。看台分为三层，共有 80000 个固定观众席和 11000 个临时观众席。"鸟巢"钢结构与钢筋混凝土看台的上部结构完全脱开，形式上呈相互围和，基础则坐在一相连的基础底板上。国家体育场总建筑面积约为 258000m²，建筑的设计使用年限为 100 年。

钢筋混凝土看台和基座部分由 6 道防震缝将结构分为 6 段，每段均为独立的框架－剪力墙结构体系，与大跨度屋盖钢结构完全脱开。由于看台结构的对称性，6 段钢筋混凝土看台结构大致可分为东西段和南北段两类，东西段为 7 层，结构高度为 42～46m，南北段为 6 层，结构高度为 25～42m。

国家体育场大跨度屋盖的主结构由 48 榀钢桁架与中间钢环梁构成，支承在周边 24 根组合柱之上，柱距为 37.958m。屋盖中间开洞长度 185.3m，宽度 127.5m。大跨度钢结构大量采用由钢板焊接而成的箱形构件，交叉布置的主结构与屋面及立面的次结构一起形成了"鸟巢"的特殊建筑造型。

屋顶与立面次结构的主要作用是为主结构提供面外的侧向支撑、减小主结构构件的计算长度，为屋面膜结构、排水沟、下弦声学吊顶、屋面排水系统等提供支承条件，并形成结构抗侧力体系。在屋盖上弦采用膜结构作为屋面围护结构，选用透明的 ETFE 膜材料，屋盖下弦的声学吊顶采用白色 PTFE 膜材料。国家体育场的外立面、运动场、看台见图 4.15-1～图 4.15-4。

图 4.15-1　国家体育场的南立面

图 4.15-2　国家体育场的西立面

图 4.15-3　运动场

图 4.15-4　看台

4.15.2　检测情况介绍

1. 看台板的混凝土强度

参照《回弹法检测混凝土抗压强度技术规程》JGJ/T 23—2001 对看台板混凝土强度进行检测，由于看台板设计强度等级为 C50，利用回归曲线公式（$f_{cu} = 0.02497R^{2.0108}$，$R$ 为测区回弹平均值）计算混凝土强度，另外，为验证回弹测试结果，从看台栏板（与看台板同强度等级 C50 的预制构件）改造过程中钻取 8 个混凝土芯样进行抗压试验，用混凝土芯样抗压强度试验结果与回弹法检测结果进行验证。

按照《钻芯法检测混凝土强度技术规程》CECS 03：2007 的要求，锯切后的芯样用硫磺在专用补平装置上补平（图 4.15-5），芯样试件在室内自然干燥 3 天后进行抗压强度试验，混凝土芯样抗压强度试验结果及修正系数见表 4.15-1，修正系数接近 1，不必对回弹结果进行修正。看台板混凝土强度检测结果见表 4.15-2～表 4.15-4。

图 4.15-5　经加工后的芯样试件

混凝土芯样抗压强度试验结果及强度修正系数　　　　　　　表 4.15-1

钻取芯样的位置	混凝土芯样强度(MPa)	回弹换算强度(MPa)	修正系数	修正系数平均值
A-35～36 下层看台栏板(1)	71.4	75.0	0.95	0.97
A-35～36 下层看台栏板(2)	64.3	79.5	0.81	
A-39～40 下层看台栏板(1)	75.0	78.6	0.95	
A-39～40 下层看台栏板(2)	79.7	80.7	0.99	
A-49～50 下层看台栏板(1)	77.1	79.5	0.97	
A-49～50 下层看台栏板(2)	82.8	82.1	1.01	
A-53～54 下层看台栏板(1)	80.8	76.8	1.05	
A-53～54 下层看台栏板(2)	73.7	72.6	1.02	

下层看台板混凝土强度检测结果　　　　　　　表 4.15-2

楼层	轴线编号	混凝土抗压强度换算值(MPa)			强度推定值(MPa)
		平均值	标准差	最小值	
下层看台板	A-42～43	78.6	4.06	71.7	72.0
	A-40～41	79.0	1.80	76.8	76.0
	A-38～39	78.8	1.77	76.3	75.8
	A-45～46	78.8	4.50	72.3	71.4
	A-47～48	77.0	2.91	72.8	72.2
	A-69～70	76.0	3.00	71.5	71.1
	A-68～69	78.0	2.97	73.6	73.1
	A-67～68	78.2	4.91	70.2	70.1
	A-71～72	77.8	2.04	75.2	74.5
	A-73～74	75.7	2.85	71.0	71.0
	A-98～99	73.8	1.98	71.0	70.5
	A-97～98	76.4	2.99	72.8	71.5
	A-95～96	76.2	1.71	72.8	73.4
	A-102～103	73.6	2.07	70.2	70.2
	A-103～104	74.4	2.73	72.3	69.9
	A-10～11	73.8	2.59	68.9	69.6
	A-9～10	71.3	1.07	69.4	69.5
	A-8～9	72.7	2.56	69.9	68.5
	A-14～15	74.9	2.76	70.7	70.4
	A-15～16	74.3	2.45	68.9	70.3

中层看台板混凝土强度检测结果

表 4.15-3

楼层	轴线编号	混凝土抗压强度换算值（MPa）			强度推定值（MPa）
		平均值	标准差	最小值	
中层看台板	1/B-43～44	88.0	3.80	82.4	81.8
	1/B-41～42	83.5	7.70	71.2	70.8
	1/B-39～40	83.2	7.60	64.5	70.7
	1/B-45～46	82.4	6.70	70.2	71.4
	1/B-47～48	80.3	4.40	73.1	73.0
	1/B-63～64	78.0	5.40	69.1	69.2
	1/B-65～66	74.3	4.10	69.9	67.6
	1/B-69～70	85.4	0.77	83.8	84.1
	1/B-71～72	88.0	1.60	85.6	85.4
	1/B-74～75	85.8	2.70	79.9	81.3
	1/B-95～96	86.5	2.10	83.3	83.1
	1/B-97～98	82.5	4.80	74.1	74.7
	1/B-99～100	79.5	5.80	71.0	70.1
	1/B-101～102	84.9	4.00	78.8	78.2
	1/B-105～106	81.9	4.10	77.1	75.2
	1/B-13～14	83.4	6.00	75.5	73.5
	1/B-11～12	86.3	7.20	71.7	74.4
	1/B-9～10	83.1	6.50	73.6	72.5
	1/B-7～8	80.4	2.20	77.4	76.8
	1/B-15～16	80.8	2.50	76.0	76.6

上层看台板混凝土强度检测结果

表 4.15-4

楼层	轴线编号	混凝土抗压强度换算值（MPa）			强度推定值（MPa）
		平均值	标准差	最小值	
上层看台板	C-39～40	82.7	3.40	77.7	77.1
	C-41～42	85.0	2.30	79.6	81.2
	C-44～45	82.4	3.90	75.5	76.0
	C-45～46	82.1	3.10	77.4	77.1
	C-49～50	89.6	5.90	77.7	79.9
	C-67～68	84.9	3.70	77.1	78.9
	C-69～70	86.0	5.90	74.1	76.3
	C-71～72	88.0	5.50	82.7	78.9
	C-75～76	85.6	1.70	82.7	82.8
	C-77～78	85.8	2.10	80.7	82.3
	D-12～13	76.1	1.28	73.9	74.0
	D-10～11	78.7	2.72	73.9	74.2
	D-8～9	77.4	2.67	72.8	73.1
	D-13～14	77.9	4.52	72.3	70.5
	D-14～15	75.8	2.91	71.0	71.0
	D-100～101	74.7	1.05	72.8	72.9
	D-102～103	77.1	1.37	73.9	74.8
	D-99～100	77.2	1.25	74.9	75.2
	D-97～98	79.7	1.72	77.4	76.9
	D-96～97	77.9	2.26	73.9	74.2

2. 钢筋混凝土构件钢筋配置

应选钢筋混凝土表面无抹灰层（可有薄的涂料面层）的主框架梁柱和楼板进行配筋

检测，检验操作按国家建筑工程质量监督检验中心《磁感应测定仪检测构件配筋检验细则》BETC-JG-305A 的有关规定进行。构件钢筋配置检测结果见表 4.15-5～表 4.15-7 和图 4.15-6～图 4.15-11。检测结果表明：所抽检的钢筋混凝土构件的钢筋配置符合设计要求。

柱钢筋配置情况检测结果 表 4.15-5

楼层	构件编号	检测内容	设计值	检测结果	评价
零层	51-D柱	箍筋间距	100mm	106mm	符合设计要求
		西北侧主筋	4 根	4 根	符合设计要求
	68-D柱	箍筋间距	100mm	104mm	符合设计要求
		东南侧主筋	10 根	10 根	符合设计要求
	86-C柱	箍筋间距	100mm	95mm	符合设计要求
		东侧主筋	10 根	10 根	符合设计要求
	98-D柱	箍筋间距	100mm	101mm	符合设计要求
		东南侧主筋	8 根	8 根	符合设计要求
	44-D柱	箍筋间距	100mm	102mm	符合设计要求
		西北侧主筋	10 根	10 根	符合设计要求
	33-C柱	箍筋间距	100mm	96mm	符合设计要求
		西侧主筋	10 根	10 根	符合设计要求
	13-D柱	箍筋间距	100mm	100mm	符合设计要求
		西南侧主筋	10 根	10 根	符合设计要求
	6-D柱	箍筋间距	100mm	106mm	符合设计要求
		西南侧主筋	4 根	4 根	符合设计要求
	112-D柱	箍筋间距	100mm	102mm	符合设计要求
		西侧主筋	8 根	8 根	符合设计要求
	109-F柱	箍筋间距	100mm	104mm	符合设计要求
		南侧主筋	6 根	6 根	符合设计要求
1层	84-E柱	箍筋间距	150mm	155mm	符合设计要求
		西侧主筋	8 根	8 根	符合设计要求
	94-D柱	箍筋间距	150mm	152mm	符合设计要求
		西北侧主筋	10 根	10 根	符合设计要求
	88-C柱	箍筋间距	100mm	104mm	符合设计要求
		北侧主筋	10 根	10 根	符合设计要求
	85-C柱	箍筋间距	100mm	101mm	符合设计要求
		西侧主筋	10 根	10 根	符合设计要求
	79-C柱	箍筋间距	100mm	102mm	符合设计要求
		东侧主筋	10 根	10 根	符合设计要求
	71-C柱	箍筋间距	100mm	106mm	符合设计要求
		东北侧主筋	10 根	10 根	符合设计要求
	57-D柱	箍筋间距	150mm	155mm	符合设计要求
		西侧主筋	8 根	8 根	符合设计要求
	45-D柱	箍筋间距	100mm	97mm	符合设计要求
		西北侧主筋	8 根	8 根	符合设计要求
	37-D柱	箍筋间距	100mm	100mm	符合设计要求
		北侧主筋	10 根	10 根	符合设计要求
	29-E柱	箍筋间距	100mm	100mm	符合设计要求
		西侧主筋	8 根	8 根	符合设计要求

楼层	构件编号	检测内容	设计值	检测结果	评价
2层	47-C柱	箍筋间距	100mm	100mm	符合设计要求
		西北侧主筋	10 根	10 根	符合设计要求
	47-D柱	箍筋间距	100mm	100mm	符合设计要求
		西北侧主筋	8 根	8 根	符合设计要求
	50-C柱	箍筋间距	100mm	95mm	符合设计要求
		东南侧主筋	10 根	10 根	符合设计要求
	53-C柱	箍筋间距	100mm	97mm	符合设计要求
		西侧主筋	10 根	10 根	符合设计要求
	55-D柱	箍筋间距	100mm	103mm	符合设计要求
		东侧主筋	8 根	8 根	符合设计要求
	58-C柱	箍筋间距	100mm	103mm	符合设计要求
		南侧主筋	10 根	10 根	符合设计要求
	61-C柱	箍筋间距	100mm	97mm	符合设计要求
		西侧主筋	10 根	10 根	符合设计要求
	64-C柱	箍筋间距	100mm	103mm	符合设计要求
		东北侧主筋	10 根	10 根	符合设计要求
	68-D柱	箍筋间距	100mm	103mm	符合设计要求
		西北侧主筋	8 根	8 根	符合设计要求
	75-C柱	箍筋间距	100mm	100mm	符合设计要求
		南侧主筋	10 根	10 根	符合设计要求
	78-D柱	箍筋间距	150mm	158mm	符合设计要求
		东侧主筋	10 根	10 根	符合设计要求
	80-C柱	箍筋间距	100mm	108mm	符合设计要求
		东侧主筋	10 根	10 根	符合设计要求
	94-C柱	箍筋间距	100mm	100mm	符合设计要求
		西侧主筋	10 根	10 根	符合设计要求
	99-C柱	箍筋间距	100mm	102mm	符合设计要求
		西南侧主筋	10 根	10 根	符合设计要求
	103-D柱	箍筋间距	100mm	107mm	符合设计要求
		东南侧主筋	8 根	8 根	符合设计要求
	108-C柱	箍筋间距	100mm	102mm	符合设计要求
		西侧主筋	10 根	10 根	符合设计要求
	1-C柱	箍筋间距	100mm	97mm	符合设计要求
		北侧主筋	10 根	10 根	符合设计要求
	8-C柱	箍筋间距	100mm	95mm	符合设计要求
		西南侧主筋	10 根	10 根	符合设计要求
	12-D柱	箍筋间距	100mm	106mm	符合设计要求
		东南侧主筋	8 根	8 根	符合设计要求
	18-C柱	箍筋间距	100mm	95mm	符合设计要求
		东北侧主筋	10 根	10 根	符合设计要求
5层	10-1/D柱	箍筋间距	100mm	103mm	符合设计要求
		西南侧主筋	10 根	10 根	符合设计要求
	14-E柱	箍筋间距	100mm	101mm	符合设计要求
		西南侧主筋	8 根	8 根	符合设计要求
	21-1/E柱	箍筋间距	100mm	100mm	符合设计要求
		西侧主筋	8 根	8 根	符合设计要求
	27-1/E柱	箍筋间距	100mm	104mm	符合设计要求
		西侧主筋	10 根	10 根	符合设计要求
	37-1/D柱	箍筋间距	100mm	103mm	符合设计要求
		西侧主筋	10 根	10 根	符合设计要求
	49-1/D柱	箍筋间距	100mm	100mm	符合设计要求
		西北侧主筋	8 根	8 根	符合设计要求
	60-E柱	箍筋间距	100mm	102mm	符合设计要求
		北侧主筋	8 根	8 根	符合设计要求
	66-1/D柱	箍筋间距	100mm	103mm	符合设计要求
		东北侧主筋	10 根	10 根	符合设计要求
	78-1/E柱	箍筋间距	100mm	106mm	符合设计要求
		东侧主筋	8 根	8 根	符合设计要求
	101-1/D柱	箍筋间距	100mm	101mm	符合设计要求
		东南侧主筋	10 根	10 根	符合设计要求

楼层	构件编号	检测内容	设计值	检测结果	评价
零层	1-C～D 梁	箍筋间距	100mm	105mm	符合设计要求
		梁底下排主筋	5 根	5 根	符合设计要求
	4-C～D 梁	箍筋间距	100mm	110mm	符合设计要求
		梁底下排主筋	5 根	5 根	符合设计要求
	6-C～D 梁	箍筋间距	100mm	90mm	符合设计要求
		梁底下排主筋	5 根	5 根	符合设计要求
	14-C～D 梁	箍筋间距	100mm	95mm	符合设计要求
		梁底下排主筋	5 根	5 根	符合设计要求
	16-C～D 梁	箍筋间距	100mm	102mm	符合设计要求
		梁底下排主筋	5 根	5 根	符合设计要求
	18-C～D 梁	箍筋间距	100mm	107mm	符合设计要求
		梁底下排主筋	5 根	5 根	符合设计要求
	21-C～D 梁	箍筋间距	100mm	102mm	符合设计要求
		梁底下排主筋	5 根	5 根	符合设计要求
	22-C～D 梁	箍筋间距	100mm	96mm	符合设计要求
		梁底下排主筋	5 根	5 根	符合设计要求
	24-C～D 梁	箍筋间距	100mm	100mm	符合设计要求
		梁底下排主筋	5 根	5 根	符合设计要求
	25-C～D 梁	箍筋间距	100mm	94mm	符合设计要求
		梁底下排主筋	5 根	5 根	符合设计要求
	27-C～D 梁	箍筋间距	100mm	105mm	符合设计要求
		梁底下排主筋	5 根	5 根	符合设计要求
	28-C～D 梁	箍筋间距	100mm	108mm	符合设计要求
		梁底下排主筋	5 根	5 根	符合设计要求
	30-C～D 梁	箍筋间距	100mm	93mm	符合设计要求
		梁底下排主筋	5 根	5 根	符合设计要求
	34-C～D 梁	箍筋间距	100mm	95mm	符合设计要求
		梁底下排主筋	5 根	5 根	符合设计要求
	35-C～D 梁	箍筋间距	100mm	107mm	符合设计要求
		梁底下排主筋	5 根	5 根	符合设计要求
	41-C～D 梁	箍筋间距	100mm	95mm	符合设计要求
		梁底下排主筋	5 根	5 根	符合设计要求
	43-C～D 梁	箍筋间距	100mm	97mm	符合设计要求
		梁底下排主筋	5 根	5 根	符合设计要求
	51-C～D 梁	箍筋间距	100mm	112mm	符合设计要求
		梁底下排主筋	5 根	5 根	符合设计要求
	56-C～D 梁	箍筋间距	100mm	97mm	符合设计要求
		梁底下排主筋	5 根	5 根	符合设计要求
	66-C～D 梁	箍筋间距	100mm	102mm	符合设计要求
		梁底下排主筋	5 根	5 根	符合设计要求
	67-C～D 梁	箍筋间距	100mm	98mm	符合设计要求
		梁底下排主筋	5 根	5 根	符合设计要求
	83-C～D 梁	箍筋间距	100mm	105mm	符合设计要求
		梁底下排主筋	5 根	5 根	符合设计要求
	84-C～D 梁	箍筋间距	100mm	104mm	符合设计要求
		梁底下排主筋	5 根	5 根	符合设计要求
	85-C～D 梁	箍筋间距	100mm	95mm	符合设计要求
		梁底下排主筋	5 根	5 根	符合设计要求
	89-C～D 梁	箍筋间距	100mm	98mm	符合设计要求
		梁底下排主筋	5 根	5 根	符合设计要求
	90-C～D 梁	箍筋间距	100mm	107mm	符合设计要求
		梁底下排主筋	5 根	5 根	符合设计要求

楼层	构件编号	检测内容	设计值	检测结果	评价
1层	64-C～D梁	箍筋间距	100mm	100mm	符合设计要求
		梁底下排主筋	5根	5根	符合设计要求
	91-C～D梁	箍筋间距	100mm	100mm	符合设计要求
		梁底下排主筋	6根	6根	符合设计要求
	108-C～D梁	箍筋间距	100mm	97mm	符合设计要求
		梁底下排主筋	6根	6根	符合设计要求
	46-C～D梁	箍筋间距	100mm	106mm	符合设计要求
		梁底下排主筋	4根	4根	符合设计要求
	25-C～D梁	箍筋间距	100mm	103mm	符合设计要求
		梁底下排主筋	7根	7根	符合设计要求
	19-C～D梁	箍筋间距	100mm	101mm	符合设计要求
		梁底下排主筋	6根	6根	符合设计要求
	76-C～D梁	箍筋间距	100mm	103mm	符合设计要求
		梁底下排主筋	6根	6根	符合设计要求
	82-C～D梁	箍筋间距	100mm	100mm	符合设计要求
		梁底下排主筋	7根	7根	符合设计要求
	38-C～D梁	箍筋间距	100mm	100mm	符合设计要求
		梁底下排主筋	6根	6根	符合设计要求
	41-C～D梁	箍筋间距	100mm	103mm	符合设计要求
		梁底下排主筋	5根	5根	符合设计要求
	C-6～7梁	箍筋间距	100mm	105mm	符合设计要求
		梁底下排主筋	4根	4根	符合设计要求
	6-C～D梁	箍筋间距	100mm	95mm	符合设计要求
		梁底下排主筋	6根	6根	符合设计要求
	C-16～17梁	箍筋间距	100mm	102mm	符合设计要求
		梁底下排主筋	4根	4根	符合设计要求
	15-C～D梁	箍筋间距	100mm	90mm	符合设计要求
		梁底下排主筋	5根	5根	符合设计要求
	16-C～D梁	箍筋间距	100mm	104mm	符合设计要求
		梁底下排主筋	5根	5根	符合设计要求
	C-24～25梁	箍筋间距	100mm	105mm	符合设计要求
		梁底下排主筋	5根	5根	符合设计要求
	24-C～D梁	箍筋间距	100mm	96mm	符合设计要求
		梁底下排主筋	7根	7根	符合设计要求
	C-28～29梁	箍筋间距	100mm	105mm	符合设计要求
		梁底下排主筋	5根	5根	符合设计要求
	29-C～D梁	箍筋间距	100mm	107mm	符合设计要求
		梁底下排主筋	6根	6根	符合设计要求
	51-C～D梁	箍筋间距	100mm	98mm	符合设计要求
		梁底下排主筋	6根	6根	符合设计要求
	C-50～51梁	箍筋间距	100mm	95mm	符合设计要求
		梁底下排主筋	4根	4根	符合设计要求
	C-46～47梁	箍筋间距	100mm	103mm	符合设计要求
		梁底下排主筋	4根	4根	符合设计要求
	62-C～D梁	箍筋间距	100mm	96mm	符合设计要求
		梁底下排主筋	6根	6根	符合设计要求
	C-62～63梁	箍筋间距	100mm	95mm	符合设计要求
		梁底下排主筋	4根	4根	符合设计要求
	88-C～D梁	箍筋间距	100mm	102mm	符合设计要求
		梁底下排主筋	7根	7根	符合设计要求
	89-C～D梁	箍筋间距	100mm	105mm	符合设计要求
		梁底下排主筋	7根	7根	符合设计要求

楼层	构件编号	检测内容	设计值	检测结果	评价
5层	8-D～E斜梁	箍筋间距	100mm	95mm	符合设计要求
		梁底下排主筋	9根	9根	符合设计要求
	10-D～E斜梁	箍筋间距	100mm	96mm	符合设计要求
		梁底下排主筋	9根	9根	符合设计要求
	13-D～E斜梁	箍筋间距	100mm	108mm	符合设计要求
		梁底下排主筋	9根	9根	符合设计要求
	15-D～E斜梁	箍筋间距	100mm	103mm	符合设计要求
		梁底下排主筋	11根	11根	符合设计要求
	16-D～E斜梁	箍筋间距	100mm	96mm	符合设计要求
		梁底下排主筋	11根	11根	符合设计要求
	37-D～E斜梁	箍筋间距	100mm	103mm	符合设计要求
		梁底下排主筋	11根	11根	符合设计要求
	40-D～E斜梁	箍筋间距	100mm	105mm	符合设计要求
		梁底下排主筋	11根	11根	符合设计要求
	48-D～E斜梁	箍筋间距	100mm	95mm	符合设计要求
		梁底下排主筋	9根	9根	符合设计要求
	49-D～E斜梁	箍筋间距	100mm	105mm	符合设计要求
		梁底下排主筋	9根	9根	符合设计要求
	65-D～E斜梁	箍筋间距	100mm	104mm	符合设计要求
		梁底下排主筋	9根	9根	符合设计要求
	68-D～E斜梁	箍筋间距	100mm	106mm	符合设计要求
		梁底下排主筋	9根	9根	符合设计要求
	72-D～E斜梁	箍筋间距	100mm	96mm	符合设计要求
		梁底下排主筋	11根	11根	符合设计要求
	94-D～E斜梁	箍筋间距	100mm	102mm	符合设计要求
		梁底下排主筋	11根	11根	符合设计要求

板钢筋配置情况检测结果   表4.15-7

楼层	构件编号	检测内容	设计值(mm)	检测结果(mm)	评价
零层	45～46-C～D板	环向间距	75	77	符合设计要求
		径向间距	150	150	符合设计要求
	44～45-C～D板	环向间距	75	84	符合设计要求
		径向间距	150	145	符合设计要求
	47～48-C～D板	环向间距	75	80	符合设计要求
		径向间距	150	154	符合设计要求
	23～24-C～D板	环向间距	75	79	符合设计要求
		径向间距	150	147	符合设计要求
	17～18-C～D板	环向间距	75	79	符合设计要求
		径向间距	150	157	符合设计要求
	104～105-C～D板	环向间距	75	81	符合设计要求
		径向间距	150	157	符合设计要求
	90～91-C～D板	环向间距	75	80	符合设计要求
		径向间距	150	153	符合设计要求
	89～90-C～D板	环向间距	75	78	符合设计要求
		径向间距	150	153	符合设计要求
	83～84-C～D板	环向间距	75	81	符合设计要求
		径向间距	150	150	符合设计要求
	84～85-C～D板	环向间距	75	83	符合设计要求
		径向间距	150	152	符合设计要求
	96～97-C～D板	环向间距	75	83	符合设计要求
		径向间距	150	150	符合设计要求

楼层	构件编号	检测内容	设计值(mm)	检测结果(mm)	评价
零层	97~98-C~D板	环向间距	75	81	符合设计要求
		径向间距	150	156	符合设计要求
	3~4-C~D板	环向间距	75	80	符合设计要求
		径向间距	150	150	符合设计要求
	5~6-C~D板	环向间距	75	81	符合设计要求
		径向间距	150	145	符合设计要求
	9~10-C~D板	环向间距	75	74	符合设计要求
		径向间距	150	145	符合设计要求
	11~12-C~D板	环向间距	75	80	符合设计要求
		径向间距	150	152	符合设计要求
	33~34-C~D板	环向间距	75	69	符合设计要求
		径向间距	150	154	符合设计要求
	34~35-C~D板	环向间距	75	78	符合设计要求
		径向间距	150	151	符合设计要求
	52~53-C~D板	环向间距	75	83	符合设计要求
		径向间距	150	150	符合设计要求
	53~54-C~D板	环向间距	75	70	符合设计要求
		径向间距	150	155	符合设计要求
	66~67-C~D板	环向间距	75	72	符合设计要求
		径向间距	150	143	符合设计要求
	67~68-C~D板	环向间距	75	71	符合设计要求
		径向间距	150	148	符合设计要求
	72~73-C~D板	环向间距	75	80	符合设计要求
		径向间距	150	152	符合设计要求
	73~74-C~D板	环向间距	75	73	符合设计要求
		径向间距	150	144	符合设计要求
	106~107-C~D板	环向间距	75	71	符合设计要求
		径向间距	150	146	符合设计要求
	24~25-C~D板	环向间距	75	83	符合设计要求
		径向间距	150	152	符合设计要求
1层	5~6-C~D板	环向间距	150	155	符合设计要求
		径向间距	150	148	符合设计要求
	6~7-C~D板	环向间距	120	125	符合设计要求
		径向间距	150	146	符合设计要求
	15~16-C~D板	环向间距	120	116	符合设计要求
		径向间距	150	153	符合设计要求
	16~17-C~D板	环向间距	120	121	符合设计要求
		径向间距	150	155	符合设计要求
	23~24-C~D板	环向间距	150	148	符合设计要求
		径向间距	150	152	符合设计要求
	24~25-C~D板	环向间距	150	155	符合设计要求
		径向间距	150	145	符合设计要求
	28~29-C~D板	环向间距	150	148	符合设计要求
		径向间距	150	145	符合设计要求
	29~30-C~D板	环向间距	150	146	符合设计要求
		径向间距	150	153	符合设计要求
	39~40-C~D板	环向间距	120	124	符合设计要求
		径向间距	150	150	符合设计要求
	40~41-C~D板	环向间距	120	117	符合设计要求
		径向间距	150	145	符合设计要求
	50~51-C~D板	环向间距	120	116	符合设计要求
		径向间距	150	154	符合设计要求
	51~52-C~D板	环向间距	150	152	符合设计要求
		径向间距	150	145	符合设计要求

楼层	构件编号	检测内容	设计值(mm)	检测结果(mm)	评价
1层	72～73-C～D板	环向间距	120	125	符合设计要求
		径向间距	150	148	符合设计要求
	73～74-C～D板	环向间距	120	122	符合设计要求
		径向间距	150	154	符合设计要求
	84～85-C～D板	环向间距	150	148	符合设计要求
		径向间距	150	153	符合设计要求
	85～86-C～D板	环向间距	150	150	符合设计要求
		径向间距	150	146	符合设计要求
	87～88-C～D板	环向间距	120	126	符合设计要求
		径向间距	150	154	符合设计要求
	88～89-C～D板	环向间距	120	118	符合设计要求
		径向间距	150	152	符合设计要求
	78～79-C～D板	环向间距	150	155	符合设计要求
		径向间距	150	148	符合设计要求
	79～80-C～D板	环向间距	150	145	符合设计要求
		径向间距	150	146	符合设计要求
	93～94-C～D板	环向间距	120	125	符合设计要求
		径向间距	150	154	符合设计要求
	94～95-C～D板	环向间距	120	121	符合设计要求
		径向间距	150	146	符合设计要求
	106～107-C～D板	环向间距	120	115	符合设计要求
		径向间距	150	154	符合设计要求
	107～108-C～D板	环向间距	150	145	符合设计要求
		径向间距	150	152	符合设计要求
	62～63-C～D板	环向间距	120	124	符合设计要求
		径向间距	150	145	符合设计要求

注：《混凝土结构工程施工质量验收规范》GB 50204—2002 对钢筋安装位置的允许偏差：受力钢筋间距允许偏差为±10mm；绑扎箍筋间距允许偏差为±20mm。

3. 混凝土结构、钢结构构件截面尺寸

选钢结构的主桁架、钢筋混凝土的主框架对构件尺寸进行抽检，其中所选钢筋混凝土表面应无抹灰层（可有薄的涂料面层），钢结构的钢板厚度用金属超声测厚仪检测，不需清除表面涂层，混凝土结构构件截面尺寸检测结果见表4.15-8。钢结构构件截面尺寸检测结果见表4.15-9（注：部分钢构件板厚因涂料面层而无法测量），钢构件的轴线布置见图4.15-12。所抽检构件（混凝土结构、钢结构）截面尺寸满足设计要求。

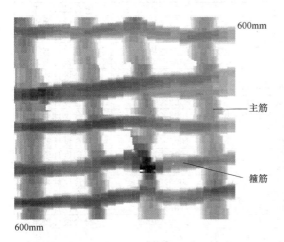

图4.15-6　零层6-D柱西南侧钢筋扫描成像图

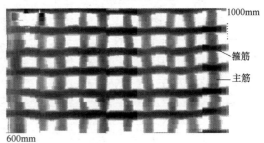

图4.15-7　零层68-D柱东南侧钢筋扫描成像图

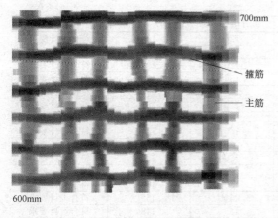

图 4.15-8　零层 109-D 柱南侧钢筋扫描成像图

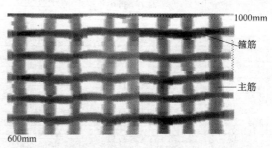

图 4.15-9　零层 112-D 柱西侧钢筋扫描成像图

图 4.15-10　1 层 88-C 柱北侧钢筋扫描成像图

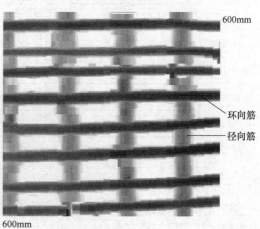

图 4.15-11　零层 17-18-C-D 板钢筋扫描成像图

混凝土结构构件截面尺寸检测结果　　　　　　表 4.15-8

楼层	构件编号	检测内容	设计值(mm)	检测结果(mm)	评价
零层	51-D 柱	柱宽×柱长	600×600	600×605	符合设计要求
	68-D 柱	柱宽×柱长	1000×1000	1004×1001	符合设计要求
	86-C 柱	柱宽×柱长	1000×1000	1002×997	符合设计要求
	98-D 柱	柱宽×柱长	1000×1000	1004×1005	符合设计要求
	44-D 柱	柱宽×柱长	1000×1000	1000×998	符合设计要求
	33-B 柱	柱宽×柱长	1000×1000	997×1004	符合设计要求
	13-D 柱	柱宽×柱长	1000×1000	1005×998	符合设计要求
	6-D 柱	柱宽×柱长	600×600	602×605	符合设计要求
	112-D 柱	柱宽×柱长	1000×1000	1002×1005	符合设计要求
	109-D 柱	柱宽×柱长	700×700	702×704	符合设计要求
1 层	84-E 柱	柱宽×柱长	1000×1000	1002×1005	符合设计要求
	94-D 柱	柱宽×柱长	1000×1000	1000×1003	符合设计要求
	88-C 柱	柱宽×柱长	1000×1000	1004×997	符合设计要求
	85-C 柱	柱宽×柱长	1000×1000	1003×1000	符合设计要求
	79-C 柱	柱宽×柱长	1000×1000	1004×998	符合设计要求
	71-C 柱	柱宽×柱长	1000×1000	1003×1005	符合设计要求
	57-D 柱	柱宽×柱长	1000×1000	1000×1002	符合设计要求
	45-D 柱	柱宽×柱长	1000×1000	1002×1005	符合设计要求
	37-D 柱	柱宽×柱长	1000×1000	1003×1005	符合设计要求
	29-E 柱	柱宽×柱长	1000×1000	1005×996	符合设计要求

楼层	构件编号	检测内容	设计值(mm)	检测结果(mm)	评价
2层	47-C柱	柱宽×柱长	1000×1000	1000×1000	符合设计要求
	47-D柱	柱宽×柱长	1000×1000	1000×1000	符合设计要求
	50-C柱	柱宽×柱长	1000×1000	1002×1000	符合设计要求
	53-C柱	柱宽×柱长	1000×1000	1005×1000	符合设计要求
	55-D柱	柱宽×柱长	1000×1000	1000×1000	符合设计要求
	58-C柱	柱宽×柱长	1000×1000	1005×1000	符合设计要求
	61-C柱	柱宽×柱长	1000×1000	1005×1005	符合设计要求
	64-C柱	柱宽×柱长	1000×1000	1005×1004	符合设计要求
	68-D柱	柱宽×柱长	1000×1000	1000×1000	符合设计要求
	75-C柱	柱宽×柱长	1000×1000	1005×1003	符合设计要求
	78-D柱	柱宽×柱长	1000×1000	1001×1001	符合设计要求
	80-C柱	柱宽×柱长	1000×1000	1005×1004	符合设计要求
	94-C柱	柱宽×柱长	1000×1000	1007×1007	符合设计要求
	99-C柱	柱宽×柱长	1000×1000	1005×1007	符合设计要求
	103-D柱	柱宽×柱长	1000×1000	1005×1002	符合设计要求
	108-C柱	柱宽×柱长	1000×1000	1005×1005	符合设计要求
	1-C柱	柱宽×柱长	1000×1000	1000×1002	符合设计要求
	8-C柱	柱宽×柱长	1000×1000	996×1004	符合设计要求
	12-D柱	柱宽×柱长	1000×1000	1005×1000	符合设计要求
	18-C柱	柱宽×柱长	1000×1000	1008×1000	符合设计要求
5层	10-1/D柱	柱宽×柱长	1000×1000	1005×1002	符合设计要求
	14-E柱	柱宽×柱长	1000×1000	1000×1002	符合设计要求
	21-1/E柱	柱宽×柱长	1000×1000	1000×1004	符合设计要求
	27-1/E柱	柱宽×柱长	1000×1000	1005×1002	符合设计要求
	37-1/D柱	柱宽×柱长	1000×1000	1005×1000	符合设计要求
	49-1/D柱	柱宽×柱长	1000×1000	1008×1002	符合设计要求
	60-E柱	柱宽×柱长	1000×1000	1005×1002	符合设计要求
	66-1/D柱	柱宽×柱长	1000×1000	1004×1002	符合设计要求
	78-1/E柱	柱宽×柱长	1000×1000	1000×1000	符合设计要求
	101-1/D柱	柱宽×柱长	1000×1000	1004×1000	符合设计要求
零层	1-C～D梁	梁宽×梁高	500×800	502×805	符合设计要求
	6-C～D梁	梁宽×梁高	500×800	505×804	符合设计要求
	14-C～D梁	梁宽×梁高	500×800	501×801	符合设计要求
	18-C～D梁	梁宽×梁高	500×800	503×803	符合设计要求
	22-C～D梁	梁宽×梁高	500×800	504×805	符合设计要求
	25-C～D梁	梁宽×梁高	500×800	500×804	符合设计要求
	28-C～D梁	梁宽×梁高	500×800	498×798	符合设计要求
	34-C～D梁	梁宽×梁高	500×800	502×801	符合设计要求
	35-C～D梁	梁宽×梁高	500×800	499×803	符合设计要求
	41-C～D梁	梁宽×梁高	500×800	501×802	符合设计要求
	43-C～D梁	梁宽×梁高	500×800	499×800	符合设计要求
	56-C～D梁	梁宽×梁高	500×800	498×802	符合设计要求
	67-C～D梁	梁宽×梁高	500×800	505×802	符合设计要求
	84-C～D梁	梁宽×梁高	500×800	501×805	符合设计要求
	90-C～D梁	梁宽×梁高	500×800	496×804	符合设计要求

楼层	构件编号	检测内容	设计值(mm)	检测结果(mm)	评价
1层	64-C~D梁	梁宽×梁高	500×720	503×724	符合设计要求
	91-C~D梁	梁宽×梁高	600×720	605×716	符合设计要求
	108-C~D梁	梁宽×梁高	500×720	504×723	符合设计要求
	46-C~D梁	梁宽×梁高	500×700	500×705	符合设计要求
	25-C~D梁	梁宽×梁高	500×720	505×723	符合设计要求
	19-C~D梁	梁宽×梁高	600×720	598×722	符合设计要求
	76-C~D梁	梁宽×梁高	600×720	601×725	符合设计要求
	83-C~D梁	梁宽×梁高	500×720	496×721	符合设计要求
	38-C~D梁	梁宽×梁高	600×720	605×717	符合设计要求
	41-C~D梁	梁宽×梁高	500×720	504×724	符合设计要求
	C-6~7梁	梁宽×梁高	500×520	502×525	符合设计要求
	6-C~D梁	梁宽×梁高	500×720	505×718	符合设计要求
	C-16~17梁	梁宽×梁高	500×520	504×524	符合设计要求
	15-C~D梁	梁宽×梁高	500×720	496×723	符合设计要求
	16-C~D梁	梁宽×梁高	500×720	506×724	符合设计要求
	C-24~25梁	梁宽×梁高	500×520	502×516	符合设计要求
	24-C~D梁	梁宽×梁高	500×720	500×721	符合设计要求
	C-28~29梁	梁宽×梁高	500×500	498×504	符合设计要求
	29-C~D梁	梁宽×梁高	600×700	605×706	符合设计要求
	51-C~D梁	梁宽×梁高	500×720	502×724	符合设计要求
	C-50~51梁	梁宽×梁高	500×520	504×518	符合设计要求
	C-46~47梁	梁宽×梁高	500×520	503×525	符合设计要求
	62-C~D梁	梁宽×梁高	500×720	500×721	符合设计要求
	C-62~63梁	梁宽×梁高	500×520	505×522	符合设计要求
	88-C~D梁	梁宽×梁高	500×720	506×717	符合设计要求
	89-C~D梁	梁宽×梁高	500×720	497×725	符合设计要求
5层	8-D~E斜梁	梁宽	1000	1003	符合设计要求
	10-D~E斜梁	梁宽	1000	1004	符合设计要求
	13-D~E斜梁	梁宽	1000	998	符合设计要求
	15-D~E斜梁	梁宽	1000	997	符合设计要求
	16-D~E斜梁	梁宽	1000	1005	符合设计要求
	37-D~E斜梁	梁宽	1000	1003	符合设计要求
	40-D~E斜梁	梁宽	1000	1002	符合设计要求
	48-D~E斜梁	梁宽	1000	998	符合设计要求
	49-D~E斜梁	梁宽	1000	996	符合设计要求
	65-D~E斜梁	梁宽	1000	1002	符合设计要求
	68-D~E斜梁	梁宽	1000	1005	符合设计要求

钢结构构件截面尺寸检测结果　　　　　　　　表 4.15-9

楼层	轴线或编号	截面尺寸(mm×mm)		板厚(mm)	
		实测值	设计值	实测值	设计值
1层	P19轴C19菱形柱	1225×1220	1225×1220	36.1	36.0
1层	P19轴C19A方柱	1200×1200	1200×1200	30.5	30.0
1层	P20轴C20菱形柱	1224×1225	1231×1231	—	36.0
1层	P20轴C20A方柱	1199×1200	1200×1200	36.0	36.0
1层	P20轴C20B方柱	1200×1199	1200×1200	21.0	20.0
1层	P22轴C22菱形柱	1300×1300	1300×1300	—	60.0
1层	P22轴C22B方柱	1198×1198	1200×1200	20.5	20.0
1层	P24轴C24菱形柱	1438×1438	1431×1431	—	140.0
1层	P24轴C24A方柱	1200×1204	1200×1200	36.9	36.0
1层	P24轴C24B方柱	1200×1201	1200×1200	21.4	20.0
1层	P1轴C1菱形柱	1465×1464	1465×1465	—	130.0
1层	P2轴C2菱形柱	1428×1428	1431×1431	—	120.0
1层	P3轴C3菱形柱	1367×1365	1366×1366	—	110.0
5层	P17轴C17菱形柱	1255×1255	1255×1255	36.7	36.0
5层	P11轴C11菱形柱	1357×1363	1366×1366	—	110.0
5层	P12轴C12菱形柱	1427×1433	1431×1431	—	140.0

楼层	轴线或编号	截面尺寸(mm×mm)		板厚(mm)	
		实测值	设计值	实测值	设计值
6层	P18轴C18菱形柱	1225×1228	1231×1231	36.8	36.0
6层	P10轴C10菱形柱	1300×1305	1300×1300	100.1	60.0
6层	P9轴C9菱形柱	1258×1256	1255×1255	—	36.0
6层	P8轴C8菱形柱	1230×1230	1231×1231	36.2	36.0
6层	P7轴C7菱形柱	1227×1223	1227×1227	37.2	36.0
6层	P6轴C6菱形柱	1228×1232	1231×1231	36.8	36.0
6层	P5轴C5菱形柱	1256×1250	1255×1255	36.7	36.0
6层	P4轴C4菱形柱	1300×1302	1300×1300	—	60.0
屋盖T12B主桁架	a 腹杆	750×753	750×750	—	20.0
	b 腹杆	747×750	750×750	36.0	36.0
	c 下弦杆	1002×1005	1000×1000	30.6	30.0
	d 腹杆	600×600	600×600	16.7	16.0
	e 腹杆	750×750	750×750	40.0	42.0
	f 下弦杆	1000×992	1000×1000	—	25.0,30.0
	g 腹杆	601×601	600×600	12.2	12.0
	h 腹杆	597×601	600×600	16.7	16.0
	i 下弦杆	800×800	800×800	20.8	20.0
	j 腹杆	601×600	600×600	10.8	10.0

钢构件防腐涂层厚度　　　　　　　　　　　　　表 4.15-10

楼层	轴线或编号	实测值(μm)					
		测点1	测点2	测点3	测点4	测点5	平均值
1层	P19轴C19柱	242	180	167	189	254	206
1层	P19轴C19A柱	247	305	308	242	282	277
1层	P20轴C20柱	259	260	224	259	280	256
1层	P20轴C20A柱	274	276	290	284	255	276
1层	P20轴C20B柱	270	293	289	248	303	281
1层	P22轴C22柱	270	284	279	316	302	290
1层	P22轴C22B柱	280	298	273	250	298	280
1层	P24轴C24柱	382	348	341	323	362	351
1层	P24轴C24A柱	382	361	331	473	409	391
1层	P24轴C24B柱	309	378	394	393	413	377
1层	P1轴C1柱	331	326	375	347	366	349
1层	P2轴C2柱	367	285	302	306	317	315
1层	P3轴C3柱	318	314	306	311	317	313
5层	P17轴C17柱	216	201	223	195	185	204
5层	P11轴C11柱	330	300	357	358	440	357
5层	P12轴C12柱	444	278	455	397	310	377
6层	P18轴C18柱	426	403	408	432	320	398
6层	P10轴C10柱	342	354	298	304	348	329
6层	P9轴C9柱	455	467	482	495	522	484
6层	P8轴C8柱	320	297	298	357	325	319
6层	P7轴C7柱	460	578	572	469	454	507
6层	P6轴C6柱	441	358	399	199	187	317
6层	P5轴C5柱	309	326	325	210	196	273
6层	P4轴C4柱	315	273	256	260	271	275
屋盖T12B主桁架	a 腹杆	223	271	243	224	317	256
	b 腹杆	271	332	360	269	351	317
	c 下弦杆	243	222	254	204	215	228
	d 腹杆	234	260	261	256	287	260
	e 腹杆	361	227	245	235	236	261
	f 下弦杆	229	279	229	271	271	256
	g 腹杆	306	294	313	366	338	323
	h 腹杆	237	228	228	218	217	226
	i 下弦杆	264	263	271	246	231	255
	j 腹杆	331	153	175	158	147	193

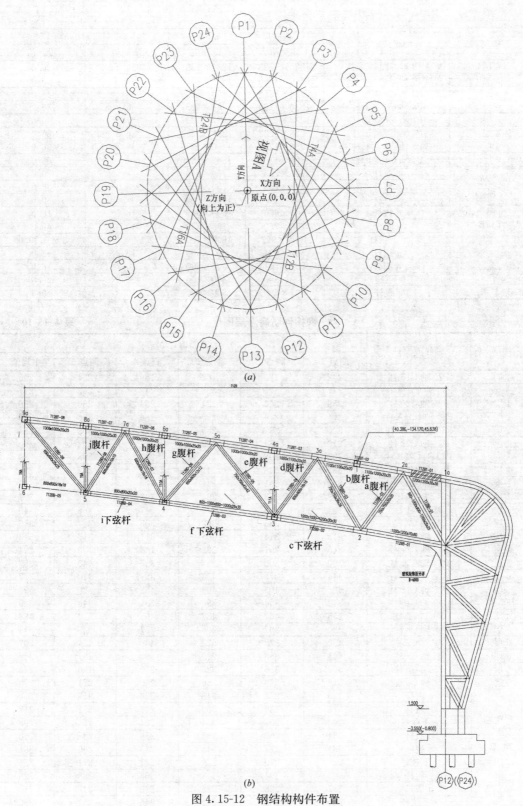

(a)

(b)

图 4.15-12　钢结构构件布置

(a) 位置索引图；(b) 视图 A—T12B 立面图 (T24B 为 180°旋转对称)

4. 钢构件防腐涂层厚度

用涂层测厚仪检测钢构件防腐涂层厚度，检测结果见表 4.15-10。涂层厚度为 193～507μm，满足《钢结构工程施工质量验收规范》GB 50205—2001 中规定的室内最小值 125μm 的要求。

5. 混凝土结构、钢结构构件外观质量

通过对建筑物的外观质量，未发现因地基不均匀沉降而引起的结构性裂缝；但楼板有渗漏、开裂的现象，看台以外钢立柱周边部分屋面有漏水现象。外观存在缺陷的主要部位见表 4.15-11。

外观存在缺陷的主要部位   表 4.15-11

位　　置	外观质量状况	备　注
地下 2 层 E3 机房	E3-D/E3-7/43-1 轴线间顶板渗漏	图 4.15-13
地下 1 层 E3 机房	E3-D/E3-7/43-1 轴线间顶板渗漏	图 4.15-14
零层	P10 钢柱柱根防火层脱落	图 4.15-15
运动场下方	35-A 处管道口漏水	图 4.15-16
中层看台	81-88 轴线间（主席台），现浇混凝土有较多横向裂缝，裂缝长 700～3000mm，宽度 0.10～0.50mm	图 4.15-17
地下 1 层 E1 机房	E1-D/E1-1/13-1 轴线间顶板渗漏	图 4.15-18
5 层	72-73-E-F 地面开裂	图 4.15-19
6 层	79-80-E-F 地面开裂	图 4.15-20
6 层	P18 轴柱周边屋面漏水	图 4.15-21
6 层	P19 轴柱周边屋面漏水	图 4.15-22

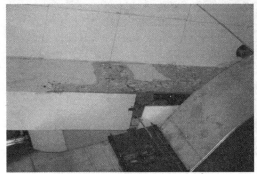

图 4.15-13　地下 2 层 E3 机房
E3-D/E3-7/43-1 轴线间顶板渗漏

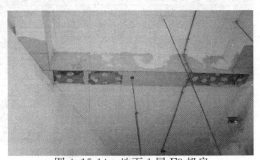

图 4.15-14　地下 1 层 E3 机房
E3-D/E3-7/43-1 轴线间顶板渗漏

图 4.15-15　零层 P10 钢柱柱根防火层脱落

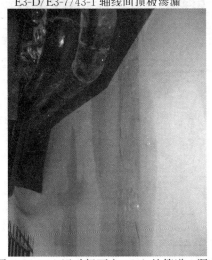

图 4.15-16　运动场下方 35-A 处管道口漏水

图 4.15-17　中层看台 81-88 轴线
间有较多横向裂缝

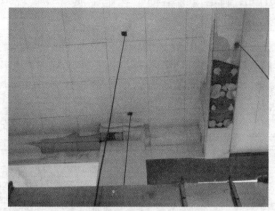

图 4.15-18　地下 1 层 E1 机房
E1-D/E1-1/13-1 轴线间顶板渗漏

图 4.15-19　5 层 72-73-E-F 地面开裂

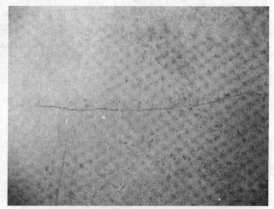

图 4.15-20　6 层 79-80-E-F 地面开裂

图 4.15-21　6 层 P18 轴柱周边屋面漏水

图 4.15-22　6 层 P19 轴柱周边屋面漏水

6. 看台悬挑板的竖向自振频率

采用 WDAS 无线分布式数据采集仪对看台悬挑板的竖向自振频率进行测试，在中层看台和上层看台中各选 3 块板，用撞击荷载法使看台悬挑板产生自由振动，各悬挑板的竖向振动频谱图见图 4.15-23～图 4.15-28。各处看台悬挑板的竖向自振频率见表 4.15-12。

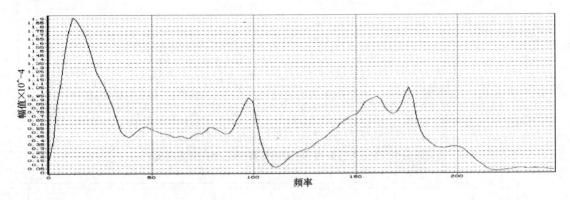

图 4.15-23　中层看台 B-C-34-35 轴线间竖向振动频谱

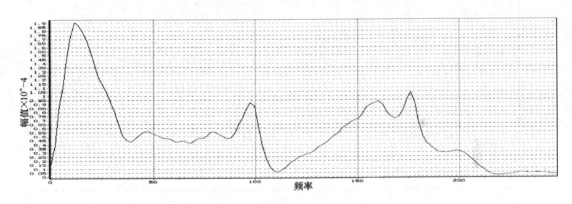

图 4.15-24　中层看台 B-C-35-36 轴线间竖向振动频谱

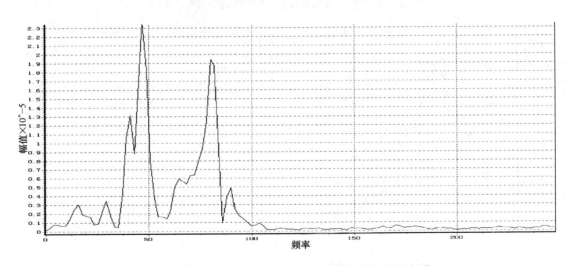

图 4.15-25　中层看台 B-C-1/36-36 轴线间竖向振动频谱

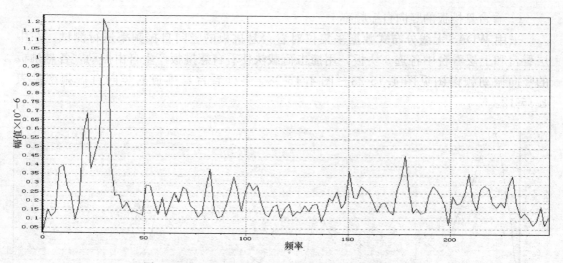

图 4.15-26　上层看台 B-C-34-35 轴线间竖向振动频谱

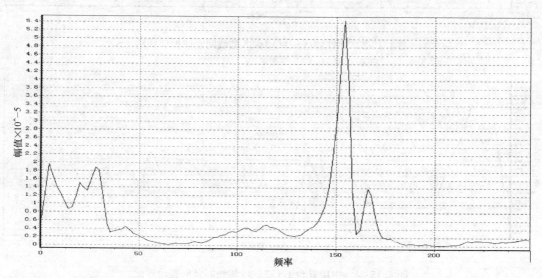

图 4.15-27　上层看台 B-C-35-36 轴线间竖向振动频谱

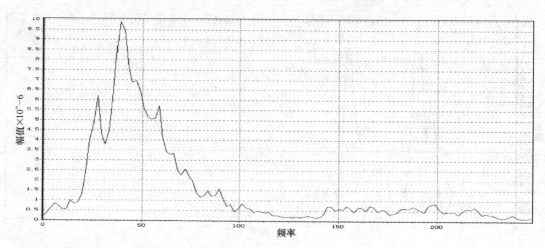

　　　图 4.15-28　上层看台 B-C-1/36-36 轴线间竖向振动频谱

看台悬挑板的竖向自振频率测试结果 表 4.15-12

看台	轴线编号	第 1 阶频率(基频)(Hz)	第 2 阶频率(Hz)	第 3 阶频率(Hz)
中层看台	B~C-34~35	11.7	46.8	78.1
	B~C-35~36	17.5	21.5	82.0
	B~C-1/36~36	15.6	29.3	41.0
上层看台	B~C-34~35	9.8	21.5	29.3
	B~C-35~36	19.5	27.3	43.0
	B~C-1/36~36	13.7	27.3	39.1

从 6 处看台悬挑板的竖向自振频率测试结果看,看台悬挑板基频为 9.8~19.5 Hz。通常情况下,人的活动频率集中在 1~3Hz,看台悬挑板基频已远大于人的活动频率,因此,人的活动不会引起看台悬挑板的共振现象。

7. 临时看台现场加载试验的资料分析

国家体育场临时看台分别设在中层看台的后部,分东、西、南、北 4 个区域,共有座位 2000 个。临时看台为组装式的方钢管结构,由浙江大丰体育设备有限公司制作与安装,中国建筑科学研究院建筑结构研究所负责对临时看台进行现场加载试验。试验结果见表 4.15-13。

临时看台试验区域平面位置和试验单元结构布置见图 4.15-29 所示,临时看台未安装水泥板前、试验区杆件上安装的传感器和位移计、试验区试验加载后见图 4.15-30~图 4.15-32。

临时看台现场加载试验结果 表 4.15-13

设 备		振弦式传感器、位移计	
设计荷载(kN/m²)	3.5	承载面积(m²)	9.4
试验荷载(kN/m²)	5.0	试验总荷载(kN)	47.0
底部横杆最大挠度(mm)	2.7	卸载后底部横杆挠度(mm)	0.2
中部横杆最大应力(MPa)	-24.4	卸载后中部横杆应力(MPa)	1.4
底部有支撑立杆最大应力(MPa)	12.4	卸载后底部有支撑立杆应力(MPa)	0.2
底部无支撑立杆最大应力(MPa)	-5.4	卸载后底部无支撑立杆应力(MPa)	-0.5
破坏状态		未破坏,卸载后弹性恢复	
试验结论		满足设计承载力要求	

8. 看台结构沉降观测资料的分析与评估

看台结构沉降观测由建设综合勘察研究设计院完成,共设有 98 个临时观察点,观察时间从 2005 年 6 月 5 日至 2007 年 9 月 26 日,分 15 次观测。为便于分析比较,从沉降观测资料中分别选正东、正西、正南、正南 4 个看台有代表性测点进行统计,各阶段看台结构沉降观测结果见表 4.15-14~表 4.15-17。同一看台及不同看台的沉降量比较见图 4.15-33 和图 4.15-34。

正东看台各观测点的累计沉降量 表 4.15-14

次 数	观测日期	看台由内圈到外圈各点的累计沉降量(mm)			
		144# 测点	172# 测点	198# 测点	227# 测点
第 1、2 次	2005 年 6 月 5 日	0.00	0.00	0.00	0.00
第 3、4 次	2005 年 9 月 9 日	-6.59	-6.59	-7.56	-7.12
第 5、6 次	2005 年 9 月 9 日	(与承重柱、电梯井的联测)			
第 7 次	2005 年 10 月 19 日	-6.95	-9.03	-10.32	-9.93
第 8 次	2005 年 11 月 15 日	-9.51	-12.71	-14.35	-13.63
第 9 次	2006 年 3 月 2 日	-13.41	-15.47	-16.65	-18.11
第 10 次	2006 年 6 月 26 日	-15.72	-18.03	-18.89	-21.22
第 11 次	2006 年 10 月 19 日	-16.95	-19.17	-20.40	-24.42
第 12 次	2006 年 11 月 24 日	-18.31	-20.32	-21.44	-26.00
第 13 次	2007 年 3 月 18 日	-16.62	-18.61	-20.36	-24.88
第 14 次	2007 年 6 月 20 日	-15.73	-17.35	-19.99	-24.06
第 15 次	2007 年 9 月 26 日	-16.00	-17.04	-19.96	-24.33

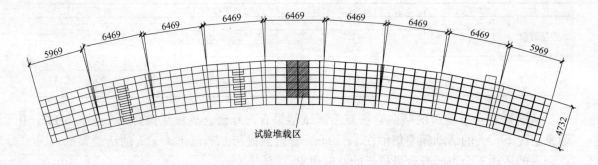

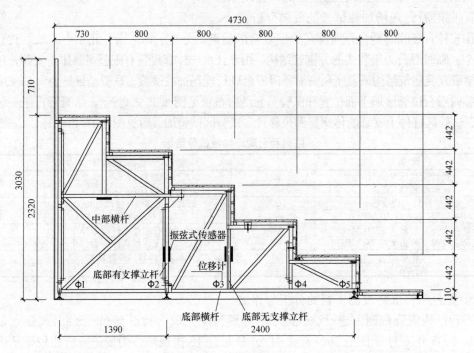

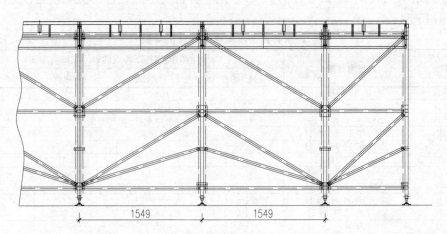

图 4.15-29　试验区域平面和试验单元结构布置

图 4.15-30　临时看台未安装水泥板前　　　　图 4.15-31　杆件上安装的传感器和位移计

图 4.15-32　临时看台试验区满载

正西看台各观测点的累计沉降量　　　　　　　　表 4.15-15

次　数	观测日期	看台由内圈到外圈各点的累计沉降量（mm）			
		130#测点	157#测点	185#测点	213#测点
第1、2次	2005年6月5日	0.00	0.00	0.00	0.00
第3、4次	2005年9月9日	−6.71	−6.55	−6.19	−6.19
第5、6次	2005年9月9日	（与承重柱、电梯井的联测）			
第7次	2005年10月19日	−9.80	−9.91	−11.58	−10.63
第8次	2005年11月15日	−11.84	−10.90	−13.08	−12.19
第9次	2006年3月2日	−16.32	−16.27	−17.89	−17.96
第10次	2006年6月26日	−17.74	−17.89	−19.30	−19.64
第11次	2006年10月19日	−16.95	−21.12	−22.50	−23.29
第12次	2006年11月24日	−23.08	−22.88	−23.86	−23.79
第13次	2007年3月18日	−19.56	−18.99	−19.83	−19.79
第14次	2007年6月20日	−17.47	−16.63	−17.05	−16.74
第15次	2007年9月26日	−17.74	−16.90	−17.32	−17.01

		看台由内圈到外圈各点的累计沉降量(mm)			
次 数	观测日期	138# 测点	165# 测点	192# 测点	221# 测点
第 1、2 次	2005 年 6 月 5 日	0.00	0.00	0.00	0.00
第 3、4 次	2005 年 9 月 9 日	−5.37	−5.66	−5.70	−6.19
第 5、6 次	2005 年 9 月 9 日	(与承重柱、电梯井的联测)			
第 7 次	2005 年 10 月 19 日	−8.46	−8.53	−9.21	−9.28
第 8 次	2005 年 11 月 15 日	−9.10	−10.52	−11.84	−11.59
第 9 次	2006 年 3 月 2 日	−13.69	−15.54	−16.59	−15.98
第 10 次	2006 年 6 月 26 日	−13.94	−16.24	−16.86	−17.40
第 11 次	2006 年 10 月 19 日	−15.64	−17.09	−18.56	−18.85
第 12 次	2006 年 11 月 24 日	−17.71	−18.89	−20.63	−21.00
第 13 次	2007 年 3 月 18 日	−14.76	−15.39	−16.53	−17.82
第 14 次	2007 年 6 月 20 日	−13.45	−13.49	−13.77	−15.83
第 15 次	2007 年 9 月 26 日	−13.79	−13.76	−14.04	−16.10

正南看台各观测点的累计沉降量　　　　　　　　**表 4.15-16**

正北看台各观测点的累计沉降量　　　　　　　　**表 4.15-17**

		看台由内圈到外圈各点的累计沉降量(mm)		
次 数	观测日期	150# 测点	177# 测点	204# 测点
第 1、2 次	2005 年 6 月 5 日	0.00	0.00	0.00
第 3、4 次	2005 年 9 月 9 日	−5.88	−7.00	−6.44
第 5、6 次	2005 年 9 月 9 日	(与承重柱、电梯井的联测)		
第 7 次	2005 年 10 月 19 日	−7.82	−8.96	−9.34
第 8 次	2005 年 11 月 15 日	−9.64	−11.56	−11.65
第 9 次	2006 年 3 月 2 日	−12.92	−15.19	−14.87
第 10 次	2006 年 6 月 26 日	−15.08	−17.28	−17.02
第 11 次	2006 年 10 月 19 日	−17.26	−19.48	−19.20
第 12 次	2006 年 11 月 24 日	−17.96	−20.11	−19.60
第 13 次	2007 年 3 月 18 日	−15.18	−17.73	−16.82
第 14 次	2007 年 6 月 20 日	−13.99	−16.53	−15.66
第 15 次	2007 年 9 月 26 日	−12.88	−16.99	−16.16

通过对 2005 年 6 月 5 日至 2007 年 9 月 26 日（看台结构于 2005 年 11 月封顶）的沉降观测资料的比较，东、西两侧看台沉降量较南、北两侧大，但整体沉降差异不大；截至 2007 年 9 月 26 日的沉降观察数据看，最近 3 个月内平均沉降量为 0.27mm，看台沉降已趋于稳定。

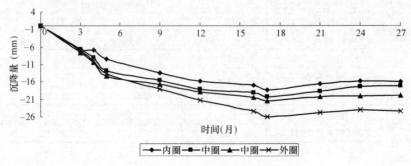

图 4.15-33　同一看台内外圈的沉降量比较

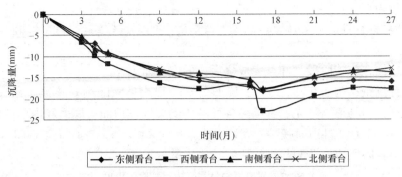

图 4.15-34　内圈不同看台的沉降量比较

9. 钢结构应力监测资料的分析与评估

国家体育场钢结构的安装于 2005 年 10 月底开始，钢结构采用"分段高空散装"的安装方法，其基本施工顺序为：①安装桁架柱柱脚、立面次结构柱脚、楼梯柱柱脚；设置 78 个临时支撑塔架；②分段吊装桁架柱、立面次结构（倒角区以下部分）、楼梯柱的下半部分、立面楼梯；③开始主桁架分段吊装工作。④主桁架分段吊装工作完成；⑤进行主桁架和立面次结构各分区之间的整体合拢工作；⑥临时支撑塔架卸载，实现由临时支撑塔架承重向钢结构自身承重状态的体系转换；⑦安装顶面次结构与转角区立面次结构、楼梯柱的上半部分；⑧安装马道和各种设备吊挂支架、屋面 PTFE 膜结构和下弦 PTFE 声学吊顶、灯光、音响、大屏幕等设备。

尽管利用先进的计算手段可对结构进行详细的计算分析，但由于钢结构在制作、安装阶段存在很多不确定因素，因此，对结构的应力进行监测，全面掌握卸载全过程中以及施工过程中的实际受力状态与原设计的符合情况，提供结构状态的实时信息，对于确保结构的安全性具有十分重大的意义。钢结构在卸载全过程以及在施工过程中的应力监测，由铁道科学研究院铁建所完成。

（1）钢结构在卸载全过程中的应力监测

钢结构卸载按照"结构整体分级同步原则"进行，以位移控制为主、反力控制为辅。卸载共分七大步，计三十五小步。钢结构卸载于 2006 年 9 月 12 日上午开始预演，先对卸载系统进行空载联调，之后进行负载联调。2006 年 9 月 13 日下午负载联调成功（即顶升阶段，同时进行称重），当天晚上正式开始卸载。2006 年 9 月 17 日上午卸载工作圆满完成。国家体育场钢结构在卸载全过程中的应力监测选取了 2 根桁架柱和旋转对称的 4 榀主桁架作为监测对象，对 42 根杆件共 232 个测点在卸载过程中的应力进行了实时测试。比较卸载全过程中的应力监测资料，可知：

1）所有测点的应力随着卸载位移量的增大而增大；

2）所有杆件同一截面 4 或 8 个测点的应力差异较大，呈现较强的扭转性；

3）卸载刚完成时，主桁架最大压应力和最大拉应力分别为 -90.12MPa 和 $+68.42\text{MPa}$，桁架柱最大压应力和最大拉应力分别为 -90.21MPa 和 $+72.15\text{MPa}$；

4）跨度大的主桁架受力比跨度小的主桁架大，同一榀主桁架上弦杆和下弦杆受力比斜腹杆大，长轴方向的 P1 轴桁架柱受力比短轴方向的 P7 轴桁架柱大；

5）温差对钢结构的应力分布影响较大，随着温差的减小和时间的推移，钢结构的应

279

力会发生重分布；

6）旋转对称杆件的应力从整体趋势上看是对称的。这些结论与设计理念和结构受力特点相一致。

（2）钢结构在施工阶段（卸载完成之后）的应力监测

国家体育场钢结构于 2006 年 9 月 17 日卸载完成之后，陆续安装顶面和肩部次结构、排水设施、栏杆、马道、灯光、音响、各种设备支架以及顶面、底面和内环桁架立面膜结构，至 2007 年 11 月 9 日顶面膜结构安装完成，历时 14 个月。在此施工期间，共进行了 4 次应力测试，各阶段应力监测与钢结构安装施工进度见表 4.15-18。

各阶段应力监测与钢结构安装施工进度

表 4.15-18

应力监测次数	应力监测日期	钢结构安装施工进度
第 1 次	2007 年 1 月 19 日	所有次结构安装完成，排水设施安装接近完成，栏杆、马道安装完成，现场开始进行膜结构的试装
第 2 次	2007 年 2 月 1 日	
第 3 次	2007 年 8 月 31 日	顶面膜结构安装接近完成，底面膜结构只安装了局部，排水管道安装完成，现场正在安装小件钢结构
第 4 次	2008 年 1 月 8 日	钢结构顶面和底面的膜材全部安装完成，内环钢桁架立面膜材安装完成了西面和北面，灯光、音响、马道及各种设备支架几乎全部安装完成

比较钢结构在施工阶段（卸载完成之后）的 4 次应力监测资料，结果表明：

1）由于次结构的安装、钢结构本体温度的变化引起的热胀冷缩和高次超静定等因素的影响，钢结构各部位的应力随之发生了明显的重分布；

2）同一杆件不同测点在同一时刻的应力相对值相差较大，甚至随温度变化的趋势都不完全相同，说明杆件具有很强的扭转性，属于典型的弯扭型构件；

3）主桁架上弦杆温度变化较大，相应的应力变化也较大。

综合本次对国家体育场（又称"鸟巢"）9 个部分的结构工程监督抽查，国家体育场主体结构施工质量符合设计要求或国家规范的要求，但在装修方面存在以下欠缺：①钢结构构件涂层厚度欠均匀；②楼板有渗漏、开裂的现象；③看台以外钢立柱周边部分屋面有漏水现象。建议在适当时候对以上缺陷进行处理。

4.16 工人体育场钢结构罩棚检测

4.16.1 工程概况

北京工人体育场原结构设计于 1956 年，建成于 1958 年，整体为椭圆形建筑物，总建筑面积约 80000m²，平面见图 4.16-1。该体育场分为 24 个看台，看台为钢筋混凝土框架结构，看台上部为钢挑棚。原挑棚（小挑棚）跨度 8.0m，1986 年亚运会前对东西面的挑棚进行改造，改造后的挑棚（大挑棚）跨度 18.0m。大、小挑棚平面位置见图 4.16-2。

挑棚的结构为钢挑梁，小挑棚的钢挑梁（小挑梁）悬挑跨度为 8.0m，大挑棚的钢挑梁（大挑梁）悬挑跨度为 18.0m，大、小挑梁立面示意图见图 4.16-3 及图 4.16-4。

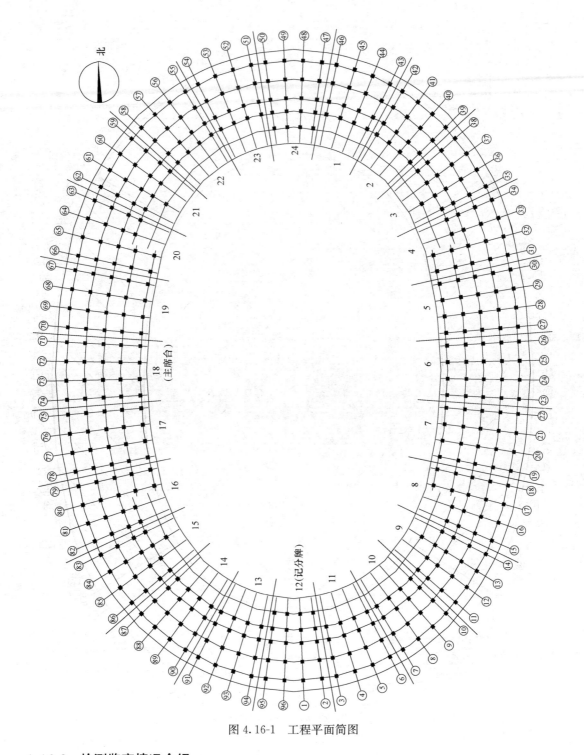

图 4.16-1 工程平面简图

4.16.2 检测鉴定情况介绍

1. 钢挑梁外观质量检查

对全部看台钢挑梁进行现状质量检查，主要检查挑梁钢结构节点连接、焊缝外观及钢材锈蚀情况等。

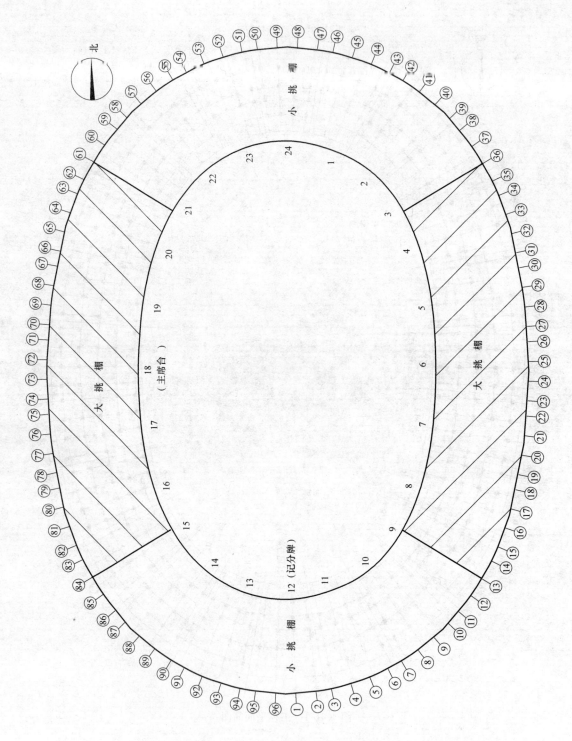

图 4.16-2 大、小挑棚布置示意图

　　该体育场共有大挑梁 48 根，其中 24 根位于主席台，24 根位于背景台；其余为小挑梁，共 48 根。钢挑梁外观检查结果见表 4.16-1。

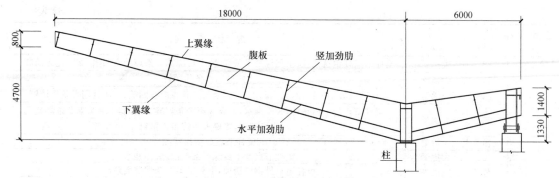

图 4.16-3 大挑梁立面示意图

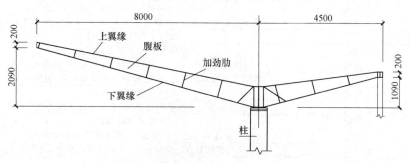

图 4.16-4 小挑梁立面示意图

钢挑梁外观质量检查结果

表 4.16-1

看台编号	轴线编号	构件名称	现 状 质 量
1	43	小挑梁	上翼板、腹板涂层局部脱落,钢材锈蚀
	44	小挑梁	梁柱节点处钢材锈蚀
	45	小挑梁	梁柱节点处钢材锈蚀
	46	小挑梁	梁柱节点处钢材锈蚀
2	39	小挑梁	下翼缘焊缝余高不足,柱间桁架端部焊缝不饱满,部分涂层脱落
	40	小挑梁	梁柱节点处钢材锈蚀,腹板部分涂层脱落,圆钢拉杆松动
	41	小挑梁	柱间桁架端部焊缝锈蚀,梁柱节点处钢材锈蚀,部分位置涂层脱落
	42	小挑梁	梁柱节点、腹板、下翼板部分涂层脱落,钢材锈蚀
3	35	大挑梁	梁柱节点处钢材锈蚀,涂层局部起皮脱落
	36	大挑梁	梁柱节点处钢材锈蚀,圆钢拉杆松动,下翼缘第 3 条焊缝无余高,无销钉,柱间桁架端部焊缝开裂,见图 4.16-5
	37	小挑梁	梁柱节点处钢材锈蚀,下弦焊缝不饱满,节点缺 2 个螺母,悬壁梁端部扭转变形,圆钢拉杆松动
	38	小挑梁	梁柱节点处钢材锈蚀,涂层龟裂,柱间上翼板焊缝端部有缺口
4	31	大挑梁	梁柱节点钢材锈蚀,桁架漆皮脱落,支座处用焊条作销钉
	32	大挑梁	梁柱节点处钢材锈蚀,部分焊渣未清理,焊缝外观质量差,下翼缘第 1 条焊缝咬边,支座处用焊条作销钉
	33	大挑梁	梁柱节点处钢材锈蚀,下翼缘第 1 条焊缝无余高
	34	大挑梁	梁柱节点处钢材锈蚀,支座处用焊条作销钉
5	27	大挑梁	梁柱节点处钢材锈蚀,支座处用焊条作销钉
	28	大挑梁	梁柱节点处钢材锈蚀,天沟漏水,柱间钢桁架锈蚀
	29	大挑梁	梁柱节点处钢材锈蚀,下翼缘第 2 条焊缝无余高
	30	大挑梁	梁柱节点处钢材锈蚀,支座处用焊条作销钉

看台编号	轴线编号	构件名称	现 状 质 量
6	23	大挑梁	梁柱节点处钢材锈蚀,下翼缘第1条焊缝、上翼缘第2条焊缝有凹陷,支座处无销钉
	24	大挑梁	支座处用焊条作销钉
	25	大挑梁	梁柱节点处钢材锈蚀,天沟漏水,上翼缘第2条焊缝有凹陷,支座处用焊条作销钉
	26	大挑梁	梁柱节点处钢材锈蚀,天沟漏水,下翼缘第2条焊缝无余高,上翼缘第2条焊缝边缘凹陷,支座处用焊条作销钉
7	19	大挑梁	梁柱节点处钢材锈蚀
	20	大挑梁	梁柱节点及上翼缘局部锈蚀,天沟漏水
	21	大挑梁	梁柱节点处钢材锈蚀,下翼缘第2条焊缝无余高
	22	大挑梁	梁柱节点处钢材锈蚀
8	15	大挑梁	梁柱节点处钢材锈蚀
	16	大挑梁	梁柱节点处钢材锈蚀,上翼缘第4条焊缝无余高
	17	大挑梁	梁柱节点处钢材锈蚀,下翼缘第3条、上翼缘第4条焊缝无余高
	18	大挑梁	梁柱节点处钢材锈蚀
9	11	小挑梁	柱根部及梁柱节点处钢材锈蚀
	12	小挑梁	腹板根部漏焊,12～13轴间圆钢拉杆松动,见图4.16-6
	13	大挑梁	梁柱节点处钢材锈蚀,柱间桁架端部焊缝开裂,见图4.16-7
	14	大挑梁	梁柱节点处钢材锈蚀
10	7	小挑梁	柱根部及梁柱节点处钢材锈蚀,下翼缘板焊缝外观质量差
	8	小挑梁	柱根部钢材锈蚀
	9	小挑梁	梁柱节点处钢材锈蚀,下翼缘板钢材轻微锈蚀
	10	小挑梁	柱根部及梁柱节点处钢材锈蚀,下翼缘焊缝咬边,见图4.16-8
11	3	小挑梁	基本完好,腹板有小洞
	4	小挑梁	柱根部锈蚀,梁柱节点处钢材锈蚀,下翼缘板焊缝外观差
	5	小挑梁	梁柱节点处钢材锈蚀,圆钢拉杆弯曲、松动
	6	小挑梁	梁柱节点处钢材锈蚀,上翼缘板焊缝外观质量差
12	1	小挑梁	基本完好
	2	小挑梁	下翼缘板焊缝有气孔,钢板错边,腹板有损伤
	95	小挑梁	钢柱根部预埋件锈蚀
	96	小挑梁	基本完好
13	91	小挑梁	梁柱节点处钢材锈蚀,混凝土基座根部有轻微胀裂
	92	小挑梁	梁柱节点处钢材锈蚀,柱根锈蚀,支座处2根螺栓缺失,支撑钢桁架与柱未有效连接,见图4.16-9
	93	小挑梁	梁柱节点处钢材及柱根锈蚀,天沟板及部分屋面板锈蚀
	94	小挑梁	柱根部钢材锈蚀
14	87	小挑梁	梁柱节点处钢材轻微锈蚀
	88	小挑梁	梁柱节点处钢材锈蚀,钢柱根部钢材锈蚀
	89	小挑梁	梁柱节点处钢材锈蚀,钢柱根部锈蚀,混凝土基座柱头部位胀裂,裂缝较宽,圆钢拉杆弯曲、松动
	90	小挑梁	梁柱节点处钢材轻微锈蚀,圆钢拉杆弯曲、松动
15	83	大挑梁	雨水管涂层脱落,下翼缘局部变形,第2条焊缝余高不足,
	84	大挑梁	下翼缘第2条焊缝余高不足,梁柱节点处钢材涂层局部脱落锈蚀,柱间桁架端部焊缝开裂,见图4.16-10
	85	小挑梁	梁柱节点处钢材锈蚀
	86	小挑梁	梁柱节点处钢材轻微锈蚀,圆钢拉杆松动
16	79	大挑梁	雨水管涂层脱落,上翼缘第1条焊缝余高不足
	80	大挑梁	腹板3道焊缝余高不足
	81	大挑梁	上翼缘第2条焊缝余高不足,节点处支撑未满焊
	82	大挑梁	雨水管涂层脱落,下翼缘第3条焊缝余高不足,梁柱节点处钢材锈蚀
17	75	大挑梁	下翼缘第1条焊缝余高不足,梁柱节点钢材锈蚀
	76	大挑梁	基本完好
	77	大挑梁	下翼缘第2条焊缝余高不足,上翼缘焊缝边缘钢板有一凹坑,柱间桁架钢材锈蚀
	78	大挑梁	雨水管涂层脱落,下翼缘第2条焊缝余高不足

看台编号	轴线编号	构件名称	现 状 质 量
18	71	大挑梁	梁柱节点处钢材锈蚀,涂层起皮,雨水管涂层脱落,见图 4.16-11
	72	大挑梁	梁柱节点处钢材及下翼缘锈蚀
	73	大挑梁	梁柱节点、腹板及柱间桁架局部锈蚀,下翼缘第 2 条焊缝余高不足
	74	大挑梁	雨水管涂层脱落,梁柱节点处钢材锈蚀
19	67	大挑梁	雨水管涂层脱落,下翼缘第 1 条焊缝余高不足
	68	大挑梁	上翼缘第 1 条焊缝、下翼缘第 3 条焊缝余高不足
	69	大挑梁	下翼缘第 3 条焊缝余高不足
	70	大挑梁	梁柱节点处钢材锈蚀,雨水管涂层脱落
20	63	大挑梁	基本完好,雨水管涂层脱落
	64	大挑梁	基本完好
	65	大挑梁	基本完好
	66	大挑梁	下翼缘第 3 条焊缝、上翼缘第 1 条焊缝余高不足,雨水管涂层脱落
21	59	小挑梁	下翼缘第 2 条焊缝表面质量差
	60	小挑梁	梁柱节点处钢材锈蚀,柱间桁架端部焊缝锈蚀
	61	大挑梁	梁柱节点处钢材涂层脱落锈蚀,下翼缘第 2、3 条焊缝无余高,柱间桁架端部焊缝开裂,见图 4.16-12
	62	大挑梁	基本完好,雨水管涂层脱落
22	55	小挑梁	腹板涂层脱落锈蚀,圆钢拉杆松动
	56	小挑梁	下翼板涂层开裂
	57	小挑梁	柱间桁架端部焊缝漏焊,见图 4.16-13
	58	小挑梁	柱间桁架端部焊缝,梁柱处缺失 1 颗螺母
23	51	小挑梁	梁、柱部分涂层脱落,钢材锈蚀
	52	小挑梁	腹板部分涂层脱落,钢材锈蚀
	53	小挑梁	基本完好,圆钢拉杆松动
	54	小挑梁	上翼板涂层脱落,节点处 1 根螺栓缺失,见图 4.16-14
24	47	小挑梁	梁柱节点处部分涂层脱落,钢材锈蚀
	48	小挑梁	梁柱节点处及柱根部涂层脱落,钢材锈蚀
	49	小挑梁	梁柱节点处及柱根部涂层脱落,钢材锈蚀
	50	小挑梁	梁、柱部分涂层脱落,钢材锈蚀

注:1. 钢挑梁翼缘板的焊缝缺陷是由下部观测的结果;
    2. 翼缘板焊缝由梁柱节点向体育场内顺序编号。

检查结果表明,钢挑梁主要存在以下问题:

(1) 个别小挑梁柱节点连接螺栓或螺母缺失;

(2) 大、小挑梁交界处,大挑梁柱间桁架端部焊缝开裂;

(3) 部分焊缝外观质量较差,存在咬边、余高不足、焊瘤、漏焊等缺陷,焊渣和飞溅物也未完全清除;

(4) 钢材表面防锈涂层普遍起皮、老化、脱落,钢材轻微锈蚀,个别位置钢材锈蚀较严重;

图 4.16-5　36 轴大挑梁柱间桁架端部焊缝开裂

(5) 大挑梁外侧混凝土柱、预埋件与钢梁采用 $\phi110mm$ 钢螺栓固定,其锁紧销子,有的采用钢筋,有的采用焊条,还有的根本无任何锁紧物件;

(6) 个别位置的天沟或落水管漏雨;

(7) 部分小挑梁间的圆钢拉杆不直或松动。

图 4.16-6　12 轴小挑梁腹板根部漏焊

图 4.16-7　13 轴大挑梁柱间桁架端部焊缝开裂

图 4.16-8　10 轴小挑梁柱根钢材锈蚀

图 4.16-9　92 轴小挑梁支座处 2 根螺栓缺失

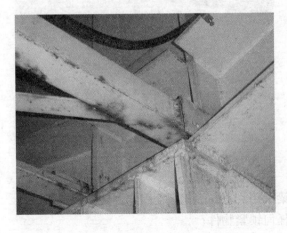
图 4.16-10　84 轴大挑梁柱间桁架端部
焊缝开裂

图 4.16-11　71 轴大挑梁节点处钢材锈蚀、
涂层起皮

图 4.16-12 61 轴大挑梁柱间桁架端部焊缝开裂

图 4.16-13 57 轴小挑梁柱间桁架端部焊缝漏焊

2. 钢挑梁截面尺寸检测

采用超声测厚仪及钢卷尺对部分钢挑梁的截面尺寸进行检测，检测参照《热轧钢板和钢带的尺寸、外形、重量及允许偏差》GB 709—88、《钢结构工程施工质量验收规范》GB 50205—2001 有关要求进行，检验结果见表 4.16-2。

板宽的允许偏差为 ±3mm；板厚的允许偏差：8mm 厚板为 +0.3mm、−0.8mm，16mm 厚板为 +0.6mm、−0.8mm，22mm 厚板为 +0.6mm、−0.8mm，30mm 厚板为 +0.6mm、−0.9mm。

图 4.16-14 54 轴小挑梁节点处 1 根螺栓缺失

钢挑梁截面尺寸检测结果（mm）   表 4.16-2

挑梁位置	检测位置	设 计 值		实 测 值		质 量 评 定
		板厚	板宽	板厚	板宽	
9 轴 （小挑梁）	上翼缘	16	300	17.0	303	符合要求
	下翼缘	16	300	20.3	300	符合要求
	腹板	8	—	9.1	—	符合要求
	竖加肋板	8	120	7.8	122	符合要求
10 轴 （小挑梁）	上翼缘	16	300	15.8	302	符合要求
	下翼缘	16	300	20.2	301	符合要求
	腹板	8	—	8.6	—	符合要求
	竖加肋板	8	120	7.8	125	符合要求
11 轴 （小挑梁）	上翼缘	16	300	15.8	301	符合要求
	下翼缘	16	300	15.9	298	符合要求
	腹板	8	—	8.8	—	符合要求
	竖加肋板	8	120	8.3	120	符合要求

挑梁位置	检测位置	设计值		实测值		质量评定
		板厚	板宽	板厚	板宽	
12 轴 （小挑梁）	上翼缘	16	300	17.1	302	符合要求
	下翼缘	16	300	16.1	302	符合要求
	腹板	8	—	8.9	—	符合要求
	竖加肋板	8	120	7.9	121	符合要求
13 轴 （大挑梁）	上翼缘	22	600	21.6	600	符合要求
	下翼缘	22	600	21.6	600	符合要求
	腹板	16	—	15.4	—	符合要求
	水平加肋板	16	250	15.8	248	符合要求
	竖加肋板	30	150	29.9	148	符合要求
	竖加肋板	16	150	15.7	150	符合要求
15 轴 （大挑梁）	上翼缘	22	600	22.1	602	符合要求
	下翼缘	22	600	21.8	601	符合要求
	腹板	16	—	15.3	—	符合要求
	水平加肋板	16	250	15.7	248	符合要求
	竖加肋板	30	150	29.7	152	符合要求
	竖加肋板	16	150	16.0	155	符合要求
17 轴 （大挑梁）	上翼缘	22	600	21.5	604	符合要求
	下翼缘	22	600	22.5	602	符合要求
	腹板	16	—	15.2	—	符合要求
	水平加肋板	16	250	16.0	250	符合要求
	竖加肋板	30	150	30.2	155	符合要求
	竖加肋板	16	150	15.5	152	符合要求
31 轴 （大挑梁）	上翼缘	22	600	21.8	602	符合要求
	下翼缘	22	600	21.9	600	符合要求
	腹板	16	—	15.7	—	符合要求
	水平加肋板	16	250	16.2	251	符合要求
	竖加肋板	30	150	30.0	154	符合要求
	竖加肋板	16	150	15.9	152	符合要求
32 轴 （大挑梁）	上翼缘	22	600	22.0	600	符合要求
	下翼缘	22	600	21.7	600	符合要求
	腹板	16	—	15.4	—	符合要求
	水平加肋板	16	250	16.3	253	符合要求
	竖加肋板	30	150	29.5	154	符合要求
	竖加肋板	16	150	16.0	151	符合要求

挑梁位置	检测位置	设计值		实测值		质量评定
		板厚	板宽	板厚	板宽	
34轴 (大挑梁)	上翼缘	22	600	22.1	602	符合要求
	下翼缘	22	600	22.1	595	板宽不符合
	腹板	16	—	15.5	—	符合要求
	水平加肋板	16	250	15.8	253	符合要求
	竖加肋板	30	150	29.5	152	符合要求
	竖加肋板	16	150	16.2	150	符合要求
35轴 (大挑梁)	上翼缘	22	600	21.9	603	符合要求
	下翼缘	22	600	21.5	600	符合要求
	腹板	16	—	15.7	—	符合要求
	水平加肋板	16	250	16.1	252	符合要求
	竖加肋板	30	150	30.0	155	符合要求
	竖加肋板	16	150	15.6	154	符合要求
37轴 (小挑梁)	上翼缘	16	300	17.8	303	符合要求
	下翼缘	16	300	20.2	300	符合要求
	腹板	8	—	9.4	—	符合要求
	竖加肋板	8	120	8.2	122	符合要求
38轴 (小挑梁)	上翼缘	16	300	16.9	300	符合要求
	下翼缘	16	300	20.6	302	符合要求
	腹板	8	—	8.9	—	符合要求
	竖加肋板	8	120	10.5	123	符合要求
59轴 (小挑梁)	上翼缘	16	300	17.7	295	板宽不符合
	下翼缘	16	300	20.4	301	符合要求
	腹板	8	—	9.8	—	符合要求
	竖加肋板	8	120	10.4	122	符合要求
61轴 (大挑梁)	上翼缘	22	600	21.4	602	符合要求
	下翼缘	22	600	22.1	600	符合要求
	腹板	16	—	15.4	—	符合要求
	水平加肋板	16	250	15.5	255	符合要求
	竖加肋板	30	150	29.9	153	符合要求
	竖加肋板	16	150	15.5	154	符合要求
65轴 (大挑梁)	上翼缘	22	600	21.9	600	符合要求
	下翼缘	22	600	22.5	599	符合要求
	腹板	16	—	15.7	—	符合要求
	水平加肋板	16	250	16.0	250	符合要求
	竖加肋板	30	150	29.8	152	符合要求
	竖加肋板	16	150	16.0	151	符合要求

挑梁位置	检测位置	设计值		实测值		质量评定
		板厚	板宽	板厚	板宽	
70轴 （大挑梁）	上翼缘	22	600	21.8	601	符合要求
	下翼缘	22	600	21.2	603	符合要求
	腹板	16	—	15.6	—	符合要求
	水平加肋板	16	250	16.1	253	符合要求
	竖加肋板	30	150	29.6	154	符合要求
	竖加肋板	16	150	14.9	152	板厚不符合
71轴 （大挑梁）	上翼缘	22	600	22.2	599	符合要求
	下翼缘	22	600	21.9	598	符合要求
	腹板	16	—	15.8	—	符合要求
	水平加肋板	16	250	15.4	252	符合要求
	竖加肋板	30	150	29.9	152	符合要求
	竖加肋板	16	150	15.6	150	符合要求
73轴 （大挑梁）	上翼缘	22	600	21.7	600	符合要求
	下翼缘	22	600	21.5	600	符合要求
	腹板	16	—	15.5	—	符合要求
	水平加肋板	16	250	15.4	251	符合要求
	竖加肋板	30	150	29.8	155	符合要求
	竖加肋板	16	150	15.7	153	符合要求
74轴 （大挑梁）	上翼缘	22	600	22.4	597	符合要求
	下翼缘	22	600	22.5	596	板宽不符合
	腹板	16	—	16.0	—	符合要求
	水平加肋板	16	250	15.3	250	符合要求
	竖加肋板	30	150	29.5	155	符合要求
	竖加肋板	16	150	15.4	154	符合要求
75轴 （大挑梁）	上翼缘	22	600	22.0	598	符合要求
	下翼缘	22	600	22.6	600	符合要求
	腹板	16	—	15.7	—	符合要求
	水平加肋板	16	250	15.6	251	符合要求
	竖加肋板	30	150	29.9	152	符合要求
	竖加肋板	16	150	15.3	150	符合要求
76轴 （大挑梁）	上翼缘	22	600	22.0	602	符合要求
	下翼缘	22	600	21.5	599	符合要求
	腹板	16	—	15.5	—	符合要求
	水平加肋板	16	250	15.7	247	符合要求
	竖加肋板	30	150	29.5	152	符合要求
	竖加肋板	16	150	15.4	148	符合要求

挑梁位置	检测位置	设计值 板厚	设计值 板宽	实测值 板厚	实测值 板宽	质量评定
78轴（大挑梁）	上翼缘	22	600	21.4	600	符合要求
	下翼缘	22	600	21.4	600	符合要求
	腹板	16	—	14.9	—	板厚不符合
	水平加肋板	16	250	14.8	250	板厚不符合
	竖加肋板	30	150	29.6	148	符合要求
	竖加肋板	16	150	14.8	150	板厚不符合
81轴（大挑梁）	上翼缘	22	600	21.1	600	符合要求
	下翼缘	22	600	22.1	600	符合要求
	腹板	16	—	15.1	—	板厚不符合
	水平加肋板	16	250	15.2	246	符合要求
	竖加肋板	30	150	29.5	151	符合要求
	竖加肋板	16	150	15.4	155	符合要求
85轴（小挑梁）	上翼缘	16	300	17.1	302	符合要求
	下翼缘	16	300	21.0	301	符合要求
	腹板	8	—	8.6	—	符合要求
	竖加肋板	8	120	9.4	122	符合要求
88轴（小挑梁）	上翼缘	16	300	17.3	310	符合要求
	下翼缘	16	300	21.7	244	板宽不符合
	腹板	8	—	8.5	—	符合要求
	竖加肋板	8	120	10.0	120	符合要求

检测结果表明，抽检的钢挑梁上翼板、下翼板、腹板及加肋板的厚度和宽度基本符合设计要求，只有少量板宽、板厚的负偏差偏大。

3. 钢构件涂层厚度测量

钢挑梁涂刷油漆防锈，防锈分2层，里层为防锈漆（橙红色），外层为面漆（乳白色）。

采用涂层厚度测定仪测量钢构件防锈涂层的厚度，共检测46个点，每个位置各测试3个数值，并取该3个数值的平均值，测量结果见表4.16-3。

钢构件涂层厚度测量结果（μm）　　　　表4.16-3

挑梁位置	上翼缘	腹板	下翼缘
9轴	377	372	572
10轴	375	455	383
11轴	381	490	431
12轴	462	409	378
13轴	243	221	297
15轴	167	232	233

挑梁位置	上翼缘	腹板	下翼缘
17 轴	238	253	420
31 轴	316	324	456
32 轴	159	268	394
34 轴	286	229	243
35 轴	259	238	255
37 轴	411	577	396
38 轴	344	333	410
59 轴	424	476	437
61 轴	475	285	272
65 轴	203	194	190
70 轴	192	219	201
71 轴	185	265	218
73 轴	215	282	168
74 轴	196	141	138
75 轴	204	205	177
76 轴	152	186	154
78 轴	186	257	192
81 轴	294	269	268
85 轴	384	392	556
88 轴	419	453	414
平均值	290	309	317

参照《钢结构工程施工质量验收规范》GB 50205—2001 第 14.2.2 条规定，室外防锈涂层厚度为 $150\mu m$，允许偏差 $-25\mu m$。检测结果表明，钢构件的防锈涂层厚度符合 GB 50205—2001 要求。

4. 焊缝超声波探伤

采用金属超声波探伤仪对上、下翼缘及腹板的对接焊缝进行内部探伤，探伤检测技术参数见表 4.16-4，焊缝探伤结果见表 4.16-5。

焊缝及探伤技术参数　　　　　　　表 4.16-4

探伤仪器	CTS-23B	焊缝种类	对接
探头规格	5P9×9K3	焊接方法	手工电弧焊
试块	RB-1	材料	Q235
探伤方法	B级单面单侧	耦合剂	机油
扫描调节	水平定位 3:1	表面补偿	2dB
探伤面及状态	修磨	探伤时机	焊后

表 4.16-5

挑梁位置	焊缝位置	探 伤 结 果	评定等级
9轴	腹板	1处Ⅱ区缺陷,指示长度 5mm,深度 13mm	Ⅰ
	下翼缘	1处Ⅱ区缺陷,指示长度 10mm,深度 16mm	Ⅱ
10轴	腹板	1处Ⅱ区缺陷,指示长度 10mm,深度 8mm	Ⅱ
	下翼缘	1处Ⅱ区缺陷,指示长度 5mm,深度 15mm	Ⅰ
11轴	腹板	无可记录缺陷	Ⅰ
	下翼缘	无可记录缺陷	Ⅰ
12轴	腹板	无可记录缺陷	Ⅰ
	下翼缘	2处Ⅱ区缺陷,指示长度 5mm、10mm,深度 12mm、16mm	Ⅱ
13轴	上翼缘	3处Ⅱ区缺陷,指示长度 10mm、5mm、5mm,深度 15mm、13mm、12mm	Ⅲ
	腹板	1处Ⅱ区缺陷,指示长度 5mm,深度 12mm	Ⅰ
	下翼缘	无可记录缺陷	Ⅰ
15轴	上翼缘	2处Ⅱ区缺陷,指示长度 5mm、10mm,深度 10mm、12mm	Ⅲ
	腹板	3处Ⅱ区缺陷,指示长度 5mm、5mm、15mm,深度 8mm、15mm、12mm	Ⅲ
17轴	上翼缘	2处Ⅱ区缺陷,指示长度 10mm、5mm,深度 15mm、12mm	Ⅱ
	腹板	1处Ⅱ区缺陷,点状,深度 12mm	Ⅰ
31轴	上翼缘	无可记录缺陷	Ⅰ
	腹板	无可记录缺陷	Ⅰ
32轴	上翼缘	2处Ⅱ区缺陷,指示长度 10mm、5mm,深度 17mm、14mm	Ⅱ
	腹板	1处Ⅱ区缺陷,指示长度 20mm,深度 12mm	Ⅱ
	下翼缘	3处Ⅱ区缺陷,指示长度 5mm、5mm、5mm,深度 14mm、12mm、12mm	Ⅲ
34轴	上翼缘	1处Ⅱ区缺陷,指示长度 10mm,深度 12mm;1处Ⅲ区缺陷,指示长度 30mm,深度 17mm	Ⅳ
	腹板	2处Ⅱ区缺陷,指示长度 10mm、5mm,深度 13mm、7mm	Ⅱ
35轴	上翼缘	1处Ⅱ区缺陷,指示长度 14mm,深度 17mm	Ⅱ
	腹板	3处Ⅱ区缺陷,指示长度 20mm、10mm、5mm,深度 12mm、13mm、12mm	Ⅲ
	下翼缘	1处Ⅱ区缺陷,指示长度 10mm,深度 14mm	Ⅱ
37轴	腹板	1处Ⅱ区缺陷,指示长度 15mm,深度 9mm	Ⅱ
	下翼缘	1处Ⅱ区缺陷,指示长度 10mm,深度 16mm;1处Ⅲ区缺陷,指示长度 55mm,深度 18mm	Ⅳ
38轴	腹板	无可记录缺陷	Ⅰ
	下翼缘	3处Ⅱ区缺陷,指示长度 5mm、5mm、6mm,深度 18mm、12mm、13mm;1处Ⅲ区缺陷,指示长度 15mm,深度 12mm	Ⅳ
59轴	腹板	1处Ⅱ区缺陷,指示长度 5mm,深度 12mm	Ⅰ
	下翼缘	2处Ⅱ区缺陷,指示长度 10mm、5mm,深度 20mm、14mm;2处Ⅲ区缺陷,指示长度 15mm、10mm,深度 17mm、18mm	Ⅳ
61轴	上翼缘	1处Ⅲ区缺陷,指示长度 30mm,深度 16mm	Ⅳ
	腹板	2处Ⅱ区缺陷,指示长度 10mm、10mm,深度 11mm、12mm;1处Ⅲ区缺陷,指示长度 60mm,深度 12mm	Ⅳ

挑梁位置	焊缝位置	探 伤 结 果	评定等级
65轴	上翼缘	2处Ⅱ区缺陷,指示长度10mm、10mm,深度14mm、11mm	Ⅲ
	腹板	1处Ⅱ区缺陷,指示长度20mm,深度11mm	Ⅱ
70轴	上翼缘	1处Ⅲ区缺陷,指示长度45mm,深度15mm	Ⅳ
	腹板	2处Ⅱ区缺陷,指示长度5mm、10mm,深度14mm、12mm	Ⅱ
71轴	上翼缘	2处Ⅱ区缺陷,指示长度5mm、10mm,深度13mm、15mm	Ⅱ
	腹板	2处Ⅱ区缺陷,指示长度15mm、20mm,深度13mm、12mm; 1处Ⅲ区缺陷,指示长度30mm,深度11mm	Ⅳ
	下翼缘	无可记录缺陷	Ⅰ
73轴	上翼缘	4处Ⅱ区缺陷,指示长度15mm、5mm、10mm、点状, 深度17mm、18mm、14mm、15mm	Ⅲ
	腹板	4处Ⅱ区缺陷,指示长度10mm、10mm、10mm、10mm, 深度10mm、12mm、11mm、12mm	Ⅲ
74轴	上翼缘	无可记录缺陷	Ⅰ
	腹板	无可记录缺陷	Ⅰ
75轴	上翼缘	无可记录缺陷	Ⅰ
	腹板	无可记录缺陷	Ⅰ
76轴	上翼缘	无可记录缺陷	Ⅰ
	腹板	1处Ⅱ区缺陷,指示长度15mm,深度10mm	Ⅱ
78轴	上翼缘	无可记录缺陷	Ⅰ
	腹板	1处Ⅱ区缺陷,指示长度25mm,深度13mm	Ⅲ
	下翼缘	1处Ⅱ区缺陷,指示长度15mm,深度16mm	Ⅱ
81轴	上翼缘	无可记录缺陷	Ⅰ
	腹板	无可记录缺陷	Ⅰ
85轴	腹板	无可记录缺陷	Ⅰ
	下翼缘	1处Ⅱ区缺陷,指示长度10mm,深度16mm	Ⅰ
88轴	腹板	无可记录缺陷	Ⅰ
	下翼缘	无可记录缺陷	Ⅰ

探伤结果表明,所测57条焊缝中,25条焊缝评定为Ⅰ级,15条焊缝评定为Ⅱ级,9条焊缝评定为Ⅲ级,8条焊缝评定为Ⅳ级。其中评定为Ⅰ、Ⅱ、Ⅲ级的焊缝内部质量符合《钢结构工程施工质量验收规范》GB 50205—2001二级焊缝的质量要求;评定为Ⅳ级的焊缝内部质量不符合GB 50205—2001二级焊缝的质量要求。

5. 钢材强度检测

根据设计要求,大、小挑梁的钢材采用A3钢。

采用硬度法检测钢材的抗拉强度,检测依据国家建筑工程质量监督检验中心《HLN-11型里氏硬度计现场测定钢材强度检验细则》BETC-JG-310A。检测结果见表4.16-6。

表 4.16-6

挑梁位置	检测位置	钢板厚度(mm)	抗拉强度推定值(MPa)
9 轴 (小挑梁)	腹板	−8	360.8
	下翼缘	−16	366.5
10 轴 (小挑梁)	腹板	−8	360.7
	下翼缘	−16	363.8
11 轴 (小挑梁)	腹板	−8	358.4
	下翼缘	−16	367.9
12 轴 (小挑梁)	腹板	−8	359.2
	下翼缘	−16	366.8
13 轴 (大挑梁)	腹板	−16	358.6
	下翼缘	−22	365.0
15 轴 (大挑梁)	腹板	−16	360.9
	下翼缘	−22	367.5
17 轴 (大挑梁)	腹板	−16	358.8
	下翼缘	−22	366.1
31 轴 (大挑梁)	腹板	−16	360.9
	下翼缘	−22	365.9
32 轴 (大挑梁)	上翼缘	−22	367.2
	腹板	−16	365.1
	下翼缘	−22	366.8
34 轴 (大挑梁)	上翼缘	−22	359.9
	腹板	−16	359.6
	下翼缘	−22	365.4
35 轴 (大挑梁)	腹板	−16	360.6
	下翼缘	−22	365.2
37 轴 (小挑梁)	腹板	−8	359.6
	下翼缘	−16	363.5
38 轴 (小挑梁)	腹板	−8	358.8
	下翼缘	−16	365.0
59 轴 (小挑梁)	腹板	−8	359.6
	下翼缘	−16	381.1
61 轴 (大挑梁)	上翼缘	−22	375.4
	腹板	−16	361.1
	下翼缘	−22	380.2
65 轴 (大挑梁)	上翼缘	−22	385.6
	腹板	−16	365.1
	下翼缘	−22	377.7

挑梁位置	检测位置	钢板厚度(mm)	抗拉强度推定值(MPa)
70 轴 （大挑梁）	腹板	−16	362.8
	下翼缘	−22	365.6
71 轴 （大挑梁）	腹板	−16	362.4
	下翼缘	−22	367.1
73 轴 （大挑梁）	腹板	−16	361.5
	下翼缘	−22	370.8
74 轴 （大挑梁）	腹板	−16	363.2
	下翼缘	−22	364.3
75 轴 （大挑梁）	上翼缘	−22	380.5
	腹板	−16	365.1
	下翼缘	−22	384.8
76 轴 （大挑梁）	上翼缘	−22	385.2
	腹板	−16	364.7
	下翼缘	−22	386.5
78 轴 （大挑梁）	上翼缘	−22	379.2
	腹板	−16	363.9
	下翼缘	−22	383.6
81 轴 （大挑梁）	上翼缘	−22	388.6
	腹板	−16	361.7
	下翼缘	−22	412.1
85 轴 （小挑梁）	上翼缘	−16	373.0
	腹板	−8	370.3
	下翼缘	−16	377.2
88 轴 （小挑梁）	上翼缘	−16	365.7
	腹板	−8	358.8
	下翼缘	−16	372.0

根据《碳素结构钢》GB 700—88 有关规定，A3 钢的抗拉强度在 375～500MPa 之间。检测结果表明，钢材强度基本符合 A3 钢的要求。

6. 钢材化学元素含量分析

对大、小挑梁的钢材取样进行化学元素含量分析，试验分析按照《碳素结构钢》GB 700—88 有关规定进行，分析钢材中碳（C）、硅（Si）、锰（Mn）、硫（S）、磷（P）含量，钢材化学元素含量分析结果见表 4.16-7。

16Mn 钢材化学元素含量分析结果 （%） 表 4.16-7

挑梁位置	取样位置	C	Si	Mn	S	P
34 轴 （大挑梁）	水平 加劲肋	0.16	<0.01	0.56	0.011	0.0071～ 0.01

挑梁位置	取样位置	C	Si	Mn	S	P
48 轴 （小挑梁）	下翼缘	0.17	0.012～ 0.025	0.41	0.036	0.031
49 轴 （小挑梁）	下翼缘	0.24	0.01～ 0.012	0.39	0.063	0.037～ 0.054
62 轴 （大挑梁）	水平 加劲肋	0.17	0.24	0.52	0.023	0.014
规范要求		0.14～ 0.22	≤0.3	0.3～ 0.65	≤0.05	≤0.045

根据分析结果，取样钢材中除 49 轴小挑梁的碳（C）、硫（S）、磷（P）含量超过《碳素结构钢》（GB 700-88）的有关要求外，其他取样钢材的化学元素含量符合 GB 700—88 的有关要求。

7. 钢挑梁验算

对大、小钢挑梁的验算按《钢结构设计规范》GBJ 17—88 有关规定进行，荷载按设计图纸及《建筑结构荷载规范》GB 50009—2001 取值。验算采用中国建筑科学研究院开发的 STS 钢结构分析软件，考虑烈度为 7 度地震作用的影响。对大、小钢挑梁的验算包括承载力验算、稳定验算和变形验算。计算参数如下：

1) 屋面板自重：$0.5kN/m^2$。

2) 屋面活载：$0.5kN/m^2$。

3) 基本雪压取：$0.4kN/m^2$。

4) 基本风压取 $0.45kN/m^2$，地面粗糙度为 C 类。

(1) 小挑梁验算

验算结果表明：

1) 在各种工况荷载效应组合下，小挑梁受弯承载力及整体稳定性满足《钢结构设计规范》GBJ 17—88 的要求；

2) 小挑梁钢柱承载力不满足 GBJ 17—88 要求；

3) 小挑梁局部稳定性不满足 GBJ 17—88 要求；

4) 小挑梁加劲肋厚度及外伸宽度满足 GBJ 17—88 要求；

5) 小挑梁的计算挠度为 47.5mm，超过 40mm，不满足 GBJ 17—88 要求；

6) 小挑梁水平支撑体系中的圆钢拉杆普遍松动，支撑效果降低，不利于小挑梁继续承载。

(2) 大挑梁验算

验算结果表明：

1) 在各种工况荷载效应组合下，大挑梁受弯承载力及整体稳定性、局部稳定性满足《钢结构设计规范》GBJ 17—88 的要求；

2) 大挑梁加劲肋厚度及外伸宽度满足 GBJ 17—88 要求；

3) 大挑梁部分截面受压翼缘自由外伸宽度与其厚度之比偏大，不满足 GBJ 17—88 要求；

4) 大挑梁的计算挠度为 58.6mm，不超过 90mm，满足 GBJ 17—88 要求；

5）大挑梁柱间桁架局部焊缝开焊，不利于大挑梁继续承载。

4.17 某轻钢结构库房检测鉴定

4.17.1 工程概况

某钢结构库房采用弓式支架轻钢结构，四跨一组，共计 6 组 24 榀拱架，外观见图 4.17-1，拱架每跨平面尺寸为 22.0m×28.0m，结构中心矢高 9.3 m，平面和剖面见图 4.17-2。

图 4.17-1　库房外观照片

4.17.2 检测鉴定情况介绍

1. 结构外观质量

结构体系为弓式支架钢结构，钢筋混凝土条形基础，弓式支架钢结构构件材质 Q235，均为方形钢管，屋面为 0.6mm 厚、1.2m 宽单层彩钢板，在屋面檩条上铺设彩钢板，用自攻钻螺丝固定，所有构件连接角焊缝均为三级，对接焊缝均为二级，现场手工焊条采用 E43013 型，Φ12 热轧圆钢作为拉杆和旋杆，钢构件防腐要求构件喷砂除锈后涂无机富锌涂料 1 道和环氧富锌底漆 1 道，现场全部安装完成后再涂环氧树脂面漆 1 道。

建筑抗震设防烈度 6 度，安全等级二级，主体结构拱片耐火极限 1.0 小时，檩片耐火极限 0.5 小时，钢结构施工经过四道工序，零部件加工、钢构件组装、单层钢结构安装、钢构件焊接。

通过对外观全面检查，未发现地基基础有不均匀沉降现象，也未发现由于承载力不足或荷载过大引起的结构构件明显挠曲变形与损伤，连接部位未发现脱开、变形及局部损坏的现象。现场检测主要发现下列问题：

1）部分构件有表面防火涂装空鼓、脱落现象，照片见图 4.17-3 和图 4.17-4。

2）部分腹杆和拱脚杆件出现纵向开裂，裂缝处存在局部锈蚀现象，照片见图 4.17-5 和图 4.17-6。1～4 号机棚共有 24 根钢管出现裂缝，裂缝最大宽度和长度检测结果见表 4.17-1，最大裂缝宽度 4.5mm，最大裂缝长度 1450mm。

3）部分拱脚钢管壁开有小孔，照片见图 4.17-7。

4）发现两处钢拉杆在节点处脱落，照片见图 4.17-8。

298

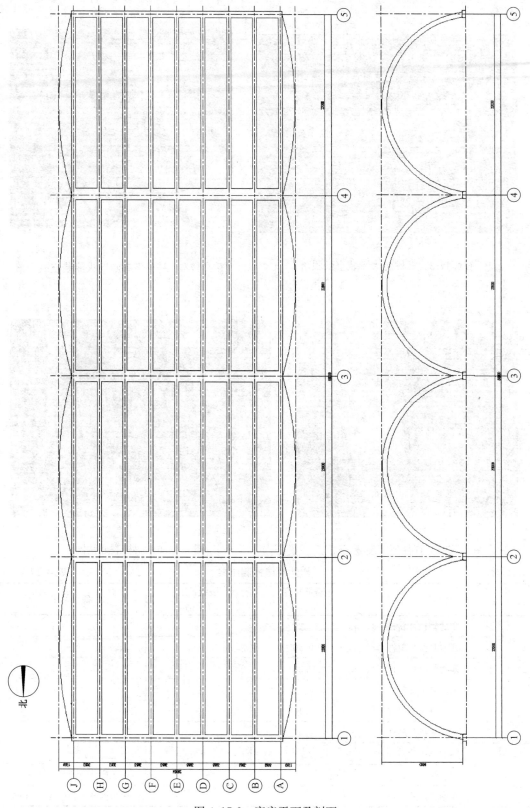

图 4.17-2　库房平面及剖面

299

图 4.17-3　杆件防火涂装空鼓脱落　　　　　　图 4.17-4　杆件及节点防火涂装空鼓脱落

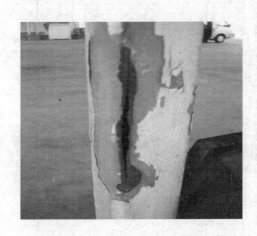

图 4.17-5　杆件严重裂缝锈蚀　　　　　　图 4.17-6　斜杆裂缝锈蚀

构件裂缝检测结果　　　　　　　　　　　表 4.17-1

检 验 位 置		裂缝宽度 (mm)	裂缝长度 (mm)	备　注
2～D	东北侧拱片斜杆	0.20	—	—
	西北侧拱片斜杆	0.40	—	—
	东南侧拱片斜杆	0.30	—	—
	西南侧拱片斜杆	0.65	—	—
2～C	西北侧拱片斜杆	1.10	—	—
	东南侧拱片斜杆	0.35	—	—
3～B	西北侧拱片斜杆	0.50	620	—
	西南侧拱片斜杆	1.20	260	距该构件底长度为 300mm
	东南侧拱片斜杆	0.65	380	距该构件底长度为 290mm

检验位置		裂缝宽度（mm）	裂缝长度（mm）	备注
3～C	西北侧拱片横杆	1.30	170	距该构件底长度为360mm
	西北侧拱片斜杆	1.00	450	—
	西南侧拱片斜杆	0.35	460	距该构件底长度为170mm
	东南侧拱片斜杆	1.30	100	距该构件底长度为270mm
3～D	西南侧拱片斜杆	1.00	350	距该构件底长度为320mm
	东南侧拱片斜杆	3.00	105	距该构件底长度为170mm
3～E	西北侧拱片横杆	4.50	180	距该构件底长度为460mm
	西南侧拱片斜杆	0.30	700	距该构件底长度为170mm
	西北侧拱片斜杆	0.45	140	距该构件底长度为230mm
4～D	东北侧拱片斜杆	0.40	120	距该构件底长度为240mm
4～E	东北侧拱片斜杆	0.65	320	距该构件底长度为180mm
	西北侧拱片斜杆	0.55	274	距该构件底长度为433mm
	西南侧拱片斜杆	0.30	256	距该构件底长度为442mm
4～F	西南侧拱片斜杆	1.50	97	距该构件底长度为522mm
	西北侧拱片斜杆	1.20	360	距该构件底长度为150mm
5～C	东北侧拱片横杆	0.15	—	—
5～E	东北侧拱片横杆	0.35	470	—
5～G	东北侧拱片横杆	0.8	1450	—

图 4.17-7　方钢管臂开小孔

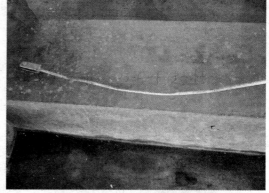

图 4.17-8　钢拉杆节点处脱落

2. 钢材力学性能和化学成分检测

按照《建筑结构检测技术标准》GB/T 50344—2004 的规定，对材料性能采用取样进行检测，现场截取了 3 个方钢管杆件，对其中两个杆件进行了力学性能试验，并对主要化学成分进行分析。

方钢管杆件的力学性能试验结果见表 4.17-2，化学成分分析结果见表 4.17-3。

方钢管力学性能检验结果   表 4.17-2

试 样 号		1	2
试样编号		7W456	7W457
规格型号		40mm×40mm×3mm	30mm×30mm×3mm
检验项目	标准值	实测值	
屈服强度 R_{el}(MPa)	≥235	370	330
抗拉强度 R_m(MPa)	375~500	460	430
伸长率 A(%)	≥26	33.5	35

钢管化学成分分析结果   表 4.17-3

试样编号		7W457
规格型号		30mm×30mm×3mm
检验项目	标准值	实测值
化学成分	C(%) 0.12~0.20	0.11①
	Si(%) 0.12~0.30	0.21
	Mn(%) 0.30~0.70	0.48
	P(%) ≤0.045	0.025
	S(%) ≤0.045	0.031

① 根据 GB/T 222—2006 标准规定，成品 C 元素含量允许下偏差为 0.02%。

图 4.17-9 焊缝外观焊瘤

由表 4.17-2～表 4.17-3 可见，所抽查钢管的力学性能和化学成分符合原设计 Q235 钢材的要求。

3. 焊缝和螺栓检查

现场焊缝外观质量进行全面的检查，未发现焊缝表面有裂缝现象，但发现少量焊缝表面有焊瘤，见图 4.17-9。经现场对螺栓连接观察和小锤敲击检查，未发现有松动、连接不牢等现象。

4. 构件尺寸及轴线间距检测

采用钢卷尺和卡尺测量部分拱片尺寸和构件的截面尺寸，测量结果见表 4.17-4，采用钢卷尺测量部分构件轴线间距，测量结果见表 4.17-5。

从表中数据可以看出，实测截面尺寸满足原设计要求，个别方钢管截面尺寸偏大，构件轴线间距符合设计要求。

5. 涂装检测

原设计钢构件防腐要求是构件在加工厂喷砂除锈后涂无机富锌涂料 1 道和环氧富锌底漆 1 道，现场全部安装完成后再涂环氧树脂面漆 1 道，钢结构杆件表面除涂装防腐涂料外，又涂刷了防火涂料。

拱片尺寸和方钢管截面尺寸检测结果 表 4.17-4

检 验 位 置		实测轴线尺寸(mm)	设计轴线尺寸(mm)	备 注
1~A	拱片尺寸	600×500	600×500	满足设计要求
	横杆截面尺寸	50×50	50×50	满足设计要求
	竖杆截面尺寸	40×40	40×40	满足设计要求
	斜杆截面尺寸	30×30	30×30	满足设计要求
1~D	拱片尺寸	600×500	600×500	满足设计要求
	横杆截面尺寸	50×50	50×50	满足设计要求
	竖杆截面尺寸	40×40	40×40	满足设计要求
	斜杆截面尺寸	30×30	30×30	满足设计要求
1~J	拱片尺寸	600×500	600×500	满足设计要求
	横杆截面尺寸	50×50	50×50	满足设计要求
	竖杆截面尺寸	40×40	40×40	满足设计要求
	斜杆截面尺寸	30×30	30×30	满足设计要求
2~A	拱片尺寸	600×500	600×500	满足设计要求
	横杆截面尺寸	50×50	50×50	满足设计要求
	竖杆截面尺寸	40×40	40×40	满足设计要求
	斜杆截面尺寸	30×30	30×30	满足设计要求
2~D	拱片尺寸	600×500	600×500	满足设计要求
	横杆截面尺寸	50×50	50×50	满足设计要求
	竖杆截面尺寸	40×40	40×40	满足设计要求
	斜杆截面尺寸	30×30	30×30	满足设计要求
2~J	拱片尺寸	600×500	600×500	满足设计要求
	横杆截面尺寸	50×50	50×50	满足设计要求
	竖杆截面尺寸	40×40	40×40	满足设计要求
	斜杆截面尺寸	30×30	30×30	满足设计要求
3~A	拱片尺寸	600×505	600×500	满足设计要求
	横杆截面尺寸	50×50	50×50	满足设计要求
	竖杆截面尺寸	40×40	40×40	满足设计要求
	斜杆截面尺寸	30×30	30×30	满足设计要求
3~D	拱片尺寸	595×505	600×500	满足设计要求
	横杆截面尺寸	50×50	50×50	满足设计要求
	竖杆截面尺寸	40×40	40×40	满足设计要求
	西南侧拱片斜杆	33.54×33.4	30×30	不满足设计要求
	剩余三拱片斜杆	30×30	30×30	满足设计要求
3~J	拱片尺寸	595×502	600×500	满足设计要求
	横杆截面尺寸	50×50	50×50	满足设计要求
	竖杆截面尺寸	40×40	40×40	满足设计要求
	斜杆截面尺寸	30×30	30×30	满足设计要求

检 验 位 置		实测轴线尺寸(mm)	设计轴线尺寸(mm)	备 注
4～A	拱片尺寸	595×500	600×500	满足设计要求
	横杆截面尺寸	50×50	50×50	满足设计要求
	竖杆截面尺寸	40×40	40×40	满足设计要求
	斜杆截面尺寸	30×30	30×30	满足设计要求
4～D	拱片尺寸	600×497	600×500	满足设计要求
	横杆截面尺寸	50×50	50×50	满足设计要求
	竖杆截面尺寸	40×40	40×40	满足设计要求
	斜杆截面尺寸	30×30	30×30	满足设计要求
4～H	拱片尺寸	600×500	600×500	满足设计要求
	西北侧拱片横杆	54.1×54.14	50×50	不满足设计要求
	剩余三拱片横杆	50×50	50×50	满足设计要求
	竖杆截面尺寸	40×40	40×40	满足设计要求
	斜杆截面尺寸	30×30	30×30	满足设计要求
5～A	拱片尺寸	600×500	600×500	满足设计要求
	横杆截面尺寸	50×50	50×50	满足设计要求
	竖杆截面尺寸	40×40	40×40	满足设计要求
	斜杆截面尺寸	30×30	30×30	满足设计要求
5～D	拱片尺寸	598×505	600×500	满足设计要求
	横杆截面尺寸	50×50	50×50	满足设计要求
	竖杆截面尺寸	40×40	40×40	满足设计要求
	斜杆截面尺寸	30×30	30×30	满足设计要求
5～J	拱片尺寸	600×496	600×500	满足设计要求
	横杆截面尺寸	50×50	50×50	满足设计要求
	竖杆截面尺寸	40×40	40×40	满足设计要求
	斜杆截面尺寸	30×30	30×30	满足设计要求
5～G	拱片尺寸	600×500	600×500	满足设计要求
	横杆截面尺寸	50×50	50×50	满足设计要求
	竖杆截面尺寸	40×40	40×40	满足设计要求
	斜杆	30×30	30×30	满足设计要求
交点横杆截面尺寸	2～B-C	80×50	80×50	满足设计要求
	2～C-D	80×50	80×50	满足设计要求
	2～E-F	80×49	80×50	满足设计要求
	3～A-B	81×50	80×50	满足设计要求
	3～C-D	82×51	80×50	满足设计要求
	3～H-J	81×50	80×50	满足设计要求
	4～C-D	80×50	80×50	满足设计要求
	4～E-F	81×51	80×50	满足设计要求
	4～H-J	80×50	80×50	满足设计要求

构件轴线间距检测结果 表 4.17-5

检验位置	实测轴线尺寸(mm)	设计轴线尺寸(mm)	备 注
1～A-B	3065	3063	满足设计要求
1～C-D	3070	3063	满足设计要求
1～D-E	3066	3063	满足设计要求
1～E-F	3063	3063	满足设计要求
2～A-B	3062	3063	满足设计要求
2～B-C	3060	3063	满足设计要求
2～D-E	3053	3063	满足设计要求
2～G-H	3060	3063	满足设计要求
3～A-B	3060	3063	满足设计要求
3～B-C	3061	3063	满足设计要求
3～C-D	3061	3063	满足设计要求
3～D-E	3064	3063	满足设计要求
3～E-F	3063	3063	满足设计要求
3～F-G	3066	3063	满足设计要求
3～G-H	3059	3063	满足设计要求
3～H-J	3066	3063	满足设计要求
4～A-B	3067	3063	满足设计要求
4～D-E	3064	3063	满足设计要求
4～H-J	3071	3063	满足设计要求
5～B-C	3065	3063	满足设计要求
5～E-F	3070	3063	满足设计要求
5～F-G	3066	3063	满足设计要求

现场检测防火涂料存在多处严重脱落、多处空鼓现象，用卡尺量测了防火涂装的厚度，防火涂装厚度在 0.40～0.65mm，检测结果见表 4.17-6。

防火涂装厚度检测结果 表 4.17-6

检 验 位 置		实测涂装厚度(mm)		备 注
		单构件	平均值	
1～C	拱片横杆	0.5	0.63	
	拱片横杆	0.7		
	拱片斜杆	0.6		
	拱片竖杆	0.7		
1～H	拱片横杆	0.4	0.40	
	拱片斜杆	0.4		
2～B	拱片横杆	0.5	0.42	
	拱片斜杆	0.4		
	拱片竖杆	0.4		

检验位置		实测涂装厚度(mm)		备注
		单构件	平均值	
2～C	拱片横杆	0.5	0.47	
	拱片斜杆	0.4		
2～D	拱片竖杆	0.5	0.54	
	拱片横杆	0.5		
3～J	拱片横杆	0.5	0.51	
	拱片斜杆	0.5		
	拱片竖杆	0.5		
4～G	拱片横杆	0.6	0.57	
	拱片斜杆	0.5		
	拱片竖杆	0.6		
5～D	拱片横杆	0.5	0.42	
	拱片横杆	0.5		
	拱片斜杆	0.3		
	拱片斜杆	0.3		
	拱片竖杆	0.5		
5～G	拱片横杆	0.7	0.65	
	拱片横杆	0.8		
	拱片斜杆	0.5		
	拱片竖杆	0.8		
	拱片竖杆	0.5		

6. 结构整体承载力分析与验算

采用 ETABS 中文版 9.0 对结构进行整体分析。

（1）验算依据

1）建筑施工图、结构施工图；

2）本次检测结果；

3）《建筑结构荷载规范》GB 50009—2001；

4）《钢结构设计规范》GB 50017—2003；

5）《建筑抗震设计规范》GB 50011—2001。

（2）结构分析基本参数

1）屋面活荷载标准值取 0.5kN/m²。

2）风荷载：基本风压取 0.35kN/m²，地面粗糙度类别为 B 类。

3）地震作用：地震烈度 6 度，不考虑地震作用。

4）根据现场检测结果，钢材强度按原设计选用。

（3）结构分析验算结果

荷载布置见图 4.17-10～图 4.17-12；荷载作用下变形见图 4.17-13 和图 4.17-14；轴

力图见图 4.17-15 和图 4.17-16；压弯应力比简图见图 4.17-17，应力比全部满足规范要求，最大应力比为 0.858，出现在构件 GP-1 的下弦。部分构件压弯应力比见表 4.17-7，其中构件具体位置详见结构施工图。

部分构件压弯应力比

表 4.17-7

构 件 编 号		压弯应力比	备 注
GP-3	上弦	0.622	满足要求
	下弦	0.579	满足要求
	竖杆	0.104	满足要求
	斜杆	0.547	满足要求
GP-2	上弦	0.259	满足要求
	下弦	0.432	满足要求
	竖杆	0.144	满足要求
	斜杆	0.617	满足要求
GP-1 （约位于 30°~40°之间）	上弦	0.088	满足要求
	下弦	0.858	满足要求
	竖杆	0.102	满足要求
	斜杆	0.351	满足要求

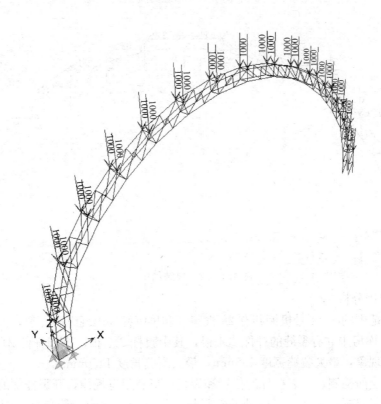

图 4.17-10 恒载简图

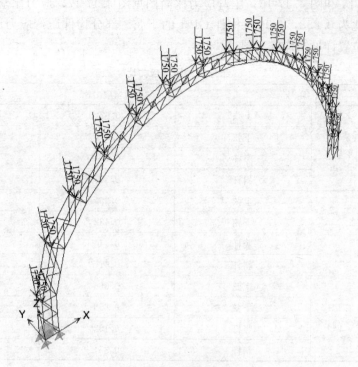

图 4.17-11　活载简图

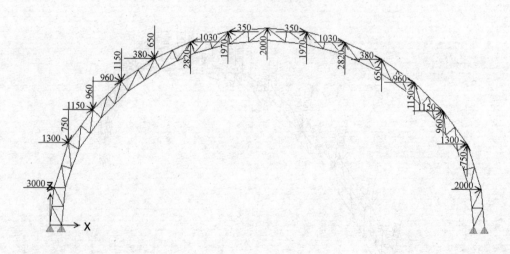

图 4.17-12　风载简图

7. 裂缝原因分析

本次委托范围的 1～4 号机棚共有 24 根腹杆和拱脚杆件出现纵向开裂，据施工单位调查结果，24 个库房中共有裂缝的杆件 231 根，其中腹杆 210 根，拱脚杆件 21 根，裂缝处存在局部锈蚀现象，最大裂缝宽度 4.5mm，最大裂缝长度 1450mm。

通过现场全面检测，开裂杆件的位置和裂缝的形态很有规律，开裂杆件的位置主要有两处：拱脚的竖向杆件和 3.0 高度处的斜腹杆，裂缝均为方形钢管角部、裂缝方向为竖向，现场共截取 3 个样本，见图 4.17-18，其中两个杆件已开裂，另一个未开裂但表面异

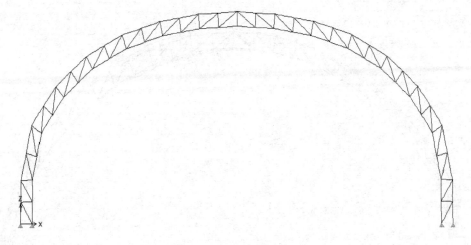

图 4.17-13　组合 1 的变形

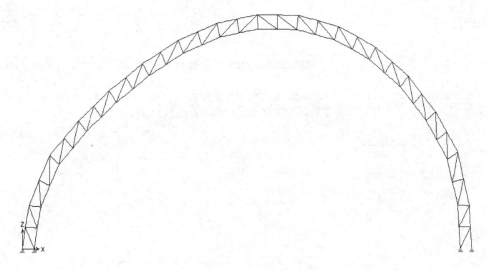

图 4.17-14　组合 2 的变形

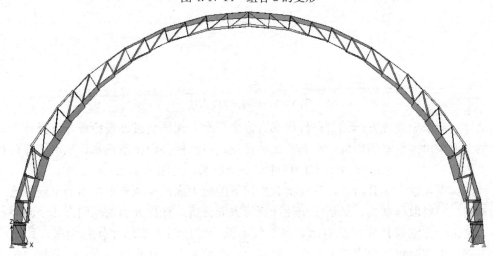

图 4.17-15　组合 1 的轴力

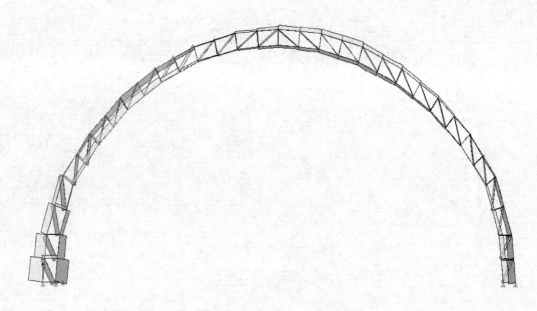

图 4.17-16　组合 2 的轴力

图 4.17-17　压弯应力比

常的试件，截取后发现方形钢管杆件内部有许多积水，现场通过外观检查，选择外观截面尺寸偏大但未出现裂缝的构件，在其底部钻孔发现有的杆件内大量积水，积水从开孔处喷出，见图 4.17-19、图 4.17-20，有的杆件有少量积水，见图 4.17-21。

　　经结构安全性计算分析，杆件在荷载作用下的应力满足规范要求，不会出现裂缝。经现场检测、材料取样试验、结构安全性计算等方面分析，杆件开裂的原因有几个方面，主要原因是由于方钢管杆件内部有水，冬季气温低于零度时，水结冰体积膨胀；其他原因有，方钢管加工时钢板在弯折处会产生内应力，在荷载和结冰水作用下，管臂拉力超过钢材抗拉强度引起开裂；管内积水还会引起钢材锈蚀。

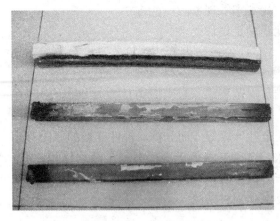

图 4.17-18　现场截取的试样

图 4.17-19　拱脚竖杆底部开孔后喷水

图 4.17-20　拱脚竖杆积水

图 4.17-21　拱脚竖杆积水

8. 检测鉴定结论

（1）外观质量：经现场详细检查，未发现地基基础有明显不均匀沉降现象，也未发现由于承载力不足或荷载过大引起的结构构件明显挠曲变形与损伤，连接部位未发现脱开、变形及局部损坏的现象。

现场检测主要发现下列问题：

1）部分构件有表面防火涂装空鼓、脱落现象。

2）1～4 号共有 24 根腹杆和拱脚杆件出现纵向开裂，裂缝处存在局部锈蚀现象，最大裂缝宽度 4.5mm，最大裂缝长度 1450mm。

3）部分拱脚钢管壁开有小孔。

4）发现两处钢拉杆在节点处脱落。

（2）经取样进行力学性能和化学成分检验，所抽查钢材的力学性能和化学成分符合原设计 Q235 钢材的要求。

（3）现场焊缝外观质量进行全面的检查，未发现焊缝表面有裂缝现象，但发现少量焊缝表面有焊瘤，对螺栓连接未发现有松动、连接不牢等现象。

（4）所检测部位的构件尺寸和构件轴线间距满足设计要求。

（5）防火涂料存在多处严重脱落、多处空鼓现象，防火涂装厚度在 0.40～0.65mm 之间。

（6）结构安全性验算结果：应力比全部满足规范要求，最大应力比为 0.858，出现在构件 GP-1 的下弦。

（7）经现场检测、材料取样试验、结构安全性计算等方面分析，杆件开裂的原因有几个方面，主要原因是由于方钢管杆件内部有水，冬季气温低于零度时，水结冰体积膨胀；其他原因有，方钢管加工时钢板在弯折处会产生内应力，在荷载和结冰水作用下，管臂拉力超过钢材抗拉强度引起开裂；管内积水还会引起钢材锈蚀。

9. 处理建议

1）对其他库房进行全面检查，对存在裂缝的杆件和目前杆件内有积水的杆件进行放水，并更换或加固处理。

2）重新根据建筑物防火要求，重新进行防火涂装。

3）脱落钢拉杆和开有小孔的杆件进行修复。

4）对结构的加固应由有资质的设计单位根据本报告的检测结果和结构现状，对该结构安全性进行复核验算，依据验算结果，采取相应的加固补强措施。

4.18 某体育场看台钢网架检测

4.18.1 工程概况

某体育中心体育场看台网架建于 1989 年，总建筑面积约为 5000.0m²。该网架为双层双曲抛物面网壳结构，沿长度方向分为 5 个互相独立的单元，每个独立网架单元都是由 9 榀桁架组成，其所有的构件都是采用不同直径的圆钢管，不同钢管相互之间则通过不同直径的焊接空心球节点连接。网架杆件、球、支座及连接件设计均采用原国家标准 A3 钢，即现国家标准中的 Q235 钢。每个独立的网架单元都通过间隔布置的四榀悬挑桁架端部的两个支座与混凝土基座连接。每榀悬挑桁架上的两个支座分别为球铰支座和弧形铰支座。网架全景图如图 4.18-1 所示。

图 4.18-1　网架全景图

4.18.2 检测鉴定情况介绍

1. 钢网架杆件规格尺寸及锈蚀情况检测

采用外卡钳和钢板尺测量网架杆件的直径，采用 CTS-30 超声测厚仪检测杆件锈蚀后的壁厚，检测操作遵守中心相关规定及国家标准《无缝钢管尺寸、外形、重量及允许偏差》GB/T 17395—1998 及《网架结构工程质量检验评定标准》JGJ 78—91。检测结果节略表见表 4.18-1。

杆件规格尺寸检测结果（mm）（节略表） 表 4.18-1

杆件编号	杆件尺寸实测值		杆件尺寸设计值		规范允许偏差		备注
	直径	壁厚	直径	壁厚	直径	壁厚	
43A$_上$—43B$_下$	132	8.2	83	4.5	±1%	+15%，−12%	与设计不符
43B$_下$—43C$_上$	178	11.6	168	14.0	±1%	+15%，−12%	与设计不符
43C$_上$—43D$_下$	180	11.5	168	14.0	±1%	+15%，−12%	与设计不符
43A$_上$—43A$_下$	70	4.5	76	6.0	±1%	+15%，−12%	与设计不符

　　网架主桁架杆件规格尺寸检测结果汇总表见附表 1，从检测结果可以看出，网架杆件规格尺寸大部分与竣工图不符，不符数达 98% 以上，大部分以大代小，还有相当数量的杆件以小代大，其中主要的压杆设计为 $\phi168×14$，而实测为 $\phi168×10$，不满足设计及规范《网架结构工程质量检验评定标准》JGJ 78—91 的要求。大部分杆件有轻微锈蚀现象，其中少量杆件锈蚀严重，验算时取实测壁厚低值计算。

　　2. 钢网架节点球尺寸及锈蚀情况检测

　　采用外卡钳和钢板尺测量节点球的直径，采用 CTS-30 超声测厚仪检测节点球锈蚀后的壁厚，检测操作遵守中心相关规定及国家标准《网架结构工程质量检验评定标准》JGJ 78—91，检测结果节略表见表 4.18-2。

　　钢网架节点球尺寸及锈蚀情况检测检测结果汇总表见附表 2，从检测结果可以看出，焊接节点球规格尺寸基本符合设计要求，但也有相当数量的节点球外径及壁厚超过或低于设计值，不满足《网架结构工程质量检验评定标准》JGJ 78—91 标准的要求。节点球锈蚀较为严重，大部分下弦节点球漆膜开裂或脱落，节点验算时取实测壁厚低值进行计算。

钢网架球节点检测结果（mm）（节略表） 表 4.18-2

球件编号	球节点尺寸实测值		球节点尺寸设计值		规范允许偏差		备注
	直径	壁厚	直径	壁厚	直径	壁厚	
31A$_上$	260	9.8	260	10	±2.5	−1.5	满足设计要求
31A$_下$	398	11.6	400	12	±2.5	−1.5	满足设计要求
31B$_上$	446	13.4	—	—	±2.5	−1.5	设计无此规格
31B$_下$	500	12.8	500	14	±2.5	−1.5	满足设计要求
31C$_上$	398	11.3	400	12	±2.5	−1.5	满足设计要求
31C$_下$	360	9.2	360	10	±2.5	−1.5	满足设计要求
31D$_上$	396	11.1	400	12	±2.5	−1.5	不满足设计要求

　　3. 焊缝质量抽查

　　采用 CTS-23B 型超声探伤仪检测钢网架焊缝的内部质量，检测工作遵守中心相关细则及国家标准《焊接球节点钢网架焊缝超声波探伤及质量分级法》JG/J 3034.1—1996、《钢焊缝手工超声波探伤方法和探伤结果分级》GB 11345—89。

　　（1）超声波探伤参数见表 4.18-3。

检验依据	GB 11345—89 JGJ 3034.1—1996	杆件材质	Q235 厚 4～12mm
检验仪器	CTS 23B 型超声探伤仪	焊缝形式	球管对接焊缝
探伤面状态	磨光	焊接方法	手工电弧焊
检验级别	A 级	探头规格	2.5P 8×8 K3
耦合剂	机油	探伤灵敏度	DAC-16dB
耦合补偿	4dB	试块	CSK-ⅠC

（2）焊缝检测位置及焊缝形式示意图见图 4.18-2 和图 4.18-3。

涂黑表示该球为探伤节点，A、B、C、D 为探伤焊口编号，探伤报告按此顺序填写。

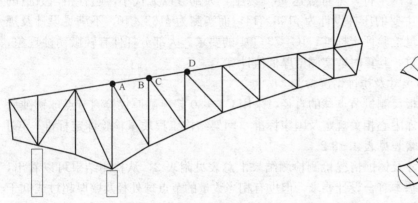 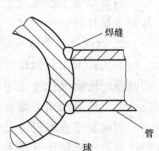

图 4.18-2 焊缝检测位置 图 4.18-3 焊缝形式示意图

（3）超声波探伤结果。采用 CTS-23B 数字超声波探伤仪对网架上弦主要拉杆的球管焊缝进行了超声探伤，探伤操作遵守中心相关细则，探伤结果见表 4.18-4。

焊缝超声波探伤结果 表 4.18-4

轴线编号	检验焊缝部位	坡口形式	杆件规格	质量评级	质量评定
31a轴	A	V 形	D83×6.0	Ⅱ级	合格
	B	V 形		Ⅲ级	合格
	C	V 形	D83×6.0	Ⅲ级	合格
	D	V 形		Ⅲ级	合格
31轴	A	V 形	D133×8.0	Ⅱ级	合格
	B	V 形		Ⅱ级	合格
	C	V 形	D83×6.0	Ⅱ级	合格
	D	V 形		Ⅱ级	合格
32a轴	A	V 形	D83×6.0	Ⅲ级	合格
	B	V 形		Ⅲ级	合格
	C	V 形	D83×6.0	Ⅳ级	不合格
	D	V 形		Ⅱ级	合格

轴线编号	检验焊缝部位	坡口形式	杆件规格	质量评级	质量评定
32轴	A	V形	D133×8.0	Ⅱ级	合格
	B	V形		Ⅲ级	合格
	C	V形	D83×6.0	Ⅳ级	不合格
	D	V形		Ⅳ级	不合格
33a轴	A	V形	D133×8.0	Ⅱ级	合格
	B	V形		Ⅱ级	合格
	C	V形	D83×6.0	Ⅱ级	合格
	D	V形		Ⅱ级	合格
33轴	A	V形	D133×8.0	Ⅲ级	合格
	B	V形		Ⅲ级	合格
	C	V形	D133×8.0	Ⅳ级	不合格
	D	V形		Ⅱ级	合格
34a轴	A	V形	D133×8.0	Ⅱ级	合格
	B	V形		Ⅱ级	合格
	C	V形	D133×8.0	Ⅲ级	合格
	D	V形		Ⅳ级	不合格
34轴	A	V形	D133×8.0	Ⅳ级	不合格
	B	V形		Ⅱ级	合格
	C	V形	D133×8.0	Ⅱ级	合格
	D	V形		Ⅱ级	合格
35a轴	A	V形	D168×10.0	Ⅱ级	合格
	B	V形		Ⅱ级	合格
	C	V形	D133×8.0	Ⅱ级	合格
	D	V形		Ⅱ级	合格
35轴	A	V形	D168×10.0	Ⅱ级	合格
	B	V形		Ⅱ级	合格
	C	V形	D168×10.0	Ⅱ级	合格
	D	V形		Ⅱ级	合格
36a轴	A	V形	D168×10.0	Ⅱ级	合格
	B	V形		Ⅱ级	合格
	C	V形	D168×10.0	Ⅲ级	合格
	D	V形		Ⅲ级	合格
36轴	A	V形	D168×10.0	Ⅱ级	合格
	B	V形		Ⅱ级	合格
	C	V形	D168×10.0	Ⅱ级	合格
	D	V形		Ⅱ级	合格

轴线编号	检验焊缝部位	坡口形式	杆件规格	质量评级	质量评定
37a 轴	A	V 形	D133×10.0	Ⅱ级	合格
	B	V 形		Ⅲ级	合格
	C	V 形	D168×10.0	Ⅳ级	不合格
	D	V 形		Ⅳ级	不合格
37 轴	A	V 形	D168×10.0	Ⅱ级	合格
	B	V 形		Ⅱ级	合格
	C	V 形	D168×10.0	Ⅱ级	合格
	D	V 形		Ⅱ级	合格
38a 轴	A	V 形	D168×10.0	Ⅳ级	不合格
	B	V 形		Ⅲ级	合格
	C	V 形	D168×10.0	Ⅳ级	不合格
	D	V 形		Ⅳ级	不合格
38 轴	A	V 形	D168×10.0	Ⅱ级	合格
	B	V 形		Ⅱ级	合格
	C	V 形	D133×10.0	Ⅳ级	不合格
	D	V 形		Ⅱ级	合格
39b 轴	A	V 形	D168×10.0	Ⅲ级	合格
	B	V 形		Ⅱ级	合格
	C	V 形	D133×10.0	Ⅲ级	合格
	D	V 形		Ⅱ级	合格
39a 轴	A	V 形	D133×10.0	Ⅱ级	合格
	B	V 形		Ⅱ级	合格
	C	V 形	D114×10.0	Ⅱ级	合格
	D	V 形		Ⅱ级	合格
39 轴	A	V 形	D168×10.0	Ⅳ级	不合格
	B	V 形		Ⅳ级	不合格
	C	V 形	D168×10.0	Ⅱ级	合格
	D	V 形		Ⅱ级	合格
40a 轴	A	V 形	D133×10.0	Ⅱ级	合格
	B	V 形		Ⅱ级	合格
	C	V 形	D133×10.0	Ⅱ级	合格
	D	V 形		Ⅲ级	合格
40 轴	A	V 形	D180×12.0	Ⅱ级	合格
	B	V 形		Ⅱ级	合格
	C	V 形	D168×10.0	Ⅱ级	合格
	D	V 形		Ⅱ级	合格

轴线编号	检验焊缝部位	坡口形式	杆件规格	质量评级	质量评定
41a轴	A	V形	D133×10.0	Ⅲ级	合格
	B	V形		Ⅲ级	合格
	C	V形	D133×10.0	Ⅲ级	合格
	D	V形		Ⅳ级	不合格
41轴	A	V形	D180×12.0	Ⅱ级	合格
	B	V形		Ⅱ级	合格
	C	V形	D168×10.0	Ⅲ级	合格
	D	V形		Ⅱ级	合格
42a轴	A	V形	D133×10.0	Ⅲ级	合格
	B	V形		Ⅱ级	合格
	C	V形	D133×10.0	Ⅲ级	合格
	D	V形		Ⅳ级	不合格
42轴	A	V形	D168×10.0	Ⅱ级	合格
	B	V形		Ⅱ级	合格
	C	V形	D168×10.0	Ⅲ级	合格
	D	V形		Ⅱ级	合格
43b轴	A	V形	D133×10.0	Ⅳ级	不合格
	B	V形		Ⅳ级	不合格
	C	V形	D133×10.0	Ⅱ级	合格
	D	V形		Ⅱ级	合格
43a轴	A	V形	D168×10.0	Ⅱ级	合格
	B	V形		Ⅱ级	合格
	C	V形	D168×10.0	Ⅱ级	合格
	D	V形		Ⅱ级	合格
43轴	A	V形	D168×10.0	Ⅳ级	不合格
	B	V形		Ⅲ级	合格
	C	V形	D133×10.0	Ⅱ级	合格
	D	V形		Ⅱ级	合格
44a轴	A	V形	D168×10.0	Ⅱ级	合格
	B	V形		Ⅱ级	合格
	C	V形	D168×10.0	Ⅱ级	合格
	D	V形		Ⅲ级	合格
44轴	A	V形	D168×10.0	Ⅲ级	合格
	B	V形		Ⅲ级	合格
	C	V形	D168×10.0	Ⅳ级	不合格
	D	V形		Ⅳ级	不合格

轴线编号	检验焊缝部位	坡口形式	杆件规格	质量评级	质量评定
45a 轴	A	V 形	D133×10.0	Ⅳ级	不合格
	B	V 形		Ⅱ级	合格
	C	V 形	D168×10.0	Ⅳ级	不合格
	D	V 形		Ⅳ级	不合格
45 轴	A	V 形	D168×10.0	Ⅲ级	合格
	B	V 形		—	已加固
	C	V 形	D168×10.0	—	已加固
	D	V 形		Ⅲ级	合格
46a 轴	A	V 形	D168×10.0	Ⅲ级	合格
	B	V 形		Ⅲ级	合格
	C	V 形	D168×10.0	Ⅳ级	不合格
	D	V 形		Ⅱ级	合格
46 轴	A	V 形	D168×10.0	Ⅳ级	不合格
	B	V 形		Ⅱ级	合格
	C	V 形	D168×10.0	Ⅳ级	不合格
	D	V 形		Ⅲ级	合格
47b 轴	A	V 形	D168×10.0	Ⅳ级	不合格
	B	V 形		Ⅱ级	合格
	C	V 形	D133×10.0	Ⅳ级	不合格
	D	V 形		Ⅱ级	合格
47a 轴	A	V 形	D133×8.0	Ⅲ级	合格
	B	V 形		Ⅳ级	不合格
	C	V 形	D133×8.0	Ⅲ级	合格
	D	V 形		Ⅳ级	不合格
47 轴	A	V 形	D133×8.0	Ⅳ级	不合格
	B	V 形		Ⅳ级	不合格
	C	V 形	D133×8.0	Ⅳ级	不合格
	D	V 形		Ⅳ级	不合格
48a 轴	A	V 形	D114×6.0	Ⅲ级	合格
	B	V 形		Ⅲ级	合格
	C	V 形	D114×6.0	Ⅳ级	不合格
	D	V 形		Ⅲ级	合格
48 轴	A	V 形	D133×8.0	Ⅳ级	不合格
	B	V 形		Ⅳ级	不合格
	C	V 形	D133×8.0	Ⅳ级	不合格
	D	V 形		Ⅲ级	合格

轴线编号	检验焊缝部位	坡口形式	杆件规格	质量评级	质量评定
49a轴	A	V形	D133×8.0	Ⅳ级	不合格
	B	V形		Ⅲ级	合格
	C	V形	D83×6.0	Ⅲ级	合格
	D	V形		Ⅲ级	合格
49轴	A	V形	D133×8.0	Ⅳ级	不合格
	B	V形		Ⅳ级	不合格
	C	V形	D83×6.0	Ⅲ级	合格
	D	V形		Ⅲ级	合格
50a轴	A	V形	D83×6.0	Ⅱ级	合格
	B	V形		Ⅱ级	合格
	C	V形	D83×6.0	Ⅱ级	合格
	D	V形		Ⅱ级	合格
50轴	A	V形	D133×8.0	Ⅳ级	不合格
	B	V形		Ⅳ级	不合格
	C	V形	D83×6.0	Ⅲ级	合格
	D	V形		Ⅱ级	合格
50b轴	A	V形	D83×6.0	Ⅱ级	合格
	B	V形		Ⅱ级	合格
	C	V形	D83×6.0	Ⅱ级	合格
	D	V形		Ⅱ级	合格

　　焊缝外观成型较好，满足《钢结构工程施工质量验收规范》GB 50205—2001 关于二级焊缝的外观质量标准。超声波探伤结果表明，大部分焊缝质量按行业标准《焊接球节点钢网架焊缝超声波探伤及质量分级法》JGJ 3034.1—1996 评级为Ⅱ、Ⅲ级，满足二级焊缝要求，但有部分焊缝质量评级为Ⅳ级，应进行加固处理。

　　4. 杆件弯曲度检测

　　对目测弯曲度偏大的杆件采用钢板尺和拉线测量杆件的弯曲度，检测操作遵守中心相关细则及国家标准《无缝钢管尺寸、外形、重量及允许偏差》GB/T 17395—1998 及《网架结构工程质量检验评定标准》JGJ 78—91 的要求，检测结果见表 4.18-5。

　　从检测结果可以看出，目测弯曲度偏大的杆件弯曲度不满足规范《网架结构工程质量检验评定标准》JGJ 78—91 的要求，但部分杆件弯曲度超出《网架结构工程质量检验评定标准》JGJ 78—91 规范要求的网架杆件弯曲不超过 5mm 的要求。按《无缝钢管尺寸、外形、重量及允许偏差》GB/T 17395—1998 的要求评为 E1 级，应进行机械校直。

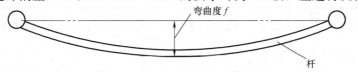

图 4.18-4　杆件弯曲度检测示意图

杆件编号	实测弯曲	全长弯曲度	全长弯曲度标准分级要求（E1 级不大于）	标准分级	备　注
31C$_下$-31aC$_上$	18	0.82%	0.20%	E1	应进行机械校直
31aC$_下$-31D$_下$	30	1.44%	0.20%	E1	应进行机械校直
31F$_下$-31aE$_下$	15	0.83%	0.20%	E1	应进行机械校直
31H$_下$-31aG$_下$	15	0.83%	0.20%	E1	应进行机械校直
32aG$_上$-31H$_上$	16	0.78%	0.20%	E1	应进行机械校直
32G$_下$-32aG$_下$	19	0.91%	0.20%	E1	应进行机械校直
32G$_下$-32H$_下$	18	0.73%	0.20%	E1	应进行机械校直
32F$_下$-33aF$_上$	40	1.83%	0.20%	E1	应进行机械校直
33aG$_下$-33G$_下$	10	0.68%	0.20%	E1	应进行机械校直
33D$_下$-34aD$_下$	10	0.55%	0.20%	E1	应进行机械校直
34D$_下$-34aC$_下$	15	0.78%	0.20%	E1	应进行机械校直
34F$_上$-34aG$_上$	19	0.81%	0.20%	E1	应进行机械校直
34G$_下$-34aG$_下$	12	0.77%	0.20%	E1	应进行机械校直
34G$_上$-34aG$_上$	10	0.75%	0.20%	E1	应进行机械校直
34aG$_下$-34aH$_下$	12	0.81%	0.20%	E1	应进行机械校直
34G$_下$-35aG$_下$	9	0.68%	0.20%	E1	应进行机械校直
34F$_下$-35aF$_下$	6	0.34%	0.20%	E1	应进行机械校直
34H$_下$-35bG$_下$	34	1.61%	0.20%	E1	应进行机械校直
35F$_下$-35aF$_上$	12	0.55%	0.20%	E1	应进行机械校直
36F$_下$-36aF$_下$	12	0.55%	0.20%	E1	应进行机械校直
37H$_下$-38aH$_下$	10	0.53%	0.20%	E1	应进行机械校直
38E$_下$-38aE$_上$	10	0.50%	0.20%	E1	应进行机械校直
38F$_下$-39bE$_下$	5	0.28%	0.20%	E1	应进行机械校直
38F$_下$-39bF$_下$	8	0.38%	0.20%	E1	应进行机械校直
39aE$_下$-39E$_下$	11	0.67%	0.20%	E1	应进行机械校直
39F$_下$-40aF$_下$	10	0.65%	0.20%	E1	应进行机械校直
39H$_下$-40aH$_下$	15	0.77%	0.20%	E1	应进行机械校直
41E$_下$-42aE$_下$	13	0.71%	0.20%	E1	应进行机械校直
41F$_下$-42aF$_下$	5	0.28%	0.20%	E1	应进行机械校直
41F$_下$-42aF$_上$	8	0.38%	0.20%	E1	应进行机械校直
41G$_下$-42aG$_下$	10	0.56%	0.20%	E1	应进行机械校直
41H$_下$-42aH$_下$	31	2.3%	0.20%	E1	应进行机械校直
41I$_下$-42aI$_下$	18	0.84%	0.20%	E1	应进行机械校直
42H$_下$-42aH$_下$	15	0.82%	0.20%	E1	应进行机械校直
42I$_下$-42aI$_下$	18	0.84%	0.20%	E1	应进行机械校直
43H$_下$-43aH$_下$	20	0.86%	0.20%	E1	应进行机械校直

杆件编号	实测弯曲	全长弯曲度	全长弯曲度标准分级要求（E1级不大于）	标准分级	备　注
43J$_下$-44aJ$_下$	18	0.85%	0.20%	E1	应进行机械校直
43J$_下$-44aK$_下$	40	2.7%	0.20%	E1	应进行机械校直
46F$_下$-47bG$_下$	10	0.75%	0.20%	E1	应进行机械校直
47D$_下$-48aE$_下$	8	0.34%	0.20%	E1	应进行机械校直
49F$_下$-49G$_下$	18	0.77%	0.20%	E1	应进行机械校直
50C$_下$-50bC$_上$	18	0.75%	0.20%	E1	应进行机械校直
50G$_下$-50aH$_下$	15	0.76%	0.20%	E1	应进行机械校直
50H$_下$-50bH$_上$	15	0.81%	0.20%	E1	应进行机械校直

5. 桁架变形情况检测

采用全站仪检测网架的主桁架的变形情况，检测操作遵守中心相关细则及国家标准《网架结构工程质量检验评定标准》JGJ 78—91 的规定。桁架变形测量示意图见图4.18-5，检测结果见表4.18-6。

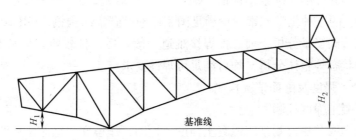

图 4.18-5　桁架变形测量示意图

H_1—后座基距下弦球心距基准线高差；H_2—桁架前沿下弦球心距基准线高差

主桁架变形检测结果（mm）　　　　　　　　　　表 4.18-6

桁架编号	实测高差		设计高差		设计高差—实测高差		备　注
	H_1	H_2	h_1	h_2	h_1-H_1	h_2-H_2	
37 轴	1660	5507	1638	5395	−22	−112	—
38 轴	1080	5942	1112	5838	32	−104	—
39 轴	2030	5990	2010	5826	−20	−164	—
43 轴	1910	6085	2010	5838	100	−247	—

抽测的 37 轴、38 轴、39 轴、43 轴桁架前沿与设计相比均有不同程度的翘起，最大翘起为 247mm（43 轴）。

6. 管材化学成分抽样检测

采用钻取钢屑的办法测定网架钢管钢材的 C、Si、Mn、P、S 五种元素的含量，以确定钢管的可焊性，钢屑的化学元素含量委托国家钢铁材料测试中心进行测试，依据钢检中心化学分析报告（2004）钢测（H）字第 0020 号，分析方法如下：P，ICP-AES 法（NACISH99011）；Mn，ICP-AES 法（NACISH99008）；Si，ICP-AES 法（NACISH99013）；C、S，红外吸收法（NACISH99001）。委托检验的三根钢管的各五种化学元素含量见表 4.18-7。

钢管钢材化学元素含量测试结果 表 4.18-7

取样位置	杆件规格	分析结果,$w\%$				
		C	Si	Mn	P	S
41D$_下$-42aD$_上$	φ168×10.0	0.21	0.24	0.54	0.011	0.028
44C$_上$-44D$_下$	φ168×10.0	0.26	0.22	0.52	0.0074	0.034
		0.23				0.033
		0.26				0.029
45D$_下$-45aD$_下$	φ168×10.0	0.40	0.26	0.53	0.012	0.027
		0.29				0.031
		0.32				0.041

注:44C$_上$-44D$_下$,45D$_下$-45aD$_下$ 取样样品 C、S 含量不均匀。

从测试结果可以看出,杆件 41D$_下$-42aD$_上$、44C$_上$-44D$_下$ 的 C、Si、Mn、S、P 五种化学元素含量满足国家标准《碳素结构钢》GB 700—88 对 Q235(原 A3 钢)钢的要求,杆件 45D$_下$—45aD$_下$ 的五种化学元素含量满足国家标准《碳素结构钢》GB 700—88 对 Q275 钢的要求,从钢管碳当量分析,前二件焊接难道一般,后一件较难,但从节点复杂程度、管壁厚度及受力状态等整体分析,均可满足可焊性要求。

7. 基座混凝土强度及配筋情况检测

(1)基座混凝土强度检测

采用回弹法和取芯法检测基座混凝土强度,检测工作遵守《钻芯法检测混凝土强度技术规程》CEC 03:88 以及中心细则《钻芯法检测混凝土强度检验细则》BETC-JG-301A 的规定。现场抽取 6 个芯样,芯样强度值见表 4.18-8。

芯样混凝土强度标准结果 (MPa) 表 4.18-8

芯样位置	直径(mm)	高度(mm)	破坏压力(kN)	抗压强度	强度平均值	设计强度
35-B柱	82	84.5	174.1	33.0		250 号(C23)
38-D柱	82.2	80	155.0	29.3		250 号(C23)
40-D柱	82.1	75	192.0	36.3	31.9	250 号(C23)
44-B柱	82	79.5	165.0	31.3		250 号(C23)
45-D柱	82	80	187.0	35.4		250 号(C23)
46-B柱	82	82.5	139.0	26.3		250 号(C23)

采用回弹法对构件的混凝土强度进行检测,检测工作遵守《回弹法检测混凝土抗压强度技术规程》JGJ/T23—2001 及中心细则《回弹法检测混凝土抗压强度检验细则》BETC-JG-302A 的规定。基座的混凝土强度回弹法检测结果见表 4.18-9。

从取芯及回弹结果可以看出,基座混凝土强度满足设计 C23 混凝土强度要求。

(2)基座配筋检测

采用雷达仪和钢筋探测仪对基座的钢筋进行抽检,检测操作按国家建筑工程质量监督检验中心《混凝土内部探测仪 RC—雷达(JEJ-60B 型)检测混凝土内部缺陷和检测配筋检验细则》以及《磁感仪测定仪检测构件配筋检验细则》BETC-JG-305A 有关规定进行,配筋检测结果见表 4.18-10。

由配筋实测结果可以看出，基座配筋满足设计要求。

基座的混凝土强度检测结果（MPa）   表 4.18-9

构件编号	换算强度平均值	换算强度最小值	标准差	推定强度	推定强度平均值
33-D柱	27.8	25.2	1.43	25.4	
34-D柱	29.3	26.4	1.89	26.2	
33-B柱	29.1	26.3	1.77	26.2	
34-B柱	30.2	25.7	1.95	27.0	
35-B柱	31.0	28.1	1.47	28.6	
36-B柱	29.4	27.7	1.43	27.1	
37-B柱	31.5	28.1	1.69	28.7	
39-B柱	31.3	28.1	1.61	28.6	
40-B柱	30.6	27.3	1.66	27.8	
41-B柱	34.3	28.0	4.73	26.5	
42-B柱	35.7	32.7	2.03	32.3	30.3
43-B柱	37.6	34.1	3.31	32.1	
44-B柱	35.4	34.1	0.83	34.0	
45-B柱	36.2	32.7	2.68	31.8	
46-B柱	36.6	34.1	2.41	32.6	
47-B柱	36.6	34.8	1.97	33.3	
48-B柱	36.8	33.9	3.24	31.5	
49-B柱	37.0	34.8	1.74	34.2	
50-B柱	36.9	34.5	1.85	33.9	
50-D柱	36.7	34.8	0.88	35.2	
49-D柱	35.3	34.3	0.80	34.0	

基座尺寸及配筋检测结果（mm）   表 4.18-10

构件名称	截面尺寸	实测配筋值		设计配筋		备注
		主筋根数	箍筋间距	主筋根数	箍筋间距	
33-D	830×620	单边6根	102	单边6根	100	满足设计要求
34-D	830×609	单边6根	98	单边6根	100	满足设计要求
35-B柱	640×640	单边4根	93	单边4根	100	满足设计要求
36-B	660×660	单边4根	97	单边4根	100	满足设计要求
38-B	640×640	单边4根	100	单边4根	100	满足设计要求
38-D	1040×810	单边7根	110	单边7根	100	满足设计要求
39-B	650×650	单边4根	103	单边4根	100	满足设计要求
40-D	1030×810	单边6根（副轴向）	96	单边6根（副轴向）	100	满足设计要求
41-B	640×640	单边4根	94	单边4根	100	满足设计要求
42-D	1040×810	单边6根（副轴向）	102	单边6根（副轴向）	100	满足设计要求
43-B	640×640	单边4根	95	单边4根	100	满足设计要求
44-B	640×640	单边4根	94	单边4根	100	满足设计要求
44-D	1030×805	单边6根（副轴向）	104	单边6根（副轴向）	100	满足设计要求
45-D	1040×805	单边6根（副轴向）	93	单边6根（副轴向）	100	满足设计要求
46-B	830×640	单边4根	98	单边4根	100	满足设计要求

屋架前支座存在安装就位偏差现象（图 4.18-6），部分支座偏差量超出规范限值。

8. 结构构造维护情况检测

网架屋面采用压型金属板作檩条，檩条与网架之间采用点焊连接，玻璃钢屋面板与檩条之间采用螺栓连接，檩条及连接焊点、螺栓锈蚀都较为严重（图 4.18-7 和图 4.18-8），但未见有松脱现象，应做好除锈、喷漆等维护工作。

图 4.18-6　中间支座螺栓移位

图 4.18-7　球节点锈蚀严重

图 4.18-8　与檩条连接件锈蚀严重

9. 网架动力性能测量

本次振动检测采用天然脉动法，在每榀网架的跨中部位分别布置三个方向测点，分别检验其主体结构垂直向、水平南北向及水平东西向的自振频率及振动位移幅值，图 4.18-9 为检验仪器及数据处理框图。

图中 891-Ⅱ 型拾振器用于检测时的信号采集，891 型多通道测震放大器用于放大拾振器检测的各测点的信号，INV-306 信号采集分析仪用于对放大的信号进行采集、存储和分析处理。

图 4.18-9　检验仪器及数据处理框图

本次振动检验数据主要用 DASP 软件进行时程分析及自功率谱分析等统计特征函数分析。

网架主体结构自振频率结果见表 4.18-11，振动位移幅值结果见表 4.18-12，图 4.18-10 为振动检验时，第三榀网架的典型时程曲线及其自功率谱曲线。

10. 杆件的强度和稳定性

对网架结构中杆件荷载效应的各种基本组合都进行了计算，除下弦平面中 32aF$_下$—32aG$_下$ 构件的控制应力超过材料强度设计值外，其余所有构件的强度和稳定性均满足有关规范的要求。

体育场看台雨篷钢网架主体结构自振频率 表 4.18-11

振动方向		自振频率（Hz）				
		第5榀	第4榀	第3榀	第2榀	第1榀
垂直向	全部	0.878	0.830	0.830	0.781	0.781
	去冲击	0.878	0.830	0.878	0.781	0.781
	冲击	0.681	0.781	0.878	0.781	—
东西向		0.684	0.732	0.781	0.781	0.830
南北向		0.781	0.732	0.781	0.732	0.781

体育场看台雨篷钢网架主体结构振动位移值（单峰值） 表 4.18-12

榀号	位移最大值（mm）		
	垂直向	东西向	南北向
第1榀网架	0.082	0.125	0.194
第2榀网架	0.167	0.082	0.111
第3榀网架	0.444	0.035	0.105
第4榀网架	0.203	0.051	0.163
第5榀网架	0.401	0.138	0.118

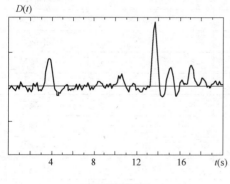

垂直向时程曲线

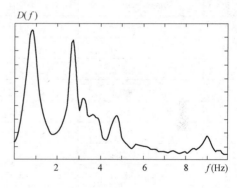

垂直向自功率谱曲线

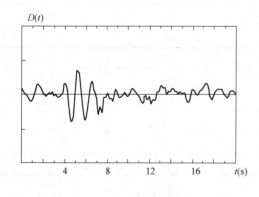

东西向时程曲线

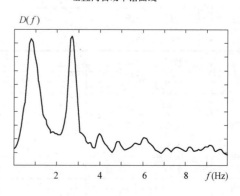

东西向自功率谱曲线

图 4.18-10　第三榀网架时程曲线及其自功率谱曲线

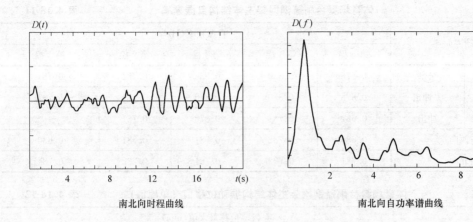

南北向时程曲线	南北向自功率谱曲线

图 4.18-10 第三榀网架时程曲线及其自功率谱曲线（续）

11. 杆件的构造措施

对网架中所有杆件的长细比都进行了验算，其中有 275 根杆件的长细比超出了有关规范规定的要求（如表 4.18-13 中所列），杆件的具体位置如图 4.18-11 中加粗的杆件所示。

长细比超过规范要求的杆件及长细比值 表 4.18-13

序号	杆件编号	杆件长细比	容许长细比	结论
1	50bC$_{上}$—50C$_{下}$	194	180	不满足
2	50bF$_{上}$—50F$_{下}$	188	180	不满足
3	50bG$_{上}$—50G$_{下}$	181	180	不满足
4	50C$_{上}$—50C$_{下}$	235	180	不满足
5	50F$_{上}$—50aF$_{下}$	188	180	不满足
6	50G$_{上}$—50aG$_{下}$	182	180	不满足
7	50I$_{上}$—50aI$_{下}$	187	180	不满足
8	50aE$_{上}$—49E$_{下}$	185	180	不满足
9	50aG$_{上}$—49G$_{下}$	180	180	不满足
10	49C$_{上}$—49aC$_{下}$	236	180	不满足
11	49F$_{上}$—49aF$_{下}$	191	180	不满足
12	49G$_{上}$—49aG$_{下}$	200	180	不满足
13	49H$_{上}$—49aH$_{下}$	193	180	不满足
14	49I$_{上}$—49aI$_{下}$	185	180	不满足
15	49aE$_{上}$—48E$_{下}$	189	180	不满足
16	48C$_{上}$—48aC$_{下}$	244	180	不满足
17	48F$_{上}$—48aF$_{下}$	189	180	不满足
18	48G$_{上}$—48aG$_{下}$	180	180	不满足
19	48aE$_{上}$—47E$_{下}$	190	180	不满足
20	48aG$_{上}$—47G$_{下}$	181	180	不满足
21	47aD$_{上}$—47E$_{下}$	210	180	不满足

序号	杆件编号	杆件长细比	容许长细比	结论
22	46C$_上$—46aC$_下$	180	180	不满足
23	46G$_上$—46aG$_下$	216	180	不满足
24	46H$_上$—46aH$_下$	187	180	不满足
25	46I$_上$—46aI$_下$	195	180	不满足
26	46J$_上$—46aJ$_下$	189	180	不满足
27	46K$_上$—46aK$_下$	182	180	不满足
28	46aF$_上$—45F$_下$	187	180	不满足
29	45C$_上$—45aC$_下$	262	180	不满足
30	45G$_上$—45aG$_下$	215	180	不满足
31	45H$_上$—45aH$_下$	205	180	不满足
32	45K$_上$—45aK$_下$	182	180	不满足
33	45aF$_上$—44F$_下$	212	180	不满足
34	44G$_上$—44aG$_下$	197	180	不满足
35	44H$_上$—44aH$_下$	185	180	不满足
36	44aE$_上$—43E$_下$	250	180	不满足
37	44aH$_上$—43H$_下$	184	180	不满足
38	44aK$_上$—43K$_下$	192	180	不满足
39	43C$_上$—43C$_下$	180	180	不满足
40	42C$_上$—42aC$_下$	194	180	不满足
41	42F$_上$—42aF$_下$	192	180	不满足
42	42H$_上$—42aH$_下$	203	180	不满足
43	42I$_上$—42aI$_下$	198	180	不满足
44	42J$_上$—42aJ$_下$	192	180	不满足
45	42K$_上$—42aK$_下$	190	180	不满足
46	42aC$_上$—41C$_下$	198	180	不满足
47	42aH$_上$—41H$_下$	190	180	不满足
48	42aIC$_上$—41I$_下$	186	180	不满足
49	41C$_上$—41aC$_下$	187	180	不满足
50	41I$_上$—41aI$_下$	213	180	不满足
51	41J$_上$—41aJ$_下$	186	180	不满足
52	41k$_上$—41aK$_下$	185	180	不满足
53	41aC$_上$—40C$_下$	187	180	不满足
54	41aI$_上$—40I$_下$	213	180	不满足
55	41aJ$_上$—40J$_下$	186	180	不满足
56	41aK$_上$—40K$_下$	185	180	不满足
57	40C$_上$—40aC$_下$	180	180	不满足

序号	杆件编号	杆件长细比	容许长细比	结论
58	$40H_上$—$40aH_下$	100	180	不满足
59	$40I_上$—$40aI_下$	186	180	不满足
60	$40aC_上$—$39C_下$	194	180	不满足
61	$40aH_上$—$39H_下$	203	180	不满足
62	$40aJ_上$—$39J_下$	192	180	不满足
63	$40aK_上$—$39K_下$	190	180	不满足
64	$38C_上$—$38C_下$	180	180	不满足
65	$38E_上$—$38Ae_下$	250	180	不满足
66	$38H_上$—$38aH_下$	184	180	不满足
67	$38K_上$—$38aK_下$	192	180	不满足
68	$38aG_上$—$38G_下$	197	180	不满足
69	$38aH_上$—$38H_下$	185	180	不满足
70	$37F_上$—$37aF_下$	212	180	不满足
71	$37aC_上$—$36C_下$	262	180	不满足
72	$37aF_上$—$36F_下$	180	180	不满足
73	$37aG_上$—$36G_下$	215	180	不满足
74	$37aH_上$—$36H_下$	205	180	不满足
75	$37aK_上$—$36K_下$	182	180	不满足
76	$36C_上$—$36aC_下$	181	180	不满足
77	$36F_上$—$36aF_下$	187	180	不满足
78	$36H_上$—$36aH_下$	180	180	不满足
79	$36aC_上$—$35C_下$	197	180	不满足
80	$36aG_上$—$35G_下$	216	180	不满足
81	$36aH_上$—$35H_下$	187	180	不满足
82	$36aI_上$—$35I_下$	195	180	不满足
83	$36aJ_上$—$35J_下$	189	180	不满足
84	$36aK_上$—$35K_下$	182	180	不满足
85	$35bE_上$—$35bDK_下$	210	180	不满足
86	$35bC_上$—$34C_下$	185	180	不满足
87	$35bF_上$—$34F_下$	186	180	不满足
88	$34E_上$—$34aE_下$	190	180	不满足
89	$34F_上$—$34aF_下$	193	180	不满足
90	$34G_上$—$34aG_下$	181	180	不满足
91	$34aC_上$—$33C_下$	244	180	不满足
92	$34aF_上$—$33F_下$	189	180	不满足
93	$34aG_上$—$33G_下$	180	180	不满足

序号	杆件编号	杆件长细比	容许长细比	结论
94	$33F_上—33aF_下$	189	180	不满足
95	$33aC_上—32C_下$	236	180	不满足
96	$33aF_上—32F_下$	188	180	不满足
97	$33aG_上—32G_下$	200	180	不满足
98	$33aH_上—32H_下$	193	180	不满足
99	$33aI_上—32I_下$	185	180	不满足
100	$32E_上—32aE_下$	182	180	不满足
101	$32G_上—32aG_下$	180	180	不满足
102	$32aC_上—31C_下$	212	180	不满足
103	$32aF_上—31F_下$	185	180	不满足
104	$32aG_上—31G_下$	180	180	不满足
105	$32aH_上—31H_下$	193	180	不满足
106	$32aI_上—31I_下$	187	180	不满足
107	$31C_上—31aC_下$	194	180	不满足
108	$31F_上—31aF_下$	188	180	不满足
109	$31G_上—31aG_下$	181	180	不满足
110	$50bA_下—50A_下$	188	180	不满足
111	$50bB_下—50B_下$	202	180	不满足
112	$50bC_下—50D_下$	181	180	不满足
113	$50bD_下—50D_下$	190	180	不满足
114	$50bF_下—50F_下$	180	180	不满足
115	$50bG_下—50F_下$	211	180	不满足
116	$50B_下—50aC_下$	185	180	不满足
117	$50H_下—50aG_下$	186	180	不满足
118	$50aE_下—49D_下$	188	180	不满足
119	$50aG_下—49F_下$	199	180	不满足
120	$49A_下—49aA_下$	185	180	不满足
121	$49F_下—49aE_下$	188	180	不满足
122	$48H_下—48aG_下$	185	180	不满足
123	$48aG_下—47F_下$	194	180	不满足
124	$48aI_下—47H_下$	193	180	不满足
125	$47B_下—49aB_下$	186	180	不满足
126	$47F_下—47aE_下$	201	180	不满足
127	$47H_下—47aI_下$	184	180	不满足
128	$47bG_下—46H_下$	187	180	不满足
129	$47bI_下—46H_下$	180	180	不满足

序号	杆件编号	杆件长细比	容许长细比	结论
130	47bI$_下$—46J$_下$	188	180	不满足
131	46J$_下$—46aI$_下$	186	180	不满足
132	46aA$_下$—45B$_下$	185	180	不满足
133	46aI$_下$—45J$_下$	184	180	不满足
134	45A$_下$—45aA$_下$	203	180	不满足
135	45B$_下$—45aA$_下$	198	180	不满足
136	45H$_下$—45aI$_下$	181	180	不满足
137	45aA$_下$—44A$_下$	203	180	不满足
138	45aK$_下$—44J$_下$	180	180	不满足
139	44J$_下$—44aI$_下$	196	180	不满足
140	44aK$_下$—43J$_下$	227	180	不满足
141	43J$_下$—43aI$_下$	236	180	不满足
142	39bI$_下$—38J$_下$	236	180	不满足
143	39J$_下$—38aK$_下$	227	180	不满足
144	38aI$_下$—37J$_下$	196	180	不满足
145	38aK$_下$—37J$_下$	201	180	不满足
146	37A$_下$—37aA$_下$	185	180	不满足
147	37J$_下$—37aK$_下$	180	180	满足
148	37aA$_下$—36A$_下$	203	180	不满足
149	37aC$_下$—36C$_下$	193	180	不满足
150	37aK$_下$—36J$_下$	181	180	不满足
151	36B$_下$—36aA$_下$	186	180	不满足
152	36J$_下$—36aI$_下$	184	180	不满足
153	36aI$_下$—35J$_下$	186	180	不满足
154	35H$_下$—35aG$_下$	187	180	不满足
155	35H$_下$—35aI$_下$	184	180	不满足
156	35J$_下$—35aI$_下$	188	180	不满足
157	35bC$_下$—34B$_下$	183	180	不满足
158	35bI$_下$—34H$_下$	184	180	不满足
159	34F$_下$—34aG$_下$	189	180	不满足
160	34H$_下$—34aI$_下$	193	180	不满足
161	32D$_下$—32aE$_下$	188	180	不满足
162	32F$_下$—32aG$_下$	221	180	不满足
163	32aC$_下$—31B$_下$	185	180	不满足
164	31A$_下$—31aA$_下$	186	180	不满足
165	31B$_下$—31aA$_下$	202	180	不满足

序号	杆件编号	杆件长细比	容许长细比	结论
166	31D下—31aC下	181	180	不满足
167	31F下—31aF下	180	180	不满足
168	31F下—31aG下	211	180	不满足
169	50bA上—50A上	186	180	不满足
170	50bA上—50B上	186	180	不满足
171	50bC上—50D上	184	180	不满足
172	50bI上—50H上	195	180	不满足
173	50A上—50aA上	186	180	不满足
174	50B上—50aA上	199	180	不满足
175	50B上—50aB上	182	180	不满足
176	50H上—50aG上	207	180	不满足
177	50aA上—49B上	187	180	不满足
178	50aI上—49H上	196	180	不满足
179	49aA上—48A上	185	180	不满足
180	49aA上—48B上	188	180	不满足
181	49aA上—48B上	181	180	不满足
182	48A上—48aA上	185	180	不满足
183	48H上—48aI上	180	180	不满足
184	48aA上—47A上	185	180	不满足
185	48aE上—47E上	181	180	不满足
186	47B上—47aA上	193	180	不满足
187	47C上—47aC上	181	180	不满足
188	47D上—47aC上	230	180	不满足
189	47bC上—46B上	185	180	不满足
190	46E上—46aE上	183	180	不满足
191	46J上—46aI上	186	180	不满足
192	46aA上—45A上	184	180	不满足
193	46aK上—45J上	206	180	不满足
194	45 A上—45aA上	184	180	不满足
195	45aA上—44A上	183	180	不满足
196	45aK上—44J上	189	180	不满足
197	44A上—44aA上	185	180	不满足
198	44B上—44aA上	180	180	不满足
199	44J上—44aI上	197	180	不满足
200	44J上—44aK上	219	180	不满足
201	44a F上—43F上	185	180	不满足

序号	杆件编号	杆件长细比	容许长细比	结论
202	44aG$_上$—43G$_上$	185	180	不满足
203	44a H$_上$—43H$_上$	184	180	不满足
204	44a I$_上$—43I$_上$	184	180	不满足
205	44a J$_上$—43J$_上$	184	180	不满足
206	44a K$_上$—43K$_上$	184	180	不满足
207	43J$_上$—43aI$_上$	182	180	不满足
208	43bI$_上$—42J$_上$	185	180	不满足
209	42C$_上$—42aC$_上$	186	180	不满足
210	42E$_上$—42aE$_上$	186	180	不满足
211	42F$_上$—42aF$_上$	186	180	不满足
212	42G$_上$—42aG$_上$	186	180	不满足
213	42H$_上$—42aH$_上$	186	180	不满足
214	42J$_上$—42aL$_上$	186	180	不满足
215	42K$_上$—42aK$_上$	186	180	不满足
216	42aC$_上$—41C$_上$	186	180	不满足
217	42aG$_上$—41G$_上$	186	180	不满足
218	42aH$_上$—41H$_上$	186	180	不满足
219	42aI$_上$—41I$_上$	186	180	不满足
220	42aJ$_上$—41J$_上$	186	180	不满足
221	41C$_上$—41aC$_上$	186	180	不满足
222	41G$_上$—41aG$_上$	186	180	不满足
223	41H$_上$—41aH$_上$	186	180	不满足
224	41I$_上$—41aI$_上$	186	180	不满足
225	41J$_上$—41aJ$_上$	186	180	不满足
226	41aC$_上$—40C$_上$	186	180	不满足
227	41aG$_上$—40G$_上$	186	180	不满足
228	41aH$_上$—40H$_上$	186	180	不满足
229	41aI$_上$—40J$_上$	186	180	不满足
230	41aJ$_上$—40J$_上$	186	180	不满足
231	40C$_上$—40aC$_上$	186	180	不满足
232	40G$_上$—40aG$_上$	186	180	不满足
233	40H$_上$—40aH$_上$	186	180	不满足
234	40I$_上$—40aI$_上$	186	180	不满足
235	40J$_上$—40aI$_上$	196	180	不满足
236	40J$_上$—40aJ$_上$	186	180	不满足
237	40aE$_上$—39E$_上$	186	180	不满足

序号	杆件编号	杆件长细比	容许长细比	结论
238	40aG上—39G上	186	180	不满足
239	40aH上—39H上	186	180	不满足
240	40aJ上—39J上	186	180	不满足
241	40aK上—39k上	186	180	不满足
242	38G上—38aG上	185	180	不满足
243	38H上—38aH上	184	180	不满足
244	38I上—38aI上	184	180	不满足
245	38J上—38aI上	194	180	不满足
246	38J上—38aJ上	184	180	不满足
247	38aA上—37A上	185	180	不满足
248	38aB上—37B上	180	180	不满足
249	38aI上—37J上	197	180	不满足
250	38aK上—37J上	209	180	不满足
251	37A上—37aA上	183	180	不满足
252	37J上—37aK上	189	180	不满足
253	37aA上—36A上	184	180	不满足
254	37aE上—36E上	182	180	不满足
255	36A上—36aA上	184	180	不满足
256	36E上—36aE上	182	180	不满足
257	36J上—36aK上	206	180	不满足
258	36aE上—35E上	183	180	不满足
259	36aI上—35J上	186	180	不满足
260	35D上—35aC上	185	180	不满足
261	35bA上—34B上	193	180	不满足
262	35bC上—34D上	233	180	不满足
263	34A上—34aA上	185	180	不满足
264	34E上—34aE上	181	180	不满足
265	34aA上—33A上	185	180	不满足
266	34aI上—33H上	180	180	不满足
267	33A上—33aA上	185	180	不满足
268	33B上—33aB上	181	180	不满足
269	32B上—32aA上	187	180	不满足
270	32aA上—31A上	186	180	不满足
271	32aG上—31H上	207	180	不满足
272	31A上—31aA上	186	180	不满足
273	31B上—31aA上	186	180	不满足
274	31D上—31aC上	184	180	不满足
275	31H上—31aI上	195	180	不满足

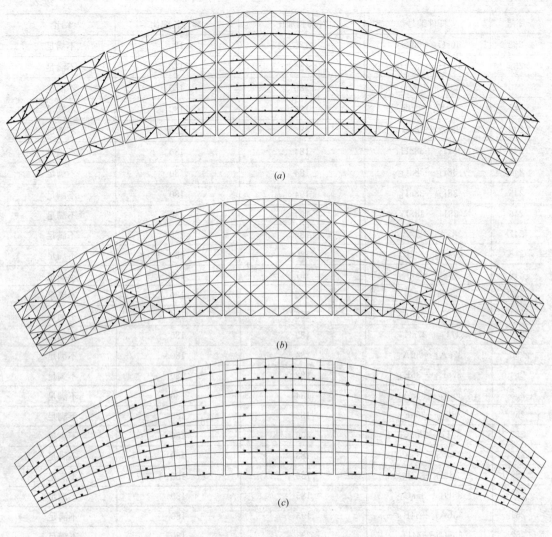

图 4.18-11　杆件长细比超限位置图
（a）上弦杆件；（b）下弦杆件；（c）斜腹杆件

12. 焊接空心球节点的强度和构造措施

对网架中所有焊接空心球的承载力都进行的验算，具体计算结果列于表 4.18-14 中，表中的计算结果表明所有的焊接空心球均满足承载力要求。

网架焊接空心球承载力验算结果　　　　　　　　表 4.18-14

杆件截面	空心球尺寸	球受压、受拉承载力(kN)	杆件内力设计值(kN)		结论
			受拉	受压	
$\phi 60.0 \times 4.0$	$\phi 250.0 \times 10.0$	183.6	19.2	−7.6	满足
	$\phi 260.0 \times 10.0$	181.4			
	$\phi 350.0 \times 10.0$	167.3			
	$\phi 360.0 \times 10.0$	166.2			

杆件截面	空心球尺寸	球受压、受拉承载力(kN)	杆件内力设计值(kN)		结论
			受拉	受压	
$\phi60.0\times4.0$	$\phi400.0\times10.0$	162.2	19.2	-7.6	满足
	$\phi450.0\times10.0$	158.3			
	$\phi500.0\times10.0$	155.1			
	$\phi500.0\times20.0$	310.2			
$\phi63.0\times4.0$	$\phi250.0\times10.0$	199.9	51.5	-78.7	满足
	$\phi260.0\times10.0$	197.4			
	$\phi350.0\times10.0$	181.3			
	$\phi360.0\times10.0$	180.1			
	$\phi400.0\times10.0$	175.6			
	$\phi450.0\times10.0$	171.1			
	$\phi500.0\times10.0$	167.5			
	$\phi500.0\times20.0$	334.9			
$\phi70.0\times2.8$ $\phi70.0\times4.0$ $\phi70.0\times5.0$	$\phi250.0\times10.0$	225.3	8.3 64.3 23.3	-3.5 -71.9 -21.3	满足
	$\phi260.0\times10.0$	222.3			
	$\phi350.0\times10.0$	203.1			
	$\phi360.0\times10.0$	201.6			
	$\phi400.0\times10.0$	196.2			
	$\phi450.0\times10.0$	190.8			
	$\phi500.0\times10.0$	186.5			
	$\phi500.0\times20.0$	373.0			
$\phi76.0\times4.0$ $\phi76.0\times6.0$	$\phi250.0\times10.0$	251.8	44.6 10.0	-26.3	满足
	$\phi260.0\times10.0$	248.3			
	$\phi350.0\times10.0$	225.7			
	$\phi360.0\times10.0$	223.8			
	$\phi400.0\times10.0$	217.5			
	$\phi450.0\times10.0$	211.1			
	$\phi500.0\times10.0$	206.1			
	$\phi500.0\times20.0$	412.1			
$\phi80.0\times3.5$ $\phi80.0\times4.0$ $\phi80.0\times5.0$ $\phi80.0\times6.0$	$\phi250.0\times10.0$	270.1	8.1 6.2 13.3 35.9	-16.6 -10.3 -24.9 -16.5	满足
	$\phi260.0\times10.0$	266.2			
	$\phi350.0\times10.0$	241.2			
	$\phi360.0\times10.0$	239.1			
	$\phi400.0\times10.0$	232.1			
	$\phi450.0\times10.0$	225.1			
	$\phi500.0\times10.0$	219.4			
	$\phi500.0\times20.0$	438.9			

杆件截面	空心球尺寸	球受压、受拉承载力(kN)	杆件内力设计值(kN)		结论
			受拉	受压	
$\phi81.0\times6.0$ $\phi82.0\times6.0$	$\phi250.0\times10.0$	274.7	8.0 26.7	-10.4 -37.9	满足
	$\phi260.0\times10.0$	270.8			
	$\phi350.0\times10.0$	245.1			
	$\phi360.0\times10.0$	243.0			
	$\phi400.0\times10.0$	235.8			
	$\phi450.0\times10.0$	228.6			
	$\phi500.0\times10.0$	222.8			
	$\phi500.0\times20.0$	445.7			
$\phi83.0\times4.0$ $\phi83.0\times5.0$ $\phi83.0\times6.0$	$\phi250.0\times10.0$	284.2	23.4 16.1 114.9	-53.9 -29.2 -124.0	满足
	$\phi260.0\times10.0$	280.0			
	$\phi350.0\times10.0$	253.0			
	$\phi360.0\times10.0$	250.8			
	$\phi400.0\times10.0$	243.3			
	$\phi450.0\times10.0$	235.7			
	$\phi500.0\times10.0$	229.6			
	$\phi500.0\times20.0$	459.3			
$\phi85.0\times5.0$ $\phi85.0\times6.0$	$\phi250.0\times10.0$	293.7	17.8 16.1	-31.9 -9.3	满足
	$\phi260.0\times10.0$	289.3			
	$\phi350.0\times10.0$	261.0			
	$\phi360.0\times10.0$	258.8			
	$\phi400.0\times10.0$	250.8			
	$\phi450.0\times10.0$	242.9			
	$\phi500.0\times10.0$	236.5			
	$\phi500.0\times20.0$	473.1			
$\phi89.0\times4.0$ $\phi89.0\times5.0$ $\phi89.0\times6.0$	$\phi250.0\times10.0$	313.2	22.5 123.0 50.5	-10.5 -120.8 -51.7	满足
	$\phi260.0\times10.0$	308.3			
	$\phi350.0\times10.0$	277.3			
	$\phi360.0\times10.0$	274.8			
	$\phi400.0\times10.0$	266.1			
	$\phi450.0\times10.0$	257.4			
	$\phi500.0\times10.0$	250.5			
	$\phi500.0\times20.0$	500.9			
$\phi95.0\times4.0$	$\phi250.0\times10.0$	343.3	6.6	-10.6	满足
	$\phi260.0\times10.0$	337.8			
	$\phi350.0\times10.0$	302.5			

杆件截面	空心球尺寸	球受压、受拉承载力(kN)	杆件内力设计值(kN)		结论
			受拉	受压	
$\phi 95.0 \times 4.0$	$\phi 360.0 \times 10.0$	299.6	6.6	-10.6	满足
	$\phi 400.0 \times 10.0$	289.7			
	$\phi 450.0 \times 10.0$	279.8			
	$\phi 500.0 \times 10.0$	271.9			
	$\phi 500.0 \times 20.0$	543.7			
$\phi 102.0 \times 5.0$ $\phi 102.0 \times 6.0$	$\phi 250.0 \times 10.0$	379.9	6.8 69.7	-10.4 -38.8	满足
	$\phi 260.0 \times 10.0$	373.5			
	$\phi 350.0 \times 10.0$	332.8			
	$\phi 360.0 \times 10.0$	329.6			
	$\phi 400.0 \times 10.0$	318.1			
	$\phi 450.0 \times 10.0$	306.7			
	$\phi 500.0 \times 10.0$	297.6			
	$\phi 500.0 \times 20.0$	595.1			
$\phi 108.0 \times 5.0$	$\phi 250.0 \times 10.0$	412.5	36.5	-70.6	满足
	$\phi 260.0 \times 10.0$	405.4			
	$\phi 350.0 \times 10.0$	359.7			
	$\phi 360.0 \times 10.0$	356.1			
	$\phi 400.0 \times 10.0$	343.3			
	$\phi 450.0 \times 10.0$	330.4			
	$\phi 500.0 \times 10.0$	320.2			
	$\phi 500.0 \times 20.0$	640.4			
$\phi 112.0 \times 5.0$	$\phi 250.0 \times 10.0$	434.8	38.4	-15.3	满足
	$\phi 260.0 \times 10.0$	427.2			
	$\phi 350.0 \times 10.0$	378.1			
	$\phi 360.0 \times 10.0$	374.2			
	$\phi 400.0 \times 10.0$	360.4			
	$\phi 450.0 \times 10.0$	346.6			
	$\phi 500.0 \times 10.0$	335.6			
	$\phi 500.0 \times 20.0$	671.2			
$\phi 114.0 \times 5.0$ $\phi 114.0 \times 6.0$ $\phi 114.0 \times 10.0$	$\phi 250.0 \times 10.0$	446.2	85.5 154.2 182.9	-136.9 -139.1 -90.7	满足
	$\phi 260.0 \times 10.0$	438.3			
	$\phi 350.0 \times 10.0$	387.5			
	$\phi 360.0 \times 10.0$	383.4			
	$\phi 400.0 \times 10.0$	369.1			
	$\phi 450.0 \times 10.0$	354.8			

杆件截面	空心球尺寸	球受压、受拉承载力(kN)	杆件内力设计值(kN)		结论
			受拉	受压	
$\phi114.0\times5.0$ $\phi114.0\times6.0$ $\phi114.0\times10.0$	$\phi500.0\times10.0$	343.4	85.5 154.2 182.9	-136.9 -139.1 -90.7	满足
	$\phi500.0\times20.0$	686.8			
$\phi120.0\times6.0$	$\phi250.0\times10.0$	481.1	77.4	-144.7	满足
	$\phi260.0\times10.0$	472.3			
	$\phi350.0\times10.0$	416.0			
	$\phi360.0\times10.0$	411.5			
	$\phi400.0\times10.0$	395.6			
	$\phi450.0\times10.0$	379.8			
	$\phi500.0\times10.0$	367.2			
	$\phi500.0\times20.0$	734.3			
$\phi133.0\times5.0$ $\phi133.0\times6.0$ $\phi133.0\times8.0$ $\phi133.0\times10.0$	$\phi250.0\times10.0$	560.6	98.4 83.0 276.1 292.8	-49.6 -151.1 -315.1 -294.8	满足
	$\phi260.0\times10.0$	549.8			
	$\phi350.0\times10.0$	480.6			
	$\phi360.0\times10.0$	475.0			
	$\phi400.0\times10.0$	455.6			
	$\phi450.0\times10.0$	436.2			
	$\phi500.0\times10.0$	420.6			
	$\phi500.0\times20.0$	841.2			
$\phi168.0\times10.0$ $\phi168.0\times12.0$	$\phi250.0\times10.0$	801.2	403.8 232.7	-532.6 -440.4	满足
	$\phi260.0\times10.0$	784.0			
	$\phi350.0\times10.0$	673.5			
	$\phi360.0\times10.0$	664.7			
	$\phi400.0\times10.0$	633.7			
	$\phi450.0\times10.0$	602.6			
	$\phi500.0\times10.0$	577.8			
	$\phi500.0\times20.0$	1155.6			
$\phi180.0\times10.0$ $\phi180.0\times12.0$	$\phi250.0\times10.0$	892.6	443.8 584.8	-470.3 -482.2	满足
	$\phi260.0\times10.0$	872.8			
	$\phi350.0\times10.0$	746.1			
	$\phi360.0\times10.0$	735.9			
	$\phi400.0\times10.0$	700.3			
	$\phi450.0\times10.0$	664.7			
	$\phi500.0\times10.0$	636.2			
	$\phi500.0\times20.0$	1272.4			

杆件截面	空心球尺寸	球受压、受拉承载力(kN)	杆件内力设计值(kN)		结论
			受拉	受压	
$\phi214.0\times12.0$	$\phi250.0\times10.0$	1176.3	676.2	−530.7	满足
	$\phi260.0\times10.0$	1148.4			
	$\phi350.0\times10.0$	969.2			
	$\phi360.0\times10.0$	954.9			
	$\phi400.0\times10.0$	904.5			
	$\phi450.0\times10.0$	854.2			
	$\phi500.0\times10.0$	813.9			
	$\phi500.0\times20.0$	1627.9			
$\phi224.0\times12.0$	$\phi250.0\times10.0$	1266.7	258.7	−542.21	满足
	$\phi260.0\times10.0$	1236.2			
	$\phi350.0\times10.0$	1039.8			
	$\phi360.0\times10.0$	1024.1			
	$\phi400.0\times10.0$	968.9			
	$\phi450.0\times10.0$	913.8			
	$\phi500.0\times10.0$	869.7			
	$\phi500.0\times20.0$	1739.4			

13. 支座

对网架支座荷载效应的各种基本组合都进行了计算，图 4.18-11 列出各支座的控制反力。

1）铰支座的锚栓及焊缝验算

B轴上的弧形铰支座主要通过 4 根 M56 的锚栓（WJ—1、5）或 6 根 M56 的锚栓（WJ—2、3、4）传递竖向拉力，通过弧形垫板传递竖向拉力；D轴上的球铰支座通过 6 根 M48 的锚栓传递竖向拉力，通过实心半球来传递竖向压力，通过时实心半球与垫板的周围角焊缝传递水平力。经验算，这些连接措施满足强度要求，具体结果如表 4.18-15 所列。

铰支座的锚栓及焊缝验算结果　　　　　　　　表 4.18-15

支座类型	支座反力类型	连接构件	承载力(kN)	设计值(kN)	结论
弧形铰支座	竖向拉力	锚栓(4M56)	1136.8	220.0	满足
	竖向拉力	锚栓(6 M 56)	1705.2	595.0	满足
球铰支座	竖向拉力	锚栓(6 M 48)	1237.2	602.0	满足
	X 方向水平力	角焊峰($h_f=10mm$)	1552.0	64.0	满足
	Y 方向水平力	角焊峰($h_f=10mm$)	1630.7	69.0	满足

2）混凝土支座承载力验算

因图纸不全，仅有 KJ-39、40 两榀框架的混凝土支座的详图，故仅对此两榀框架上的四个混凝土支座的抗压和抗拉承载力进行了验算。经过计算，此四个混凝土支座的抗压和抗拉承载力均满足要求，具体计算结果见表 4.18-16 中所列。

混凝土支座承载力验算结果　　　　　表 4.18-16

支座编号		承载力(kN)	设计值(kN)	结论
39—B	抗拉承载力	2216.9	593.0	满足
	抗压承载力	6142.3	319.0	满足
39—D	抗拉承载力	3694.8	551.0	满足
	抗压承载力	10237.3	1077.0	满足
40—B	抗拉承载力	2216.9	595.0	满足
	抗压承载力	6142.3	320.0	满足
40—D	抗拉承载力	3694.8	599.0	满足
	抗压承载力	10237.3	1145.0	满足

14. 正常使用极限状态验算

程序对各种荷载作用下挠度的各种标准组合都进行了计算，各网架主要位置在相应组合情况的位移如图 4.18-12 所示。表 4.18-17 中列出各独立网架悬挑端的最大位移，数据表明各独立网架的正常使用极限状态验算均满足有关规范要求。

正常使用极限状态验算结果　　　　　表 4.18-17

网架编号	最大位移	位移限值	结论
WJ-1	$L_1/492$	$L_1/200$	满足
WJ-2	$L_2/412$	$L_2/200$	满足
WJ-3	$L_3/305$	$L_3/200$	满足
WJ-4	$L_4/411$	$L_4/200$	满足
WJ-5	$L_5/392$	$L_5/200$	满足

注：表中 L_1 至 L_5 分别为 WJ-1 至 WJ-5 的悬挑长度。

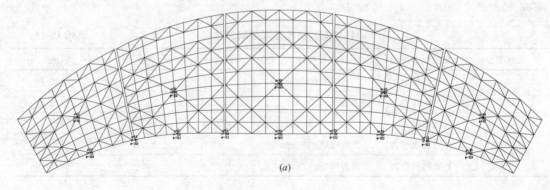

(a)

图 4.18-12　网架变形

(a)（恒载＋活荷载）组合工况下位移

340

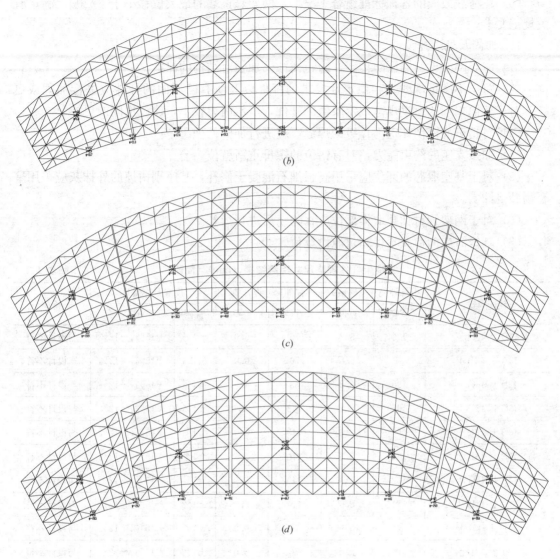

(b)

(c)

(d)

图 4.18-12 网架变形（续）

(b)（恒载＋风荷载）组合工况下位移；(c)（恒载＋升温荷载）组合工况下位移；

(d)（恒载＋降温荷载）组合工况下位移

15. 鉴定结论

（1）在荷载效应的各种基本组合工况下，下弦平面中 32aF$_下$-32aG$_下$ 杆件的控制应力超过材料强度设计值，其他所有构件的强度和稳定性均满足有关规范的要求。

（2）部分构件的长细比超过了有关规范规定的限值要求，并且现场普查表明，少量构件变形过大，已屈曲。

（3）网架中所有焊接空心球的承载力均满足有关规范要求。

（4）弧形铰支座和球铰支座的锚栓、角焊缝等连接措施满足有关规范的强度要求。

（5）抽取 KJ-39、KJ-40 两榀框架的混凝土支座的抗压和抗拉承载力进行了验算，此两榀框架上四个混凝土支座的抗压和抗拉承载力均满足规范要求。

（6）在荷载效应的各种标准组合工况下，网架悬挑端的最大位移小于$L/200$，满足有关规范要求。

16. 加固及处理建议

（1）应对网架重新涂刷防护漆，防止锈蚀，加强对结构的保护。

（2）对于不满足承载力和稳定性要求的杆件以及所有已屈曲的杆件应进行加固或更换。对于其他长细比超过规范规定限值的杆件，虽然内力较小，建议加固或更换。

（3）对超声波探伤评定为Ⅳ级的焊缝，应进行加固处理。

（4）加强支座的约束能力，对有错位的螺母重新就位。

（5）对于基座取芯的部位应采用高强细石混凝土修补，基座剔凿掉的外抹灰应采用聚合物砂浆抹实。

（6）对于网架管材钻孔取样部位应在除锈后进行焊补。

（7）翻修时屋面荷载不得超过原设计值。

主桁架杆件规格尺寸检测结果（mm）（简略） 附表1

杆件编号	杆件尺寸实测值		杆件尺寸设计值		规范允许偏差		备注
	直径	壁厚	直径	壁厚	直径	壁厚	
43D 上-43D 下	132	8.2	76	6.0	±1%	+15%，-12%	与设计不符
43A 上-43B 上	81	5.8	76	6.0	±1%	+15%，-12%	与设计不符
43B 上-43C 上	130	8.2	83	4.5	±1%	+15%，-12%	与设计不符
43C 上-43D 上	167	12.0	168	14.0	±1%	+15%，-12%	与设计不符
43D 上-43E 上	165	10.1	140	8.0	±1%	+15%，-12%	与设计不符
43E 上-43F 上	132	9.9	140	8.0	±1%	+15%，-12%	与设计不符
43F 上-43G 上	132	10.2	140	8.0	±1%	+15%，-12%	与设计不符
43G 上-43H 上	131	8.6	114	6.0	±1%	+15%，-12%	与设计不符
43H 上-43I 上	82	5.9	76	6.0	±1%	+15%，-12%	与设计不符
43I 上-43J 上	68	5.0	76	6.0	±1%	+15%，-12%	与设计不符
43J 上-43K 上	68	4.9	76	6.0	±1%	+15%，-12%	与设计不符
43A 下-43B 下	63	4.3	76	6.0	±1%	+15%，-12%	与设计不符
43B 下-43C 下	163	10.4	168	14.0	±1%	+15%，-12%	与设计不符
43C 下-43D 下	167	9.8	168	14.0	±1%	+15%，-12%	与设计不符
43D 下-43E 下	178	11.9	168	14.0	±1%	+15%，-12%	与设计不符
43E 下-43F 下	180	9.8	168	14.0	±1%	+15%，-12%	与设计不符
43F 下-43G 下	168	10.4	168	14.0	±1%	+15%，-12%	与设计不符
43G 下-43H 下	132	8.2	168	14.0	±1%	+15%，-12%	与设计不符
43H 下-43I 下	132	8.1	140	8.0	±1%	+15%，-12%	与设计不符
43I 下-43J 下	114	6.0	114	6.0	±1%	+15%，-12%	与设计不符

球节点编号	球节点尺寸实测值		球节点尺寸设计值		规范允许偏差		备注
	直径	壁厚	直径	壁厚	直径	壁厚	
31A上	260	9.8	260	10	±2.5	−1.5	满足设计要求
31A下	398	11.6	400	12	±2.5	−1.5	满足设计要求
31B上	446	13.4	—	—	±2.5	−1.5	设计无此规格
31B下	500	12.8	500	14	±2.5	−1.5	满足设计要求
31C上	398	11.3	400	12	±2.5	−1.5	满足设计要求
31C下	360	9.2	360	10	±2.5	−1.5	满足设计要求
31D上	396	11.1	400	12	±2.5	−1.5	不满足设计要求
31D下	500	13.4	500	14	±2.5	−1.5	满足设计要求
31E上	348	11.3	350	12	±2.5	−1.5	满足设计要求
31E下	398	11.3	400	12	±2.5	−1.5	满足设计要求
31F上	358	9.4	360	10	±2.5	−1.5	满足设计要求
31F下	398	11.2	400	12	±2.5	−1.5	满足设计要求
31G上	260	10.2	260	10	±2.5	−1.5	满足设计要求
31G下	394	11.1	400	12	±2.5	−1.5	不满足设计要求
31H上	348	13.4	350	14	±2.5	−1.5	满足设计要求
32C上	498	13.6	500	14	±2.5	−1.5	满足设计要求
32C下	348	11.3	350	12	±2.5	−1.5	满足设计要求
32D上	398	11.4	400	12	±2.5	−1.5	满足设计要求
32D下	498	13.7	500	14	±2.5	−1.5	满足设计要求
32E上	348	9.7	350	12	±2.5	−1.5	不满足设计要求

4.19　某体育馆钢桁架检测鉴定

4.19.1　工程概况

　　某石化体育馆建于 1980 年，是一座设计拥有 3000 坐席的室内体育馆，建筑面积为 5868m²。体育馆东立面照片见图 4.19-1，体育馆首层结构平面布置见图 4.19-2，体育馆总平面见图 4.19-3。

　　体育馆建筑平面为矩形，长方向柱网由 6m 柱距组成，总长度 57m，短方向柱网由 6m、3.5m 两种柱距组成，总长度 49m。体育馆中间为比赛场地，四周布置看台，看台下设办公室、休息室及库房。体育馆两长边方向为悬挑看台，一短边方

图 4.19-1　体育馆东立面

向中间舞台已改造为看台，见图 4.19-4。

体育馆主体结构为三层钢筋混凝土框架，柱下独立基础，看台采用预制楼板，部分楼面采用现浇板；屋面结构采用四支点超静定平面钢桁架，先张法预应力陶粒混凝土大型屋面板。抗震设防烈度 7 度，建筑总高度 17.60m，屋架建筑面积 3741.69m²，体育馆钢桁架平面布置见图 4.19-5。

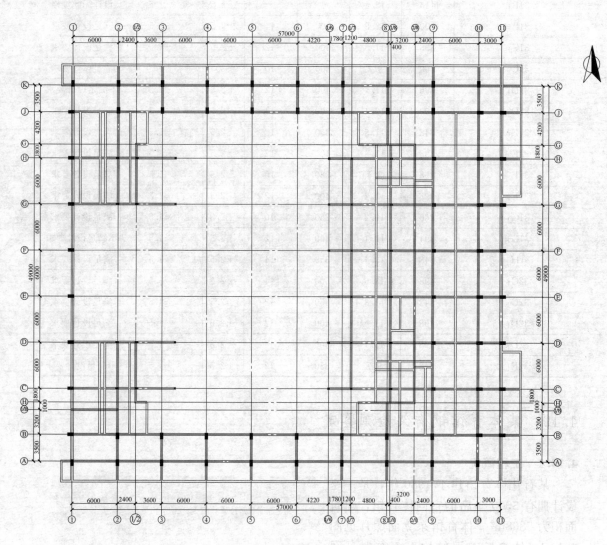

图 4.19-2　体育馆首层结构平面图

4.19.2　检测鉴定情况介绍

1. 结构体系核查

结构体系核查采用现场检查与资料调查相结合进行，核查结果如下：

体育馆主体结构为三层钢筋混凝土框架，柱下独立基础，陶粒混凝土墙板，1 层顶板主要为预制空心板，看台为预制 L 形楼板，2 层顶板主要为现浇板，1 层东、南、北三面布置悬挑走廊，悬挑长度 2600mm，柱顶布置弧形悬挑梁，悬挑长度 4150mm。

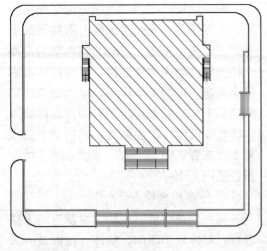

委托检测房屋

图 4.19-3　体育馆总平面图

图 4.19-4　体育馆舞台改造为看台

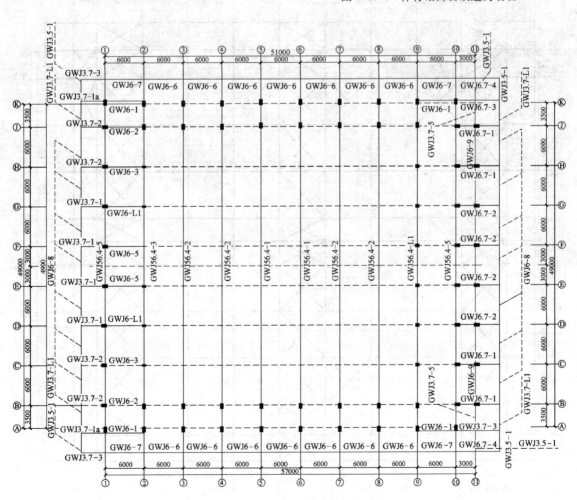

图 4.19-5　钢桁架平面布置图

图 4.19-6 屋顶钢桁架结构

屋面结构采用四支点超静定平面钢桁架，无檩屋盖，先张法预应力陶粒混凝土大型屋面板，见图 4.19-6。钢桁架与混凝土柱预埋件采用螺栓连接，屋架设计考虑屋面板起一定的支撑作用，屋面板与屋架的焊接不少于三个角，所有构件表面涂以防锈底漆两度，面漆两度，钢桁架上弦水平支撑布置见图 4.19-7，下弦水平支撑面布置见图 4.19-8。

2. 外观质量检查

构件外观质量以现场全面普查的方法进行，对体育馆地面、墙体、屋面及有关

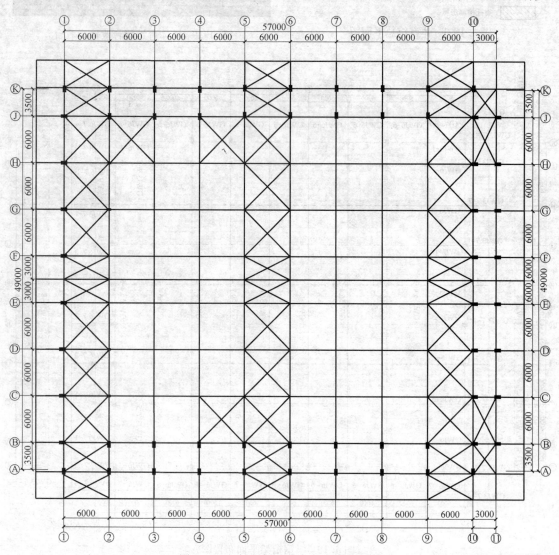

图 4.19-7 钢屋架上弦水平支撑布置图

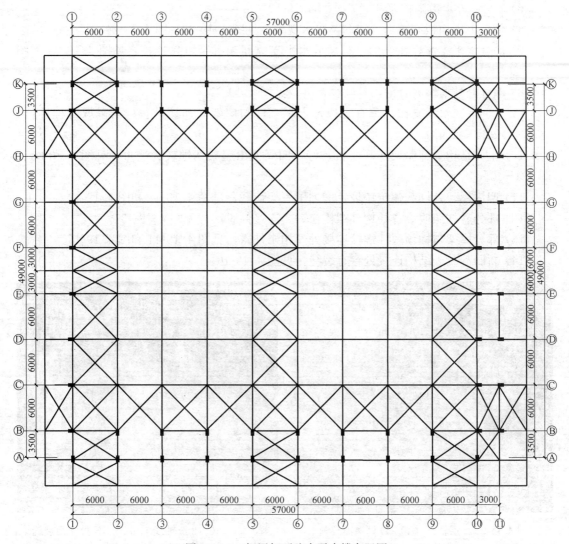

图 4.19-8　钢屋架下弦水平支撑布置图

附属结构的构件外观质量详细检查。该体育馆预制楼面普遍存在端头缝及预制板与现浇带交接处裂缝，部分屋面预制板存在破损、渗水现象；未发现由于地基不均匀沉降产生的上部结构变形、裂缝；未发现由于结构构件承载力不足或荷载过大引起的结构变形与损伤；钢桁架角焊缝外观质量较好，未发现明显的缺陷，部分杆件锈蚀严重；未发现钢桁架可见的轴线位置偏移；也未发现屋盖钢结构桁架明显可见的挠度变形。

存在外观质量缺陷的部位及具体情况如下：

1）预制楼面普遍存在预制板端头缝及预制板与现浇带交接处裂缝，见图 4.19.9～图 4.19-12。

2）1 层部分现浇楼板有漏筋、锈蚀的现象，见图 4.19-13。

3）1 层部分室内预制楼板接缝开裂，悬挑走道预制楼板渗水、开裂，见图 4.19-14～图 4.19-16。

4）室外楼梯平台处预制板有开裂、渗漏现象，见图 4.19-17 和图 4.19-18。

5）2 层室外走道围护墙开裂，见图 4.19-19。

6）预应力屋面板有破损、漏筋及渗水现象，见图 4.19-20～图 4.19-24。

7）部分水平支撑存在变形，且部分水平支撑间未进行可靠连接，见图 4.19-25 和图 4.19-26。

8）部分悬挂槽钢龙骨的吊杆缺少铁件，见图 4.19-27。

9）上、下弦水平支撑，垂直支撑及水平系杆与屋架间连接处普遍未采取螺栓连接，见图 4.19-28～图 4.19-32。

10）主体结构上部屋架外观质量较好，四周挑出屋架锈蚀较为严重，见图 4.19-33～图 4.19-40。

11）四周屋架处堆载建筑垃圾，增加了屋架荷载，见图 4.19-41 和图 4.19-42。

12）部分悬挂照明设备处构件螺栓松动，连接件脱落，见图 4.19-43。

13）部分屋架与柱预埋件螺栓连接处丝扣未外露，见图 4.19-44 和图 4.19-45。

14）新旧混凝土结构连接处存有裂缝，见图 4.19-46。

图 4.19-9　2 层轴线 9-10～D 处楼面裂缝

图 4.19-10　2 层轴线 10-11～J-K 处楼面裂缝

图 4.19-11　2 层轴线 10-11 间楼面裂缝

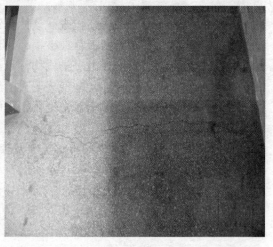
图 4.19-12　1 层悬挑看台处楼面裂缝

图 4.19-13　1 层轴线 7-8～A-B 处顶板钢筋外露

图 4.19-14　1 层轴线 9-11～G-H 处预制板板缝

图 4.19-15　1 层轴线 11-K 处预制板开裂

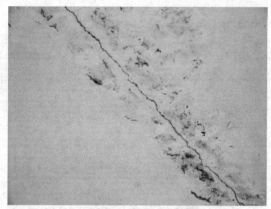

图 4.19-16　1 层悬挑走道处预制板接缝

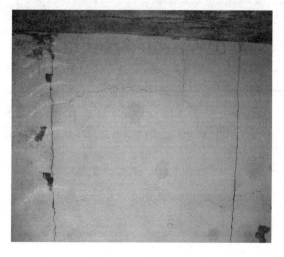

图 4.19-17　室外楼梯平台预制板板宽方向裂缝

图 4.19-18　室外楼梯平台处预制板板开裂渗漏

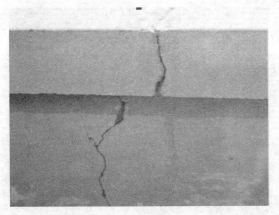

图 4.19-19　2 层悬挑阳台维护墙裂缝

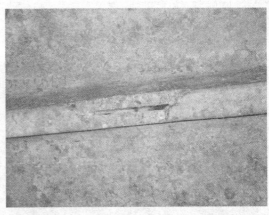

图 4.19-20　轴线 9-10～J-K 处屋面板板肋破坏

图 4.19-21　轴线 8-9～K-L 处屋面板板肋露筋

图 4.19-22　1-2～D-E 轴线处预制板板肋损坏

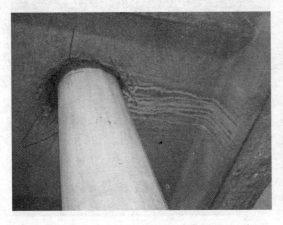

图 4.19-23　8-9～J-K 轴线处预制板开洞渗水

图 4.19-24　8-9～J-K 轴线处预制板渗水

图 4.19-25 8-9~B-C 轴线处下弦水平支撑挠曲 图 4.19-26 10-11~H-J 轴线处下弦水平支撑未连接

图 4.19-27 吊杆缺少铁件 图 4.19-28 下弦水平支撑与屋架连接处缺少螺栓

图 4.19-29 下弦水平支撑节点 5-C 处缺少螺栓 图 4.19-30 上弦节点 6-B 处缺少螺栓

图 4.19-31　节点 9-E 处缺少螺栓连接

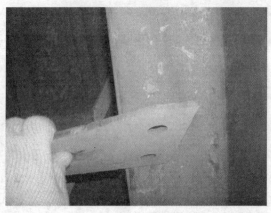

图 4.19-32　2-3～1/A-A 屋架间支撑未进行处理

图 4.19-33　下弦节点 11-K 轴线处螺栓锈蚀

图 4.19-34　上弦节点 10-A 处钢屋架锈蚀

图 4.19-35　轴线 3-4～1/A 处屋架下弦节点锈蚀

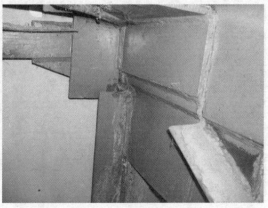

图 4.19-36　上弦节点 7-K 处杆件锈蚀

图 4.19-37 3-4～1/K 屋架上弦杆件锈蚀严重　　　图 4.19-38 3-4～1/K 屋架下弦杆件锈蚀严重

图 4.19-39 轴线 1/1-1～K 处屋架斜杆锈蚀　　　图 4.19-40 轴线 1～K-1/K 处屋架杆件锈蚀

图 4.19-41 北侧悬挑屋架处堆载建筑垃圾　　　图 4.19-42 南侧悬挑屋架处堆载建筑垃圾

图 4.19-43　屋顶照明设备处构件螺栓松动

图 4.19-44　下弦节点 6-B 处螺栓丝扣未外露

图 4.19-45　下弦节点 10-H 处螺栓丝扣未外露

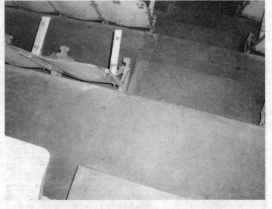

图 4.19-46　新旧结构连接处裂缝

图 4.19-47　混凝土芯样照片

3. 混凝土强度检验结果

按照《回弹法检测混凝土抗压强度技术规程》JGJ/T 23—2001 的规定,对混凝土构件(柱、梁)的混凝土强度进行了回弹法检测,并钻取 9 个芯样进行抗压强度试验,对混凝土回弹法检测结果进行修正,芯样照片见图 4.19-47。

采用浓度为 1‰的酚酞酒精溶液测试了混凝土芯样的碳化深度,测试结果见表 4.19-1。

钻芯检测工作参照《钻芯法检测混凝土强度技术规程》CECS 03：2007 的有关规定进行。混凝土芯样强度及回弹法检测混凝土强度修正系数见表 4.19-2,修正后的混凝土柱和梁的混凝土强度回弹测试结果见表 4.19-3 和表 4.19-4。

混凝土碳化深度检测结果 表 4.19-1

序号	测区名称	碳化深度检测值(mm)	平均值(mm)	备注
1	1层 10-H 柱	4、4、5、5	4.5	柱碳化取值: 4.5mm
2	1层 10-C 柱	3、4、4、3	3.5	
3	1层 10-J 柱	4、5、5、4	4.5	
4	2层 7-B 柱	5、5、6、4	5.0	
5	2层 9-E 柱	4、3、3、4	3.5	
6	2层 10-B 柱	5、6、4、5	5.0	
7	1层 5-6~H 梁	6、6、7、7	6.5	梁碳化取值: >6.0mm
8	1层 9-10~E 梁	6、8、8、6	7.0	
9	2层 1/8-2/8~B 梁	8、10、9、10	9.3	
10	2层 1/8-2/8~J 梁	11、8、7、9	9.0	

芯样抗压强度及回弹法检测混凝土强度芯样修正系数 表 4.19-2

序号	构件名称	芯样强度 (MPa)	对应测区 强度换算值 (MPa)	回弹修 正系数	修正系 数均值
1	1层 10-H 柱	31.0	30.0	1.03	0.91
2	1层 10-C 柱	38.7	43.2	0.90	
3	1层 10-J 柱	41.3	31.5	1.31	
4	2层 7-B 柱	23.0	38.6	0.60	
5	2层 9-E 柱	40.0	47.9	0.84	
6	2层 10-B 柱	29.0	39.1	0.74	
7	1层 5-6~H 梁	23.4	33.1	0.71	0.91
8	1层 9-10~E 梁	29.9	35.0	0.85	
9	2层 1/8-2/8~B 梁	29.0	26.2	1.11	
10	2层 1/8-2/8~J 梁	28.9	27.9	1.04	

柱混凝土强度回弹法检测结果 表 4.19-3

序号	楼层	构件编号	强度换算值(MPa)			推定强度(MPa)
			平均值	最小值	标准差	
1	1层	4-J 柱	43.0	39.7	2.54	38.8
2		6-J 柱	42.8	39.9	2.56	38.6
3		5-B 柱	43.9	39.3	3.14	38.7
4		6-B 柱	35.0	32.9	1.22	33.0
5		10-B 柱	34.3	32.3	1.95	31.1
6		9-C 柱	35.8	29.9	3.86	29.5
7		10-C 柱	34.9	32.0	1.99	31.6
8		10-J 柱	31.9	26.8	5.64	22.6
9		10-H 柱	29.1	26.4	2.81	24.5
10		9-H 柱	30.7	23.1	5.19	22.2

序号	楼层	构件编号	强度换算值(MPa)			推定强度(MPa)
			平均值	最小值	标准差	
11		4-B柱	33.6	32.0	1.07	31.8
12		6-A柱	40.6	38.6	1.58	38.0
13		9-A柱	38.9	35.9	2.75	34.4
14		10-C柱	34.8	28.6	3.09	29.7
15		9-E柱	39.7	36.0	2.08	36.3
16	2层	9-G柱	39.1	36.9	1.30	37.0
17		10-H柱	35.3	31.3	2.16	31.7
17		10-H柱	35.3	31.3	2.16	31.7
18		9-K柱	43.2	37.9	3.92	36.8
19		7-K柱	34.9	31.9	1.82	31.9
20		5-J柱	37.9	31.6	3.42	32.3
21		7-A柱	40.6	38.9	1.66	37.9
22		6-A柱	39.4	36.2	2.11	35.9
23		5-A柱	36.5	33.1	2.51	32.4
24		3-A柱	34.2	31.4	1.87	31.1
25	3层	6-B柱	35.3	31.0	2.40	31.4
26		9-J柱	31.2	29.5	1.16	29.3
27		7-J柱	33.2	29.8	2.63	28.9
28		8-J柱	32.8	29.2	2.72	28.3
29		8-B柱	36.7	30.6	4.70	29.0
30		9-B柱	31.1	27.8	2.60	26.8

梁混凝土强度回弹法检测结果　　　　　　　　　表 4.19-4

序号	楼层	构件编号	强度换算值(MPa)			推定强度(MPa)
			平均值	最小值	标准差	
1		1-2~D梁	27.2	25.0	1.03	25.5
2		1-2~H梁	30.2	27.7	2.01	26.9
3		6-B~C梁	27.9	26.8	0.57	27.0
4		6-H~J梁	34.2	31.9	1.43	31.8
5	1层	10-B~C梁	36.1	27.5	4.04	29.5
6		9-10~C梁	32.1	26.8	2.59	27.8
7		10-C~D梁	29.1	26.0	3.17	23.9
8		10-H~J梁	38.8	35.2	2.53	34.6
9		9-10~H梁	30.7	24.7	4.29	23.6
10		10-G~H梁	29.9	25.4	3.37	24.4

序号	楼层	构件编号	强度换算值（MPa）			推定强度（MPa）
			平均值	最小值	标准差	
11	2层	8-9～J 梁	24.9	24.0	0.67	23.8
12		8-9～H 梁	29.0	24.8	4.45	21.7
13		8-9～B 梁	25.3	23.0	2.07	21.9
14		6-7～K 梁	42.0	37.9	2.36	38.1
15		4-5～K 梁	39.7	37.2	2.59	35.4
16		8-9～K 梁	40.9	37.0	2.60	36.6
17		8-9～A 梁	35.3	32.9	1.24	33.3
18		6-7～A 梁	34.2	32.7	1.20	32.2
19		5-6～A 梁	38.0	36.4	1.21	36.0
20		2-3～A 梁	32.1	29.8	1.32	29.9
21	3层	3-J～K 梁	25.3	23.0	1.75	22.4
22		3-4～K 梁	30.1	27.9	1.58	27.5
23		6-7～J 梁	27.1	25.0	1.25	25.0
24		7-8～K 梁	29.9	28.5	1.31	27.7
25		3-A～B 梁	28.1	25.4	1.50	25.6
26		1-2～A 梁	30.2	27.4	3.16	25.0
27		6-7～A 梁	28.0	24.0	2.48	23.9
28		8-9～J 梁	30.1	27.4	1.76	27.2
29		8-A～B 梁	27.0	24.6	1.86	23.9
30		8-9～B 梁	29.9	26.3	1.97	26.7

原设计混凝土柱与梁的混凝土强度等级为 200 号（按现行规范相当于 C18），从表 4.19-3 和表 4.19-4 可见，柱的混凝土强度推定值在 22.2～33.8MPa 之间，梁的混凝土强度推定值在 21.7～38.1MPa 之间，故所抽查部位的混凝土柱与梁的混凝土强度等级满足设计要求。

4. 混凝土构件钢筋配置检测

采用磁感仪检测混凝土构件中的钢筋配置情况，主要检测钢筋间距和主筋根数，检测操作按国家建筑工程质量监督检验中心《磁感应测定仪检测构件配筋检验细则》BETC-JG-305A 有关规定进行。混凝土构件（柱和梁）配筋检测结果见表 4.19-5 和表 4.19-6。

根据检测结果可知，所抽查部位混凝土柱和梁的配筋满足设计要求。

混凝柱配筋检测结果 　　　　　　　　　　　　　　　　　　　表 4.19-5

序号	构件编号	实测配筋	设计配筋	结论
1	1层 4-J 柱	南侧面主筋 4 根； 加密箍筋间距：120mm	南侧面主筋 4 根； 加密箍筋间距：100mm	满足
2	1层 6-J 柱	北侧面主筋 4 根； 加密箍筋间距：96mm	北侧面主筋 4 根； 非加密箍筋间距：100mm	满足

序号	构件编号	实测配筋	设计配筋	结论
3	1层5-B柱	南侧面主筋4根; 加密箍筋间距:113mm	南侧面主筋4根; 加密箍筋间距:100mm	满足
4	1层6-B柱	南侧面主筋4根; 加密箍筋间距:110mm	南侧面主筋4根; 非加密箍筋间距:100mm	满足
5	1层9-C柱	东侧面主筋3根; 非加密箍筋间距:186mm	东侧面主筋3根; 非加密箍筋间距:200mm	满足
6	1层10-C柱	北侧面主筋3根; 非加密箍筋间距:190mm	北侧面主筋3根; 非加密箍筋间距:200mm	满足
7	1层10-B柱	北侧面主筋3根; 加密箍筋间距:110mm	北侧面主筋3根; 加密箍筋间距:100mm	满足
8	1层9-H柱	东侧面主筋4根; 非加密箍筋间距:200mm	东侧面主筋4根; 非加密箍筋间距:200mm	满足
9	1层10-H柱	南侧面主筋3根; 非加密箍筋间距:205mm	南侧面主筋3根; 非加密箍筋间距:200mm	满足
10	1层10-J柱	南侧面主筋3根; 非加密箍筋间距:207mm	南侧面主筋3根; 非加密箍筋间距:200mm	满足
11	2层10-B柱	北侧面主筋3根; 非加密箍筋间距:207mm	北侧面主筋3根; 非加密箍筋间距:200mm	满足
12	2层9-A柱	北侧面主筋4根; 加密箍筋间距:103mm	北侧面主筋4根; 非加密箍筋间距:100mm	满足
13	2层10-C柱	东侧面主筋3根; 非加密箍筋间距:210mm	东侧面主筋3根; 非加密箍筋间距:200mm	满足
14	2层9-G柱	东侧面主筋3根; 非加密箍筋间距:200mm	东侧面主筋3根; 非加密箍筋间距:200 mm	满足
15	2层10-H柱	东侧面主筋3根; 加密箍筋间距:107mm	东侧面主筋3根; 非加密箍筋间距:100mm	满足
16	2层9-K柱	南侧面主筋4根; 加密箍筋间距:103mm	南侧面主筋4根; 加密箍筋间距:100mm	满足
17	2层7-K柱	南侧面主筋4根; 加密箍筋间距:105mm	南侧面主筋4根; 加密箍筋间距:100mm	满足
18	2层5-J柱	北侧面主筋4根; 加密箍筋间距:101mm	北侧面主筋4根; 加密箍筋间距:100mm	满足
19	2层9-F柱	东侧面主筋3根; 非加密箍筋间距:210mm	东侧面主筋3根; 非加密箍筋间距:200mm	满足
20	2层9-E柱	西侧面主筋3根; 非加密箍筋间距:197mm	西侧面主筋3根; 非加密箍筋间距:200mm	满足

序号	构件编号	实测配筋	设计配筋	结论
21	3层9-B柱	北侧面主筋4根; 非加密箍筋间距:195mm	西侧面主筋4根; 非加密箍筋间距:200mm	满足
22	3层7-B柱	北侧面主筋4根; 非加密箍筋间距:185mm	西侧面主筋4根; 非加密箍筋间距:200mm	满足
23	3层3-B柱	北侧面主筋4根; 非加密箍筋间距:205mm	西侧面主筋4根; 非加密箍筋间距:200mm	满足
24	3层9-J柱	北侧面主筋4根; 非加密箍筋间距:210mm	西侧面主筋4根; 非加密箍筋间距:200mm	满足
25	3层5-J柱	北侧面主筋4根; 非加密箍筋间距:197mm	西侧面主筋4根; 非加密箍筋间距:200mm	满足
26	3层3-J柱	北侧面主筋4根; 非加密箍筋间距:203mm	西侧面主筋4根; 非加密箍筋间距:200mm	满足

注:《混凝土结构工程施工质量验收规范》GB 50204—2002 规定绑扎箍筋间距的允许偏差为±20mm。

混凝土梁配筋检测结果   表 4.19-6

序号	构件编号	实测配筋	设计配筋	结论
1	1层10~H-J梁	底面主筋3根; 加密箍筋间距:102mm	底面主筋3根; 加密箍筋间距:100mm	满足
2	1层10~G-H梁	底面主筋3根; 加密箍筋间距:103mm	底面主筋3根; 加密箍筋间距:100mm	满足
3	1层9-10~H梁	底面主筋3根; 加密箍筋间距:107mm	底面主筋3根; 加密箍筋间距:100mm	满足
4	1层9-10~C梁	底面主筋3根; 加密箍筋间距:107mm	底面主筋3根; 加密箍筋间距:100mm	满足
5	1层10~B-C梁	底面主筋3根; 加密箍筋间距:100mm	底面主筋3根; 加密箍筋间距:100mm	满足
6	1层10~C-D梁	底面主筋3根; 非加密箍筋间距:200mm	底面主筋3根; 加密箍筋间距:200mm	满足
7	1层6~B-C梁	底排主筋2根; 非加密箍筋间距:215mm	底排主筋2根; 加密箍筋间距:200mm	满足
8	1层1-2~D梁	底面主筋3根; 非加密箍筋间距:213mm	底面主筋3根; 非加密箍筋间距:200mm	满足
9	1层1-2~H梁	底面主筋3根; 非加密箍筋间距:203mm	底面主筋3根; 非加密箍筋间距:200mm	满足
10	1层6~H-J梁	底排主筋2根; 加密箍筋间距:113mm	底排主筋2根; 加密箍筋间距:100mm	满足

序号	构件编号	实测配筋	设计配筋	结论
11	2层8-9~B梁	底面主筋3根；非加密箍筋间距：190mm	底面主筋3根；非加密箍筋间距：200mm	满足
12	2层8-9~C梁	底面主筋3根；非加密箍筋间距：197mm	底面主筋3根；非加密箍筋间距：200mm	满足
13	2层8-9~J梁	底面主筋3根；非加密箍筋间距：200mm	底面主筋3根；非加密箍筋间距：200mm	满足
14	2层8-9~H梁	底面主筋3根；非加密箍筋间距：180mm	底面主筋3根；非加密箍筋间距：200mm	满足
15	2层8-9~K梁	加密箍筋间距：103mm	加密箍筋间距：100mm	满足
16	2层6-7~A梁	非加密箍筋间距：210mm。	非加密箍筋间距：200mm	满足
17	2层5-6~A梁	非加密箍筋间距：190mm	非加密箍筋间距：200mm	满足
18	2层2-3~A梁	非加密箍筋间距：213mm	非加密箍筋间距：200mm	满足
19	2层6-7~K梁	底面主筋3根；非加密箍筋间距：190mm	底面主筋3根；非加密箍筋间距：200mm	满足
20	2层4-5~K梁	底面主筋3根；非加密箍筋间距：160mm	底面主筋3根；非加密箍筋间距：200mm	满足
21	3层8-9~B梁	顶面主筋3根；非加密箍筋间距：190mm	顶面主筋3根；非加密箍筋间距：200mm	满足
22	3层7-8~B梁	顶面主筋3根；非加密箍筋间距：197mm	顶面主筋3根；非加密箍筋间距：200mm	满足
23	3层7~A-B梁	顶面主筋4根；非加密箍筋间距：200mm	顶面主筋4根；非加密箍筋间距：200mm	满足
24	3层5-6~B梁	顶面主筋3根；非加密箍筋间距：203mm	顶面主筋3根；非加密箍筋间距：200mm	满足
25	3层4-5~B梁	顶面主筋3根；非加密箍筋间距：202mm	顶面主筋3根；非加密箍筋间距：200mm	满足
26	3层8-9~J梁	顶面主筋3根；非加密箍筋间距：200mm	顶面主筋3根；非加密箍筋间距：200mm	满足
27	3层6-7~J梁	顶面主筋3根；非加密箍筋间距：187mm	顶面主筋3根；非加密箍筋间距：200mm	满足
28	3层8~J-K梁	顶面主筋4根；非加密箍筋间距：193mm	顶面主筋4根；非加密箍筋间距：200mm	满足

序号	构件编号	实测配筋	设计配筋	结论
29	3层8-9~K梁	顶面主筋3根； 非加密箍筋间距：197mm	顶面主筋3根； 非加密箍筋间距：200mm	满足
30	3层7~J-K梁	顶面主筋4根； 非加密箍筋间距：195mm	顶面主筋4根； 非加密箍筋间距：200mm	满足

注：《混凝土结构工程施工质量验收规范》GB 50204—2002规定绑扎箍筋间距的允许偏差为±20mm。

5. 混凝土构件截面尺寸检测

采用钢卷尺对混凝土构件截面尺寸进行抽查检测，柱截面尺寸检测结果见表4.19-7，梁截面尺寸检测结果见表4.19-8。从检测结果可以看出，部分所抽查混凝土构件的实测截面尺寸基本满足设计尺寸。

混凝土柱截面尺寸检测结果　　　　　　　　　表4.19-7

序号	构件编号	实测截面尺寸(mm)				设计截面尺寸(mm)				备注
		东侧	西侧	南侧	北侧	东侧	西侧	南侧	北侧	
1	1层4-J柱	—	—	—	397	—	—	—	400	满足
2	1层6-J柱	—	—	—	395	—	—	—	400	满足
3	1层5-B柱	—	—	405	—	—	—	400	—	满足
4	1层6-B柱	—	—	395	—	—	—	400	—	满足
5	1层9-C柱	395	—	—	—	400	—	—	—	满足
6	1层10-C柱	—	—	—	792	—	—	—	800	不满足
7	1层10-B柱	—	—	—	793	—	—	—	800	不满足
8	1层9-H柱	400	—	—	—	400	—	—	—	满足
9	1层10-H柱	—	407	798	—	400	—	800	—	满足
10	1层10-J柱	795	—	—	—	800	—	—	—	满足
11	2层10-B柱	398	—	—	798	400	—	—	800	满足
12	2层9-A柱	—	—	—	400	—	—	—	400	满足
13	2层10-C柱	402	—	—	795	400	—	—	800	满足
14	2层9-G柱	405	—	—	500	400	—	—	500	满足
15	2层10-H柱	400	—	—	800	400	—	—	800	满足
16	2层9-K柱	—	—	404	—	—	—	400	—	满足
17	2层7-K柱	—	—	396	—	—	—	400	—	满足
18	2层5-J柱	—	—	—	400	—	—	—	400	满足
19	2层9-F柱	405	—	—	500	400	—	—	500	满足
20	2层9-E柱	—	395	—	505	—	400	—	500	满足
21	3层9-B柱	—	—	400	—	—	—	400	—	满足
22	3层7-B柱	—	—	402	—	—	—	400	—	满足
23	3层3-B柱	—	—	396	—	—	—	400	—	满足

序号	构件编号	实测截面尺寸(mm)				设计截面尺寸(mm)				备注
		东侧	西侧	南侧	北侧	东侧	西侧	南侧	北侧	
24	3层9-J柱	—	—	395	—	—	—	400	—	满足
25	3层5-J柱	—	—	405	—	—	—	400	—	满足
26	3层3-J柱	—	—	400	—	—	—	400	—	满足

注：《混凝土结构工程施工质量验收规范》GB 50204—2002 对构件截面尺寸要求是＋8mm，－5mm 的允许偏差。

混凝土梁截面尺寸检测结果   表 4.19-8

序号	构件编号	实测尺寸(mm)		设计尺寸(mm)		结论
		梁宽	梁高（不含板厚）	梁宽	梁高（不含板厚）	
1	1层10～H-J梁	250	510	250	500	满足
2	1层10～G-H梁	252	505	250	500	满足
3	1层9-10～H梁	260	590	250	600	不满足
4	1层9-10～C梁	250	615	250	600	满足
5	1层10～B-C梁	252	505	250	500	满足
6	1层10～C-D梁	254	510	250	500	满足
7	1层6～B-C梁	255	—	250	—	满足
8	1层1-2～D梁	250	—	250	—	满足
9	1层1-2～H梁	256	—	250	—	满足
10	1层6～H-J梁	250	—	250	—	满足
11	2层8-9～B梁	255	600	250	600	满足
12	2层8-9～C梁	250	600	250	600	满足
13	2层8-9～J梁	257	600	250	600	满足
14	2层8-9～H梁	250	600	250	600	满足
15	2层8-9～K梁	250	505	250	500	满足
16	2层6-7～A梁	250	496	250	500	满足
17	2层5-6～A梁	257	500	250	500	满足
18	2层2-3～A梁	256	501	250	500	满足
19	2层8-9～A梁	250	505	250	500	满足
20	2层4-5～K梁	250	396	250	400	满足
21	3层8-9～B梁	308	500	250	400	满足
22	3层7-8～B梁	308	500	250	400	满足
23	3层7～A-B梁	258	408	250	400	满足
24	3层5-6～B梁	306	505	250	400	满足
25	3层4-5～B梁	308	507	250	400	满足
26	3层8-9～J梁	307	506	250	400	满足
27	3层6-7～J梁	306	510	250	400	满足
28	3层8～J-K梁	240	408	250	400	不满足
29	3层8-9～K梁	245	407	250	400	满足
30	3层7～J-K梁	240	412	250	400	不满足

注：《混凝土结构工程施工质量验收规范》GB 50204—2002 对构件截面尺寸要求是＋8mm，－5mm 的允许偏差。

6. 钢材强度检测结果

按照《建筑结构检测技术标准》GB/T 50344—2004 采用硬度法检测钢构件的材料强度，按照《金属里氏硬度试验方法》GB/T 17394—1998 和《黑色金属硬度及强度换算值》GB/T 1172—1999 的规定对检测结果进行评定。采用里氏硬度仪对主要钢构件的里氏硬度进行抽查检测。钢构件的钢材强度检测结果见表 4.19-9。

设计钢材采用《普通碳素钢钢号和一般技术条件》GB 700—65 规定的 3 号沸腾钢（按现行规范相当于 Q235 钢），依照里氏硬度现场检测结果可知，所抽检部位的钢构件强度满足设计要求。

钢构件的钢材强度检测结果　　　　　　　　表 4.19-9

序号	轴线位置	屋架编号	测试位置	里氏硬度值	推定抗拉强度 σ_b(MPa)	Q235 钢抗拉极限强度规定值(MPa)
1	2～A-B	GWJ56.4-3	下弦杆	386	506	
			斜杆	398	532	
2	3～A-B	GWJ56.4-2	下弦杆	387	508	
			斜杆	397	529	
			上弦杆	419	575	
			腹杆	404	545	
3	4～A-B	GWJ56.4-2	下弦杆	394	523	
			斜杆	384	504	
			上弦杆	406	549	
			腹杆	415	566	
4	5～A-B	GWJ56.4-1	下弦杆	405	546	375～500
			斜杆	389	513	
			上弦杆	405	547	
			腹杆	369	471	
5	6～A-B	GWJ56.4-1	下弦杆	401	539	
			斜杆	404	544	
			上弦杆	398	531	
			腹杆	370	473	
6	7～A-B	GWJ56.4-2	下弦杆	390	515	
			斜杆	385	506	
			上弦杆	370	473	
			腹杆	383	501	
7	8～A-B	GWJ56.4-2	下弦杆	383	500	370～500
			斜杆	383	500	
			上弦杆	400	536	
			腹杆	409	554	

序号	轴线位置	屋架编号	测试位置	里氏硬度值	推定抗拉强度 σ_b(MPa)	Q235 钢抗拉极限强度规定值(MPa)
8	9~A-B	GWJ56.4-L1	下弦杆	389	513	370~500
			斜杆	379	492	
			上弦杆	391	518	
			腹杆	361	456	
9	10~A-B	GWJ56.4-5	下弦杆	412	560	
			斜杆	380	495	
			上弦杆	391	517	
			腹杆	330	391	
10	11~A-B	GWJ3.7-5	上弦杆	366	466	
			连接板	354	441	
11	10-11~B	GWJ6.7-1	下弦杆	380	494	
			斜杆	334	399	
			上弦杆	392	519	
			腹杆	347	426	
12	10-11~C	GWJ6.7-1	下弦杆	373	479	
			斜杆	357	447	
			上弦杆	383	501	
			腹杆	349	430	
13	10~B-C	GWJ56.4-5	下弦杆	430	598	
			斜杆	383	500	
			腹杆	389	514	
14	8-9~1/A	GWJ6-6	下弦杆	391	517	370~500
			斜杆	352	435	
			腹杆	330	391	
15	9-10~1/A	GWJ6-7	下弦杆	388	511	
			斜杆	354	440	
			腹杆	365	464	
16	9-10~A-1/A	水平支撑	下弦杆	339	410	
			下弦杆	342	415	
17	9-10~B	垂直支撑	斜杆	334	399	
			斜杆	383	500	
18	10-11~A-B	水平支撑	下弦杆	332	395	
19	10-11~A-B	水平支撑	上弦杆	320	370	
			上弦杆	317	363	
20	8-9~B-C	水平支撑	下弦杆	322	374	
			下弦杆	348	427	

序号	轴线位置	屋架编号	测试位置	里氏硬度值	推定抗拉强度 σ_b(MPa)	Q235钢抗拉极限强度规定值(MPa)
21	8-9～C	水平系杆	下弦杆	330	391	
22	8-9～D	水平系杆	下弦杆	327	385	
23	8-9～1/E	水平系杆	下弦杆	357	447	
24	8-9～G	水平系杆	下弦杆	312	354	
25	8-9～H	水平系杆	下弦杆	330	391	370～500
26	9-C	GWJ56.4-L1	腹杆	321	372	
27	9-1/D	GWJ56.4-L1	腹杆	338	407	
28	9～D-E	GWJ56.4-L1	斜杆	385	504	
29	9-F	GWJ56.4-L1	腹杆	358	448	
30	9～F-G	GWJ56.4-L1	斜杆	321	371	

7. 钢桁架杆件型钢截面尺寸检测结果

采用超声测厚仪及钢卷尺钢桁架杆件的截面尺寸进行检测，检测参照《热轧等边角钢尺寸、外形、重量及允许偏差》GB 9787—1988，《钢结构工程施工质量验收规范》GB 50205—2001有关要求进行，检验结果见表4.19-10。

2～5.6号热轧等边角钢的允许偏差：边宽±0.8mm，边厚±0.4mm；6.3～9号热轧等边角钢的允许偏差：边宽±1.2mm，边厚±0.6mm；10～14号热轧等边角钢的允许偏差：边宽±1.8mm，边厚±0.7mm；16～20号热轧等边角钢的允许偏差：边宽±2.5mm，边厚±1.0mm；由表4.19-10检测结果可知，所抽检部位钢构件的截面尺寸符合设计要求。

钢桁架杆件型钢截面尺寸检测结果 (mm)　　　　　　　　表 4.19-10

序号	轴线位置	屋架编号	测试位置	实测尺寸(mm) $b×d$	设计尺寸及型钢号(mm) $b×d$	评定结果
1	2～A-B	GWJ56.4-3	下弦杆	160×11.5	160×12(16号)	符合要求
			斜杆	160×11.8	160×12(16号)	符合要求
2	3～A-B	GWJ56.4-2	下弦杆	160×11.5	160×12(16号)	符合要求
			斜杆	160×11.6	160×12(16号)	符合要求
3	4～A-B	GWJ56.4-2	下弦杆	160×12.2	160×12(16号)	符合要求
			斜杆	160×11.7	160×12(16号)	符合要求
			腹杆	90×9.7	90×10(9号)	符合要求
4	5～A-B	GWJ56.4-1	下弦杆	160×11.5	160×12(16号)	符合要求
			斜杆	160×11.7	160×12(16号)	符合要求
			腹杆	90×9.7	90×10(9号)	符合要求

序号	轴线位置	屋架编号	测试位置	实测尺寸(mm) $b \times d$	设计尺寸及型钢号(mm) $b \times d$	评定结果
5	6～A-B	GWJ56.4-1	下弦杆	160×11.6	160×12(16号)	符合要求
			斜杆	160×11.8	160×12(16号)	符合要求
			腹杆	90×9.8	90×10(9号)	符合要求
6	7～A-B	GWJ56.4-2	下弦杆	160×11.5	160×12(16号)	符合要求
			斜杆	160×11.8	160×12(16号)	符合要求
			腹杆	90×9.8	90×10(9号)	符合要求
7	8～A-B	GWJ56.4-2	下弦杆	160×11.6	160×12(16号)	符合要求
			斜杆	160×11.4	160×12(16号)	符合要求
8	9～A-B	GWJ56.4-L1	下弦杆	160×11.8	160×12(16号)	符合要求
			斜杆	160×11.7	160×12(16号)	符合要求
			腹杆	90×10.0	90×10(9号)	符合要求
9	10～A-B	GWJ56.4-5	下弦杆	125×9.8	125×10(12.5号)	符合要求
			斜杆	90×9.7	90×10(9号)	符合要求
			腹杆	75×6.0	75×6(7.5号)	符合要求
10	11～A-B	GWJ3.7-5	上弦杆	125×9.9	125×10(12.5号)	符合要求
			连接板	540×300×9.5	540×300×10	符合要求
11	10-11～B	GWJ6.7-1	下弦杆	125×10.1	125×10(12.5号)	符合要求
			斜杆	70×6.5	70×7(7.5号)	符合要求
12	10-11～C	GWJ6.7-1	下弦杆	125×9.8	125×10(12.5号)	符合要求
			斜杆	70×6.6	70×7(7.5号)	符合要求
			腹杆	70×6.8	70×7(7.5号)	符合要求
13	10～B-C	GWJ56.4-5	下弦杆	125×9.7	125×10(12.5号)	符合要求
			腹杆	90×9.9	90×10(9号)	符合要求
14	8-9～1/A	GWJ6-6	下弦杆	160×12	160×12(16号)	符合要求
			斜杆	75×6	75×6(7.5号)	符合要求
			腹杆	70×6.7	70×7(7.5号)	符合要求
15	9-10～1/A	GWJ6-7	下弦杆	125×10.2	125×10(12.5号)	符合要求
			斜杆	75×5.8	75×6(7.5号)	符合要求
16	9-10～A-B	水平支撑	下弦杆	75×5.5	75×6(7.5号)	符合要求
17	8-9～B-C	水平支撑	下弦杆	75×6.1	75×6(7.5号)	符合要求
18	10-11～A-B	水平支撑	下弦杆	75×5.6	75×6(7.5号)	符合要求
19	10-11～A-B	水平支撑	下弦杆	75×5.7	75×6(7.5号)	符合要求
20	10-11～B-C	水平支撑	上弦杆	75×5.6	75×6(7.5号)	符合要求
21	8-9～B-C	水平支撑	下弦杆	75×5.8	75×6(7.5号)	符合要求
22	8-9～D	水平系杆	下弦杆	75×5.6	75×6(7.5号)	符合要求

序号	轴线位置	屋架编号	测试位置	实测尺寸(mm) $b \times d$	设计尺寸及型钢号(mm) $b \times d$	评定结果
23	8-9～1/E	水平系杆	下弦杆	75×5.8	75×6(7.5 号)	符合要求
24	8-9～G	水平系杆	下弦杆	75×5.7	75×6(7.5 号)	符合要求
25	9-C	GWJ56.4-L1	腹杆	63×5.0	63×5(6.3 号)	符合要求
26	9-G	GWJ56.4-L1	腹杆	70×6.7	70×7(7.5 号)	符合要求
27	9-F	GWJ56.4-L1	腹杆	70×6.8	70×7(7.5 号)	符合要求
28	5-6～B	垂直支撑	斜杆	50×5.0	50×5(5 号)	符合要求
29	7-8～B	垂直支撑	下弦杆	70×7.0	70×7(7.5 号)	符合要求
			斜杆	50×5.0	50×5(5 号)	符合要求
30	9-10～B	GWJ6.7-1	下弦杆	125×9.6	125×10(12.5 号)	符合要求
			斜杆	50×5.0	50×5(5 号)	符合要求

8. 钢桁架涂层厚度检测结果

采用涂层厚度测定仪测量钢构件防腐涂层的厚度，每个位置各测试 3 个数值，并取该 3 个数值的平均值，测量结果见表 4.19-11。

钢构件涂层厚度测量结果（μm）

表 4.19-11

序号	轴线位置	屋架编号	测试位置	实测结果
1	2～A-B	GWJ56.4-3	下弦杆	111
			斜杆	97
2	3～A-B	GWJ56.4-2	下弦杆	90
			斜杆	94
3	4～A-B	GWJ56.4-2	下弦杆	101
			斜杆	117
			腹杆	121
4	5～A-B	GWJ56.4-1	下弦杆	100
			斜杆	103
			腹杆	128
5	6～A-B	GWJ56.4-1	下弦杆	89
			斜杆	94
			腹杆	112
6	7～A-B	GWJ56.4-2	下弦杆	87
			斜杆	92
			腹杆	98
7	8～A-B	GWJ56.4-2	下弦杆	74
			斜杆	111
			腹杆	161

序号	轴线位置	屋架编号	测试位置	实测结果
8	9~A-B	GWJ56.4-L1	下弦杆	112
			斜杆	109
			腹杆	119
9	10~A-B	GWJ56.4-5	下弦杆	90
			斜杆	115
			腹杆	64
10	11~A-B	GWJ3.7-5	上弦杆	93
			连接板	84
11	10-11~B	GWJ6.7-1	下弦杆	82
			斜杆	81
12	10-11~C	GWJ6.7-1	下弦杆	106
			斜杆	81
			腹杆	87
13	10~B-C	GWJ56.4-5	下弦杆	111
			斜杆	104
			腹杆	111
14	8-9~1/A	GWJ6-6	下弦杆	121
			斜杆	131
			腹杆	75
15	9-10~1/A	GWJ6-7	下弦杆	98
			斜杆	70
16	9-10~A-B	水平支撑	下弦杆	97
17	8-9~B-C	水平支撑	下弦杆	146
18	10-11~A-B	水平支撑	下弦杆	72
19	5-6~A-B	水平支撑	下弦杆	94
20	10-11~B-C	水平支撑	上弦杆	125
21	8-9~B-C	水平支撑	下弦杆	146
22	8-9~D	水平系杆	下弦杆	196
23	8-9~1/E	水平系杆	下弦杆	142
24	8-9~G	水平系杆	下弦杆	146

序号	轴线位置	屋架编号	测试位置	实测结果
25	9-C	GWJ56.4-L1	腹杆	80
26	9-G	GWJ56.4-L1	腹杆	142
27	9-F	GWJ56.4-L1	腹杆	125
28	5-6～B	垂直支撑	斜杆	81
29	7-8～B	垂直支撑	下弦杆	90
			斜杆	111
30	9-10～B	GWJ6.7-1	下弦杆	79
			斜杆	76

参照《钢结构工程施工质量验收规范》GB 50205—2001 第 14.2.2 条规定,室内防腐涂层厚度为 125μm,允许偏差-25μm。检测结果表明,钢构件的防锈涂层厚度不符合 GB 50205—2001 要求。

9. 钢桁架变形检测结果

现场检查,未发现钢桁架可见的轴线位置偏移,对 4 榀钢屋架进行挠度变形检测。采用水准仪及塔尺对屋架挠度进行检验,测点分别设在屋架支座两端、跨中、跨度 1/8、1/4、3/8、5/8、3/4、7/8 处,钢桁架变形示意图见图 4.19-48,屋架挠度检测结果见表 4.19-12。

根据《钢结构设计规范》GB 50017—2003 桁架的挠度容许值规定:永久和可变荷载产生的挠度容许值为 $L/400$,可变荷载标准值产生的挠度容许值为 $L/500$,所检测屋架的跨度为 42.400m,挠度容许值为 84.8mm,故所抽检的屋架挠度变形值满足规范要求。

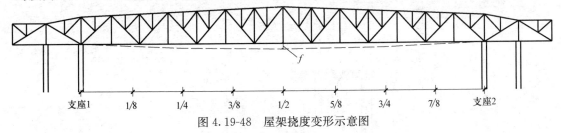

图 4.19-48　屋架挠度变形示意图

钢屋架挠度检测结果　　　　　　　　　　　　　表 4.19-12

位置	6～B-J	7～B-J	8～B-J	9～B-J
屋架编号	GWJ56.4-1	GWJ56.4-2	GWJ56.4-2	GWJ56.4-L1
跨度 1/8 处(mm)	12.5	10.0	−4.0	−12.5
跨度 1/4 处(mm)	−5.5	8.0	9.0	−4.5
跨度 3/8 处(mm)	1.5	22.0	11.0	12.5
跨度 1/2 处(mm)	12.5	27.0	31.0	29.5
跨度 5/8 处(mm)	−2.5	15.0	16.0	19.5
跨度 3/4 处(mm)	2.5	8.0	0	9.5
跨度 7/8 处(mm)	8.5	5.0	7.0	17.5
最大挠度(mm)	12.5	27	31	29.5

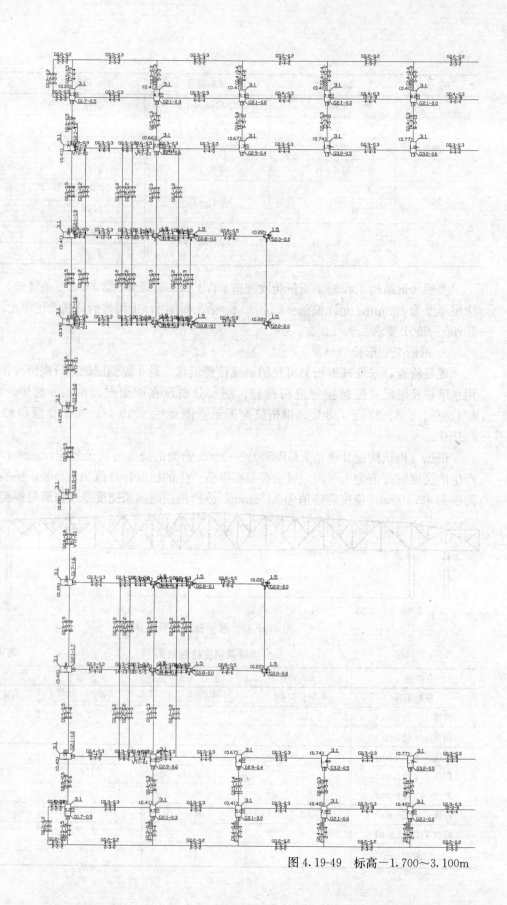

图 4.19-49　标高-1.700~3.100m

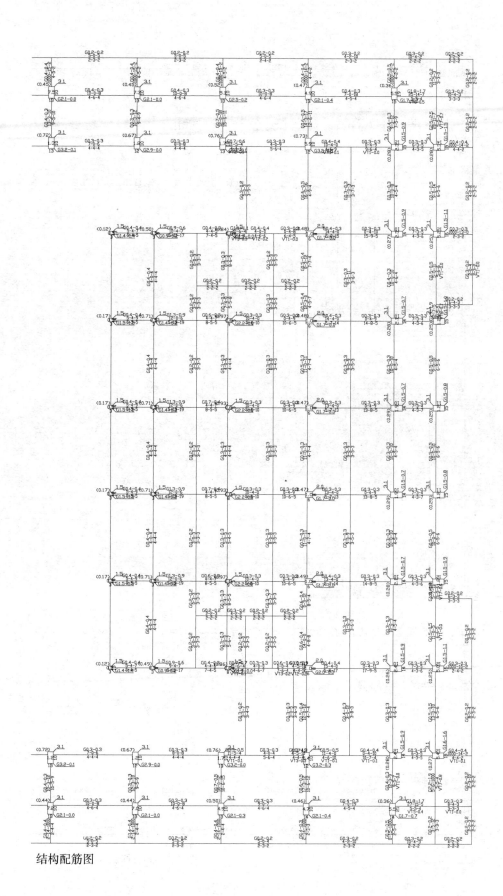

结构配筋图

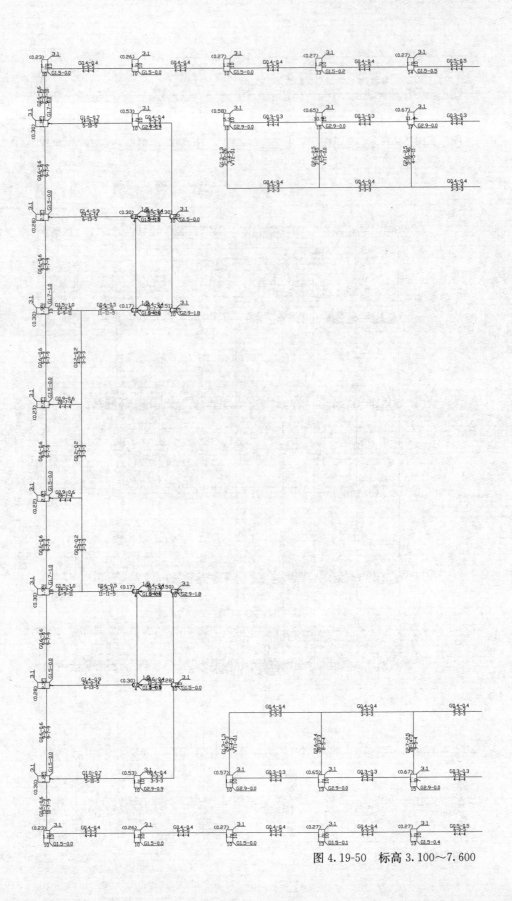

图 4.19-50 标高 3.100~7.600

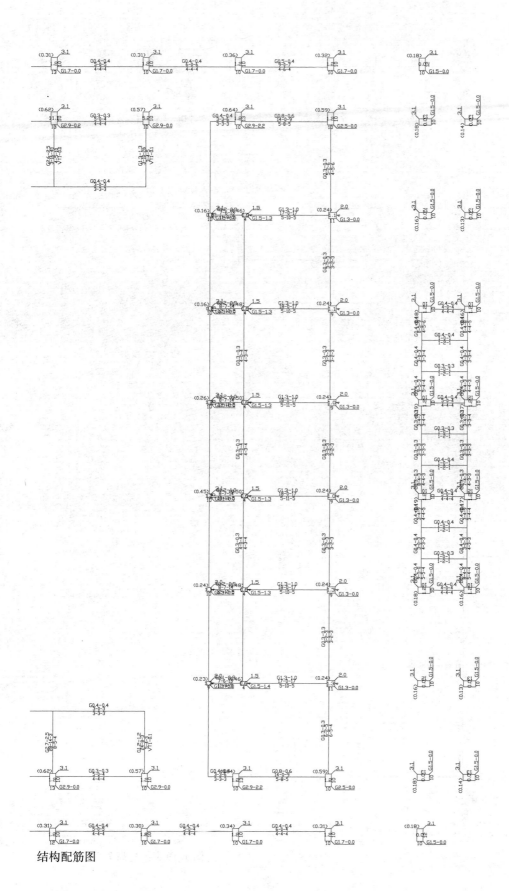

结构配筋图

图 4.19-51　标高 7.600～10.600

374

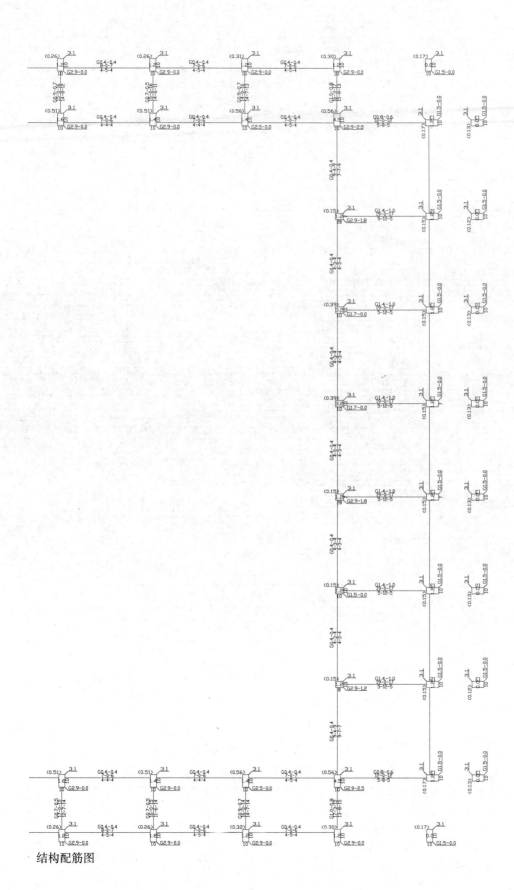

结构配筋图

图 4.19-52　标高 10.600～11.250

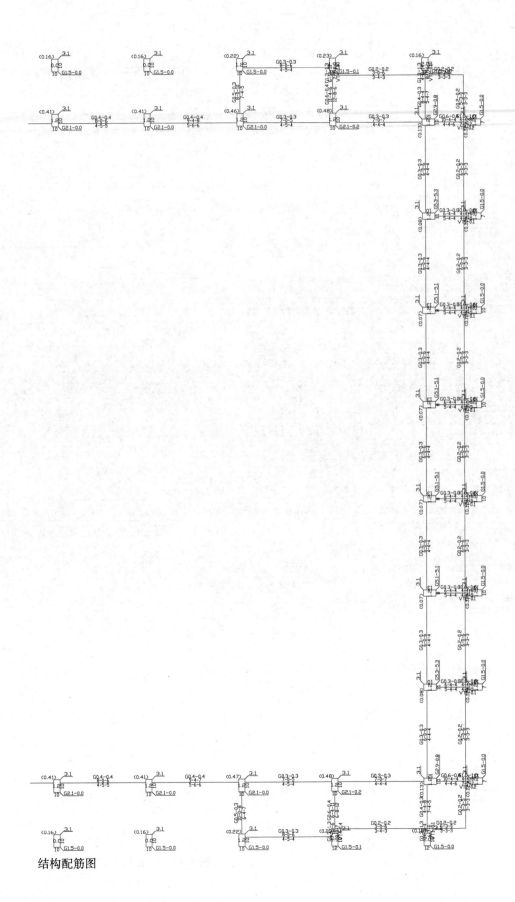

结构配筋图

图 4.19-53　标高 11.250～13.450

378

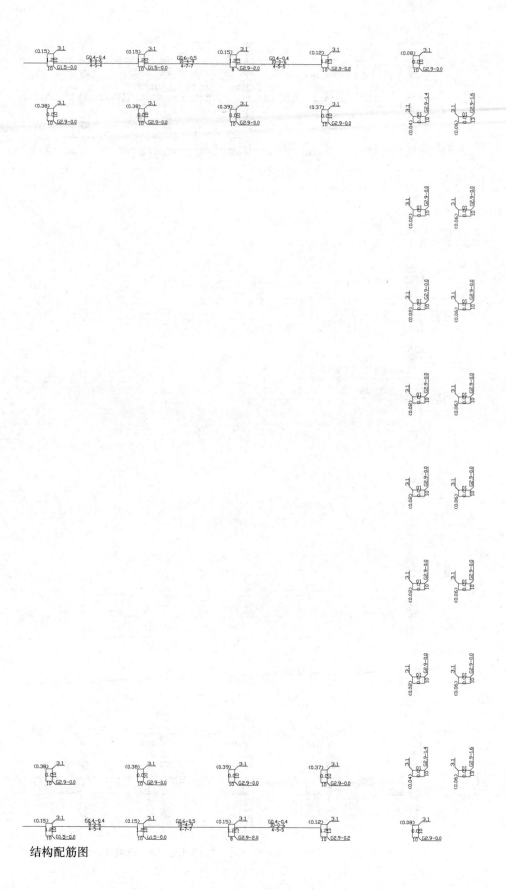

结构配筋图

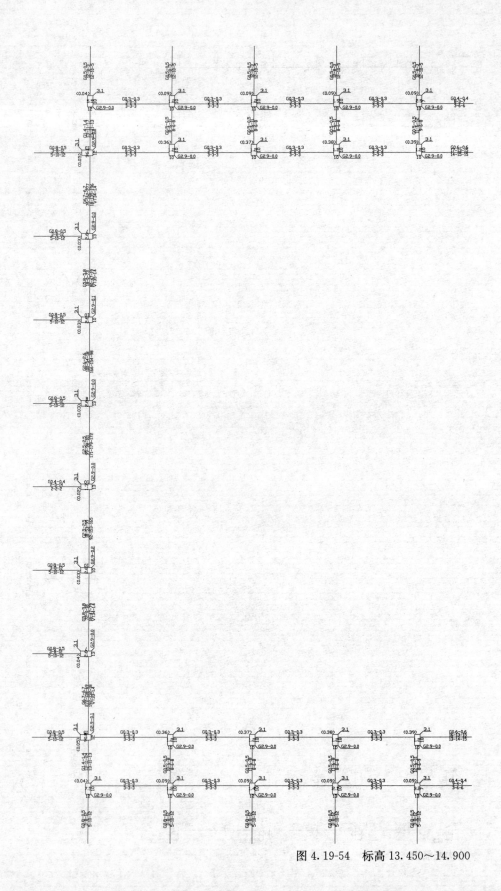

图 4.19-54　标高 13.450~14.900

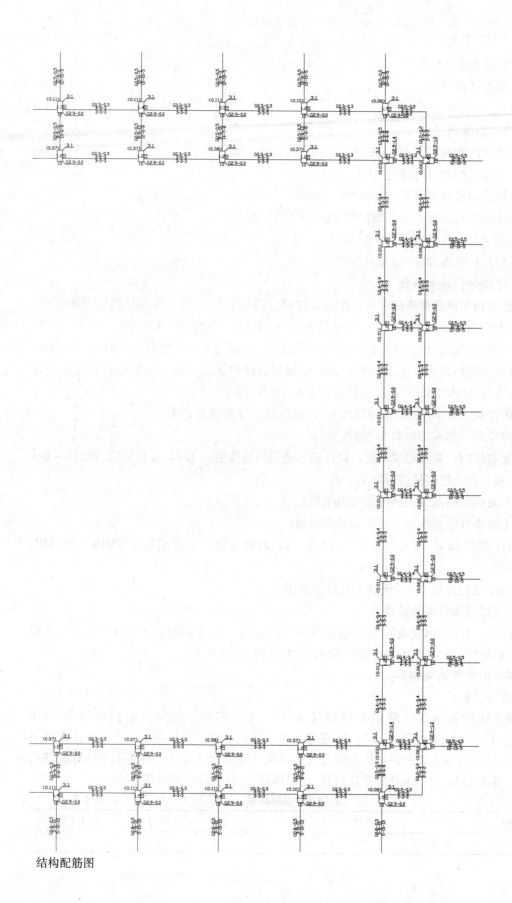

结构配筋图

10. 结构承载力验算

（1）验算依据

1）建筑与结构竣工图纸；

2）本次检测结果；

3）《建筑结构荷载规范》GB 50009—2001（2006 版）；

4）《混凝土结构设计规范》GB 50010—2002；

5）《钢结构设计规范》GB 50017—2003；

6）《建筑工程抗震设防分类标准》GB 50223—2008；

7）《建筑抗震设计规范》GB 50011—2001（2008 版）；

8）《建筑抗震鉴定标准》GB 50023—2009。

（2）结构分析基本参数

1）楼面和屋面活荷载标准值：走廊、楼梯、门厅取 3.5kN/m²；厕所取 2.5kN/m²；休息室、库房取 2.0kN/m²；看台取 3.0kN/m²；不上人屋面取 0.7kN/m²。

2）恒载标准值：楼板自重根据楼板厚度确定，预应力屋面板恒载标准值 1.4kN/m²，屋面防水保温层恒载标准值 1.23kN/m²；钢屋架支撑恒载标准值 0.05kN/m²；屋顶装饰恒荷载标准值 0.6kN/m²；各层围护墙容重取 14kN/m³。

3）风荷载：基本风压取 0.45kN/m²，地面粗糙度类别为 B 类。

4）雪荷载：基本雪压取 0.40kN/m²。

5）地震作用：基本烈度 7 度，设计基本地震加速度值 0.10g，设计地震分组第一组，场地土类别 II 类，框架抗震等级为二级。

6）主要构件的混凝土强度按实测结果取用。

7）主要构件的截面尺寸按实测结果取用。

8）HPB235 钢筋（Φ）、HRB335 钢筋（Φ）的强度设计值分别按 210MPa、300MPa 取用。

9）钢屋架构件按 Q235 钢强度设计值取用。

（3）主体结构分析验算结果

主体结构采用中国建筑科学研究院 PKPM CAD 工程部编制的系列软件进行结构承载力分析，框架柱、梁计算配筋面积见图 4.19-49～图 4.19-54。

主要分析验算结果如下：

1）混凝土柱

混凝土柱的轴压比计算结果整理见表 4.19-13，按照《建筑抗震设计规范》GB 50011—2001（2008 版）表 6.3.7，抗震等级为二级，柱轴压比限值为 0.8，由计算结果可知，1 层部分混凝土柱的轴压比不满足规范要求。混凝土柱设计配筋面积和计算配筋面积的对比见表 4.19-14，由计算结果可见，部分混凝土柱验算不满足规范要求。

柱轴压比验算结果　　　　　　　　　　　　　　　　表 4.19-13

柱位置	1/8-C	1/8-D	1/8-E	1/8-F	1/8-G	1/8-H
1 层	0.86	0.97	0.93	0.93	0.97	0.84

框架柱配筋验算对比结果

表 4.19-14

序号	构件位置	配筋部位	设计配筋	设计面积 (mm²)	验算面积 (mm²)	结论
1	1 层 2-(A、K)柱	主筋	10Φ20	3142	3360	不满足
		箍筋	3Φ8@100	150.9	210	不满足
2	1 层 2-(B、J)柱	主筋	10Φ20	3142	3360	不满足
		箍筋	3Φ8@100	150.9	290	不满足
3	1 层 3-(A、K)柱	主筋	10Φ20	3142	3360	不满足
		箍筋	3Φ8@100	150.9	210	不满足
4	1 层 3-(B、J)柱	主筋	10Φ20	3142	3160	满足
		箍筋	3Φ8@100	150.9	290	不满足
5	1 层 4-(A、K)柱	主筋	10Φ20	3142	3360	不满足
		箍筋	3Φ8@100	150.9	210	不满足
6	1 层 4-(B、J)柱	主筋	10Φ20	3142	3160	满足
		箍筋	3Φ8@100	150.9	320	不满足
7	1 层 5-(A、K)柱	主筋	10Φ20	3142	3960	不满足
		箍筋	3Φ8@100	150.9	210	不满足
8	1 层 5-(B、J)柱	主筋	10Φ20	3142	3760	不满足
		箍筋	3Φ8@100	150.9	320	不满足
9	1 层 6-(A、K)柱	主筋	10Φ20	3142	3360	不满足
		箍筋	3Φ8@100	150.9	210	不满足
10	1 层 6-(B、J)柱	主筋	10Φ20	3142	3360	不满足
		箍筋	3Φ8@100	150.9	320	不满足
11	1 层 7-(A、K)柱	主筋	10Φ20	3142	3360	不满足
		箍筋	3Φ8@100	150.9	210	不满足
12	1 层 7-(B、J)柱	主筋	10Φ20	3142	3160	满足
		箍筋	3Φ8@100	150.9	290	不满足
13	1 层 8-(A、K)柱	主筋	10Φ20	3142	3360	不满足
		箍筋	3Φ8@100	150.9	210	不满足
14	1 层 8-(B、J)柱	主筋	10Φ20	3142	3360	不满足
		箍筋	3Φ8@100	150.9	320	不满足

序号	构件位置	配筋部位	设计配筋	设计面积（mm²）	验算面积（mm²）	结论
15	1层9-(A、K)柱	主筋	10Φ20	3142	3560	不满足
		箍筋	3Φ8@100	150.9	210	不满足
16	1层9-(B、J)柱	主筋	10Φ20	3142	3160	满足
		箍筋	3Φ8@100	150.9	320	不满足
17	1层1/6-(C、D、G、H)柱	主筋	4Φ25+6Φ14	3170	2800	满足
		箍筋	2Φ6@100	56.6	150	不满足
18	1层1/7-(C~H)柱	主筋	6Φ25	2945.4	2000	满足
		箍筋	2Φ6@100	56.6	140	不满足
19	1层1/8-(C~H)柱	主筋	6Φ18	1527	2200	不满足
		箍筋	2Φ6@100	56.6	220	不满足
20	1层9-(C~H)柱	主筋	6Φ25	2945.4	2200	满足
		箍筋	2Φ6@100	56.6	170	不满足
21	1层10-(B~J)柱	主筋	12Φ25	5890.8	4160	满足
		箍筋	3Φ6@100	84.9	170	不满足
22	1层11-(B~J)柱	主筋	10Φ25	4909	4760	满足
		箍筋	3Φ6@100	84.9	160	不满足
23	1层1-(B~J)柱	主筋	10Φ25	4909	3760	满足
		箍筋	3Φ6@100	84.9	210	不满足
24	1层2-(C、D、G、H)柱	主筋	8Φ18	2036	1200	满足
		箍筋	2Φ6@100	56.6	150	不满足
25	1层1/2-(C、D、G、H)柱	主筋	8Φ18	2036	1200	满足
		箍筋	2Φ6@100	56.6	80	不满足
26	2层2-(A、K)柱	主筋	6Φ25+6Φ20	4830.6	2760	满足
		箍筋	3Φ8@100	150.9	150	满足
27	2层2-(B、J)柱	主筋	10Φ20	3142	2760	满足
		箍筋	3Φ8@100	150.9	290	不满足
28	2层3-(A、K)柱	主筋	6Φ25+6Φ20	4830.6	2760	满足
		箍筋	3Φ8@100	150.9	150	满足
29	2层3-(B、J)柱	主筋	10Φ20	3142	2760	满足
		箍筋	3Φ8@100	150.9	290	不满足
30	2层4-(A、K)柱	主筋	6Φ25+6Φ20	4830.6	3360	满足
		箍筋	3Φ8@100	150.9	150	满足
31	2层4-(B、J)柱	主筋	10Φ20	3142	3360	不满足
		箍筋	3Φ8@100	150.9	290	不满足

序号	构件位置	配筋部位	设计配筋	设计面积 (mm²)	验算面积 (mm²)	结论
32	2层5-(A、K)柱	主筋	6Φ25＋6Φ20	4830.6	3360	满足
		箍筋	3Φ8@100	150.9	150	满足
33	2层5-(B、J)柱	主筋	10Φ20	3142	3160	满足
		箍筋	3Φ8@100	150.9	290	不满足
34	2层6-(A、K)柱	主筋	6Φ25＋6Φ20	4830.6	3360	满足
		箍筋	3Φ8@100	150.9	150	满足
35	2层6-(B、J)柱	主筋	10Φ20	3142	3360	满足
		箍筋	3Φ8@100	150.9	290	不满足
36	2层7-(A、K)柱	主筋	6Φ25＋6Φ20	4830.6	2760	满足
		箍筋	3Φ8@100	150.9	170	不满足
37	2层7-(B、J)柱	主筋	10Φ20	3142	2760	满足
		箍筋	3Φ8@100	150.9	290	不满足
38	2层8-(A、K)柱	主筋	6Φ25＋6Φ20	4830.6	2760	满足
		箍筋	3Φ8@100	150.9	170	不满足
39	2层8-(B、J)柱	主筋	10Φ20	3142	3360	不满足
		箍筋	3Φ8@100	150.9	290	不满足
40	2层9-(A、K)柱	主筋	10Φ20	3142	2760	满足
		箍筋	3Φ8@100	150.9	170	不满足
41	2层9-(B、J)柱	主筋	10Φ20	3142	2760	不满足
		箍筋	3Φ8@100	150.9	250	不满足
42	2层9-(C～H)柱	主筋	6Φ25	2945.4	2760	满足
		箍筋	2Φ6@100	56.6	150	不满足
43	2层10-(B～J)柱	主筋	8Φ22	3040.8	3360	不满足
		箍筋	3Φ6@100	84.9	150	不满足
44	2层11-(B～J)柱	主筋	10Φ18	2545	3360	不满足
		箍筋	3Φ6@100	84.9	150	不满足
45	2层1-(B～J)柱	主筋	8Φ25	3927.2	3360	满足
		箍筋	3Φ6@100	84.9	170	不满足
46	3层2-(A、K)柱	主筋	10Φ20	3142	2760	满足
		箍筋	3Φ8@100	150.9	290	不满足
47	3层2-(B、J)柱	主筋	10Φ20	3142	2760	满足
		箍筋	3Φ8@100	150.9	290	不满足
48	3层3-(A、K)柱	主筋	10Φ20	3142	2760	满足
		箍筋	3Φ8@100	150.9	290	不满足
49	3层3-(B、J)柱	主筋	10Φ20	3142	2760	满足
		箍筋	3Φ8@100	150.9	290	不满足

序号	构件位置	配筋部位	设计配筋	设计面积（mm²）	验算面积（mm²）	结论
50	3层4-(A、K)柱	主筋	10Φ20	3142	2760	不满足
		箍筋	3Φ8@100	150.9	290	不满足
51	3层4-(B、J)柱	主筋	10Φ20	3142	2760	满足
		箍筋	3Φ8@100	150.9	290	不满足
52	3层5-(A、K)柱	主筋	10Φ20	3142	3360	不满足
		箍筋	3Φ8@100	150.9	290	不满足
53	3层5-(B、J)柱	主筋	10Φ20	3142	2760	满足
		箍筋	3Φ8@100	150.9	290	不满足
54	3层6-(A、K)柱	主筋	10Φ20	3142	3160	满足
		箍筋	3Φ8@100	150.9	290	不满足
55	3层6-(B、J)柱	主筋	10Φ20	3142	2760	满足
		箍筋	3Φ8@100	150.9	290	不满足
56	3层7-(A、K)柱	主筋	10Φ20	3142	3160	满足
		箍筋	3Φ8@100	150.9	290	满足
57	3层7-(B、J)柱	主筋	10Φ20	3142	2760	满足
		箍筋	3Φ8@100	150.9	290	不满足
58	3层8-(A、K)柱	主筋	10Φ20	3142	3360	不满足
		箍筋	3Φ8@100	150.9	290	不满足
59	3层8-(B、J)柱	主筋	10Φ20	3142	2760	满足
		箍筋	3Φ8@100	150.9	290	不满足
60	3层9-(A、K)柱	主筋	10Φ20	3142	3360	不满足
		箍筋	3Φ8@100	150.9	290	不满足
61	3层9-(B、J)柱	主筋	10Φ20	3142	2760	不满足
		箍筋	3Φ8@100	150.9	290	不满足
62	3层10-(B~J)柱	主筋	8Φ22	3040.8	3160	满足
		箍筋	3Φ6@100	84.9	290	不满足
63	3层11-(B~J)柱	主筋	10Φ18	2545	3360	不满足
		箍筋	3Φ6@100	84.9	290	不满足
64	3层1-(B~J)柱	主筋	8Φ25	3927.2	4120	满足
		箍筋	3Φ6@100	84.9	290	不满足

2）混凝土梁

1层室外悬挑梁上部支座处钢筋不满足规范要求，混凝土梁设计配筋面积和计算配筋面积的对比表4.19-15，由表可见，部分混凝土梁配筋不满足验算要求。

序号	构 件 位 置	配筋部位	设 计 配 筋	设计面积 （mm²）	验算面积 （mm²）	结论
1	1层 3-A～B梁	跨中	2Φ22＋1Φ16	961.3	1100	不满足
		支座	2Φ25＋1Φ16	1182.9	1400	不满足
		箍筋	2Φ6@100	56.6	50	满足
2	1层 4-A～B梁	跨中	2Φ22＋1Φ16	961.3	1000	满足
		支座	2Φ25＋1Φ16	1182.9	1300	不满足
		箍筋	2Φ6@100	56.6	40	满足
3	1层 5-A～B梁	跨中	2Φ22＋1Φ16	961.3	1300	不满足
		支座	2Φ25＋1Φ16	1182.9	1400	不满足
		箍筋	2Φ6@100	56.6	40	满足
4	1层 8-A～B梁	跨中	2Φ22＋1Φ16	961.3	1500	不满足
		支座	2Φ25＋1Φ16	1182.9	1800	不满足
		箍筋	2Φ6@100	56.6	70	不满足
5	1层 9-A～B梁	跨中	2Φ22＋1Φ16	961.3	1200	不满足
		支座	2Φ25＋1Φ16	1182.9	1700	不满足
		箍筋	2Φ6@100	56.6	60	满足
6	1层 10-A～B梁	跨中	3Φ16	603.3	900	不满足
		支座	5Φ20	1571	1200	满足
		箍筋	2Φ6@100	56.6	40	满足
7	1层 9-10～C梁	跨中	3Φ22	1140.3	1700	不满足
		支座	4Φ25＋1Φ22	2344	1500	满足
		箍筋	2Φ6@100	56.6	40	满足
8	1层 9-10～D梁	跨中	3Φ22	1140.3	1400	不满足
		支座	4Φ25＋1Φ22	2344	1300	满足
		箍筋	2Φ6@100	56.6	30	满足
9	1层 9-10～E梁	跨中	3Φ22	1140.3	1300	不满足
		支座	4Φ25＋1Φ22	2344	1300	满足
		箍筋	2Φ6@100	56.6	30	满足
10	1层 9-10～F梁	跨中	3Φ22	1140.3	1300	不满足
		支座	4Φ25＋1Φ22	2344	1300	满足
		箍筋	2Φ6@100	56.6	30	满足
11	1层 9-10～G梁	跨中	3Φ22	1140.3	1400	不满足
		支座	4Φ25＋1Φ22	2344	1400	满足
		箍筋	2Φ6@100	56.6	30	满足
12	9-10～H梁	跨中	3Φ22	1140.3	1500	不满足
		支座	4Φ25＋1Φ22	2344	1400	满足
		箍筋	2Φ6@100	56.6	40	满足

序号	构件位置	配筋部位	设计配筋	设计面积 (mm²)	验算面积 (mm²)	结论
13	标高8.00处 3-A~B(J~K)梁	跨中	3Φ20	942.6	900	满足
		支座	3Φ20	942.6	1200	不满足
		箍筋	2Φ6@100	56.6	50	满足
14	标高8.00处 4-A~B(J~K)梁	跨中	3Φ20	942.6	1400	不满足
		支座	3Φ20	942.6	1700	不满足
		箍筋	2Φ6@100	56.6	70	不满足
15	标高8.00处 5-A~B(J~K)梁	跨中	3Φ20	942.6	1400	满足
		支座	3Φ20	942.6	1900	不满足
		箍筋	2Φ6@100	56.6	90	不满足
16	标高8.00处 6-A~B(J~K)梁	跨中	3Φ20	942.6	1400	不满足
		支座	3Φ20	942.6	1700	不满足
		箍筋	2Φ6@100	56.6	70	不满足
17	标高8.00处 7-A~B(J~K)梁	跨中	3Φ20	942.6	1400	满足
		支座	3Φ20	942.6	1600	不满足
		箍筋	2Φ6@100	56.6	70	不满足
18	标高8.00处 8-A~B(J~K)梁	跨中	3Φ20	942.6	1400	不满足
		支座	3Φ20	942.6	1600	不满足
		箍筋	2Φ6@100	56.6	90	不满足
19	标高8.00处 9-A~B(J~K)梁	跨中	3Φ20	942.6	1500	不满足
		支座	3Φ20	942.6	1700	不满足
		箍筋	2Φ6@100	56.6	100	不满足

（4）屋架结构分析验算结果

1）强度验算

选取具有代表性的半跨钢屋架 GWJ 56.4-1、2 进行验算，根据《钢结构设计规范》GB 50017—2003 第 8.4.5 条分析桁架杆件内力时可将节点视为铰接，屋架 GWJ56.4-1、2 杆件为双角钢构件，且桁架承受屋面节点荷载，故不考虑次应力的影响。GWJ56.4-1、2 的杆件类型见图 4.19-55，GWJ 56.4-1、2 杆件几何尺寸见图 4.19-56，荷载按下列组合考虑：荷载组合Ⅰ，全跨永久荷载与全跨可变荷载作用；荷载组合Ⅱ，全跨永久荷载与半跨可变荷载作用。荷载Ⅰ作用下屋架 GWJ 56-1、2 的杆件内力见图 4.19-57，荷载Ⅱ作用下屋架 GWJ56.4-1、2 的杆件内力见图 4.19-58。

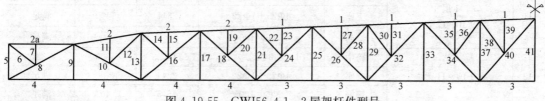

图 4.19-55　GWJ56.4-1、2 屋架杆件型号

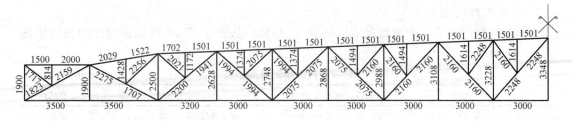

图 4.19-56　GWJ56.4-1、2屋架几何尺寸（单位：mm）

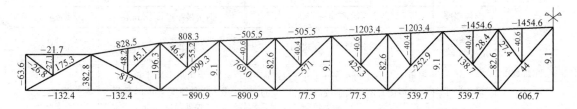

图 4.19-57　GWJ56.4-1、2屋架荷载组合Ⅰ作用内力图（单位：kN）

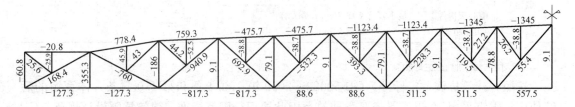

图 4.19-58　GWJ56.4-1、2屋架荷载组合Ⅱ作用内力图（单位：kN）

由图 4.19-57 及图 4.19-58 可知，钢屋架 GWJ56.4-1、2 杆件的最大拉力为 828.5 kN，杆件最大压力为 1454.6kN，经验算半跨钢屋架 GWJ56.4-1、2 杆件 21 号的计算应力与容许应力比值大于 1.0；杆件 1、16、18、24、37 的计算应力与容许应力比值在 0.7～0.9 之间；其余杆件的计算应力与容许应力比值均小于 0.7。

2）桁架杆件的允许长细比

《钢结构设计规范》GB 50017—2003 规定桁架受拉杆件的允许长细比 350，受压杆件的允许长细比 150，经验算 GW56.4-1、2 屋架受拉杆件及受压杆件的长细比值均满足规范要求。

3）受压构件的局部稳定

轴心受压杆件的局部稳定通过杆件宽厚比限值保证。对于等边双角钢，宽厚比限值：

$$b/t \leqslant (10+0.1\lambda)\sqrt{235/f_y}$$

式中　b——翼缘板自由外伸宽度；

　　　t——板件厚度；

　　　λ——杆件两方向长细比的较大值（$\lambda < 30$ 时，取 $\lambda = 30$；$\lambda > 100$ 时，取 $\lambda = 100$）；

　　　f_y——钢材强度设计值。

经验算，钢桁架 GW56.4-1、2 受压杆件的 b/t 最大值为 13.29，受压杆件的最小长细比为 42.9，屋架钢材的抗压、抗拉强度设计值为 215MPa，故受压杆件的局部稳定性满足规范要求。

4) 钢构件构造要求

钢结构构件的构造措施鉴定结果见表 4.19-16，从表 4.19-16 可知钢构件的构造措施满足规范要求。

表 4.19-16

钢构件构造措施鉴定结果

项目		抗震设计规范规定值	实际值	鉴定结果
温度区段长度值：		纵向 220m；横向 150m	纵向 60m；横向 50m	满足
截面要求	角钢受力构件截面	不小于 L56×36×4(焊接结构)；不小于 L50×5(螺栓连接)	角钢最小截面：L50×5	满足
	钢板厚度	不小于 4mm	钢板最小厚度：8mm	满足
角焊缝	角焊缝两焊角边的夹角	一般为 60°~135°之间	基本为 90°	满足
	焊角尺寸	焊角尺寸 h_f 不得小于 $1.5\sqrt{t}$(t 为较厚焊件厚度)，不得大于较薄焊件厚度的 1.2 倍	设计焊角最小尺寸 6mm；最大焊件厚度 14mm，最薄焊件厚度 5mm	满足
螺栓	中心间距	最小容许距离 60mm，最大容许距离 720mm	300mm	满足
	中心至构件边缘距离	最小容许距离 30mm，最大容许距离 240mm	50mm	满足

11. 抗震措施鉴定结论

按照《建筑抗震鉴定标准》GB 50023—2009 第 1.0.4 条和第 1.0.5 条，体育馆的后续使用年限宜采用 40 年，属于 B 类建筑，因此按现行国家标准《建筑抗震设计规范》GB 50011—2001（2008 版）的要求进行抗震鉴定，按设防烈度 7 度，并提高一度核查抗震措施。按照现场检测结果并结合原设计图纸，对房屋抗震措施进行鉴定，抗震措施鉴定结果见表 4.19-17。从表 4.19-17 可得出抗震措施鉴定结论如下：

1) 房屋的结构体系（框架体系、最大高度、规则性要求、梁截面）满足规范要求，部分柱截面不满足规范要求；

2) 混凝土构件强度不满足规范的最低限值要求；

3) 结构构件的配筋与构造不满足规范要求。

表 4.19-17

抗震措施鉴定结果

鉴定项目		抗震设计规范规定值	实际值	鉴定结果
建筑类别		—	乙类	—
结构体系	框架体系	双向、多跨	双向、多跨	满足
	框架抗震等级	—	二级	—
	适用的最大高度	55m	17.6m	满足
	规则性要求	—	平面布置较规则，立面和竖向基本规则	满足
结构体系	梁、柱截面	梁宽不宜小于 200mm	最小梁宽为 200mm	满足
		梁截面高宽比不宜大于 4	最大高宽比为 2.4	满足
		柱净高与截面高度比不宜小于 4	最小为 6	满足
		柱宽不宜小于 300mm	最小为 250mm	不满足

鉴定项目		抗震设计规范规定值	实际值	鉴定结果
构件混凝土强度等级		不低于 C20	柱(C18)、梁(C18)	不满足
结构构件的配筋与构造	梁端受拉钢筋配筋率	不宜大于 2.5%	最大为 1.3%	满足
	梁端箍筋加密区最大间距和箍筋最小直径	100mm,最小直径为 8mm	100mm,箍筋直径为 6mm	不满足
	梁底面的通长钢筋	不少于 2 根 14mm	最少为 2 根 16mm	满足
结构构件的配筋与构造	柱纵向钢筋的总配筋率	中柱和边柱不小于 0.7% 角柱不小于 0.9%	最小为 1.19%	满足
	柱箍筋加密区最大间距和箍筋最小直径	100mm,最小直径为 8mm	100mm,箍筋直径为 6mm	不满足
	柱箍筋加密区最小体积配箍率	不小于 0.8%	最大为 0.24%	不满足
	柱非加密区的实际箍筋量和箍筋间距	实际箍筋量不小于加密区的 50%,且箍筋间距不大于 15 倍纵向钢筋直径	箍筋间距为 200mm	满足
	框架节点核心区内箍筋的最大间距和最小直径	100mm,最小直径为 8mm	100mm,箍筋直径为 6mm	不满足

12. 鉴定结论

1) 对主体结构进行抗震承载力验算,结果表明不满足《建筑抗震设计规范》GB 50011—2001(2008 版)7 度抗震设防要求,且抗震构造措施不满足规范要求。

2) 抽取代表性屋架 WJ56.4-1、2 半跨进行承载力验算,在荷载效应的最不利工况下,21 号杆件的计算应力与容许应力比值大于 1.0;杆件 1、16、18、24、37 的计算应力与容许应力比值在 0.7～0.9 之间;其余杆件的计算应力与容许应力比值均小于 0.7。

13. 加固及处理建议

1) 楼面裂缝影响建筑物的使用功能及耐久性,建议重新做装饰楼面。

2) 部分预制板开裂渗漏严重,现浇板有漏筋锈蚀现象,存在安全隐患,应采取相应的处理措施。

3) 该工程主体结构混凝土强度等级偏低,部分构件不满足 7 度抗震设防的承载力要求,且抗震措施不满足现行规范要求,需进行抗震加固。

4) 对于个别不满足承载力和稳定性要求的钢构件以及所有已屈曲的杆件应进行加固或更换。

5) 应对屋架锈蚀部位进行处理,重新涂防腐涂料,防止锈蚀,加强对结构的保护,补刷防火涂料。

6) 对应下弦水平支撑相应位置布置上弦水平支撑。

7) 对支撑之间、支撑与屋架连接处,屋架之间螺孔处补充可靠连接。

8) 对预应力屋面板进行翻修,翻修时屋面荷载不得超过原设计值。

4.20 某中学教学楼抗震鉴定

4.20.1 工程概况

某中学教学楼(又名"综合实践楼")位于北京市门头沟区,该楼为 2 层钢框架结构教学楼，建筑面积为 729.22m²，建于 2005 年。该楼的原设计地震设防类别为丙类（依照《建筑工程抗震设防分类标准》GB 50223—2008，现属于乙类），地震设防烈度 8 度，地震加速度 0.20g，基础类型为独立柱基础，地基承载力标准值为 100kPa。教学楼的外立面照片见图 4.20-1，教学楼的 1 层结构平面布置见图 4.20-2，总平面见图 4.20-3。

图 4.20-1　教学楼外立面照片

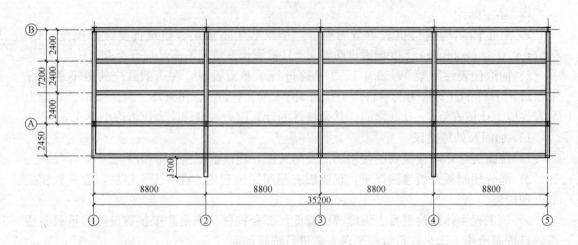

图 4.20-2　教学楼 1 层结构平面图

4.20.2　检测鉴定结果

1. 结构体系核查

经现场检查，教学楼为 2 层钢框架结构教学楼，房屋平面布局大致呈矩形，房屋总长度为 35.2m，中间无分缝。

该房屋室外地面到主要屋面板板顶的高度（不包括局部突出屋顶部位）为 8.55m，房屋总高度与总宽度比值（高宽比）最大为 0.9；楼盖采用压型钢板现浇钢筋混凝土组合钢楼板；屋盖采用轻钢屋架。经现场抽检，房屋层高、平面布局和构件尺寸基本与原设计相符。

结构体系平面布置基本规则对称，立面和竖向剖面基本规则，传力途径明确。

房屋结构现状与提供的图纸相符，房屋建筑、结构专业图纸保存较完整。

2. 外观质量检查

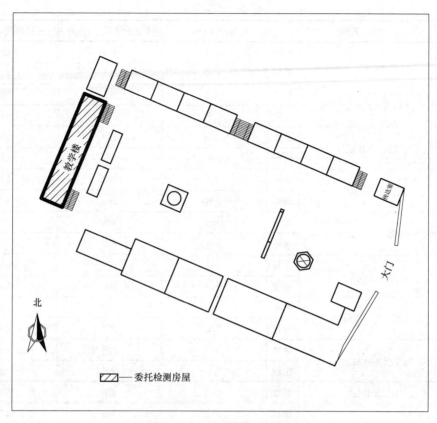

图 4.20-3　教学楼总平面图

经现场检查，教学楼的主体结构无明显变形、倾斜或歪扭，未发现因地基不均匀沉降引起主体结构的倾斜，主要钢构件没有发现锈蚀情况，连接部位螺栓基本完好。

3. 钢构件的强度及厚度检验结果

按照《金属里氏硬度试验方法》GB/T 17394—1998 和《黑色金属硬度及强度换算值》GB/T 1172—1999 的规定，采用里氏硬度仪对主要钢构件（钢柱、钢梁）的里氏硬度进行抽查检测，采用超声波测厚仪对主要钢构件（钢柱、钢梁）厚度进行抽查检测，钢构件的强度及尺寸检测结果见表 4.20-1。

依照里氏硬度现场检测结果，可推算框架柱、梁钢材强度为 Q235 钢，满足原设计要求；按照原设计框架柱、梁截面尺寸，所抽检部位钢构件的厚度满足设计要求。

钢构件的里氏硬度值与厚度检测结果　　　　　　　　　　表 4.20-1

序号	构件名称		构件厚度（mm）	里氏硬度值（HLD）	抗拉强度 σ_b（MPa）
1	1 层 1-A-B 梁	腹板	9.8	370	474
2	1 层 1-2-B 梁	腹板	7.7	386	507
3		翼缘	11.6	369	471
4	1 层 1-2-1/A 梁	翼缘	11.5	381	496
5		腹板	7.6	363	459
6	1 层 2-A-B 梁	翼缘	16.1	357	446
7		腹板	9.8	376	487

序号	构件名称		构件厚度(mm)	里氏硬度值(HLD)	抗拉强度 σ_b(MPa)
8	1层 1-2-A 梁	翼缘	11.7	369	471
9		腹板	7.8	355	443
10	1层 3-4-1/A 梁	翼缘	12.1	385	505
11		腹板	7.7	355	443
12	1层 3-A-B 梁	翼缘	16.3	362	457
13		腹板	9.8	368	469
14	1层 3-4-A 梁	翼缘	11.7	392	519
15		腹板	7.8	364	460
16	1层 4-A-B 梁	翼缘	16.0	393	521
17		腹板	9.9	392	519
18	1层 4-5-A 梁	腹板	7.6	357	446
19		翼缘	11.6	404	544
20	1层 4-5-1/A 梁	翼缘	11.7	389	512
21		腹板	7.8	357	446
22	1层 1-A 柱	翼缘	17.7	376	486
23		腹板	9.8	396	528
24	1层 2-B 柱	翼缘	17.9	400	536
25	1层 2-A 柱	腹板	9.8	369	471
26		翼缘	18.4	383	500
27	1层 3-A 柱	翼缘	17.9	410	558
28		腹板	9.8	374	483
29	1层 4-A 柱	腹板	9.9	394	523
30		翼缘	18.6	392	519
31	2层 3-4-A 梁	翼缘	9.7	348	428
32		腹板	7.9	372	478
33	2层 4-A-B 梁	腹板	7.6	386	508
34	2层 4-5-A 梁	腹板	7.8	406	548
35		翼缘	9.9	363	459
36	2层 5-A-B 梁	翼缘	9.8	403	542
37		腹板	7.7	359	451
38	2层 2-3-A 梁	翼缘	9.8	393	522
39		腹板	7.8	393	522
40	2层 3-A-B 梁	腹板	7.6	375	483
41	2层 1-2-A 梁	翼缘	9.8	375	484
42		腹板	7.7	353	439
43	2层 2-A-B 梁	腹板	7.7	363	460

序号	构件名称		构件厚度(mm)	里氏硬度值(HLD)	抗拉强度 σ_b(MPa)
44	2层4-A柱	腹板	9.8	361	455
45	2层5-A柱	翼缘	17.8	368	469
46	2层3-A柱	翼缘	17.8	383	501
47	2层2-A柱	翼缘	18.0	374	483

4. 结构承载力验算

（1）验算依据

1）建筑与结构竣工图纸；

2）本次检测结果；

3）《建筑结构荷载规范》GB 50009—2001（2006版）；

4）《钢结构设计规范》GB 50017—2003；

5）《建筑工程抗震设防分类标准》GB 50223—2008；

6）《建筑抗震设计规范》GB 50011—2001（2008版）；

7）《建筑抗震鉴定标准》GB 50023—2009。

（2）结构分析基本参数

1）楼面和屋面活荷载标准值（采用原设计取值）：楼面取 2.0kN/m²；不上人屋面取 0.5kN/m²。

2）楼面和屋面恒载标准值（采用原设计取值）：楼面取 4.5kN/m²，屋面取 0.5kN/m²。

3）风荷载：基本风压取 0.45kN/m²，地面粗糙度类别为 B 类。

4）地震作用：基本烈度 8 度，设计基本地震加速度值 0.20g，设计地震分组第一组，场地土类别Ⅲ类。

5）依照里氏硬度现场检测结果，框架柱、梁均按 Q235 钢验算。钢材的强度设计值依照《钢结构设计规范》GB 50017—2003 表 3.4.1-1 取用。

6）主要构件的截面尺寸按原设计取用。

（3）结构分析验算结果

采用 PKPM 系列结构计算软件，根据结构、建筑施工图和检测结果建立结构分析模型。部分框架柱、梁验算结果整理见表 4.20-2 和表 4.20-3，各层结构验算结果见图 4.20-1 和图 4.20-2。通过验算可知，各层框架柱、梁的承载力验算满足规范要求。

框架柱承载力验算结果 表 4.20-2

楼层	柱	计算正应力与强度设计值之比	平面内稳定应力与强度设计值之比	平面外稳定应力与强度设计值之比
1层	1-A	0.79	0.59	0.61
1层	2-B	0.68	0.55	0.57
1层	4-B	0.68	0.55	0.57
1层	5-A	0.79	0.59	0.61
2层	1-A	0.39	0.27	0.28

楼层	柱	计算正应力与强度 设计值之比	平面内稳定应力与强度 设计值之比	平面外稳定应力与强度 设计值之比
2 层	2-B	0.22	0.10	0.15
2 层	4-B	0.22	0.19	0.15
2 层	5-A	0.39	0.27	0.28

框架梁承载力验算结果 表 4.20-3

楼层	梁	计算正应力与强度 设计值之比	整体稳定应力与强度 设计值之比	计算剪应力与强度 设计值之比
1 层	1-A～B	0.48	0	0.23
1 层	1～2-A	0.72	0	0.28
1 层	3-A～B	0.71	0	0.41
1 层	5-A～B	0.48	0	0.23
2 层	1-A～B	0.41	0	0.08
2 层	1～2-A	0.39	0	0.10
2 层	3-A～B	0.53	0	0.11
2 层	5-A～B	0.41	0	0.08

5. 抗震性能鉴定

（1）抗震措施鉴定结论

按照《建筑抗震鉴定标准》GB 50023—2009 第 1.0.4 条和第 1.0.5 条，琉璃渠中学教学楼的后续使用年限宜采用 50 年，属于 C 类建筑，因此按现行国家标准《建筑抗震设计规范》GB 50011—2001（2008 版）的要求进行抗震鉴定，按设防烈度 8 度，并提高一度核查抗震措施。按照现场检测结果并结合原设计图纸，对房屋抗震措施进行鉴定，抗震措施鉴定结果见表 4.20-4。从表中可得出抗震措施鉴定结论如下：

1）房屋的结构体系（最大高度、最大高宽比、规则性要求等）满足规范要求；

2）钢框架的梁柱构件截面及连接构造情况满足规范要求。

（2）抗震验算鉴定结论

按现场实测结果，通过结构验算可知，各层钢构件（柱、梁）抗震承载力满足设计抗震设防 8 度（0.20g）的要求。教学楼钢结构验算结果见图 4.20-4 和图 4.20-5。

抗震措施鉴定结果 表 4.20-4

鉴定项目		抗震设计规范规定值	实际值	鉴定结果
建筑类别		—	乙类	—
结构 体系	适用的最大高度	90m	8.55m	满足
	最大高宽比	6.0	0.9	满足
	规则性要求	—	平面布置基本规则对称， 立面和竖向剖面基本规则	满足
	楼盖	宜采用压型钢板现浇混凝 土组合楼板或非组合楼板	压型钢板现浇混凝 土组合楼板	满足

鉴定项目		抗震设计规范规定值	实际值	鉴定结果
梁柱构件截面及连接构造	框架柱的长细比	不应大于 $120\sqrt{235/f_{ay}}$	最大为46.1	满足
	框架柱的腹板宽厚比限值	$48\sqrt{235/f_{ay}}$	最大为26.4	满足
	框架柱的翼缘外伸部分宽厚比限值	$12\sqrt{235/f_{ay}}$	最大为8.1	满足
	框架梁的腹板宽厚比限值	$(80-110N_b/Af)\sqrt{235/f_{ay}}$ 或 $40\sqrt{235/f_{ay}}$	最大为35	满足
	框架梁的翼缘外伸部分宽厚比限值	$10\sqrt{235/f_{ay}}$	最大为8.4	满足
	梁与柱的连接	宜采用柱贯通型	采用柱贯通型	满足
	柱在一个方向与梁刚接	宜采用工字形截面，并将柱腹板置于刚接框架平面内	采用工字形截面，并将柱腹板置于刚接框架平面内	满足

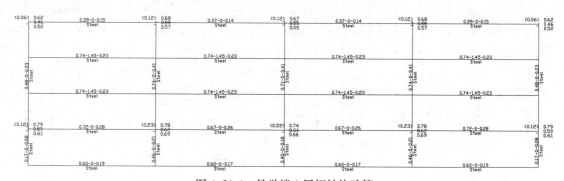

图 4.20-4　教学楼 1 层钢结构验算

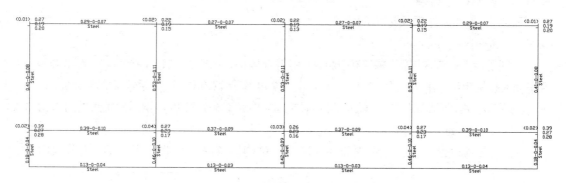

图 4.20-5　教学楼 2 层钢结构验算

4.21　3 层钢框架结构检测

4.21.1　工程概况

某三层钢框架结构位于北京市大兴区北臧村魏永路。该建筑无任何资料保存。经现场勘察测绘，该建筑为地上 3 层钢框架结构，现场实测面积约为 2430m²。该建筑外立面照片见图 4.21-1，首层结构平面图见图 4.21-2。

图 4.21-1 建筑物外立面照片

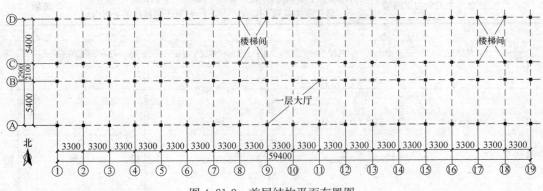

图 4.21-2 首层结构平面布置图

4.21.2 检测鉴定结果

1. 结构体系和外观质量全面检查

（1）结构体系

经现场检查，该 3 层钢框架结构楼面采用组合楼板，屋面采用轻钢屋架，间距 3.3m。建筑平面大致呈矩形，最大长度约为 59.4m，最大宽度约为 12.9m。该房屋各层层高为 3.1m。

经现场检测，各层钢结构平面布置同首层结构平面（图 4.21-2），钢屋架做法见图 4.21-3。

（2）外观质量全面检查

1）经现场检查，原有建筑雨篷存有破损，钢构件锈蚀，东北区域（10~19-D 轴）散

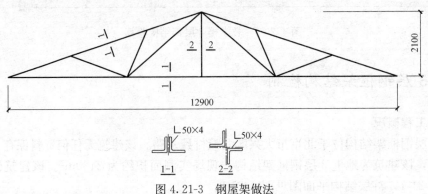

图 4.21-3 钢屋架做法

398

水有破损与下陷情况，典型照片见图 4.21-4 和图 4.21-5。

2）主体结构的钢构件（钢柱和钢梁）均由 C 型钢（100mm×50mm×20mm×3mm）组成，典型照片见图 4.21-6 和图 4.21-7。

3）部分钢构件存有锈蚀，焊缝连接存有成型不良、未满焊、咬边、裂纹等缺陷，典型照片见图 4.21-8 和图 4.21-9。

图 4.21-4　雨篷破损与锈蚀情况

图 4.21-5　东北区域散水破损与下陷情况

图 4.21-6　钢柱由 3 根 C 型钢组成

图 4.21-7　钢梁由 4 根 C 型钢组成

图 4.21-8　1 层 8 C 钢柱存有锈蚀

图 4.21-9　3 层 11-A 钢柱焊缝连接未满焊、
咬边等缺陷

2. 钢材强度检测

采用里氏硬度仪对钢构件（钢柱、钢梁）的里氏硬度及钢材厚度进行抽查检测，检测结果见表 4.21-1 和表 4.21-2。

钢柱的钢材厚度与里氏硬度检测结果   表 4.21-1

序号	构件名称		钢材厚度(mm)	里氏硬度值(HLD)	抗拉强度 σ_b(MPa)
1	3 层 18-C 柱	翼缘	3.2	165	46
2		腹板	3.2	168	53
3	3 层 14-C 柱	翼缘	3.0	182	82
4		翼缘	3.0	203	126
5	3 层 14-B 柱	翼缘	3.1	191	101
6		翼缘	3.0	197	114
7	3 层 11-B 柱	翼缘	3.2	231	184
8		翼缘	3.2	202	124
9	3 层 11-C 柱	翼缘	3.1	204	128
10		翼缘	3.2	202	124
11	3 层 6-B 柱	翼缘	3.0	173	63
12		翼缘	3.1	177	72
13	3 层 6-C 柱	翼缘	3.0	165	46
14		翼缘	2.9	211	142
15	2 层 6-B 柱	翼缘	3.2	249	221
16		翼缘	3.1	258	241
17	2 层 6-C 柱	翼缘	3.3	206	132
18		翼缘	3.2	197	112
19	2 层 9-B 柱	翼缘	3.2	275	276
20		翼缘	3.2	255	233
21	2 层 9-C 柱	翼缘	3.1	258	239
22		翼缘	3.0	224	169
23	2 层 14-C 柱	翼缘	3.0	189	97
24		翼缘	3.2	197	113
25	2 层 14-B 柱	翼缘	3.2	210	141
26		翼缘	3.1	181	80
27	2 层 17-B 柱	翼缘	3.0	242	206
28		翼缘	3.1	190	99
29	2 层 17-C 柱	翼缘	3.2	232	185
30		翼缘	3.2	182	83
31	1 层 17-B 柱	翼缘	3.2	219	159
32		翼缘	3.1	172	60
33	1 层 17-C 柱	翼缘	3.2	248	219
34		翼缘	3.2	224	169

序号	构件名称		钢材厚度(mm)	里氏硬度值(HLD)	抗拉强度 σ_b(MPa)
35	1层8-B柱	翼缘	3.0	198	114
36		翼缘	3.2	179	76
37	1层8-C柱	翼缘	3.2	196	111
38		翼缘	3.2	169	54
39	1层3-C柱	翼缘	3.2	179	75
40		翼缘	3.1	158	32
41	1层3-B柱	翼缘	3.1	215	150
42		翼缘	3.1	234	191
43	1层2-B柱	翼缘	3.2	156	28
44		翼缘	3.2	190	99
45		腹板	3.0	125	4
46		腹板	3.1	146	7
47	1层2-C柱	翼缘	3.2	163	43
48		翼缘	3.1	171	58

钢梁的钢材厚度与里氏硬度检测结果　　　　　　　　　表 4.21-2

序号	构件名称		钢材厚度(mm)	里氏硬度值(HLD)	抗拉强度 σ_b(MPa)
1	3层14-B~C梁	翼缘	3.0	180	79
2		翼缘	3.1	203	126
3	3层11-B~C梁	翼缘	3.1	209	139
4		翼缘	3.0	206	131
5	3层6-B~C梁	翼缘	3.0	215	150
6		翼缘	3.1	197	114
7	2层6-B~C梁	翼缘	3.2	182	82
8		翼缘	3.2	182	82
9	2层8-B~C梁	翼缘	3.2	227	175
10		翼缘	3.2	222	164
11	2层14-B~C梁	翼缘	3.2	297	322
12		翼缘	3.2	261	246
13	2层17-B~C梁	翼缘	3.2	161	38
14		翼缘	3.1	180	77
15	1层17-B~C梁	翼缘	3.0	168	54
16		翼缘	3.0	176	69
17	1层8-B~C梁	翼缘	3.1	204	127
18		翼缘	3.1	213	147
19	1层3-B~C梁	翼缘	3.1	215	150
20		翼缘	3.2	206	131
21	1层2-B~C梁	翼缘	3.1	157	29
22		翼缘	3.1	156	28

依照《碳素结构钢》GB/T 700—2006 中 Q235 钢的抗拉强度范围为 370～500MPa，从表 4.21-1 和表 4.21-2 可知，钢柱和钢梁的钢材强度均低于 Q235 要求。

3. 构件尺寸检测

采用钢卷尺、卡尺和测厚仪对主要构件（钢柱、钢梁）截面尺寸进行检测，钢构件（钢柱和钢梁）均由 C 型钢（100mm×50mm×20mm×3mm）焊接组成，选取部分抽查构件的截面尺寸整理见表 4.21-3 和表 4.21-4。

钢柱截面尺寸检测结果 表 4.21-3

序号	构件编号	设计截面尺寸	实测尺寸(mm)
1	1 层 17-B 柱	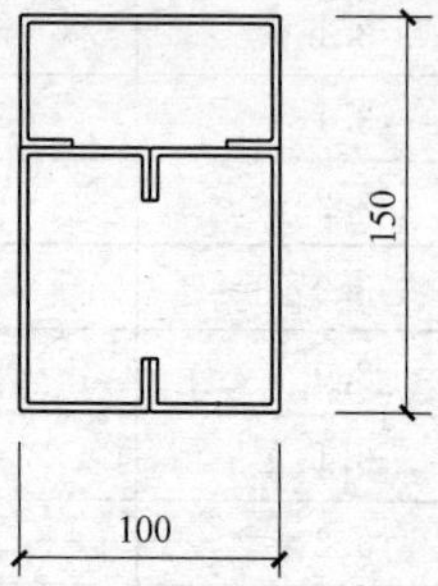 150 / 100	3 根 C 型钢组成 100×50×20×3
2	1 层 3-C 柱	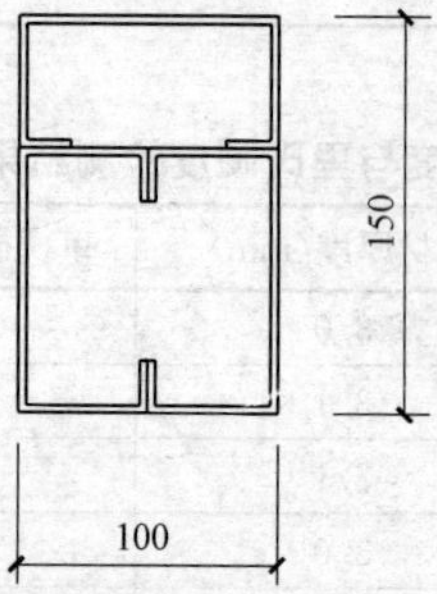 150 / 100	3 根 C 型钢组成 100×50×20×3
3	2 层 9-B 柱	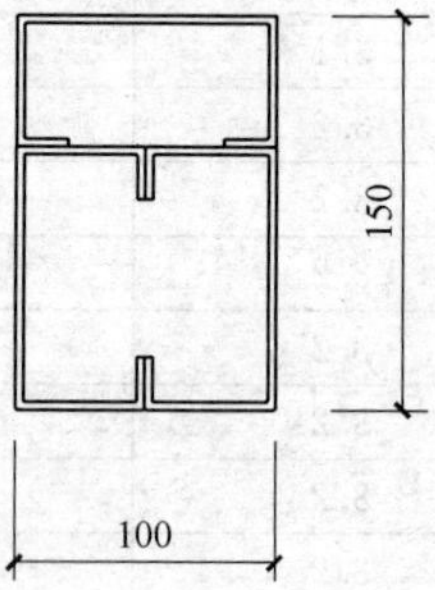 150 / 100	3 根 C 型钢组成 100×50×20×3
4	2 层 17-C 柱	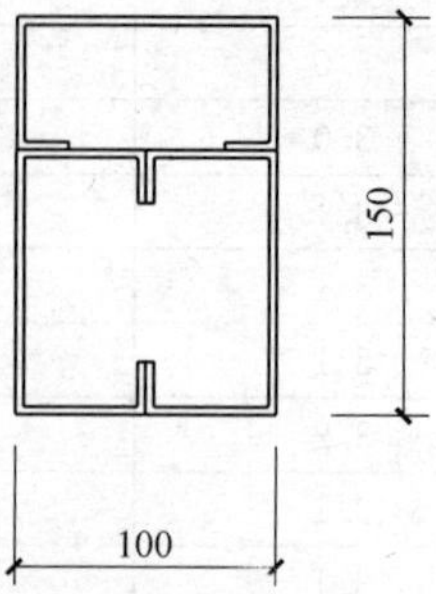 150 / 100	3 根 C 型钢组成 100×50×20×3

序号	构件编号	设计截面尺寸	实测尺寸(mm)
5	3 层 18-C 柱		3 根 C 型钢组成 $100 \times 50 \times 20 \times 3$
6	3 层 6-B 柱		3 根 C 型钢组成 $100 \times 50 \times 20 \times 3$

钢梁截面尺寸检测结果 表 4.21-4

序号	构件编号	设计截面尺寸	实测尺寸(mm)
1	1 层 17-B~C 梁		4 根 C 型钢 $100 \times 50 \times 20 \times 3$
2	1 层 2-B~C 梁		4 根 C 型钢 $100 \times 50 \times 20 \times 3$

序号	构件编号	设计截面尺寸	实测尺寸（mm）
3	2层 6-B~C梁	200 / 100	4根C型钢 100×50×20×3
4	2层 14-B~C梁	200 / 100	4根C型钢 100×50×20×3
5	3层 14-B~C梁	200 / 100	4根C型钢 100×50×20×3
6	3层 6-B~C梁	200 / 100	4根C型钢 100×50×20×3

4. 钢结构承载力验算

依据《钢结构设计规范》GB 50017—2003 第 3.3.1 条和第 8.1.2 条，结合现场检测结果可知，该主体结构的钢材强度小于 Q235，厚度 3mm（厚度较小），焊缝连接也存有成型不良、未满焊、咬边、裂纹等缺陷，不能满足钢结构的受力构件要求，不能保证承重结构的承载能力和防止在一定条件下出现脆性破坏。

故钢结构房屋的主体结构承载力不满足现行规范要求。

参 考 文 献

[1] 郭兵，雷淑忠. 钢结构的检测鉴定与加固改造 [M]. 北京：中国建筑工业出版社，2006.

[2] 罗福午. 建筑工程质量缺陷事故分析及处理 [M]. 武汉：武汉工业大学出版社，2002.

[3] 陈肇元，钱稼茹. 建筑与工程结构抗倒塌分析与设计 [M]. 北京：中国建筑工业出版社，2010.

[4] 王明贵，张莉若. 住宅产业化与钢结构住宅 [J]. 钢结构，2001，12.

[5] 雷宏刚. 21 世纪的钢结构失败学，学术交流会论文集 [C].

[6] 周红波，高文杰. 钢结构事故案例统计分析 [J]. 钢结构，2001，6.

[7] 周东星，刘全利. 钢结构事故类型原因分析及预防措施 [J]. 建筑钢结构，2007. 1671-3362.

[8] 叶梅新，黄琼. 钢结构事故研究 [J]. 长沙铁道学院学报 [J]，2000，20 (4).

[9] 雷宏刚. 开展钢结构事故分析研究建立事故分析信息库 [J]. 工业建筑，2002（增刊）.

[10] 许福雨. 雪灾后某门式轻钢结构厂房倒塌事故分析 [J]. 工程与建设，2008，22 (4)；1673-5781.

[11] 《北京市房屋建筑使用安全管理办法》北京市人民政府令第 229 号.

[12] 《北京市市房屋建筑安全评估与鉴定管理办法》京建发（2011 年）第 207 号.

[13] 韩继云. 土木工程质量与性能检测鉴定加固技术 [M]. 北京：中国建材工业出版社，2010.

[14] 韩继云. 建筑物检测鉴定加固改造技术与工程实例 [M]. 北京：化学工业出版社，2008.

[15] 叶观宝，惠云玲，贾连光. 灾损建筑物处理技术 [M]. 北京：中国建筑工业出版社，2012.

[16] 韩继云，万墨林. 户外广告牌检测鉴定. 第七届全国建筑物鉴定与加固改造学术会议，2004.

[17] 国家建筑工程质量监督检验中心. 钢结构工程检测鉴定报告 [R].

[18] 中国工程建设标准化协会标准. 火灾后建筑结构鉴定标准 CECS 252：2009 [S]. 北京：中国计划出版社，2009.

[19] 中华人民共和国国家标准. 民用建筑可靠性鉴定标准 GB 50292—1999 [S]. 北京：中国建筑工业出版社，1999.

[20] 中华人民共和国国家标准. 工业建筑可靠性鉴定标准 GB 50144—2008 [S]. 北京：中国计划出版社，2009.

[21] 中华人民共和国国家标准. 工程结构可靠性设计统一标准 GB 50153—2008 [S]. 北京：中国计划出版社，2009.

[22] 中华人民共和国国家标准. 建筑结构检测技术标准 GB/T 50344—2004 [S]. 北京：中国建筑工业出版社，2004.

[23] 中华人民共和国国家标准. 钢结构现场检测技术标准 GB/T 50621—2010 [S]. 北京：中国建筑工业出版社，2011.

[24] 中华人民共和国国家标准. 钢结构工程施工质量验收规范 GB 50205—2001 [S]. 北京：中国计划出版社，2002.

[25] 中华人民共和国国家标准. 金属里氏硬度试验方法 GB/T 17394—1998 [S]. 北京：中国标准出版社，2004.

[26] 中华人民共和国国家标准. 黑色金属硬度及强度换算值 GB/T 1172—1999 [S]. 北京：中国标准出版社，2005.

[27] 中华人民共和国国家标准. 钢的成品化学成分允许偏差 GB/T 222—2006 [S]. 北京：中国标准出版社，2005.

[28] 中华人民共和国国家标准. 钢铁及合金化学分析方法 GB 223 [S]. 北京：中国标准出版社.

[29] 中华人民共和国国家标准. 碳素结构钢 GB/T 700—2006 [S]. 北京：中国标准出版社，2007.

[30] 中华人民共和国国家标准. 低合金高强度结构钢 GB/T 1591—2008 [S]. 北京：中国标准出版社，2009.

[31] 中华人民共和国国家标准. 紧固件机械性能 螺栓、螺钉和螺柱 GB/T 3098. 1-2010 [S]. 北京：中国标准出版社，2011.

[32] 中国工程建设标准化协会标准. 钢结构防火涂料应用技术规范 CECS 24：90 [S]. 北京：中国计划出版社，1990.

[33] 中华人民共和国国家标准. 建筑抗震设计规范 GB 50011—2010 [S]. 北京：中国建筑工业出版社，2010.

[34] 中华人民共和国国家标准. 建筑结构荷载规范 GB 50009—2012 [S]. 北京：中国建筑工业出版社，2012.

[35] 中华人民共和国国家标准. 钢结构设计规范 GB 50017—2003 [S]. 北京：中国计划出版社，2003.

[36] 中华人民共和国国家标准. 混凝土结构设计规范 GB 50010—2010 [S]. 北京：中国建筑工业出版社，2011.

[37] 中华人民共和国国家标准. 建筑抗震鉴定标准 GB 50023—2009 [S]. 北京：中国建筑工业出版社，2009.

[38] 中华人民共和国国家标准. 建筑地基基础设计规范 GB 50007—2011 [S]. 北京：中国计划出版社，2012.

[39] 中华人民共和国国家标准. 建筑工程施工质量验收统一标准 GB/T 50300—2013 [S]. 北京：中国建筑工业出版社，2014.

[40] 中华人民共和国国家标准. 建筑工程抗震设防分类标准 GB 50223—2008 [S]. 北京：中国建筑工业出版社，2008.

[41] 中国工程建设标准化协会标准. 建筑钢结构防火技术规范 CECS 200：2006 [S]. 北京：中国计划出版社，2006.

[42] 中国工程建设标准化协会标准. 钢结构加固技术规范 CECS 77：96 [S]. 北京：中国计划出版社，1996.

[43] 结构可靠度总原则 ISO 2394：1998 [S].

[44] 结构设计基础—既有结构的评定 ISO 13822：2001 (E) [S].